반도체 장비 유지보수 기능사

필기

김종택 · 조정묵 공저

도서출판 금호

Prologue

흔히들 반도체 기술이라 하면, 제조공정을 담당하는 공정엔지니어링만을 생각하지만 마이크론에서 나노단위의 미세공정을 진행하기 위해선, 제조장비들의 미세한 변동도 철저하게 관리되어야 합니다. 반도체 제조시에 사용되는 gas의 양이 극히 미세하게 많거나 적게 공급이 되도 불량품이 되기 때문에 장비의 동작을 항상 최적의 상태로 유지해야 합니다.

이렇듯 아주 섬세하고 또한 가격까지 초고가(억대~100억)인 장비를 상시 점검하고 문제 발생시에 최단시간내에 수리하는 업무를 설비 유지보수 업무라고 합니다.

유지보수의 업무에 대하여 보다 세부적인 부분을 간략하게 설명드리면,

1. 매일 이루어지는 주기점검(보통 PM이라 부름)업무를 수행.
    : 정해진 점검항목을 일정한 방법에 따라 점검함.
2. 비정기적인 장비고장 수리업무 수행.
    : 제조공정에 사용되는 장비들의 고장(이상동작 발생)에 대한 원인규명 및 수리.
3. 정기적인 전면보수 작업 수행.
    : 보통 오버홀(OVERHAUL)이라 하며, 정기적으로(수개월~수년)한번씩 장비의 중요부를 분해하여 교체 및 점검을 함을 말합니다.
    반도체 공정은 PHOTO, ETCH, DIFFUSION, CVD, METAL, IMPLANT, WET 등....으로 나뉘며 이중 한 공정에 배치되어 그 공정의 장비들에 대한 유지보수 업무를 수행하게 됩니다.

'12.12.21 고용노동부령 제71호 반도체장비유지보수기능사 신설되었고 자격 취득자에게는 반도체 생산시스템이나 장치의 유지보전에 관한 지식을 가지고, 반도체장비 등을 최적의 상태로 효율적으로 유지하기 위해 일상점검 및 정기점검을 통한 장비 보전을 하고, 고장 부위를 정비하거나 유지, 보수 등의 직무 수행하게 됩니다.

본서는 산업현장 및 기 발표된 자동화기초, 공유압 일반, 반도체장비 보전 일반, 반도체 장비 운용개론, 안전관리과목 및 주요항목별로 맞추어서 만들었으며, 각 과목별 30문제 이상씩 예상 문제를 제작하여 설명을 다듬어 수록하였습니다.

처음 1회 치루는 시험으로 각 과목별로 이론과 문제를 철저히 연구하여 수록하였으므로, 본서의 내용을 중심으로 열심히 공부한다면 합격의 영광을 얻을 수 있을 것으로 사료됩니다.
체계적인 이론 학습의 요점 정리와 난이도를 고려한 문제풀이를 자세히 실었고, 실기시험을 볼 수 있도록 만전을 기하였습니다.

본 교재를 공부하는데 참고 될 수 있는 학습방법은 아래와 같이 열거하면,
1. 자동화 기초의 자동제어 특성 및 산업용로봇에 대한 이론을 습득해야 합니다.
2. 공압과 유압의 원리와 액츄에이터를 이해하여야 합니다.
3. 반도체 장비유지와 보존 및 조작에 관하여 이론 습득 하여야 합니다.
4. 반도체 장비의 운용 및 운영에 관한 이론정립을 해야 합니다.
5. 위와 관련한 설비관리 안전관리등에 관한 이론을 이해해야 합니다.

아무쪼록 최초 시험에 본 교재가 "합격의 서"로 자리매김했으면 바램이라면 감히 욕심이라 할 수 있겠습니다. 본 교재에 대한 지속적인 업데이트를 약속하며, 수험생의 따끔한 질타는 겸허히 수행하여, 미비점은 더욱 연구·보완할 것입니다. 끝으로 본 교재의 출간에 지대한 관심과 지도편달을 해주신 "금호 출판사 성대준" 사장님께 진심으로 감사드립니다.

김종택, 조정묵 배상

> 자격명: **반도체 장비 유지 보수 기능사**
> 영문명: **Craftsman Semicconductor Equipment Maintenance**

개요
반도체 제조현장에서 운영되고 있는 반도체제조 장비를 제조현장에 장착하는 일부터, 가동 시 상시 최적의 운영상태가 되도록 하기 위하여 반도체장비를 점검하고, 고장을 방지하기 위한 사전예방활동 등을 수행하며, 나아가 장비를 직접 조립하는 업무 등을 수행

변천과정
'12.12.21 고용노동부령 제71호 반도체장비유지보수기능사 신설

수행직무
반도체 생산시스템이나 장치의 유지보전에 관한 지식을 가지고, 반도체장비 등을 최적의 상태로 효율적으로 유지하기 위해 일상점검 및 정기점검을 통한 장비 보전을 하고, 고장 부위를 정비하거나 유지, 보수 등의 직무 수행

실시기관 홈페이지
http://www.q-net.or.kr

실시기관명
한국산업인력공단

출제기준(필기)

직무분야	기계	중직무분야	기계장비설비·설치	자격종목	반도체장비유지보수기능사	적용기간	2014.1.1~2016.12.31

○ **직무내용**: 반도체 생산시스템이나 장치의 유지보전에 관한 지식을 가지고, 반도체장비 등을 최적의 상태로 효율적으로 유지하기 위해 일상점검 및 정기점검을 통한 장비 보전을 하고, 고장 부위를 정비하거나 유지, 보수 등의 직무 수행

필기검정방법	객관식	문제수	60	시험시간	1시간

필기과목명	문제수	주요항목	세부항목	세세항목
자동화기초, 공유압 일반, 반도체장비 보전 일반, 반도체장비 운용개론, 안전관리	60	1. 자동화기초	1. 자동제어의 기초 및 종류	1. 자동제어의 개요 2. 제어계의 종류와 특성 3. 자동제어의 용어
			2. 제어계의 구성 및 특성	1. 시퀀스 제어계의 구성 2. 시퀀스 제어방식의 특징
			3. 센서의 원리와 종류 및 특성	1. 센서의 정의와 기능 2. 자동화용 센서의 분류 3. 센서의 신호처리
			4. PLC의 구성과 특성	1. PLC의 개요와 특징 2. PLC의 처리방법 3. PLC에 관한 용어 4. PLC 기종선정 방법
			5. PLC 프로그래밍	1. PLC 프로그래밍 방법 2. 코딩의 개요, 방법 3. 시뮬레이션의 종류와 특성 4. PLC 설치환경과 노이즈 대책
			6. 공장자동화의 개요	1. FA의 정의와 개요 2. 생산 시스템의 구성 기능
			7. 자동화 시스템의 구성 및 특성	1. 자동화의 형태 2. FMS의 종류 3. FMS의 구성요소
			8. 산업용 로봇의 종류 및 특성과 용도	1. 로봇의 구조 2. 로봇의 제어 3. 로봇의 센서와 기능 4. 로봇 선정 요점

필기과목명	문제수	주요항목	세부항목	세세항목
		2. 공유압 일반	1. 공유압의 원리 및 특성	1. 공유압의 개요 2. 공유압의 원리 3. 공유압의 특성 4. 공유압의 기초이론
			2. 유압 발생장치와 부속기기	1. 기어펌프의 종류 및 특성 2. 베인펌프의 종류 및 특성 3. 열교환기의 기능 및 특성 4. 유압유의 종류와 특성
			3. 공압 발생장치와 부속기기	1. 공압 발생장치의 분류 2. 공기 압축기의 선정 방법 3. 공기 탱크의 구조와 기능 4. 소음기의 기능
			4. 공유압 액츄에이터	1. 공유압 실린더의 구조와 분류 2. 복합 실린더의 기능 3. 실린더의 출력계산 4. 실린더의 장착형식 5. 공유압 실린더 사용 시 주의사항
			5. 공유압 제어밸브	1. 압력제어 밸브의 기능과 종류 2. 유량제어 밸브의 기능과 종류 3. 방향제어 밸브의 기능과 종류
			6. 공유압 기본회로	1. 방향제어 회로 2. 속도제어 회로 3. 압력조절 회로 4. 무부하 회로
		3. 반도체장비보전 일반	1. 포토에칭장비보전	1. 포토에칭장비의 작동환경 2. 포토에칭장비의 메커니즘 이해 3. 포토에칭장비의 공유압/전기/프로그램 이해 4. 포토에칭장비의 조작 및 예방정비 5. 포토에칭장비의 보전
			2. 박막확산장비보전	1. 박막확산장비의 작동환경 2. 박막확산장비의 메커니즘 이해 3. 박막확산장비의 공유압/전기/프로그램 이해 4. 박막확산장비의 조작 및 예방정비 5. 박막확산장비의 보전

필기과목명	문제수	주요항목	세부항목	세세항목
			3. 반도체조립장비보전	1. 반도체조립의 개요 2. 쏘잉/다이본딩 장비의 작동 환경 3. 쏘잉/다이본딩 장비의 메커니즘 이해 4. 쏘잉/다이본딩 장비의 공유압/전기/프로그램 이해 5. 쏘잉/다이본딩 장비의 조작 및 예방정비 6. 쏘잉/다이본딩 장비의 보전
		4. 반도체장비 운용개론	1. 포토에칭장비운영	1. 포토에칭 공정의 정의 2. 제조사별 포토에칭 장비의 개요 3. 포토에칭 장비의 구성요소 이해 4. 포토에칭장비의 운영
			2. 박막확산장비운영	1. 박막확산공정의 정의 2. 제조사별 박막확산 장비의 개요 3. 박막확산 장비의 구성요소 이해 4. 박막확산장비의 운영
			3. 반도체조립장비운영	1. 조립공정의 정의 2. 제조사별 조립 장비의 개요 3. 조립 장비의 구성요소 이해 4. 조립 장비의 운영
		5. 안전관리	1. 기계/전기안전	1. 기계안전의 개요 2. 전기안전의 개요
			2. 가스 안전	1. 가스안전의 개요 2. 주요가스 종류의 이해 3. 주요가스 취급법

차 례 Contents

제 1 장 자동화 기초

- **제1절** 자동제어의 기초 및 종류 ·· 13
- **제2절** 제어계의 구성 및 특성 ·· 27
- **제3절** 센서의 원리와 종류 및 특성 ·· 44
- **제4절** PLC 구성과 특성 ··· 54
- **제5절** PLC 프로그래밍 ·· 69
- **제6절** 공장자동화의 개요 ·· 75
- **제7절** 자동화 시스템의 구성 및 특성 ······································ 84
- **제8절** 산업용 로봇의 종류 및 특성과 용도 ······························· 94
- 예상 문제 ·· 103

제 2 장 공유압 일반

- **제1절** 공유압의 원리 및 특성 ·· 117
- **제2절** 유압 발생장치와 부속기기 ·· 124
- **제3절** 공압 발생장치와 부속기기 ·· 148
- **제4질** 공유입 엑츄에이터 ·· 157
- **제5절** 공유압 제어밸브 ··· 176
- **제6절** 공유압 기본회로 ··· 185
- 예상 문제 ·· 193

제 3 장 반도체장비보전 일반

제1절 포토에칭장비보전 ·· 213
제2절 박막확산장비보전 ·· 247
제3절 반도체조립장비보전 ·· 261
• 예상 문제 ··· 274

제 4 장 반도체장비 운용개론

제1절 포토에칭장비운영 ·· 285
제2절 박막확산장비운영 ·· 306
제3절 반도체조립장비운영 ·· 318
• 예상 문제 ··· 331

제 5 장 안전관리

제1절 기계 / 전기안전 관리 등 ·· 345
제2절 가스안전 관리등 ·· 361
• 예상 문제 ··· 384

제1장

자동화 기초

김종택 저

제1장 자동화 기초

제1절 자동제어의 기초 및 종류

1. 제어시스템(Control Systems)의 개요

① 제어(control) : 물리적 장치(기계, 전기, 기구, 장치, 설비 등)의 출력이 원하는 응답으로 동작하도록 조작을 가하는 것.
　가. 플랜트(plant) 또는 프로세스(process) : 제어를 받는 제어대상물.
　나. 제어기(controller) : 제어입력을 만드는 장치.
　다. 제어시스템(control system) : 플랜트와 제어기를 포함한 전체 장치.
② 수동제어(manual control) : 제어동작이 인간의 판단과 조작에 의한 제어.
③ 자동제어(automatic control) : 제어동작이 순수하게 기계에 의한 제어.
④ 자동제어가 실현되는 분야의 예 :
　가. 온도, 습도를 조절하는 냉난방장치.
　나. 공작기계, 로봇제어, 모터의 속도제어와 위치제어.
　다. 온도, 압력, 유량 등의 상태량 제어.
　라. 미사일 유도장치, 비행유도, 선박이나 항공기의 자동조정장치, 인공위성 자세 제어.

2. 제어계의 종류와 특성.

개루프 제어시스템(Open-loop Control Systems)

① 개루프 제어시스템 블록선도(block diagram)

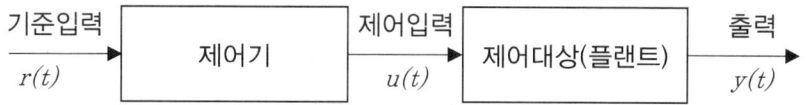

② 기준입력신호가 제어기(controllor)에 가하여지고,
③ 제어기의 출력(제어입력)은 플랜트의 입력으로 가하여져서 최종 플랜트 출력이 나온다.
④ 개루프 제어시스템은 제어동작이 출력과는 관계없다.
⑤ 구조가 간단하여 유지, 보수가 쉽고 가격이 저렴하다.
  가. 예1 : 교통신호등 제어시스템이 교통량에 관계없이 정해진 시간간격으로 순차적으로 신호가 켜질 경우 이는 개루프 제어시스템이다.
  나. 예2 : 가정용 세탁기의 경우 빨래감의 세탁상태와는 무관하게 세탁기가 정하여진 순서대로 불림, 세탁, 행굼, 탈수 등의 과정을 미리 정하여진 시간대로 수행 하여 세탁이 완료될 경우 이는 개루프 제어 시스템이다.
⑥ 개루프 제어시스템은 미리 정하여진 순서에 의하여 동작을 하므로 순차 제어시스템(sequential control systems)이라고도 한다.

3. 폐루프 제어시스템(Closed-loop Control Systems)

① 궤환제어시스템 (Feedback Control Systems) 블록선도

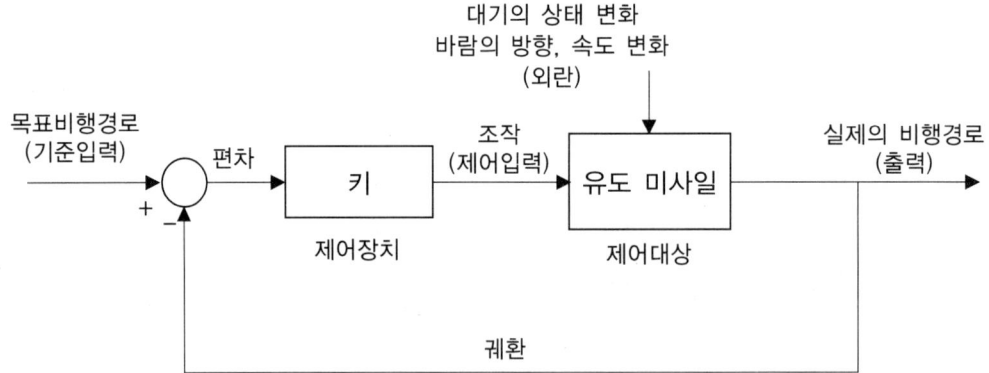

② 폐루프 제어시스템 설명
  가. 폐루프 제어시스템
    - 제어하고자 하는 변수를 센서를 이용하여 측정하여 입력측으로 궤환(feedback)시켜, 이 궤환된 신호와 기준입력신호를 이용하여 제어기에서 제어입력을 만들어 플랜트를 조작함으로써, 입력신호와 출력신호의 차(편차)를 최소화하는 제어시스템이다.

나. 유도미사일의 폐루프 제어시스템
  - 목적 : 미사일이 정하여진 경로를 비행하여 목표물을 명중.
  ㉮ 미사일의 특성, 비행경로에 따른 방향, 속도 등을 미리 알고 키의 방향을 시간적으로 프로그램 하여 미사일에 입력시킴으로써 목표비행경로가 설정.
  ㉯ 미사일이 경로에 따라 비행하는 도중, 대기의 상태, 바람방향 등의 영향 (외란)으로 실제의 비행경로가 목표비행경로를 벗어나게 된다.
  ㉰ 실제의 비행경로(출력)를 실시간으로 측정하여 벗어난 비행경로만큼 키의 조작을 수정함으로써 원하는 목표경로를 비행하여 목표물에 명중하게 된다.

4. 서보기구의 폐루프 제어시스템 블록선도

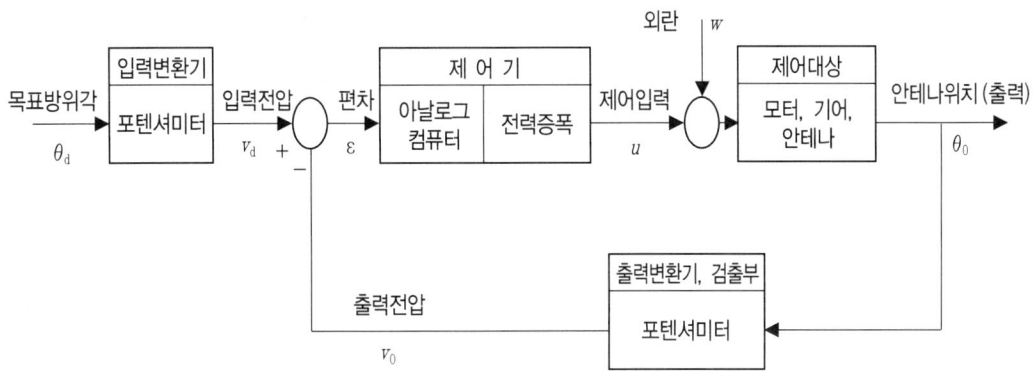

① 서보기구의 폐루프 제어시스템 동작
  가. 원하는 목표(방위각도)방향 만큼 핸들을 돌려준다.
  나. 입력측의 가변저항(potentiometer)이 이동함으로써 전압의 크기로 물리량의 변환이 발생한다.
  나. 한편, 안테나의 현재의 위치가 출력측의 가변저항(potentiometer)에 의하여 전압의 크기로 변환되어 입력측으로 궤환된다.
  라. 편차검출기에 의하여 입력측전압(목표방위)와 출력측전압(현재의 안테나 방위)의 편차를 검출한다.
  마. 편차를 제어기에 입력하여 적절한 제어신호를 만든다.
  바. 제어신호를 증폭기를 이용하여 전력 증폭하여 모터를 구동시킴으로써 모터에 연결된 안테나를 회전 시킨다.

사. 안테나가 회전함으로써, 수정된 안테나의 방향이 출력측의 가변저항(potentiometer)에 의하여 전압의 크기로 변환되어 입력측으로 궤환되어, 입력측의 전압(목표 방위)와의 편차가 0이 될 때까지 위의 ②~⑥ 동작이 계속된다.

아. 편차가 0이 되면 모터의 회전이 멈추게 되어 ①에서 원하는 목표방위로 안테나의 방향이 정하여진다.

자. 제어과정 도중, 바람의 방향과 속도 등이 안테나의 회전을 방해함으로써 제어동작에 영향을 주게 되는데 이를 외란(disturbance)라 한다.

② 폐루프 제어시스템의 구조 및 블록선도

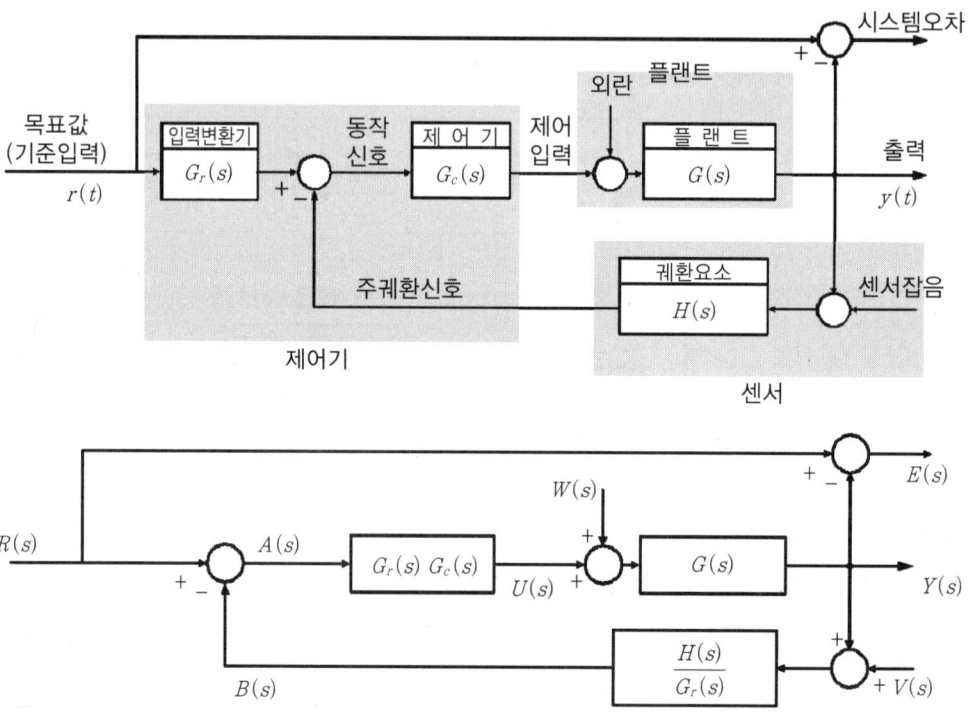

③ 폐루프제어시스템의 구성 요소

가. 제어대상 또는 플랜트(plant, process): 제어를 받는 대상 플랜트라 한다. 제어 신호를 입력하여 출력신호를 발생한다.

나. 제어기(controller, compensator): 동작신호 로부터 제어신호를 계산. PID제어기, 진상-지상보상기 등 제어이론에 따라 다양한 제어기가 설계된다.

다. 궤환요소(feedback element) : 출력신호를 검출하여, 입력신호와 같은 물리량의 궤환신호로 변환한다.

라. 시스템오차(system error) 또는 추적오차(tracking error) : 기준입력과 출력의 차. 제어의 최종목표는 이 추적오차를 가능한 한 작게 하는 것이 된다.

마. 동작신호(actuating signal) : 기준입력과 궤환 신호와의 차

바. 목표값(desired value) 또는 기준입력(reference input) : 제어시스템에 가하여지는 외부입력값. 기준입력이 주궤환신호의 물리량이 다른 경우 입력변환기를 사용하여 기준입력을 주궤환 신호와 같은 물리량으로 변환시켜준다.

사. 출력output), 또는 응답(response) : 입력신호에 의한 제어대상의 변화량.

아. 주궤환신호(primary feedback signal) : 출력신호가 궤환요소에 의하여 입력신호와 같은 물리량으로 변환되어 입력측으로 궤환되는 신호.

자. 제어입력신호(control input signal) : 제어기의 출력을 말하며 이는 플랜트의 입력이 되어 플랜트를 동작 시켜주는 신호가 된다.

차. 외란(disturbance) : 제어대상에 가하여져 제어에 악영향을 주는 원하지 않는 외부 입력신호를 말한다.

카. 센서잡음(sensor noise) : 센서(측정기)로 출력을 측정시에 발생하는 원치 않는 신호를 말한다.

5. 제어의 목표(The Aim of Control) 및 제어법칙(Control Law)

① 제어의 목표는 플랜트의 출력과 입력(목표값)의 차이(오차)를 최소화하는(minimize)데 있다.
② 이 목표를 달성하기 위하여 알맞은 제어입력 값을 생성하도록 하는 제어법칙(control law)이 필요하다.
③ 입력신호, 출력신호와 제어입력의 관계식을 제어법칙(control law)이라 한다.

6. 제어시스템의 분류

* 목표값의 시간적 성질에 의한 분류

가. 정치제어 : 기준입력이 일정한 값(constant)일 때 이를 정치제어(regulator problem)이라 한다.

  예 : 프로세스제어(process control)

나. 경로추종제어 : 기준입력이 경로(desired trajectory)일 때 이를 경로추종제어(tra-jectory following problem)이라 한다.

 ㉮ 서보 : 기준입력이 시간에 따라 임의로 변화하는 각종.

 ㉯ 추적제어 : 기준입력이 시간에 대한 특정한 함수.

  예 : 로봇과 같이 프로그램제어의 경우.

 ㉰ 모델추종제어 : 기준입력이 다른 플랜트나 모델(model)의 출력일 때.

다. 시스템의 특성에 따른 분류

 ㉮ 선형(linear)제어시스템, 비선형(nonlinear)제어시스템.

 ㉯ 시불변(time-invariant) 시스템, 시변(time-varying) 시스템.

라. 시스템의 신호형태에 따른 분류.

 - 연속시간(continuous time) 시스템, 이산시간(discrete time) 시스템.

마. 입출력 수에 의한 분류

 ㉮ 단일 입출력(Single-Input-Single-Output : SISO) 제어시스템,

 ㉯ 다중 입출력 (Multi-Input-Multi-Output : MIMO) 제어시스템.

7. 제어시스템의 예

① 로봇 기구부 구조.

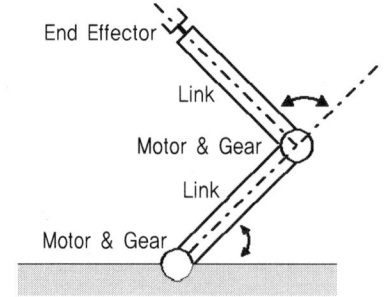

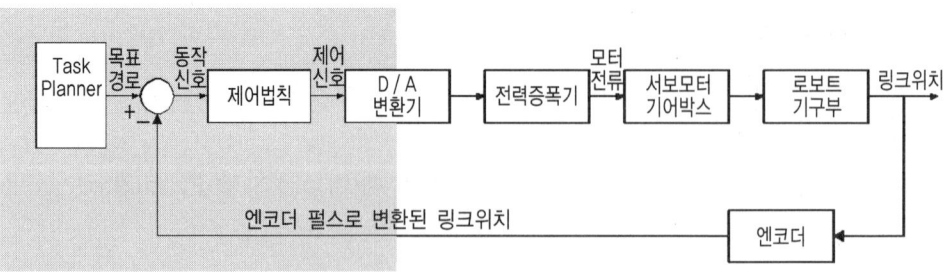

제1장 자동화 기초

② 제어시스템의 예 – 로봇 기구부의 컴퓨터제어

　가. "teaching and playback" 제어기법.

　　㉮ teaching 모드에서 end-effector의 요구되는 목표 지점을 teaching pendant 나 프로그램으로 입력(teaching).

　　㉯ task planner에서, 주어진 목표지점을 토대로, 로봇이 운동하여야 할 각 관절의 목표경로(target trajectory)를 계산.

　　㉰ playback 모드에서 로봇기구부의 각 관절의 모터를 구동시킬 토오크(torque) 값을 산출 end-effector가 task planner에서 계산된 목표경로를 정확하게 따라갈 수 있도록 시간에 따른 각 관절의 모터에 필요한 토크를 정확하게 계산할 수 있는 제어법칙(control law) 필요.

　나. 문제점 :

　　㉮ 플랜트의 정확한 동적모델을 구할 수 없어 실제시스템의 수학적 모델은 항상 모델링 오차가 존재, 즉 불확실성(uncertainty)이 존재한다는 것.

　　㉯ 플랜트의 변수가 제어도중 변화한다는 것(예: 로봇기구부의 inertia 특성은 로봇이 들어올리는 물체의 질량에 따라 변화)

　다. 로봇 기구부 운동제어 문제 :

　　– 로봇기구부의 동적 모델에 불확실성의 존재에도 불구하고 로봇의 end-effector 가 task planner에서 계산된 목표경로를 가능한 빠른 속도로 정확하게 따라갈 수 있도록 시간에 따른 각 관절의 모터에 필요한 토크를 정확하게 계산할 수 있는 제어법칙(control law)을 구하는 것.

③ 자동제어의 용어 등

　가. 자동제어의 분류

　　자동제어를 분류하는 방식에는 되먹임제어(feedback control)와 시퀀스제어(sequence control)가 있다. 이 중 시퀀스제어란 미리 정해진 순서에 따라 제어의 각 단계를 점차로 진행해 나가는 제어라 정의하고 있으며, 불연속적인 작업을 행하는 공정제어 등에 널리 이용된다. 이는 일종의 스위치나 버튼을 사용하여 전기회로의 부하를 운전하기도 하고, 부하의 운전상태나 고장상태를 알리기도 하는 일련의 제어를 말하는 것으로 근래에 사용되는 전기회로는 모두 이러한 시퀀스회로로 만들어져 있으며, 예로 빌딩이나 공장 등에서 엘리베이터를 움직이고 고장을 알리기도 하고, 세탁기, 냉장고, 자동판매기 등도 시퀀스로 움직이고 있다. 되먹임제어(피드백 제어)는 피드백에 의해 제어량을 목표값과 비교하여 일치시키도록 정정 동작을 하는 제어이다. 무접점 소자를 이용한 제어회로에는 PLC 등의 전자회로를 사용한 것이 있고, 유접점 소자는 버튼스위치나 각종 계전기(Relay)를 사용한 것이다.

나. 유접점 릴레이 소자의 장단점

유접점 릴레이 시퀀스는 계전기 접점들의 개폐에 의하여 제어가 이루어지므로 과부하 내량과 개폐부하의 용량이 크고 온도 특성이 좋으며, 전기적 잡음이 적어 입출력이 분리되고 접점의 수에 따라 많은 출력 회로를 얻을 수 있어서 많이 사용되어 왔다. 그러나 소비전력이 비교적 크고, 제어반의 외형과 설치 면적이 크며, 접점의 동작이 느릴 뿐더러 진동이나 충격 등에 약하여 수명이 짧은 것이 단점이다.

다. 시퀀스 제어계 표현 방법

㉮ 전개 접속도

가장 많이 사용하는 방법으로 시퀀스도라고도 하며, 시퀀스제어를 사용한 전기장치 및 기기 기구의 동작을 기능 중심으로 전개하여 표시한 도면이다. 시퀀스 제어기호를 사용하여 작성한다. 여기에는 주회로와 제어 회로, 표시회로로 구성된다.

주회로는 전원을 부하에 공급하기 위한 회로이며, 제어회로는 주회로의 개폐 및 표시회로의 동작 등의 모든 제어동작이 이루어지는 제어의 핵심 회로이다. 표시회로는 제어의 동작을 알아 볼 수 있도록 표현하는 부분이다. 실제의 현장에서는 주회로와 표시회로가 작업장에 있고, 제어회로와 표시회로는 제어실에 있는 경우가 많다.

㉯ 타이밍 도표

제어계의 각 접점 및 제어장치의 시간적인 동작 상태를 그림으로 표현한 것으로, 제어요소간의 동작 상황을 비교할 수 있다.

㉰ 논리회로도

논리 기호를 사용하여 신호처리회로를 그림으로 나타낸 것이다.

㉱ 표면 접속도

제어반의 제작 및 점검 등에 사용하기 위하여 기구나 부품의 실제 배치를 그려놓은 도면이다.
- ㈏ 블록선도

  제어계의 신호 전달방식 등을 블록과 화살표로 그려놓은 도면으로 플로차트(흐름도)도 일종의 블록선도라 할 수 있고 시퀀스도는 이 플로차트를 기초로 이루어진다.

라. 조작용 기기

- ㉮ 푸시버튼 스위치(복귀형 수동 스위치)

  푸시버튼 스위치는 손으로 누르는 동안만 동작을 하고, 손을 놓으면 동작이 복귀되는 접점이 있다.

- ㉯ 유지형 수동 스위치

  유지형 수동 스위치는 사람이 일단 수동 조작을 하면 반대로 조작할 때까지 접점의 개폐상태가 유지된다. 종류에는 토글 스위치, 셀렉터 스위치, 캠 스위치 등이 있다.

  토글 스위치(스냅 스위치)는 상하 또는 좌우로 움직여 ON/OFF할 수 있는 것이고, 셀렉터 스위치는 손잡이를 좌우 회전하여 ON/OFF하는 것이며, 캠 스위치(로터리 스위치)는 손잡이를 회전하여 접점을 접속하는 것으로 10단 이상의 접점을 가질 수 있다.

- ㉰ 검출 스위치

  검출 스위치는 자동화 시스템에서 없어서는 안될 만큼 제어 대상의 상태나 변화 등을 검출하기 위한 것으로 위치, 액면, 온도, 전압, 그 밖의 여러 제어량을 검출하는 데에 사용되고 있다. 사람이 가해주는 힘 이외에는 복귀형 스위치와 같은 동작을 한다.

- ㉱ 마이크로 스위치 및 한계 스위치(limit switch)

  시퀀스 제이의 촉각 작용을 하는 것으로, 제어대상의 위치 검출, 기계의 구동 거리제한 및 공정의 변환 등을 위한 검출용 스위치의 대표적인 것으로 기계적인 신호를 전기적 신호로 변환한다. 동작은 검출될 부분에 스위치의 접촉부가 닿으면 접촉자가 움직여 접점이 개폐된다. 캠은 정해진 위치의 진행상황을 검출하며, 도그는 정해진 위치에 있는지의 여부를 검출한다.

마. 리드스위치(reed switch)
  ㉮ 절연 용기 속에 불활성 가스와 2개의 가늘고 긴 접점이 봉입되어 있는 곳에 N극과 S극의 자석을 접근시키면 이 접점은 자석에 의하여 N, S극이 생겨 서로 흡입되어 접점이 동작한다.
  ㉯ 근접 스위치(proximity switch)
  근접스위치는 물리적인 접촉으로 대상물의 유무 상태를 검출하는 무접촉형 스위치이다. 1차, 2차의 코일을 배치하고, 1차 코일에 고주파 전류를 가하면 평상시는 평형을 유지하므로 2차측 코일에 전압이 발생하지 않는다. 그러나 검출헤드에 금속체를 접근시키면 맴돌이전류가 발생되어 평형상태가 무너지며 2차 코일에 전압이 발생한다. 이 전압을 증폭하여 출력릴레이를 구동한다.
  ㉰ 광전 스위치(photo electric switch)
  빛을 발생하는 광원과 빛을 받아들이는 포토 다이오드나 포토트랜지스터를 1개 조로 하여 물체가 광로(光路)를 지나갈 때 광로의 변화나 광량의 변화를 이용하여 접점을 개폐하여 물체를 검출하는 접점으로, 물체의 접촉에 의한 것이 아니고 움직이는 물품의 계수나 기계적 동작의 제한 등에 사용한다. 빛의 전달속도가 빠르므로 무접점 회로의 경우 분당 수만 회의 검출도 가능하다. 이에는 투과형, 반사형, 복사형이 있다.
  투과형은 빛을 내는 투광기와 빛을 받아들이는 수광기 사이에 물체가 지나가는 것을 감지하는 것이고, 반사형은 투광기에서 발사된 빛이 물체에 반사되어 수광기에 들어오는 방식이며, 복사형은 투광기 없이 물체의 자연 복사광에 의해 수광기에서 받아 물체를 검출하는 것이다.
  ㉱ 플로트 스위치(float switch)
  레벨 스위치라고도 하며, 액면의 높이를 검출하기 위한 것으로 액면이 올라가면 액면에 떠있는 플로트가 리밋 스위치를 밀어 접점을 개폐하기 위한 것이다. 액면이 내려가면 플로트도 내려가 리밋스위치는 스프링의 힘에 의해 원상 복귀된다.
  ㉲ 온도스위치
  온도스위치란 온도가 예정치에 달했을 때 동작하는 검출스위치를 말하며 온도의 변화에 대해서 전기적 특성이 변화하는 소자 즉 열전대 등을 측온체에 이용하여 그 변화에 의해서 미리 설정된 온도를 검출하여 동작하는 스위치이다.

바. 제어용 기기
  ㉮ 보조 계전기(제어 릴레이, auxiliary relay)

계전기는 푸시버튼과는 달리 사람의 손으로 동작되는 것이 아니라 계전기 내의 전자석에 의해 동작되며, 전자석 코일에 전류가 흐르는 동안에만 접점이 동작하는 스위치의 일종으로 코일부와 접점부로 나누어지고 기호로 나타낼 경우에도 코일부와 접점부로 나누어 표시한다.

제어용 릴레이의 사용 시는 조작 전원의 정격, 필요한 접점의 수, 제어 전원의 용량 등을 고려하여 특성에 맞게 선택하여야 한다.

  ㉯ 한시계전기(TIMER)

한시계전기는 입력신호를 받아 설정된 시간이 경과한 후 동작이 되는 일종의 계전기이다. 시간을 계산할 때에는 소형의 전동기를 사용하는 방법과 전자회로를 사용하는 방법이 있는데 주파수의 영향을 받는 경우가 있으므로 이를 고려해야 한다. 우리 나라의 경우에는 교류전압의 상용주파수가 60[Hz]이므로 50/60[Hz]의 기구에서는 60[Hz]로 조정하여 사용한다. 접점 등은 계전기와 같지만 접점의 동작을 시간을 두고 동작시킬 수 있다는 것이 가장 큰 차이점이다.

접점의 동작은 한시동작접점과 한시복귀접점이 있다. 한시동작접점은 동작하는데 시간이 걸리는 접점으로, 타이머 기동 후 설정된 시간이 지나서 접점이 동작한다. 한시복귀접점은 복귀하는데 시간이 걸리는 접점으로, 타이머 기동과 동시에 접점이 동작하고 설정된 시간이 지난 후에 원래의 위치로 복귀되는 접점이다.

  ㉰ 전자접촉기(MC)

전자접촉기는 전자석의 동작에 의해 접점을 개폐하는 기구로서, 전동기 등의 동력부하에는 필수적으로 사용되고 있다. 동작은 계전기와 같고, 접점은 주접점과 보조접점으로 나뉘어 있어 주접점은 부하의 전원을 개폐하며 보조접점은 계전기와 동일하게 제어회로에 사용된다.

  ㉱ 과부하계전기(THR, thermal relay)

과부하계전기는 열동계전기 또는 서멀릴레이라고도 하며 주로 과부하 보호에 사용된다. 정격 전류 이상의 전류(과부하 전류)가 흐르면 내부에서 발생된 열에 의해 바이메탈이 동작하여 접점이 차단되고 전자접촉기의 회로를 차단하여 부하와 전선의 과열을 방지하는데 사용한다.

㉤ 전자개폐기

전자개폐기는 전자접촉기와 과부하계전기가 일체화 된 것으로, 전자접촉기에 의한 부하의 ON, OFF 조작과 열동계전기에 의한 과부하 보호 기능을 함께 갖는 기구이다.

㉥ 압력스위치

압력스위치(pressure switch)는 명칭과 같이 일정한 압력에 이르면 스위치가 ON/OFF되는 것이다.

저압인 것은 다이어프램의 신축을 이용하고 유압, 수압과 같이 고압인 것은 부르동관(Bourdon tube)의 신축을 이용하여 스위칭(switching)동작을 하게 하는 것이다.

㉦ 유지형 계전기와 스테핑 계전기

유지형 계전기는 입력 신호의 변화에 의해서 출력신호를 개폐하는 계전기이다. 즉 계전기의 변화 신호로써 상태 신호를 변환하는 기능을 갖는다. 이 계전기는 한쪽 접점이 동작되고 여자전류가 없어도 이 상태는 계속 유지된다. 이때 반대쪽 코일에 전류를 가하면 본래의 상태로 복귀된다. 이러한 유지형 계전기는 여자전류가 흐르는 기간이 짧고 소비전력 및 발열이 적으며 특히 출력 접점의 개폐 상태가 정지되었을 경우 그대로 유지되는 것이 특징이다. 이러한 유지형 계전기는 대형전자접촉기나 차단기 등의 제어용으로 사용된다.

스테핑계전기는 다수회로의 순차절환스위치로서 펄스의 계수 축적과 재송출 임의회로의 자동 선택 등 그 용도는 매우 다양하다. 코일이 여자될 때마다 도그를 이용한 가동접점이 움직여 다음 접점으로 차례로 절환된다.

㉧ 배선용차단기(MCCB)

배선용차단기는 손잡이를 ON, OFF 시킴으로써 단자 부에 배선된 전기회로를 개폐할 수 있으며, 단락보호와 과부하 보호의 목적으로 사용된다. 단락이나 과부하 시 자동적으로 트립(trip)되어 회로를 자동으로 차단하며 트립의 원인을 제거한 후 다시 손잡이를 올리면 정상동작을 한다. 트립되는 것은 바이메탈의 원리를 이용한 것으로 과전류에 의해 발생된 열에 의해 동작한다.

단락이란 배선된 회로에 어떠한 도체가 접촉하여 정상적인 전류보다 수십 배 이상의 많은 전류가 흐르게 되는 상태를 말하고, 과부하란 회로에 정격을 초과하여 전류가 지속적으로 흘러 전선 등이 과열될 수 있는 상황으로 화재의 원인이 된다.
사. 시퀀스회로
 ㉮ 자기유지회로(自己維持回路)
  자기유지회로는 푸시버튼 등의 순간동작으로 만들어진 입력신호가 계전기에 가해지면 입력신호가 제거되어도 계전기의 동작을 계속적으로 지켜주는 회로이다. 이 회로는 제어계의 가장 기본이며 유지형 스위치를 사용하지 않고 자기유지회로를 이용하는 이유는 공급 전원이 무단으로 차단된 후 재 공급될 경우의 회로를 보호하기 위함이다.
 ㉯ 지연회로
  타이머에 의해 설정된 시간만큼 늦게 동작하는 회로이다. 동작이 늦고 복귀는 타이머 코일과 함께 되는 지연 동작 회로와, 동시에 동작하고 늦게 복귀되는 지연 복귀회로가 있다.
 ㉰ 인터록회로(INTERLOCK)
  2개 이상의 회로에서 한 개회로만 동작을 시키고 나머지 회로는 동작이 될 수 없도록 하여주는 회로이다. 이 회로의 사용 목적은 기기 및 작업자의 보호를 위하여 관련 기기의 동작을 금지하기 위한 것으로, 상대 동작 금지 회로 또는 선행 동작 우선 회로라고도 한다.
  3상 유도전동기의 구동원리는 120?의 위상차를 갖는 3상 전원에 의해 회전 자장이 발생하여 회전자가 움직인다. 3상 전동기에 입력되는 3상중에서 두개의 상을 바꾸어 주면 회전력이 반대 방향으로 되므로 역회전의 운전을 할 수 있다. 이 경우에는 정회전과 역회전 동작이 동시에 일어나게 되면 주회로가 단락되어 위험한 상태가 되므로 정 역회전 동작이 동시에 발생하지 않도록 인터록회로를 반드시 넣어 주어야 한다.
 ㉱ 우선회로
  우선회로는 우선권이 있는 회로가 동작이 되고 난 이후에야 나머지 회로가 동작이 되는 회로로서 동작에 순서가 정해져 있을 경우에 사용되는 회로이다. 예로, 엘리베이터의 출입문이 닫히지 않은 상태에서는 절대로 엘리베이터를 올리고 내리는 전동기가 돌아가서는 안돼는 회로를 구성할 경우에 필요한 회로이다.

⑪ 전동기의 직입기동(전 전압 기동)

기동 전류가 적은 소형의 전동기는 별도의 고려할 사항이 없이 직접 전동기를 기동, 정지시켜 사용하는데, 이러한 경우에 직입기동 방식을 사용한다. 조작 버튼이 ON, OFF 버튼만으로 조작이 가능하다. RL, GL, OL은 표시회로로 구분하기도 하는데 이는 전동기의 동작 상황이나 제어회로의 동작 상황을 알리기 위하여 만들어진 것으로, OL의 경우는 열동계전기가 과부하로 인해 동작되었을 경우에 점등되고 회로가 차단되는데, 과부하의 원인을 제거한 이후에 다시 투입하면 된다.

⑫ 3상 유도 전동기의 Y-Δ 기동회로

전동기는 시동 시에 큰 전류(기동전류, inrush current)가 흐르게 되는데, 이로 인해 차단기가 트립 되는 경우가 있어 전동기의 기동이 되지 않으며, 전동기에도 전기적인 무리가 가게 되므로 이를 줄이기 위한 방법으로 이 회로를 사용하면 시동 시 전류가 정상운전시의 전류보다 적게 흘러 차단기가 트립 되는 것을 방지하여 운전하는 회로이다. 기동 시에는 스타결선(Y결선)으로 하면 전동기 코일에 선간전압의 $1/\sqrt{3}$ 정도밖에 걸리지 않으므로 각 상에 $1/\sqrt{3}$에 해당 하는 전류가 흐르게 된다.

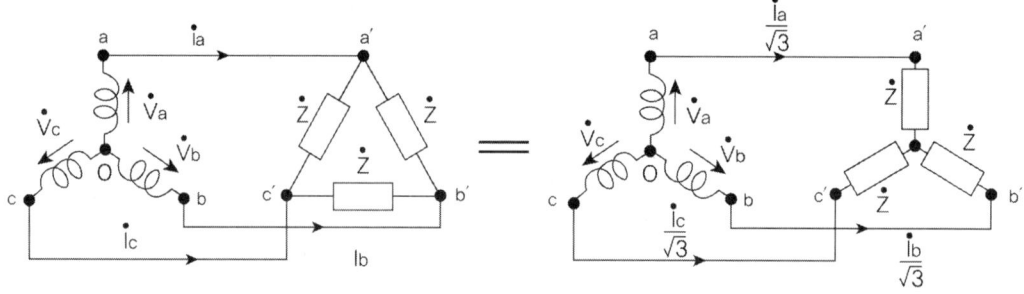

전동기를 기동 한 후에는 안정적인 상태가 되어 Δ결선으로 바꾸어 주면 된다. 물론 타이머를 사용하여 설정된 시간이 지난 뒤에 바꾸어 주어도 된다.

⑬ 시퀀스 논리회로

논리회로는 앞에서 설명된 유접점회로와는 달리 무접점회로로, 다이오드, 트랜지스터, IC, 다이리스터 등을 사용하여 기본적인 회로의 기능을 발휘하게 하는 회로의 소자이다.

⑭ 한시 동작회로

⑮ 선반의 운전제어회로

⑯ 밀링의 운전제어회로

㉮ 평면연삭기의 운전 제어회로

㉯ 평면연삭기의 운전 주회로

㉰ 시퀀스 회로의 무접점 논리회로로 변환

무접점 논리회로는 접점이 없이 입력 신호로 출력신호를 제어하는 것으로, 전자회로를 이용한 제어회로 구성에 널리 사용되고 있다.

아래 그림은 시퀀스회로와 논리회로를 나타낸 것으로, 유접점회로를 무접점회로로 바꾼 것이다. 이러한 것을 이용한 것이 전자 제어 방식이며, 진보된 것으로 PLC (programmable logic controller)나 COMPUTER을 이용한 제어방식이 있다.

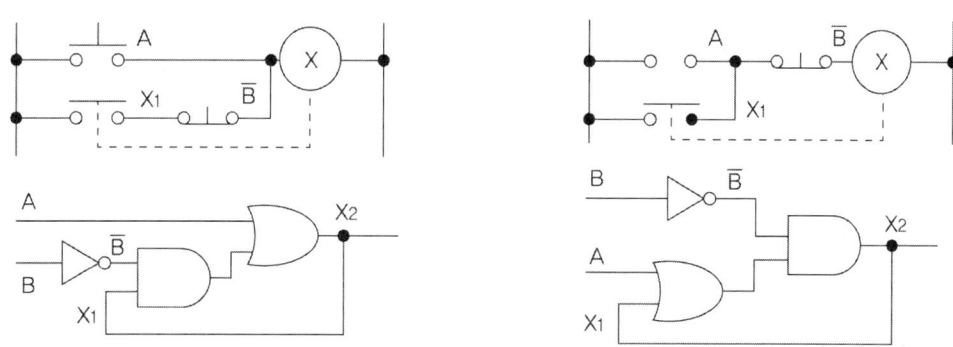

위의 논리회로는 앞에서 다룬 다이오드를 사용할 수도 있지만, AND, OR, NOT, NOR, NAND gate들이 내장된 IC를 조합하여 사용하고 있다. 위의 논리회로는 AND gate와 OR gate, NOT gate를 갖는 IC를 사용하여 자기유지 회로를 구성한 것으로 IC에 공급될 전원은 생략했다. Vcc(+)와 GND에 IC의 정격전압을 공급하여야 IC가 동작을 한다.

제2절 제어계의 구성 및 특성

1. 자동제어의 개요

① 자동제어(Automatic control)

기계 시스템(mechanism)이 구성되어 목적에 적합한 일을 조작자가 없이 사람이 원하는 상태로 제어하는 것을 말한다. 즉, 기계시스템을 전기 전자를 이용한 제어기(controller) 설계에 의해 자동적으로 수행할 수 있도록 하고, 기계시스템과 제어기의 인터페이스 과정, 그리고 제어기법에 의한 자동화시스템의 제어까지 일련의 모든 작업을 자동제어라 한다.

② 자동제어의 역사
　가. 1940 : 세계 1·2차 대전 - 무기제작에 사용.
　나. 1950 : 우주왕복선 - 최적 제어(optimal control)이론 개발.
　다. 1960 : 제품 개발이용 - 고전제어(classical control)인 PID 제어.
　라. 1970 : 적응제어(adaptive control) - 플랜트의 파라미터가 미지인 경우.
　마. 1980 ~ 현재 : 강인 제어(Robust control).

③ 제어시스템의 전체적인 구성요소
　가. 기계장치의 구성 : 작동기(Actuator)와 센서(Sensor)를 이용하여 메카니즘을 구성한다.
　나. 마이크로 프로세서(Micro-processor) : 제어기(controller)로서 제어대상인 기계장치를 제어하는데 사용된다.
　다. 인터페이스(Interface) : 기계장치(mechanism)과 제어기(controller)를 연결하여 주는 과정으로, 전체적인 기계장치의 구성후에 제어기인 전기 전자장치와 대화 즉, 제어가 될 수 있도록 연결하여 주는 것을 말한다.
　라. 제어기법 : 각종 소프트제어(Software)를 이용하여 구성된 자동화 시스템을 사용자가 원하는 응답을 얻을 수 있도록 하여주는 제어알고리즘을 말하여, 여기에는 고전적인 기법인 PID 제어기법과 현대제어 기법인 최적제어(Optimal control), 적응제어(Adaptive control), 강인제어(Rubust control)등이 있다.

④ 자동화의 장점
　가. 공장의 생산속도를 증가함으로써 생산성을 향상효과가 있다.
　나. 제품 품질의 균일화와 개선을 통하여 인력조작 방법보다 불량품이 감소된다.
　다. 인력조작을 위한 작업이 필요 없으며, 노동력이 줄어들어 인건비가 감소된다.

라. 생산 설비의 수명이 길어지고, 노동 조건을 향상시킬 수 있다.

⑤ 자동화의 단점
   가. 초기 시설투자비와 운영비가 필요하다.
   나. 인력조작시 보다 설계와 설치, 그리고 보수유지 등에 높은 기술수준이 필요하다.
   다. 인력조작 시에는 범용성이 가능하여 단품 생산에 유리하나, 자동화가 되면 범용성을 잃고 전문성을 갖게 됨으로 생산 탄력성이 결여된다.

2. 자동제어의 분류

① 제어정보 표시 형태에 따른 분류
   가. 아날로그 제어계(Analog control system) : 자동화 시스템과 제어기의 인터페이스 과정에서 연속적인 물리량으로 표시되는 신호를 아날로그 신호라 한다. 주로 전기 기기를 이용한 제어에서 많이 사용되며 제어대상인 플랜트에 입출력되는 모든 신호는 연속적인 신호인 아날로그 신호이다.
   나. 디지털 제어계(Digital control system) : 시스템 제어 시에 처리하기 어려운 아날로그 제어 신호를 시간과 정보의 크기 면에서 모두 불연속적으로 표현한 제어기법으로 제어기는 전자공학의 발달에 의하여 마이크로프로세서가 된다.
   다. 2진 제어계 : 시스템 제어 시에 실제적으로 하나의 제어변수에 2가지의 가능한 값을 만드는 제어기법으로, 제어 신호의 유/무, ON/OFF, YES/NO, 1/0등과 같이 2진 신호를 이용하여 제어하는 시스템을 의미한다.

② 신호처리 방식에 의한 분류
   가. 동기 제어계(synchronous control system) : 실시간 제어(Real-time control)를 의미하며, 실제의 시간과 제어시간을 동시에 하여 제어하는 기법을 말한다.
   나. 비동기 제어계(asynchronous control system) : 시퀀스 제어기법과 동일하게 시간에 관계없이 정해진 입력신호에 의하여 제어입력이 발생하는 것을 의미한다.
   다. 논리 제어계(logic control system) : 제어 시스템이 제어하려는 입력조건에 만족하면, 이 때 동일한 제어 신호를 출력하는 제어 시스템을 말한다.

③ 제어량의 종류에 따라 분류

　가. 서보 기구(servo mechanism) : 제어시스템의 제어량인 위치나 각도를 제어하는 제어기법으로 실시간에 위치와 시간을 동시에 제어가 가능한 제어기법이다. 주로 공작기계, 선박의 조타, 자동 평형기록 등에 사용된다.

　나. 프로세서 제어(process control) : 제어시스템의 제어량인 온도, 압력, 습도 등을 제어하는 기법으로 이미 정해진 량에 의하여 제어됨으로 주로 화학공장, 제지공장과 같은 생산공정 관리에 널리 사용된다.

　다. 자동조정(automatic regulation) : 제어시스템의 제어량인 전압, 전류, 회전속도, 토크(회전력)등의 기계적인 것으로서, 주로 수차, 증기 터빈 등 널리 사용된다.

④ 목표값이 시간적 성질에 따라 분류

　가. 정치 제어(constant value control) : 제어시스템의 목표값이 시간에 따라 변하지 않는 제어로서 이미 정해진 입력신호에 의하여 제어되는 기법으로, 주로 공정제어나 자동조정 등에 이용된다.

　나. 추치 제어(value control) : 제어시스템의 목표값이 시간적인 변화에 따라 변화하는 제어로서, 주로 서보기구 시스템이 이에 속한다. 그리고 다음과 같이 구분할 수 있다.

　　㉮ 추종 제어(follow up control) : 대공포의 포신제어, 자동 아날로그 선반 등.

　　㉯ 프로그램 제어(program control) : 열 처리노의 온도제어, 무인 열차운전 등이 있다.

　　㉰ 비율 제어(proportional control) : 보일러의 자동 연소장치, 암모니아의 합성 프로세서제어 등이 있다.

⑤ 제어기의 구성에 따른 분류

　가. ON-OFF 제어 : 제어량이 설정값에서 어긋나면 조작부를 개폐하여 제어신호를 ON(기동) 또는 OFF(정지)하여 제어하는 방식으로 제어결과가 사이클링을 일으키므로 오프셋이 일어나며 빠른 응답속도를 요구하는 제어계에서는 사용할 수 없다.

　나. 비례제어(Proportional control) : 기준입력(설정값)과 제어대상(플랜트)의 피드백

량의 오차에 비례게인 값을 곱하여 제어하는 방식으로 정상상태 오차를 수반할 수 있다.

다. 비례 적분제어(Proportional-Integral control) : 기준입력(설정값)과 제어대상(플랜트)의 피드백 량의 오차에 비례게인과 그 오차를 적분하여 적분게인를 곱한다. 그리고 그 두 값을 더하여 제어대상의 조작 량으로 하는 제어하는 방식으로 정상상태의 특성을 개선할 수 있다.

라. 비례 미분 제어(Proportional-Differential control) : 기준입력(설정값)과 제어대상(플랜트)의 피드백 량의 오차에 비례게인과 그 오차를 미분하여 미분게인를 곱한다. 그리고 그 두 값을 더하여 제어대상의 조작량으로 하는 제어하는 방식으로 응답 속응성을 개선할 수 있다.

마. 비례 적분 미분 제어(Proportional-Integral-Differential control) : 기준입력(설정값)과 제어대상(플랜트)의 피드백 량의 오차에 비례게인과 그 오차를 미분과 적분을 수행하여 미분게인과 적분게인을 곱한다. 그리고 그 값을 모두 더하여 제어대상의 조작량으로 하는 제어하는 방식으로 정상상태 특성과 응답 속응성을 개선할 수 있다.

3. 순차제어(Sequence control)

① 순차제어 시스템(Sequence control system)

미리 정해놓은 순서에 따라 제어의 각 단계를 순차적으로 행하는 제어로서 개회로(open-loop) 시스템이라 한다. 이것은 제어명령이 스위치를 열거나 닫는 두 동작 가운데 한 동작을 내려지고 필요한 명령이 자동적으로 처리되는 것을 말한다.

② 순차제어의 분류

가. 정상적 제어(qualitative control) : 제어시스템에 따른 목표값이 변화하지 않는 제어 즉 2진 값에 의한 신호(binary signal) 이며, 어떤 상태량에 따라 제어되는 상태제어라고 한다. 즉, 피드백 시스템과 같이 목표값과 제어량의 오차를 정정할 수 있는 부분을 갖지 않는 것이 특징이다.

나. 정량적 제어(quantitative control) : 제어 시스템을 구성시에 크기와 양에 대하여 일정량을 제어하는 것으로 온도의 높고 낮음과 전기로 발열량의 많고 적음 등을 제어하는 것으로서, 오차를 자동적으로 정정할 수 있는 피드백 제어(feedback control)이며, 이것은 시퀀스 제어가 아니라 폐회로 제어(closed loop control)이다.

다. 시퀀스 제어 명령어 처리기능에 따른 분류

 ㉮ 시한 제어 : 제어의 순서와 제어 시간이 기억되어 정해진 제어순서를 정해진 시간에 행하는 제어이다.

 (예) 네온 싸인 점멸.

 ㉯ 순서 제어 : 제어의 순서만이 기억되고 시간은 검출기에 의해 이루어지는 제어로서 리미트 스위치, 압력 스위치, 레벨 스위치 등이 검출기에 이용된다.

 (예) 공작기계의 프로그램 제어.

 ㉰ 조건 제어 : 검출한 결과를 종합하여 제어 명령을 결정하도록 한 제어이다.

 (예) 엘리베이터 제어.

라. 시퀀스 제어장치에 의한 분류

 ㉮ 와이어드 로직형(Wired logic type) : 어떤 논리를 만들기 위하여 배선을 사용하여 회로를 만드는 것으로 유접점 방식이라 할 수 있으며, 시퀀스 회로를 구성시에 전자계전기, 릴레이, 푸쉬 버튼 스위치 등을 이용하여 배선으로서 제어기를 구성한다.

 ㉯ 프로그램형(programmable type) : 시퀀스 제어에서 프로그램 제어는 일명 무접점 제어라 할 수 있으며, 릴레이, 타이머, 카운터 등이 내장된 PLC(programmable logic controller)를 이용한 제어이다. 유접점 회로의 배선작업과 비교하여 많은 배선 작업이 필요 없으며, 프로그램에 의하여 간단하게 제어로직을 변경할 수 있는 장점이 있다.

마. 에너지원에 따른 분류

 - 시퀀스 제어를 구성 시에 에너지원은 유압, 공압과 전기식으로 크게 나눌 수 있다. 그러나 보통 자동화 기기를 구성 시에 제어대상(플랜트)부의 출력에는 유압이나 공기압을 사용하고, 제어부는 제어의 용이성과 응답 속도가 빠른 전기식으로 제어기를 많이 구성한다.

③ 순차제어의 구성

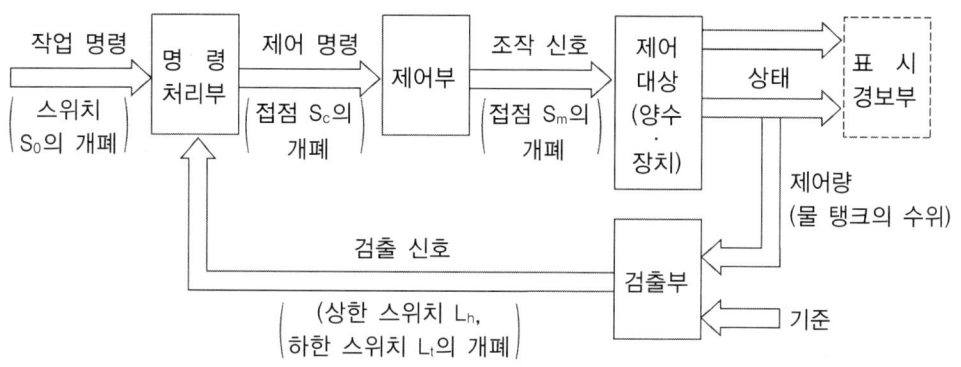

[순차제어(개회로 시스템)의 구성도]

가. 시퀀스 제어의 구성 및 장치

㉮ 조작부 : 누름버튼 스위치, 컨트롤 스위치 등 조작자가 조작시킬 수 있는 부분.

㉯ 제어부 : 전자 계전기와 한시 계전기 등으로 구성된다.

㉰ 구동부 : 모터와 클러치 등 제어부의신호에 따라 실제의 일을 행하는 부분.

㉱ 검출부 : 구동부가 행한 일이 정해진 조건을 만족하는가를 검출하는 부분.

㉲ 표시부 : 표시램프와 계측기 등을 제어의 진행상태를 나타내는 부분.

나. 시퀀스 제어로 인한 효과적인 이점.

㉮ 제품의 품질이 균일화되고 향상되며 불량품이 감소.

㉯ 생산 속도증가 및 능률 향상.

㉰ 생산 설비의 수명 연장.

㉱ 노동 조건의 향상 및 인건비의 절감.

㉲ 작업자의 위험방지 및 작업환경이 개선된다.

④ 시퀀스제어 시스템의 구성요소

가. 입력 요소(Input element)

- 시퀀스 제어를 구성할 때에 시스템의 입력요소는 제어의 입력신호를 결정하는 인자로서 다음과 같이 구분할 수 있다.

㉮ 푸쉬-버튼 스위치 (Push button switch) : 제어기를 작동하는 사람이 수동 조작으로 제어장치에 입력 신호로 제어명령을 주는 기구로서, 작업 명령 / 명령

처리 방법의 변경 등에 사용된다.

(1) 복귀형 푸쉬-버튼 스위치 : 사람이 조작하고 있는 동안에만 회로가 닫혀있거나, 열려 있다가 조작을 중지하면 즉시 원래의 상태로 복귀하는 것이다.

(2) 유지형 푸쉬-버튼 스위치 : 제어 명령자인 사람이 일단 수동 조작을 하면 그 신호가 한시적으로 유지하는 회로로서, 반대의 조작신호에 의하여 접점을 개폐하는 스위치이다. 그 종류로는 양쪽 푸시버튼 스위치, 셀렉터 스위치(선택 스위치), 나이프 스위치, 토글 스위치 등이 있다.

(3) 푸쉬-버튼 스위치의 접점상태.

접점의 종류	접점의 상태
a접점 (열려 있는 접점)	메이크 접점(make contact) 상시 개폐 접점(NO접점, normally open contact)
b접점 (닫혀 있는 접점)	브레이크 접점(break contact) 상시 폐쇄 접점(NC접점, normally close contact)

㉱ 검출 스위치 : 제어시스템에서 플랜트인 제어 대상의 상태 또는 변화를 검출하기 위한 스위치로서 위치, 액면, 압력, 온도, 전압 등의 제어량을 검출하는 역할로 리밋 스위치, 플로트 스위치, 압력스위치 등이 있다.

(1) 리밋 스위치(Limit switch) : 제어대상인 플랜트에 작동기의 움직임을 검출하는 스위치로서 유/공압 실린더의 위치를 검출하는데 사용한다.

(2) 플로트 스위치(Float switch) : 유체의 액면을 검출하는 스위치이다.

㉲ 전자 계전기(electromagnetic relay) : 코일에 전자력이 작용하면 접점을 개폐시키는 스위치로서 2차적인 제어신호를 발생하는 기능을 하는 장치로서 릴레이와 같은 기능을 가지고 있다.

(1) 전자 계전기의 원리 및 기호 : 코일에 전류를 흘리면 철심은 전자석이 되어 쇠붙이를 끌어당기게 되는 힘을 전자력이라고 한다. 여기에서는 그림에서와 같이 코일에 전류가 흐름으로서 전자력이 발생하여 아마츄어 플레이트를 잡아당겨서 접점의 상태를 바꾸어 주는 역할을 한다.

(2) 전자 계전기의 종류

(가) 보조 계전기(릴레이) : 전자계전기와 동일하게 작동하며 용량이 작고 많은 접점을 이용한 계전기이다.

(나) 한시 계전기(타이머 릴레이) : 보조 계전기에 타이머를 장착하여 시간 지연회로가 첨부된 계전기이다.

(다) 전자 접촉기(MC) : 교류모터의 제어와 같이 용량이 큰 전력회로의 제어용 접점을 이용한 계전기이다.

(라) 전자 개폐기(MS) : 전자 접촉기에 열동 계전기를 첨부한 계전기이다.

(3) 전자 계전기의 기능 : 1차적으로 코일에 신호를 보내서 접점을 개폐하는 형식으로 작동함으로 증폭기능, 변환기능, 전달기능, 연산기능, 조정 및 경보기능, 여러 가지 회로를 동시에 제어하는 기능을 들 수 있다.

※ 여자는 코일에 전류가 흐름으로서 a접점은 ON되고 b접점은 OFF되는 것을 의미한다.

소자는 코일에 전류의 차단으로 다시 원상태인 a접점은 OFF되고, b접점은 ON되는 상태를 말한다.

(4) 전자 계전기의 작용

(가) 코일의 여자에 요하는 전압과 전류의 값보다 매우 큰 값의 회로를 개폐하는 증폭능력이 있다.

(나) 코일에 주는 하나의 신호로서 접점의 여러 개의 신호로서 회로를 동시에 개폐할 수 있는 기능이 있다.

(다) a접점 밖에 없는 스위치를 코일에 신호를 보냄으로써 b접점을 가진 스위치로 변환하는 기능을 한다.

(라) 논리로직을 적용하여 여러 개의 릴레이를 조합하면 판단기능을 가진 회로를 만들 수 있다.

(5) 릴레이(relay) : 소형 전자계전기로서 코일에 신호에 의한 접점의 작동에서 용량이 작고 많은 집짐을 이용할 때 사용하는 계전기로서 보통 보조 계전기(auxiliary relay)라고도 한다.

(6) 전자 접촉기 : 전자 코일에 전류가 보내 고정 철심이 전자석으로 되어 가동 철심을 흡인하여 가동 철심에 부착된 주 접점과 보조 접점을 NC접점으로 하고, 전자코일에 전류가 흐르지 않으면 NC접점으로 한다.

(가) 주 접점 : 큰 전류가 흘러도 안전한 대 전류 용량의 접점으로 주 회로를 구성한다.

(나) 보조 접점 : 작은 전류 용량의 접점으로 주 회로의 개폐조작에 필요한 것으로서 조작회로나 보조회로를 구성하는데 사용한다.

⑤ 순서도(flow chart)

시퀀스 제어에서 순차적으로 제어로직을 설계하는 것은 매우 중요하다. 즉, 정해진 순서에 논리순서를 결정하여 작업 순서를 나타낸 일종의 유선을 순서도라 할 수 있다.

[표 순서도에 쓰이는 기호도]

기 호	명 칭	설 명
◯	결합자 (connector)	프롤 차트 다른 부분으로부터의 입구 또는 다른 부분의 출구를 나타낸다.
⬭	단 자 (terminal interrupt)	플로 차트의 단자를 표시하며 개시, 종료, 정지, 중단 등을 나타낸다.
▭	처 리 (process)	모든 종류의 작동 조작등 처리기능을 나타낸다.
◇	판 단 (decision)	몇 개의 경로에서 어느 것을 선택하는가의 판단 또는 YES, NO중의 선택 등을 나타낸다.
⬡	준 비 (preparation)	프로그램 자체를 바꾸는 등의 명령 또는 변경을 나타낸다.
▽	병 합 (merge)	두 개 이상의 접합을 하나의 접합으로 결합하는 것을 나타낸다.
△	추 출 (extract)	하나의 접합중에서 한 개 이상의 특정 접합을 빼내는 것을 나타낸다.
▱	입·출력 (input/output)	입·출력 기능이 0이나 1이냐를 나타낸다. 즉, 정보의 처리를 가능하게 한다.

⑥ 시퀀스제어의 기초회로도

　가. AND gate 회로도 ($X = A \cdot B$)

　　: 두 개의 접점 A, B 가 모두 동작해야 출력되는 회로를 말한다.

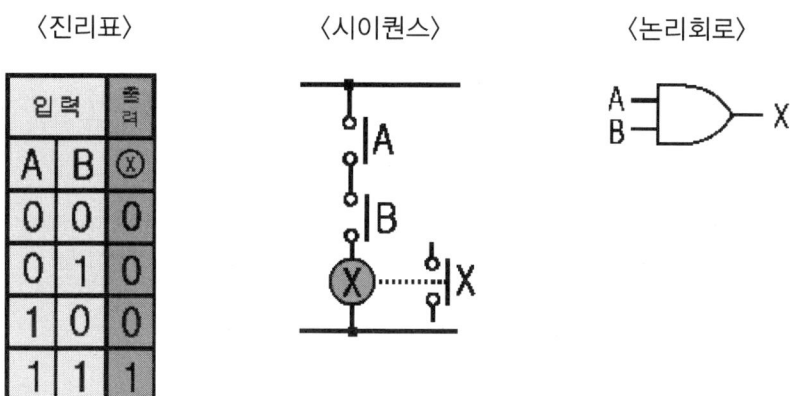

[AND 논리를 이용한 회로도]

　나. OR gate 회로도 ($X = A + B$)

　　: 두 개의 접점 중에 하나만 동작해도 출력되는 회로를 말한다.

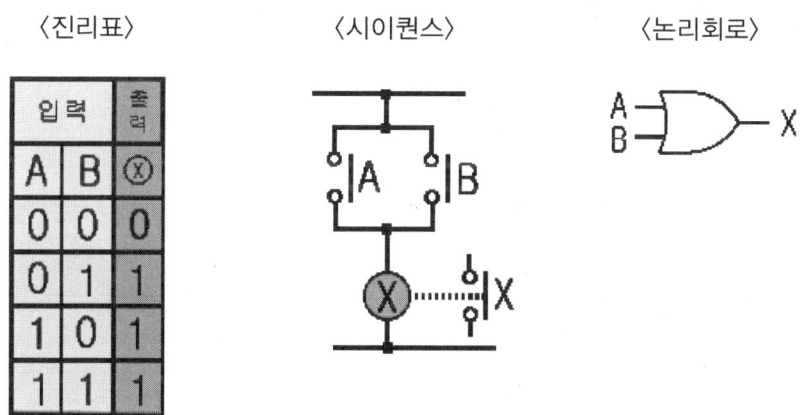

[OR 논리를 이용한 회로도]

　다. NAND gate 회로도

　　: AND gate에 NOT를 취한 것으로 AND의 부정으로 사용되는 기본 논리회로이다.

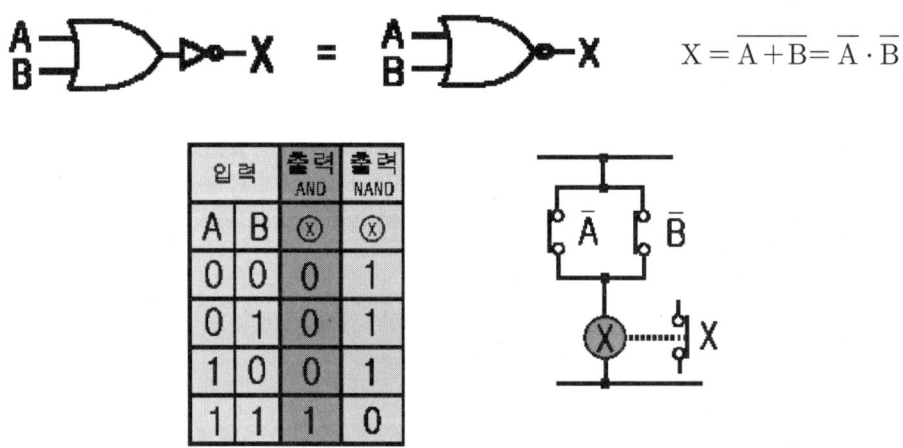

[NAND 논리를 이용한 회로의 기호도]

$$X = \overline{AB} = \overline{A} + \overline{B}$$

[NAND 논리를 이용한 회로도와 진리표]

라. NOR gate 회로도

: OR gate에 NOT를 취한 것으로 OR의 부정으로 표현되는 기본회로도이다.

$$X = \overline{A+B} = \overline{A} \cdot \overline{B}$$

[NOR 논리를 이용한 회로의 기호도]

마. 자기 유지 회로(self hold circuit) : 계전기 자신의 접점에 의하여 동작 회로를 구성하고 스스로 작을 유지하는 회로이며 복귀 신호를 주어야 비로소 복귀하는 회로를 자기유지회로(self hold circuit)라고 말한다.

제1장 자동화 기초

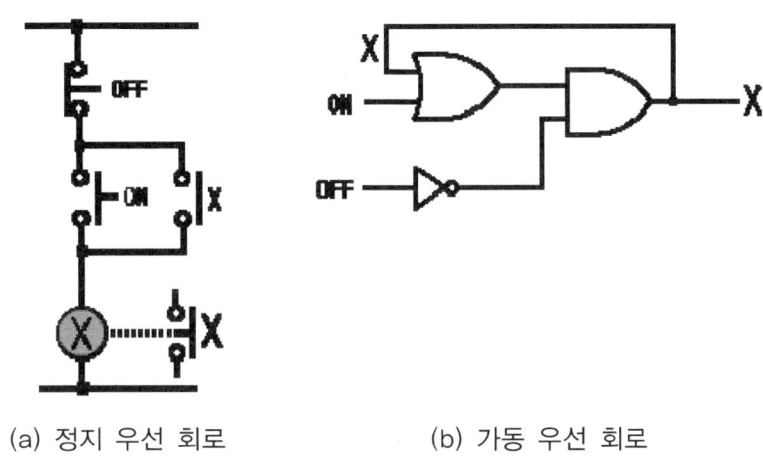

(a) 정지 우선 회로   (b) 가동 우선 회로

[자기유지 회로의 구성도]

바. 금지 회로(inhibit circuit) : 순서회로의 또 다른 입력신호에 대한 접점을 인버터(Not) 회로로 구성하여, 구성된 입력신호에 의하여 금지기능을 가져서 출력을 나타나지 않게 구성된 회로를 말한다.

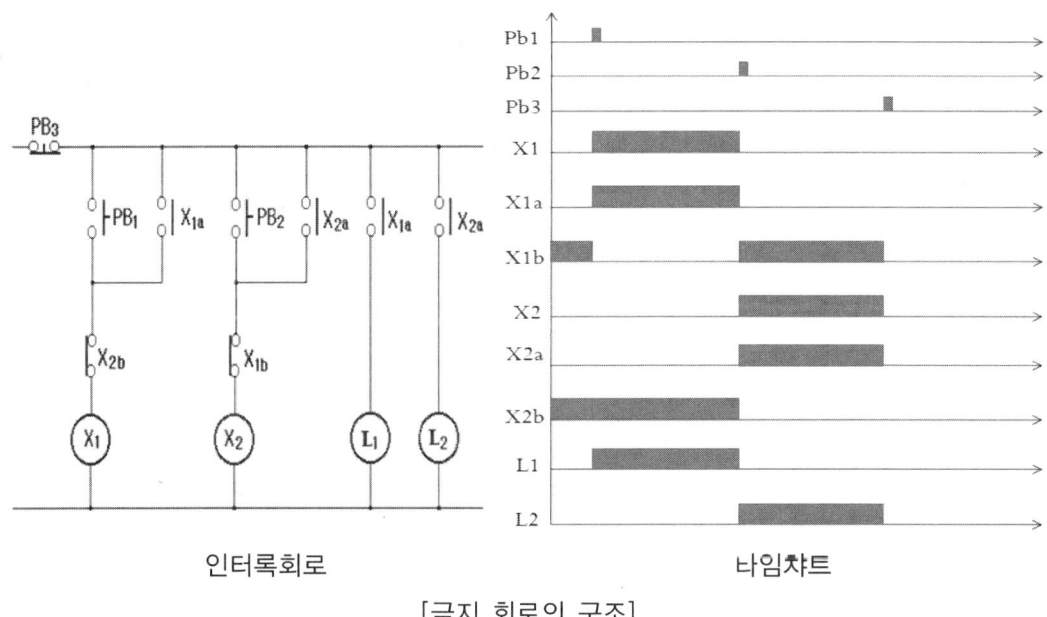

인터록회로   타임챠트

[금지 회로의 구조]

사. 배타적인 OR 회로(exclusive OR) : 회로로직을 설계 시에 논리로직인 배타적인 OR 게이트의 논리인 두 입력신호가 서로 다른 상태여서 출력을 나타내는 것을 회로로 구성한 것으로 주로 전자계전기에 많이 이용된다.

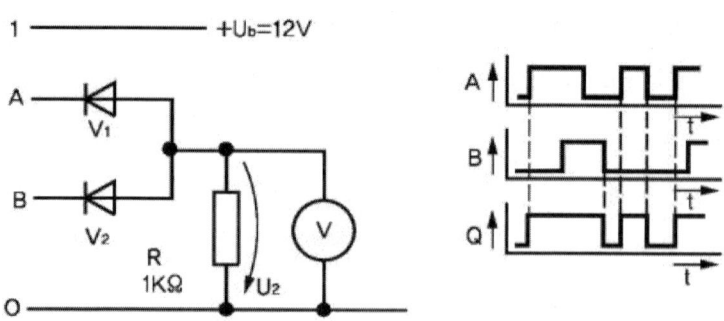

(a) 회로도와 입/출력 파형

릴레이	논리기호	논리식	진리표		
			A	B	Q
		$Q = A + B$	0	0	0
			0	1	1
			1	0	1
			1	1	1

(b) 논리기호, 논리식, 진리표

[배타적인 OR 회로의 구성도]

아. 일치 회로 : 회로로직 설계에서 논리로직 중에 배타적인 NOR 게이트를 이용하여 구성한 것으로 두 입력의 상태가 같을 때에 출력을 나타내는 것으로 신호 비트가 항상 일치해야 결과를 나타내는 회로를 말한다.

진리표

A	B	S(X-OR)	S(X-NOR)
0	0	0	1
0	1	1	0
1	0	1	0
1	1	0	1

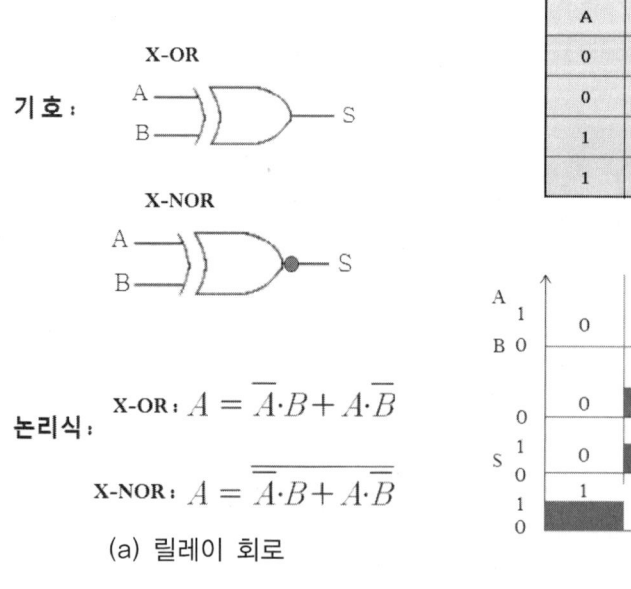

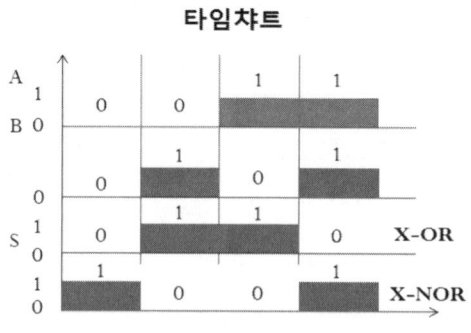

(a) 릴레이 회로   (b) 논리 회로

[일치 회로의 구성도]

자. 인터록 회로(inter lock circuit) : 회로로직에서 서로의 신호의 NC접점을 상대방의 결선에 연결함으로서 하나가 작동되면 다른 하나는 작동되지 않게 인터록을 설치하는 회로로서, 전기 기기의 보호와 운전자의 안전을 위하여 구성된 회로이다.

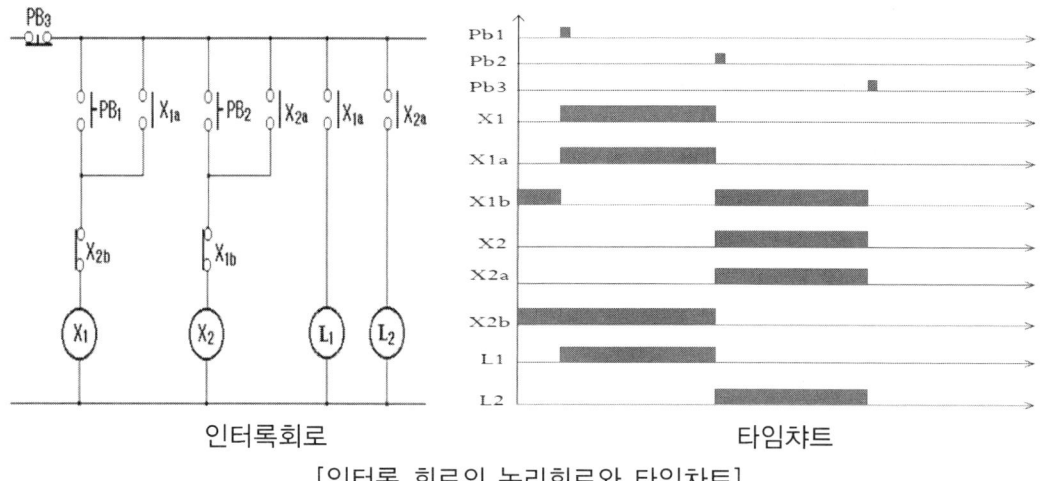

[인터록 회로의 논리회로와 타임챠트]

차. 타이머 계전기(timer relay) : 회로 내에 Timer Relay을 사용함으로써 입력 신호를 보낸 후에 일정한 시간만큼 지연되어 출력 신호 값이 변화하도록 하는 시간차가 있는 회로를 말한다.

㉮ 동작지연 타이머(On delay timer) : 회로내의 동작지연 타이머 릴레이를 넣어서, 이 회로가 동작 시에 지연 타이머의 출력접점을 한시동작순시복귀동작으로 작동시켜서 출력을 지연시간이 두고 작동하게 하는 회로로서 복귀 시에는 신호와 동시에 복귀한다.

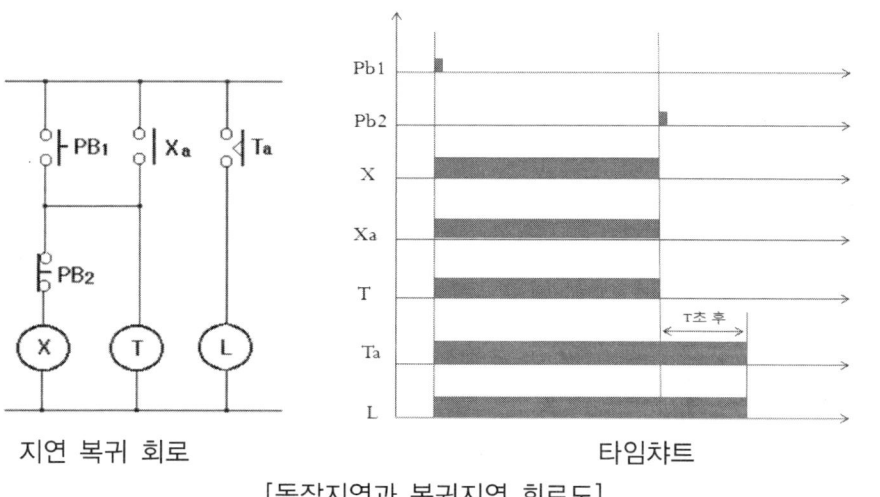

[동작지연과 복귀지연 회로도]

㉯ 복귀 지연 타이머(off delay timer) : 회로 내에 복귀지연 타이머 릴레이를 사용하여 회로동작 시에 출력이 입력과 동시에 작동하고 복귀 시에 시간 지연이 있는 순시동작 한시복귀회로를 말한다.

4. 폐회로 제어계(Closed-loop control system) : 피드백 제어시스템(Feedback control system)

① 폐회로 제어 시스템(Closed-loop control system)

출력신호를 입력신호로 피드백하여 출력값을 비교한 후에 출력값이 목표값에 이르도록 제어하는 것으로서 피드백제어 시스템(Feedback control system)이라 한다. 폐회로의 적용은 일반적으로 동일한 배전 버스의 양쪽 끝에서 전원을 공급하는 것을 요구한다. 이러한 구성 때문에, 사고가 제거되는 동안에 부하에 전원이 끊기지 않게 될 것이다. 따라서 고신뢰성 장애 제거 시스템은 케이블 사고로 인해 발생하는 정전의 발생의 가능성을 제거하고, 따라서 substation circuit breaker 들은 회로 내에서 사고를 제거하기 위한 동작을 할 필요가 없다. 시스템은 간선 feeder 사고를 6 사이클 이내에 제거 할 수 있다.

② 폐회로(Closed Loop system) 구성

간선 feeder와 관련된 고장차단기(fault-interrupter)의 회로(ways)에는 각각 SEL-351 보호계전기가 설치된다. SEL-351 보호계전기가 배전 루프에 공급하는 각각의 substation circuit breaker에도 요구된다.

각 보호계전기는 고속 광케이블 네트워크를 통해 다른 보호계전기와 통신할 수 있도록 구성된다. 보호계전기는 사고가 발생한 간선케이블 구역의 양쪽 고장차단기만 개방되는 것을 확실히 하기 위하여 실증된 Permissive Overreaching Transfer Trip(POTT) 및 Directional Comparison Blocking(DCB)의 송전계통의 보호 개념을 이용한다.

③ Closed Loop System의 동작

　가. 정상 동작

　　이 예에서는, 4대의 원격 감시 Vista PMS가 사용되며, 각각은 4 회로의 고장차단기가 제공된다. 간선 feeder와 연관된 인입회로(way)는 600A 부싱으로 제공된다. 부하에 공급되는 인출회로(way)는 200A 부싱 웰로 제공된다.

사고 전류 방향의 흐름을 결정할 수 있는 방향성 보호계전기가 간선 feeder에 연관된 인입회로(way)상에 설치된다. 두 개의 보호계전기가 이 광케이블에 의하여 상호 통신한다.

나. 사고 조건

사고가 발생하면, 전류는 양쪽 substation 회로차단기(circuit breakers)를 통하여 흐르게 된다.

다. 사고 통신

이 사례에서, 보호계전기 5번과 6번이 사고 발생 케이블 구역의 양쪽에 있다. 각 보호계전기는 각각의 화살표의 방향으로 흐르는 사고 전류를 감지하고, "전방에서 사고 감지(forward fault detected)" 논리신호를, 차단 및 격리하여야 할 사고가 감지된 것을 표시하기 위하여, 광케이블 연결을 통하여 상대편으로 보낸다.

비록 사고가 발생하지 않은 케이블 구역의 보호계전기가 또한 고장 전류를 감지할지라도, 차단(Trip)을 위한 특성 조건에 적합하지 않다. 예를 들어, 보호계전기 8번이 화살표의 방향으로 사고전류의 흐름을 감지한다. 그러나 보호계전기 7번은 화살표 방향의 반대편으로의 사고 전류 흐름을 인지한다. 따라서, 이 두 보호계전기 사이에 통신되는 정보는 그들 둘 사이에 사고가 발생하지 않았음을 표시한다.

라. 사고 위치

보호계전기 5번과 6번 각각은 각 화살표 방향으로의 사고 전류 흐름을 인지하고 그 상대편이 각 화살의 방향으로 흐르는 사고 전류를 인지하며 - 사고 발생 케이블 구역이 그들 사이라는 것을 결정하고, 각 계전기의 고장차단기를 차단(Trip)시킨다. 사고 발생 케이블 구역은 전원이 차단되지만 전원이 차단되지 않은 Vista PMS B와 C에 의하여 부하에 전원이 공급된다.

④ Closed Loop system과 SCADA(또는 터널통합감시시스템)과의 통합

각 SEL-351 보호계전기는 RTU(Remote Terminal Unit)으로서의 기능이 가능하다. SEL-351 보호계전기는 DNP3.0 또는 Modbus 프로토콜을 통하여 SCADA(또는 터널통합감시시스템) 주 스테이션과 통신할 수 있다. 기타 프로토콜도 지원이 가능하다.

5. 개회로와 폐회로의 장·단점

① 개회로 시스템

　가. 장점 : 간단하고 저가이다.

　나. 단점 : 외란에 대해 정확한 제어가 불가능하고 정확성면에서 떨어진다.

② 폐회로 시스템

　가. 장점

　　㉮ 외란에 대해 정확한 제어가 가능하다.

　　㉯ 균일한 제품 생산으로 생산품질 향상.

　　㉰ 생산속도 증대로 생산량 증가.

　　㉱ 에너지 절약과 인건비 절감.

　나. 단점

　　㉮ 제작이 복잡하다.

　　㉯ 고가이다.

　　㉰ 고도의 기술이 필요하다.

제3절 센서의 원리와 종류 및 특성

1. 센서의 정의

senser라는 단어는 라틴어의 sens-(-us)에서 유래된 것으로, 1965년경까지도 문헌상에 나타나지 않았다. "Dictionary of Scientific and Technical Terms"에 처음으로 정의를 넣어서 sensor라는 단어를 수록 하였다. 한마디로 센서라 부르지만 그 범위는 매우 넓어. 아래로는 리드스위치와 같은 부품레벨에서 위로 는 패턴인식을 행하는 시스템레벨까지 다양하다. 또한 최근에는 지능형 센서(intelligent sensor)라고 불리는 CPU 내장형의 센서까지 등장하여 그 기능도 점점 복잡해지고 있다.

온도, 압력, 유량 또는 그들의 변화, 혹은 빛, 소리, 전파 등의 강도를 감지하여 그 정보수집시스템의 입력신호로 변환하는 디바이스라고 있다.

센서의 사전적 해석은 빛, 소리, 압력, 변위, 진동, 자계 등 각종 물리량이나 이온, 가스, 당분 등 여러가지 화학량 등 외계의 정보를 검지하여 신호처리하기 쉬운 전기나 빛의 신호로 변환하는 기능을 지닌 소자, 또는 장치를 일컫는 말로 인간의 오감(시각, 청각, 미각, 촉각, 후각)기능 및 상태를 표현하는 라틴어 aens(-us)에서 유래된 공학용어이다.
 센서란 측정 대상의 물리량이나 화학량을 시간적으로 측정하여 유용한 신호(주로 전기적신호)로 변환하여 출력하는 장치이다. 센서는 인간의 감각을 대신하여 외계의 물리적 현상을 감지하는 검출기로서 첨단 과학 기술의 핵심 기술로 일컬어지고 있으며 그중요성이 크게 부각되고 있다. 메카니즘, 컨트롤부, 센서의 3가지 요소가 발달하여 공장자동화(FA), 사무자동화(OA) 및 가정자동화(HA)에서 중추적인 역할을 한다.

2. 인간의 오감과 센서의 대비

인간의 오감	기관	센서
시각	눈	광센서
청각	귀	음파센서
촉각	피부	압력센서, 촉각센서
후각	코	가스센서
미각	혀	이온센서, 바이오센서
그 외의 센서		중력센서, 전류센서, 자기센서

3. 자동화 장치의 구성 : 5대 요소

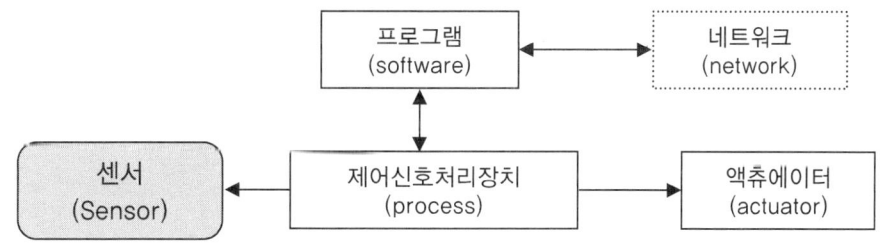

4. 센서의 선정

센서를 선택하는데 있어서, 장치의 특성의 명확이 파악해야 한다. 기계 장치의 설계 단계에서 최적의 센서를 설계해 둘 필요가 있다. 선정기준 외에 센서를 채용할 때 센서의 안전성, 내구성, 내식성, 내후성, 노이즈 신호의 신뢰도, 통일성 들을 고려해야 한다.

① 내구성

센서에는 수명이 있다. 주변환경에 따라 변할수 있으며, 센서의 기능이 반복할 경우에 필요한 정도가 유지 가능한 시간을 말하며 이것은 짧으면 보수유지와 고장이 빈번히 발생하게 된다.

② 안전성

센서의 안전성은 센서 자체의 파괴로 인한 직접 사고의 방지를 들 수 있다. 센서가 외부환경으로부터의 스트레스에 견딜수 있도록 설계해야 한다. 검출치에 대한 신뢰성이 높은정보를 출력하는 것을 들 수 있다.

③ 노이즈성

센서는 아주 미약한 전류를 출력한다. 주변 전기기기를 조작할 때 발생하는 유도기전력, 정전유도, 전파 등의 영향을 받기 쉽다.

④ 내후성

옥외에서 사용할 경우에 바람, 비, 염분, 분진, 화학성 물질 등을 포함한 대기, 유화물로 센서에 영향을 준다. 이러한 환경으로부터 센서을 차단하는 설계가 필요하다.

⑤ 보조 동력

정전이나 단선 등으로 동력원이 끊어졌을 때에도 센서만을 동작시키고 싶을 경우에는 보조동력을 마련해야 한다.

⑥ 신호의 통일성

다수의 센서를 사용할 경우 센서의 출력신호에 통일성이 있어야 설계하기 쉽다. 컴퓨터나 마이크로프로세서로 신호를 받아 처리하므로 아날로그 신호를 디지털 신호로 변환하여 사용하는 것이 일반적이다.

⑦ 내구성의 영향

센서가 기계에 설치되면 기계는 고장없이 운전되도록 부수점검을 주기적으로해야 센서의 수명이 연장된다.

2. 센서의 분류

① 출력 형식에 의한 센서의 분류

비전기량형	컬러서머센서 등	형태별	유형별
전기량형	ON/OFF형	유접점형	
		무접점형	
	아날로그 전기량형	펄스형	펄스레이트형
			펄스파고형
			펄스폭형
			펄스간격형
		연속형	저항 변화형
			전압 변화형
			전류 변화형
			인터페이스 변화형
			용량 변화형
	디지털 전기량형	주파수 변화형	
		펄스 개수형	
		코드형	

출력 신호의 형식이 전기량 형식의 것은 또 다시 ON / OFF형, 아날로그 전기량 형식, 디지털 전기량 형식으로 분류된다. 생각하는 방법에 따라 ON / OFF형식은 디지털 전기량 형식중의 한 형식이라고도 생각되지만 이용 형태 및 취급 방법으로부터 독립적인 형식으로 되어 있다. 이 세 형식은 각각 또다시 출력 형식에 의해 분류되어, 14종류의 다른 출력 형태로 된다. 그러므로 센서의 동작 형태는 센서의 입력 물리량의 형태와 이 14종류의 출력 형태와의 조합으로 되고, 또한 그 동작 원리나 적용 범위도 복잡하기 때문에 대단히 많은 종류로 된다. 시스템의 설계자는 이 수많은 종류의 센서로부터 시스템의 목적에 가장 적합한 것을 선택하지 않으면 안된다.

컴퓨터에 입력되는 정보는 컴퓨터가 이해할 수 있는 정보 형식, 즉 디지털 수치정보이어야 한다. 그런데 센서 출력정보는 입력 인터페이스 안에서 디지털 정좌로 변환되는 것이지만, 센서 출력 신호가 그대로 디지털량으로 변하기에 적합한 형태로 되어 있는 것은 극히 드물다. 그래서 센서 출력신호를 디지털량으로 변환하기 전에, 얼마간의 전처리가 필요하게 된다. 이전처리 및 디지털량으로 변환하는 동작의 내용은, 출력형식에 의해 각각 다른 것이다.

② 온도센서

온도나 열을 감지하는 소자인 온도센서는 가장 센서중에서 가장 광범위하게 사용된다. 온도센서는 다른 센서에 비해 종류가 가장 많은 것으로 온도라는 물리량을 전기신호로 변환하는 것이다. 접촉형과 비접촉형이 있다.
접촉형 온도센서는 시벡 효과를 이용한 열전대와 온도에 따른 저항 변화 특성을 이용한 측온저항체 및 서미스터가 있다.

③ 온도센서의 분류

온도 센서의 종류	사용 온도 범위
수정 온도계	-100~220℃
서미스터	-200~℃
IC 온도 센서	-55~150℃
백금 측온 저항체	-180~600℃
구리 측온 저항체	0~200℃
니켈 측온 저항체	-20~300℃
바이메탈식 저항체	0~300℃
수은 온도계	-30~350℃
알코올 온도계	-60~100℃

④ 온도센서별 사용온도

종 류	센 서
접촉식 센서	백금 측온 저항체 서미스터(NTCl, PTC, CTR) 열전쌍 IC온도센서 바이메탈식 온도계 수정 온도계 수은, 알코올 온도계
비접촉식 센서	초전형 온도 센서(PZT계) 양자형 온도 센서(기전력형, 도전향)

⑤ 접촉식, 비접촉식 온도센서의 비교

　가. 접촉식 온도센서

　　　센서에 의해 측정 온도가 변화하지 않는 대상, 피측정물과 센서의 접촉면이 큰 조건에 사용된다. 내부의 온도측정에 많이 사용된다. 가격이 저렴하다. 열용량이 적은 물체는 센서로 측정 온도가 변화될 우려가 있다. 원격 측정에 부적합하다.
　　　측정온도는 1000℃이하가 용이하다. 응답속도가 비접초식보다 느리다.
　　　피측정물의 온도고 변할 수 있고, 작은 물체는 측정이 어렵다.
　　　임의의 개소에서 측정이 가능하다.
　　　고속으로 움직이는 물체에는 적합하지 않다.

　나. 비접촉식 온도센서

　　　적외선이 상사가 충분한 곳, 대상물의 적외선 방사율이 명확하게 알려져 있고, 변화지 않는대상을 측정한다. 운동 물체에도 사용할 수 있다. 열화상 측정이 가능하다. 고전압 등의 유도에 영향이 없다. 정확한 측정엔 부소적인 회로가 필요하다. 표면 온도만 측정할 수 있다.
　　　고온 측정시 용의하다. 저온은 측정이 곤란하다. 응답속도가 고속이다.

⑥ 습도센서

공기중의 여러 가지 이온 중에 포함되어 있는 수분 또는 수증기의 양을 측정하는 센서이다. 예로부터 기상 데이터를 얻기 위하여 사용되어 왔다. 근래에는 섬유, 목재, 종이, 식품 등 수분을 포함한 제품을 취급하는 공업분야에서 습도 계측용으로 사용된다. 다공질 세라믹이나 고분자막에 수분이 흡수됨으로써 일어나는 전기 저항이나 정전용량의 변화를 이용하는 방식이다. 습도는 전자를 응용한 전자제품의 산업화로 습도 조절은 중요하며, 장비와 제품 품질에 지대한 영향을 미치고, 수명에 절대적인 영향을 미친다. 습도센서는 절대 습도용, 상대 습도용, 이슬점 측정용으로 나누어진다.

　가. 절대습도용 : 피검 범위의 함유 수증기의 절대량을 나타내는 것으로 기상 구성성분의 중량비(ppm W), 용량비(ppm W), 분압(mmHg)로 표시한다.

　나. 상대습도 : 피검 분위기의 함유 수증기량을 어떤 온도에서의 포화 수증기량에 대한 백분율로 나타낸다.

　다. 이슬점 : 피검 범위의 이슬점 온도, 즉 함유 수증기량이 포화 수증기량과 같게 되는 온도를 측정한다. 이슬점은 100m마다 0.2도씩(1m 마다 0.2/100도씩)기온이 떨어진다.

⑦ 무기염을 이용한 습도 센서

무기염의 전해질 용액의 농도는 분위기 중의 수증기량과 평형관계에 있고, 전해질 수용액의 농도는 이온 전도도로서 측정이 가능하므로, 전해질 수용액의 농도를 통해 분위기 중의 수증기량을 측정할 수 있다. 무기염으로서 염화리튬을 이용한 습도센서가 오래전부터 이용되고 있다.

⑧ 세라믹을 이용한 습도센서

물분자의 물리적 흡착에 의한 표면 이온전도성의 변화를 측정하고, 물분자 흡착에 의한 유전율 변화를 정전용량 변화로 측정하기도 한다.

⑨ 고분자를 이용한 습도센서

고분자 유기재료를 감습재료에 사용한 습도센서는 이온전도식, 유전율식, 팽창식 및 발진기의 원리를 이용한다. 이온전도성을 측정하는 것은 물분자가 고분자 내부로 투입되면 물분자의 쌍극자 배열에 의해 이온의 포텐셜 에너지 변환이 일어나 전기전 변환이 일어난다. 이를 교류 임피던스 측정으로 전도도를 알아낼 수 있다.

⑩ 가스센서

검출 방식이나 가스(Gas)의 종류, 농도에 따라 센서의 종류가 다양하다. 반도체, 접촉 연소식 및 열선 반도체식은 연소 가스를 비롯한 가연성 가스용으로 갈바니(galvanic current 금속과 전해질 용액 또는 종류가 다른 금속끼리의 접촉에 의해 생기는 전기) 전지식 및 고체 전해질식은 산소용, 정전위 전해식은 유해가스용, 그리고 수정진동자식은 취기가스용으로 주로 사용되고 있다. 주로 LNG, LPG 폭발방지 장비의 센서로 사용되었다. 그 후로 유독성 가스 감지용, 환경 계측용, 프로세스 계측용, 자동제어용의 용도로 확대되었다.

반도체식은 SnO_2, Fe_2O_3, ZnO 등의 N형 산화물 반도체의 소결체와 그 후막, 증착이나 스퍼터링으로 제작된 얇은 막을 가열하고 가스 속에서의 전기 저항의 변화로 가스를 검출한다.

⑪ 이온센서

용액 중의 이온을 검출하는 센서로서 특정한 이온에 감응하여 전위가 변하는 이온 선택성 전극과 기준전극 사이의 전위차를 측정하는 방법이 일반적이나 최근 실리콘 반도체를 이용한 센서도 있다. 특정 이온농도에 따라 다른 기전력을 갖는 이온선택성 전극막 센서모듈로 이온농도를 측정한다. 측정원리는 농도를 알고 있는 표준용액을 이용하여 이온의 농도와 전기신호의 관계식인 이온센서의 검량선을 얻은 다음, 이온센서를 측정하고자 하는 양액에 담그면 이온센서의 전극과 기준전극 사이에 전위차가 발생하고 이 전기신호를 검량선과 비교해 농도로 환산하여 측정한다.

⑫ 바이오센서

이온 센서에 생체 재료를 이용해서 생체 내의 화학물질을 검출하는 것으로서 효소센서, 미생물센서, 면역센서 등이 있다. 이온전극에 생체 재료를 고정화하여 검출하는 화학물질과 생체 재료와의 반응에 생성 또는 소비되는 이온 등을 전극반응에 의해서 측정하는 방법이다. 효소·항체 등의 생물체의 기능물질 또는 미생물 등 생물체가 특정 물질과 예민하게 반응하는 생물 감지 기능을 이용해서, 시료에 함유되어 있는 화학물질을 선택적으로 검출·계측하는 데 사용한다. 효소·항체 등의 생물체의 기능물질 또는 미생물 등 생물체가 특정 물질과 예민하게 반응하는 생물 감지 기능을 이용해서, 시료에 함유되어 있는 화학물질을 선택적으로 검출·계측하는 데 사용하는 화학센서, 생화학검지기라고도 한다. 검지소자에 의해 감지된 특정 화학물질의 양(농도)을 전압·전류의 값으로 표시하는 화학센서라 할 수 있다. 또 바이오센서는 검지소자의 종류에 따라 효소센서, 미생물센서, 면역센서 등으로 분류하기도 하는데, 현재 실용 단계에 있는 것은 효소센서·미생물 센서 뿐이며, 특히 효소단백질의 특정한 기질분자나 반응에만 작용하는 특이성(분자, 반응의 식별, 선택 기능)을 이용하는 효소센서가 가장 많이 활용되고 있다.

⑬ 후각, 미각센서, 촉각센서

동물의 후각/미각 신경을 모방하는 것으로 선택성이 다른 다수의 가스센서 또는 이온센서 어레이와 정보의 인식을 위한 정보처리 정치를 조합한 고도의 시스템이다.
아직 동물의 인식 능력에 도달하기에는 많은 연구가 필요한 상태이나, 현재 산업용, 가정용 후각/미각 센서가 개발되어 활용되기 시작하고 있다.

촉각은 산업용 로봇뿐 아니라 인간과 함께 생활하는 홈로봇의 경우에도 중요하다. 접촉 사고를 방지하고 인간과의 스킨십을 위해서다. 로봇도 인간 피부처럼 촉감을 느끼는 센서 피부를 입혀 사용한다. 쓰다듬으면 애완동물처럼 반응하는 로봇은 이미 환자나 노약자에게 인기를 끌고 있다. 청각 기능은 로봇이 인간과 대화하고 반응하기 위해 앞으로 더욱 중요하다.

우리 귀에는 달팽이관이 있어 문제없이 서 있고 움직일 수 있는 평형감각을 유지해 주고 있다. 로봇에 이 기능이 없으면 인간처럼 유연한 동작을 할 수 없다. 로봇은 가속도 센서와 자이로 센서를 사용해 각각 직선과 회전운동 균형을 잡는다.

이 센서를 인간의 감각기관처럼 초소형으로 만들기 위해 오랫동안 노력했는데 아직도 신뢰성이 충분하지 못하다. 이러한 기능이 없으면 로봇은 마룻바닥이나 모래밭길을 걸어갈 수조차 없게 된다. 후각은 화학 센서 발달에 힘입어 쉽게 로봇에 적용할 수 있다. 미각 센서는 아직까지 개발이 잘 안 된 분야다.

최근 눈으로 와인이나 쇠고기, 과일의 신선도와 맛을 알아내는 로봇이 개발됐고 인간의 미묘한 미각 특성을 분석해 센서화 하기도 했다. 이를 주방용 가전로봇에 접목해 가정주부를 돕는 로봇이 나올지도 모른다.

⑭ 전기량센서

자전변환효과, 압전효과, 전기광학효과 등을 이용하여 전압, 전류 등의 전기량을 측정하는 센서이다. 발전소나 송전선 등의 고전압, 대전류하에서의 계측에 주로 사용되는 포켈스 효과(pokels effect)를 이용한 전압센서와 페러데이 효과를 이용한 전류센서가 가장 주목되고 있다.

⑮ 자기센서

홀(Hall)효과, 자기저항 효과, 초전도 효과 등을 이용하여 자계의 강도를 측정하는 센서로서 그 대표적인 예로는 홀센서와 SQUID=(Superconductiong Quantum Interference Device:초전도 양자간섭 소자)가 있다.

⑯ 음향센서

압전효과나 전왜효과를 이용하여 음향신호를 전기신호로 변환하는 소자로서 주로 인간의 귀로 들을 수 없는 초음파를 감지하는 초음파센서를 일컫는다. 주로 인간의 귀로 들을 수 없는 초음파를 검지하는 초음파 센서를 일컫는다. 초음파센서는 거리, 기온, 도난, 화재, 누설, 가스센서 등 일상생활에서 널리 이용되고 있으며, 수중 통신, 어군 탐지, 소나, 혈류 탐지 등 산업, 군사, 의료 등의 분야에도 사용된다.

⑰ 광센서

광센서란 자외광에서 적외광까지의 광파장 영역의 광선을 검출하여 이것을 전기신호로 출력하는 포토센서이다. 광센서는 광량의 검출을 목적으로 하는 수광 소자와 광을 사용하여 다른 물리량을 측정하는 광복합센서로 분류된다.

가. 광도전 효과형 광센서

반도체에 빛이 닿으면 자유전자와 자유정공이 증가하고 광량에 비례하는 전류 증가가 일어나는 현상을 이용한 센서이다. 광학기구의 조도계로서 사용된다. Cds, CdSe-Pbs가 있다.

나. 광기전력 효과형 광센서

Si 단결정을 기판으로써 열확산법에 의해 기판과 극성이 다른 불순물을 도핑하는 것에 기인하여 PN접합을 형성한 반도체를 이용한 센서이다. PN접합부로 빛이 조사되면 전자-전공이 다수 발생하여 전극간에 기전력이 발생한다. 이 센서는 인가 전압을 필요로 하지 않으므로 이용이 간단하다. 포토다이오드, PIN 포토다이오드, APD, 포토사이리스터, 포토트라이악이 있다.

다. 복합형 광센서

발광원으로서의 LED와 광센서로서의 포토다이오드, 포토트랜지스터를 일체한 포토카플러, 포토인터럽트 등을 조합한 것을 복합형 광센서라 한다.
포토다이오드어레이, PSD, CCD 이미지 센서, MOS이미지 센서, 투과형 포토인터럽트, 반사형 포토인터럽트가 있다.

⑱ 압력센서

물질이나 물체의 질량을 측정할 때 중력을 측정하거나 힘과 토크를 측정할 수 있는 센서이다. 힘과 토크를 정밀하게 측정하기 위해서 먼저 작은 변위를 측정하여, 이 변위를 전기 신호로 변환, 증폭하여 측정한다.

방식에 따른 분류	센서의 종류
차동 용량 방식	부르동판 다이어프램-금속, 비금속 벨로우즈
스트렌인 게이지	금속 - 금속박 접착, 비접촉, 박막증착 반도체 - 벌크접착, 확산형

제4절 PLC 구성과 특성

1. PLC의 개요와 특징

① P.L.C란?

가. P.L.C란 무엇인가?

미국의 전기공업회 NEMA(National Electrical Manufacturers Association)에서는 다음과 같이 정의하고 있다. "각종 기계나 프로세서 등의 제어를 위하여 Logic, Sequence, Timer, Counting 및 연산기능 등을 내장하고 있으며 프로그램을 작성할 수 있는 메모리를 갖춘 제어장치다" 즉, P.L.C란 쉽게 말하여 시퀀스를 실현하기 위한 산업용 컴퓨터라 해도 좋을 것이다.

나. P.L.C의 출현

자동화의 핵심기기인 PLC는 1968년 GM(General Motors)사에서 기존의 릴레이 제어반을 대체하기 위해 새로운 전자화 제어기에 대한 10가지 구매시방서를 제시하고, 그에따라 DEC(Digital Equipmenls Corp.)사에서 PDP-14라는 최초의 PLC를 개발함으로써 탄생하게 되었다.

그후 PLC는 전자화 제어기기로서 눈부신 발전을 거듭하였으며, 1995년 세계시장규모 약 50억달러(출처:MIRC:Market Intelligence Research Corp.)의 FA핵심기기로 자리매김하게 되었다. 이러한 발전과정에서, 공장제어 어플리케이션S/W의 성능이 5년마다 약2배로 향상되었음에도 불구하고 PLC프로그래밍에 대한 노력은 계속 증가해 왔으며, H/W의 성능은 매년 약25%의 향상을 보여왔다. P.L.C의 근본적인 출현원인은 유접점 및 무접점 시퀀스의 아래와 같은 문제점에 의해서 출현하게 되었다.
㉮ 시퀀스를 작성하고 결선을 한 다음 실제로 기계를 동작시켜 보아야만 제대로 된 시스템인지 알 수 있어 현장에서의 변경이 빈번하다.
㉯ 처음 제작시, 생산라인의 변경시 시퀀스 내용을 외부에 누설 시켜야 한다.
㉰ 제작 공정상 완벽한 시퀀스의 설계, 결선도 작성, 각종 부품 구매, 검사, 시험, 현지 시운전 등 여러 단계를 거치며 장시간이 요구된다.
㉱ 고도의 경제성장을 맞아 설비는 고급화, 거대화 추세이므로 제어에 사용되는 릴레이 개수도 많아지고 릴레이 접촉 신뢰성의 한계로 인하여 빈번한 고장이 발생하였다. 이상과 같은 여러 원인에 의해 DEC(Digital Equipmenls Corp.)사에서 최초의 P.L.C를 개발하게 되며, AllenBradley와 Modicon사 등에서도 P.L.C를 잇따라 개발하게 된다.

이렇게 출현한 P.L.C는 전문적인 지식 없이도 사용이 가능하고 프로그램에 의해서 간단하게 제어를 변경할 수 있는 등의 장점으로 인하여 급격한 수요를 창출하게 되고, 모든 산업 분야에서 그 적용이 확대 되어 가고 있다.

다. P.L.C의 특징, 장단점 및 발전
  ㉮ P.L.C의 장점 및 특징
    (1) 용이한 소프트 웨어
      P.L.C는 종래의 자동화 시스템에 사용되던 유접점 및 무접점 릴레이 등에 대치되는 것이다.
      (가) 유접점, 무접점 릴레이를 사용하던 사용자가 특별한 전문적인 교육을 받지 않아도 쉽게 이해될 수 있는 소프트웨어이다.
      (나) 계산기와는 달리 제어기능의 효과적 수행이 목적이지 그것을 실현하는 장치를 목적으로 하지 않는다.
      (다) P.L.C를 사용한 시스템을 현장에서 보수하고 보전하는 과정에서 P.L.C의 특별한 지식 없이 쉽게 이해된다.
      (라) P.L.C에서는 외부동작(제어시방)이 내부동작(프로그램)으로의 변환이 쉽게 되었을 뿐만 아니라 내부의 직렬동작 프로그램이 외부의 병렬동작으로 대응되는 형태의 소프트웨어로 되었고, 이 역변환성이 계산기와 크

게 다른 것이다.
(2) 보수의 용이성
   (가) 생산 현장에서의 조작 및 취급성이 고려된 프로그래머에 의해 쉽게 내부 동작 프로그램을 변경할 수 있고 그 실행상태를 종래의 시퀀스 제어기술로 쉽게 파악 할 수 있는 것이다.
   이처럼 프로그래머는 P.L.C와 시퀀스 제어기술을 연결시켜주는 것으로서 P.L.C의 본질적인 특징이다.
   (나) 프로그래머는 하드웨어(hard ware)나 소프트웨어(soft ware)의 보수 및 감시를 용이하게 할 수 있는 디버그(debug) 기능을 구비하고 있다.
(3) 프로세스 직결성
   프로세서와 직결하여 제어를 실행하는 P.L.C는 프로세서와 직결할 수 있는 입출력을 가지고 있다. 이 입출력은 외부기기와 CPU의 중간에 위치하고 외부기기로부터 신호를 논리레벨로 변환하는 기능과 CPU로부터 논리레벨로 받은 출력값을 외부 기기가 구동될 수 있는 레벨까지 변환하는 기능을 갖는다.
(4) 배선 및 설치의 용이
   릴레이 제어반 제작시 납땜이나 결선 작업 등 많은 공임이 소요되나 P.L.C 에서는 이것들이 프로그램으로 간단히 처리되며 동일한 사양일 경우 프로그램을 Tape나 디스켓, ROM 등에 저장하여 두었다가 언제든지 Copy가 가능하다.
(5) 설치 면적이 작다.
   반도체를 사용하였으므로 종래의 제어반 보다 설치면적을 작게 할 수 있다.
(6) 수명이 반 영구적이다.
   무접점 회로를 택함으로서 유접점 릴레이에 비해 신뢰성이 높고 수명이 길다.
㉴ 단점
   (가) 호환성의 결여
      표준화가 되어 있지 않고 생산 회사마다 다른 프로그램 언어를 사용함으로서 호환성이 없다.
   (나) 가격이 비싸다.
      소규모 제어 회로에서는 릴레이 제어 방식보다 가격이 비싸다.

㈐ 표준화

사용자가 어떠한 제어장치(A사 P.L.C)용으로 개발한 Program을 다른 제어장치(B사P.L.C)에도 적용할 수 있도록 해주는 것이다. 이와 같은 기능은 사용자에게 조기에 유용성을 제공하고, P.L.C에 대한 넓은 선택권을 제공 하는데도 불구하고 초기 각 P.L.C 메이커들은 자기 고유의 기술을 고집하며 사용자의 편리는 생각하지 않았다. 그러나, 1970년대 초부터 NEMA(미국), GRAFSET(프랑스), DIN(독일)등 지역별로 규격화를 시작하였으며 1979년부터는 IEC에 의해 주도되고 있다.

※ IEC 규격

P.L.C 국제 규격인 IEC-1131은 다섯 부분으로 구성되어 있다.

PART1에는 P.L.C의 일반정보 및 개요, PART2에는 하드웨어 기능, PART3에는 프로그래밍 언어의 표준화, PART4에는 유저의 가이드라인, 끝으로 PART5에는 통신 및 네트워크에 대해 정의하고 있다. 그중에서도 PART3(프로그래밍언어) 부분을 주목해야 한다.

㈑ P.L.C의 제어 시스템

(1) 단독시스템

P.L.C가 1:1의 관계인 시스템이며 종래의 시퀀스 제어장치에 Relay 대신 P.L.C를 적용하는 기본적이고 기존에 많이 사용했던 시스템이다.

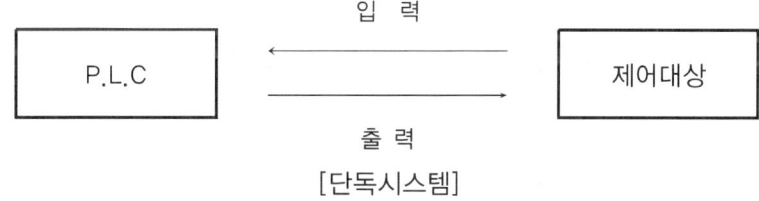

[단독시스템]

(2) 집중시스템

복수의 제어대상물을 P.L.C 1대가 제어하는 시스템이며 하나의 시스템이 정지할 때 자동으로 다른 시스템들도 정지하므로 시스템 구성시 생산성이 감소하게 된다는 점에 주의해야 한다.

기계가 각 다른 장소에 분산되어 있는 경우는 전선의 절약 측면에서 Remote I/O 기능을 가진 P.L.C를 사용하는 것이 바람직하며 시스템 설계시 고려해야할 점은 P.L.C 처리속도, 입/출력부의 응답시간 등의 검토가 필요하다.

(3) 분산시스템

분산화된 개개의 제어시스템에 대해 각각 P.L.C가 제어를 담당하고 상호 연계동작에 필요한 제어신호에 대해서는 P.L.C간 신호를 송수신하는 시스템이다. 이 시스템은 각각의 제어대상에 대응하는 P.L.C가 있으므로 1대가 정지하여도 다른 제어대상은 단독 운전이 가능해서 집중 시스템보다 신뢰성이 높다.

(4) 계층시스템

컴퓨터와 P.L.C간을 결합하여 정보의 종합관리, 운용을 하는 TOTAL제어 시스템이다.

최근 개인용 컴퓨터의 급속한 기능 성장과 신뢰도의 증대에 따라 계층시스템의 구축이 활발하게 이루어지고 있다.

상호 데이터 송수신은 P.L.C의 메모리 맵과 컴퓨터의 메모리 맵이 소프트웨어의 설정에 의해 1:1로 대응되어 있다.

근래의 공장 및 프로세스 자동화의 추이를 보면 종래의 대규모 분산제어 시스템인 DCS(Distributed Control System)에서만 가능했던 고급제어 기능(실시간 데이터 감시제어, 고정밀 루프 제어, 시스템의 이중화, 통신을 이용한 다중 운전자 시스템)을 DCS 보다 저가격, 소규모 시스템에 구축하고자 고기능 P.L.C개발과 다양한 응용시스템이 개발되고 있다.

이러한 고기능 외에도 PID루프제어, 아날로그 제어, 모션제어(위치결정제어), 고속 카운터 등의 발전도 가속화되고 있다.

② P.L.C의 구성

PLC는 다음의 5가지로 구성되어 있다.

CCU, 입력부, 출력부, 프로그래머, 주변장치

가. CCU(Center Control Unit)

CCU는 P.L.C의 두뇌에 해당하며 모든 제어가 이루어지는 부분이다. P.L.C의 기능이라 함은 대부분 CPU의 기능을 말한다. 이 CCU의 구성은 다시 CPU, 메모리, 입출력 제어부, BUS, Inter face로 나누어 생각할 수 있다.

㉮ CPU는 CCU를 직접 제어하는 부분으로 메모리의 프로그램에 따라서 입출력부의

데이터 교환, 연산, 비교, 판정 등을 수행한다. 일반적으로 P.L.C에 사용되는 CPU는 Z-80, 8085, M6800등의 8비트용과 16비트용이 있다.

㉯ 메모리는 CCU내에 내장되어 있으며 RAM과 ROM이 있다. RAM은 CCU에 명령을 내리기 위해서 작성된 User 프로그램이 기억되며 재수정 및 재 기억이 가능 한 것이다. Switch를 OFF 하여도 내장된 건전지에 의해, 전원 공급이 중단 된 상태에서도 RAM에는 계속적으로 Back up 하여 프로그램 내용을 보존토록 하고 있다.

㉰ 입출력 제어부는 CCU에서 처리될, 또는 처리된 신호가 입출력되는 부분으로 입출력 신호를 기억시키는 일종의 메모리 형태인 Buffer로 구성되어 있고 Bus를 통하여 입력부와 출력부가 연결 되도록 되어 있다.

㉱ BUS는 CCU내에 있는 각각의 칩(Chip)들이 연결되기 위해서 각 연결선들이 그룹화 되어 있고 칩들은 같은 이름으로 사용되는 선에 연결만 하면 배선이 되도록 되어 있다. 이 그룹화된 선을 BUS라 한다.

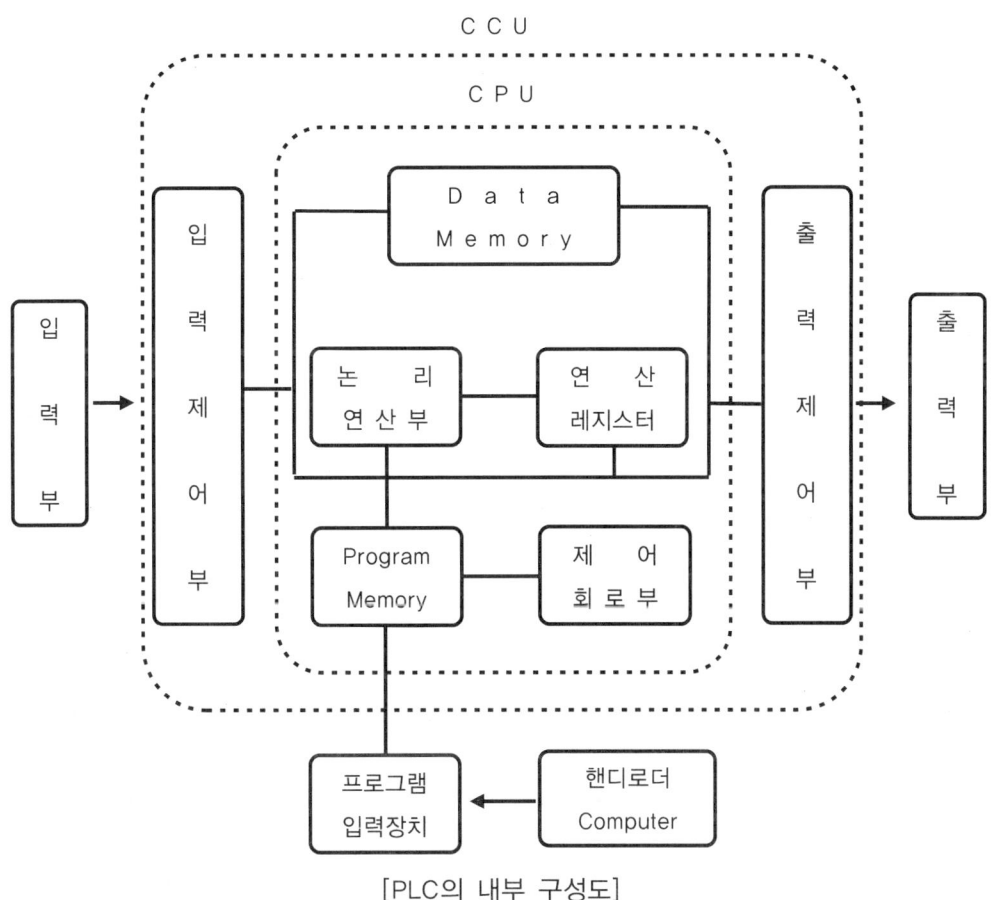

[PLC의 내부 구성도]

㉮ 인터페이스는 FA(Factory Automation) 및 FMS(Flexible Manufatures System)를 실현하기 위한 매우 중요한 P.L.C 기능이다. 이 기능을 통해서 컴퓨터 주변기기, 일반 사무용 컴퓨터 및 다른 CCU와의 자료 전송이 가능하게 된다. 전송 방식에는 Serial 방식과 Parallel 방식이 있는데 속도는 조금 떨어져도 경제성을 고려할 때 대부분 Serial 방식을 이용한다. 일반적인 Serial 방식에는 유럽에서 많이 사용하는 20mA Current 방식과 미국에서 많이 사용하는 RS-232C(24V) 방식이 있으며 RS-232C 방식을 많이 사용한다.

나. 입력부

입력부는 CCU의 입출력 제어부와 BUS를 통하여 연결되며 통상적으로 모듈화 하여 기본에서 필요한 만큼 확장이 가능하다. 외부신호와 CCU내부의 신호(5V)와의 전위차를 일치시켜 주는 일종의 콘버터 라 할 수 있다. 사용전압은 교류용으로 110V, 220V, 240V가 있으며, 직류용으로 5V, 12V, 24V, 48V, 50V가 있다.

입력 모듈은 통상적으로 DC 24V 입력모듈을 사용하고 있다. 일부 현장에서는 110V, 220V 입력모듈을 사용 하가도 한다. DC 24V 모듈은 낮은 전원을 사용하기 때문에 감전 및 기타 안전 사고가 작으나 별도의 직류 전원 장치를 준비하여야 하는 단점이 있다.

또한 110V 입력 모듈은 거의 사용하지 않고 220V 입력 모듈을 사용하나 220V의 높은 전압을 그대로 사용하기 때문에 감전시 위험하나 직류 전원장치를 사용하지 않아도 된다.

그러나 안전성과 포토센서등의 센서류가 DC용으로 많이 판매되어 입력 모듈은 DC 24V 입력 모듈을 많이 사용한다.

그러나 어떤 전압을 사용하더라도 CCU로 넘겨주는 최종신호는 DC 5V가 되도록 되어있다.

입력부는 CCU의 신호 전달 외에 다음의 2가지 기능을 추가로 가지고 있다.

㉮ Noise filter(잡음제거)로서 5ms정도의 지연회로를 통해서 입력신호를 CCU에 전송함으로서 5ms이하의 순간 노이즈를 방지한다.

㉯ 이상신호에 대한 보호회로 기능으로 선정된 모듈과는 다른 이상신호가 입력되더라도 입력부 자체에서 신호를 차단하여 CCU에 그 영향이 미치지 않도록 하는 것이다. 그러나 이 보호회로는 단 시간용으로 장시간 동안 이상 신호가 입력 될

경우 입출력 뿐 아니라 CCU에도 악영향을 미친다. 일반적으로 사용되는 보호회로는 포토 커플러(Photo-coupler)로서 신호가 빛에 의하여 전달된다. 즉, 전류가 흐르면 빛을 발하고 그 빛을 받으면 전자를 흘려주는 광전효과를 이용하여 입력신호가 직접 CCU에 전달되는 것을 방지하여 과전압 및 과전류로부터 CCU를 보호해 준다.

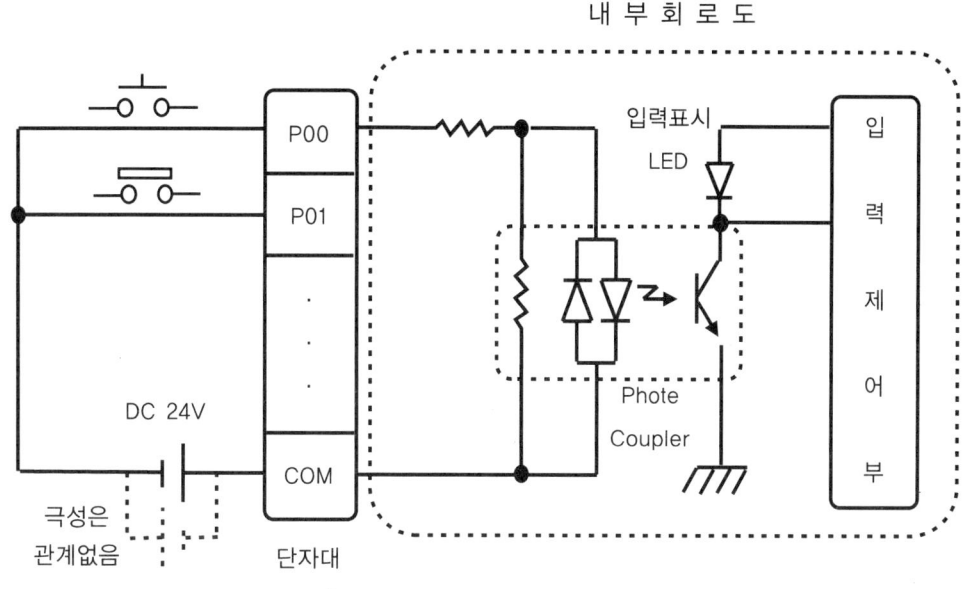

[PLC 입력모듈 내부 회로도]

㉰ 입력모듈 결선방법

그림은 DC 24V 입력 모듈의 외부 입력 회로도(접속도, 결선도)이다.

16점 모듈은 1부터 8까지, 10부터 17번 단자대가 외부 입력(각종 스위치, 센서류)를 입력 할 수 있고 9번 18번은 Com단자 이다. 32점 모듈은 1부터 16까지, 19부터 35까지가 외부 입력단자이고 17번, 35번이 Com단자이다. 이와 같이 16점 모듈은 8개씩 묶어서 하나의 Com단자를 인출한 경우 8점 Com이라 하며 입력 모듈의 종류에따라 4점, 8점, 16점, 32점 Com등이 있다.

입력 모듈을 AC 110, 220V용으로 사용 할 경우 DC 전원을 AC 전원을 인가하면 된다.

사용 전원이 높으므로 결선시 감전 및 안전 사고에 유의하여 결선한다.

일반 스위치류만 입력할 경우는 그림과 같이 전원에 관계없이 결선하면 아무 이상 없다.

그러나 센서(근접, 포토센서등)의 결선시 오결선에 의한 센서류 파손이 많으므로 주의하여 결선하여야 한다.

센서의 사용 전압은 DC 12~30V 사이에서 작동한다. 우리가 사용하는 전압은 DC 24V로 이 범위에 속한다. 센서는 +전원(+24), -전원(G), OUT 세단자를 결선 한다. 그러나 센서의 종류에 따라 OUT단자의 출력이 다르게 출력 하므로 이때 주의가 요망된다.

DC용 센서는 NPN Type과 PNP Type 두가지가 있다.

NPN Type는 물체 검지시 OUT 단자가 0(G)V가 출력되어 그림과같이 +단자와 OUT 단자에 부하를 연결하고 PNP Type는 물체 검지시 OUT 단자가 +24V가 출력되어 OUT단자와 0V 단자에 부하를 연결한다.

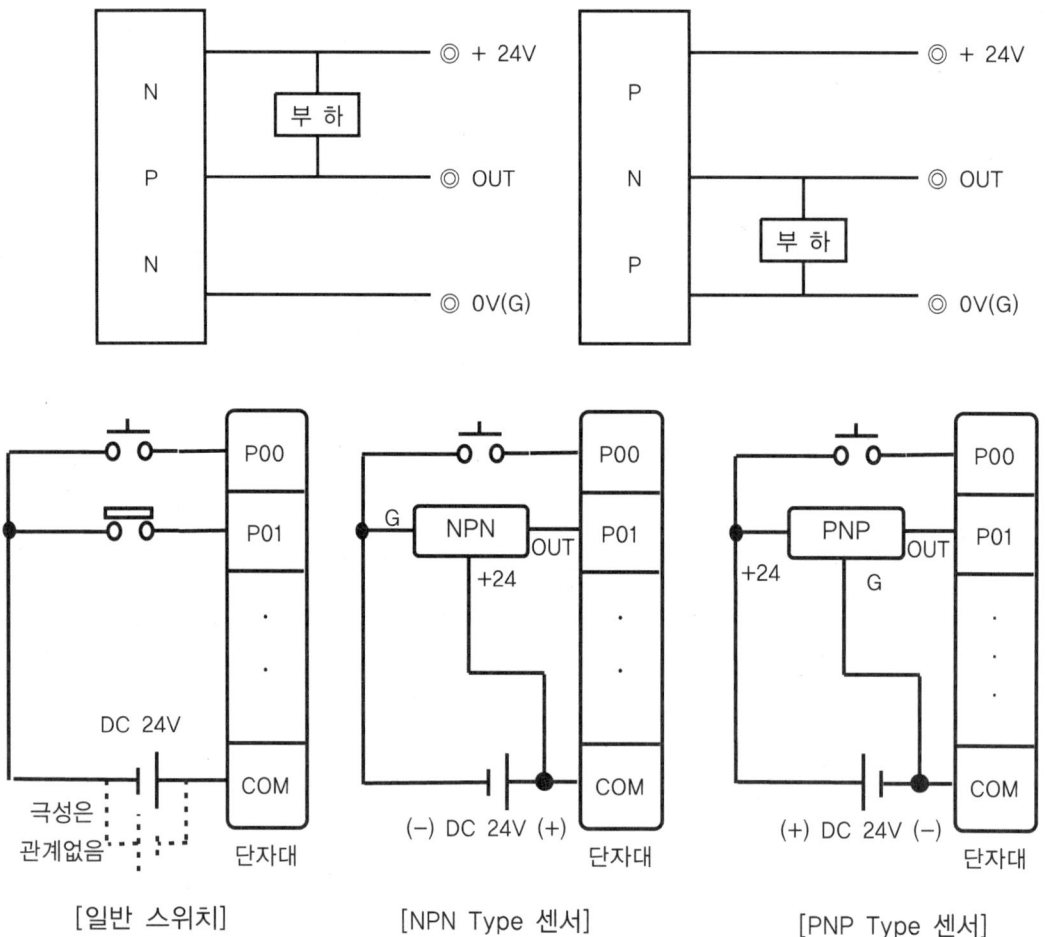

[일반 스위치]　　　[NPN Type 센서]　　　[PNP Type 센서]

다. 출력부

㉮ 출력부는 CCU에서 처리된 결과를 받아 Actuator를 동작시키는 부분으로서 입력부와 마찬가지로 작동 시킬 Actuator에 따라 AC 또는 DC 신호를 5V~240V까지 사용할 수 있도록 모듈화 되어 있다. 일반적으로 출력부는 전원을 ON, OFF 시켜 단순히 출력 신호를 공급, 차단시키는 역할을 하게 된다. 이 밖에 출력부는 출력단의 단락으로 인한 과전류 방지회로가 내장되어 있다.

즉, 입력모듈은 모듈의 종류에 따라 입력전압의 Type과 Voltage가 결정되나, 릴레이 출력모듈은 전압의 Type이나 Voltage가 전혀 상관없다. 단, 출력전류에는 상관이 있다. 앞에서 말했듯이 모듈에 사용된 릴레이는 PCB기판에 사용되는 소형 릴레이를 사용했기 때문에 접점 용량이 최대 2A밖에 않되므로 출력모듈로 직접 구동할 수 있는 부하는 정격전류가 2A 이하인것이어야 한다.

소형 전동기(정격전류2A 미만), 백열전구, 솔레노이드 밸브 등은 릴레이 출력모듈로 직접 제어가 가능하나, 그 밖의 부하(교류전동기, 히터 등)는 외부에 별도의 Contactor(MC, Relay)를 사용해 주 전류를 제어하고 PLC는 Contactor (MC, Relay)를 제어해 결과적으로 PLC로 큰 용량의 부하를 제어 하도록 구성한다. 출력 모듈에는 Relay 출력모듈, TR 출력모듈, SSR(Solid State Relay) 출력모듈이 있다.

릴레이 출력 모듈은 출력 모듈로 구동 할 수 있는 모든 부하를 전원에 관계없이 사용 할 수 있다.

그러나 기계적인 접점이므로 접점에 수명이 있고 접점이 동작하는 시간(약 20msec) 때문에 빠른 응답 특성을 출력시 제 특성을 내지 못한다. 따라서 이때는 TR, SSR 출력 모듈을 사용하면 빠른 응답 특성출력을 대응하며 무접점이므로 수명이 반 영구적이나 가격이 비싸다. TR 출력은 DC의 낮은 전원에만 사용되고 SSR은 AC의 높은 전원 밖에 사용을 못한다.

㉯ 출력모듈 결선방법

그림은 릴레이 출력 모듈의 외부 입력 회로도(접속도, 결선도)이다.

출력모듈도 입력모듈과 결선하는 방법이 거의 흡사하다. 그러나 입력 모듈은 외부 사용전원이 꼭 DC 24V이지만 출력모듈은 DC 24V, AC110, 220V등 전원이 외부 출력(램프, 솔레노이드 밸브, 부저, MC, 릴레이등)의 사용전원에 따라 결정된다. 릴레이 출력도 출력 모듈의 종류에 따라 4점, 8점,Com등 Com 단자를 가지고 있다. 그러나 출력 모듈은 입력 모듈보다 많은 Com단자를 인출하고 있다. 예를 들면 32점 입력 모듈은 16점 Com으로 Com단자가 2개인반면 출력 모듈은 8점 Com으로 4개의 Com단자를 인출한다. 외부 출력용 부하 결선시 부하의 전원이 다를 경우 사용이 용이하도록 하였다.

라. 프로그래머

P.L.C.에 프로그램을 입력하는 장치로 Programer(Handy-Loader), Grapic Loader (전용 PC) 등이 있으나 현재 노트북 컴퓨터와 일반 컴퓨터를 이용하여 프로그램 입력을 한다.

마. 주변장치

통신 케이블, 메모리팩, EP-ROM Writer, 터치판넬, 공정제어 Soft Wear등

바. P.L.C의 설치 환경등

P.L.C를 설치하기 위해서는 다음의 사항을 충분히 고려하여야 한다.

㉮ 설치환경

(1) 먼지, 염분, 부식성 가스, 인화성 가스가 없는 곳.

(2) 진동이나 충격이 가해지지 않는 곳.

(3) 직사광선에 노출되지 않는 곳.

(4) 급격한 온도 변화로 인하여 이슬이 맺히지 않는 곳

(5) 발열체 부근이 아닌곳. 주위온도가 55~60°가 넘는 곳은 방열대책을 세운다.

㉯ 설치공사

(1) 기구 부착용 가공구멍이나 배선 작업시 쇳가루나 전선 토막이 P.L.C내에 들어가지 않도록 한다.

(2) 고압선, 고압기기, 동력기기 등과도 200mm이상 떼어 설치한다.

(3) 전원은 1:1 트랜스를 거치도록 하여 전기적 충격을 줄여준다.

(4) 전원선은 2㎟ 이상의 전선을 사용하여 전압강하를 막아준다.

(5) 접지선도 2㎟ 이상의 전선을 사용하고 접지저항은 100[Ω]이하로 한다.

(6) 접지선의 길이는 20m를 넘지 않도록 해주고 다른 기기 또는 구조물에 연결할때는 서로 영향을 받지 않도록 한다.

(7) 전원 배선은 Twist wire(혹은 꼬아서)를 사용한다.

(8) MCCB는 P.L.C전용으로 사용한다.

(9) 전원에는 노이즈 필터를 사용하여 전원측의 노이즈를 막아준다.

사. P.L.C의 점검 및 보수

PLC를 최상의 상태에서 사용하려면 먼저 예비점검을 철저히 하여야 한다.

㉮ 전원 전압

입력 전원 전압은 정격에서 사용하고 있는가? 또 입력전압이 급격히 상승 또는 하강하거나 순시 정전이 일어나지는 않는가를 점검하여 전압 변동이 10% 내가 되도록 해준다.

㉯ 건전지

내장용 건전지는 보통 수명이, 프로그램 내장시는 2~5년, 비 내장시는 8~10년 정도 되므로 수시로 점검을 할 필요까지는 없겠으나 PLC의 Battery error LED가 점등되면 1주일 이내에 바꾸어 주어야 한다. 건전지 교환시기를 놓치면 프로그램이 모두 지워지게 된다. 이와 같은 실수를 방지하기 위하여 보통은 프로그램을 EPROM에 내장하여 사용한다.

㉰ 주위 환경

P.L.C 선정시 고려되었던 사항들이 오랜기간 사용중 사용 환경이 변할 수도 있으므로 주의가 요망 된다.

※ PLC와 유접점 시퀀스의 비교 및 I/O List.

유접점 시퀀스와 PLC와는 많은 차이가 있다. 먼저 간단회로를 가지고 비교해 보자.

그림은 릴레이 1개를 사용하여 전동기를 ON/OFF하는 회로이다.

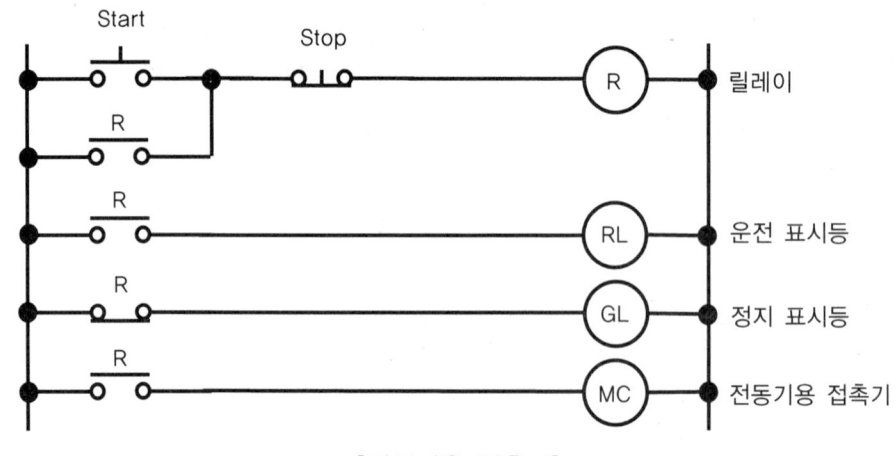

[전동기용 접촉기]

위 회로의 동작은 Start 푸시버튼 스위치를 누르면 릴레이가 여자되어 자기 유지되며 전자 접촉기가 작동하고 정지 표시등 GL이 소등되며 운전 표시등 RL이 점등된다.

Stop용 푸시버튼 스위치를 누르면 릴레이 R1의 무여자 되어 전자 접촉기의 동작이 멈추며 RL이 소등되고 정지 표시등 GL이 다시 점등되는 회로이다.

아. I/O List 작성

㉮ I/O 선정 방법

시퀀스 회로와 동작설명을 토대로 입력기기와 출력기기를 분류하면 아래와 같다.

(1) 입력기기 : Start용 PB 스위치, Stop용 PB스위치.

(2) 출력기기 : 전동기 운전용MC, 운전 표시등, 정지 표시등, 릴레이.

㉯ 입출력 리스트 작성

위와 같이 I/O 선정이 끝나면 아래와 같이 입출력 리스트를 작성한다.

(1) 입력 리스트

고유번호	기 능
P 00	Start PB 스위치
P 01	Stop PB 스위치
Com	Common

(2) 출력 리스트

기　　능	고유번호	
운전 표시등	P 20	─(R L)─
정지 표시등	P 21	─(G L)─
전동기용 접촉기	P 22	─(M C)─
Common	Com	─(AC 220 V)─

입, 출력모듈은 4점, 8점, 16점, 또는 32점 단위로 되어있으므로 위와 같은 회로에서는 8점 모듈을 선정한다. 8점 중 2점만 사용하고 나머지 접점들은 Spare로 둔다.

출력도 3점밖에 사용되지 않지만 출력도 8점 모듈을 선정하고 5점은 Spare로 둔다.

P.L.C에서는 이 입출력 List가 바로 결선도 이다. 유접점 시퀀스와는 달리 시퀀스에 의해 배선(결선)을 하는 것이 아니고 이 입출력 List에 의해 배선하고 시퀀스회로를 프로그램화하여 프로그래머나 컴퓨터를 사용하여 프로그램을 입력해 주면 된다.

출력용 릴레이는 PLC의 내부 릴레이를 이용하면 되므로 출력에서 제외된다.

2. P.L.C의 종류

최근들어 세계 각국에서 많은 PLC를 생산하고 있다.

알렌-브렌드리(Allen Bradlcy)사, 모디콘(Modicon)사, 지멘스(Simens)사, 미스비시, 후지, 히다찌등의 자동화 전문회사들간에 고기능 PLCROQKF 및 다양한 응용 시스템을 위한 노력이 이어져 오고 있으며 반도체 개발의 발달에 따라 디지털 제어 및 아날로그제어, PID제어, 고속카운터제어, 위치제어등이 가능하여 FMS, FA 제어시장이 확대되고 있다. 국내에서도 LG산전, 삼성전자, 포스콘, 효성, 동양 화학등이 업체에서 PLC를 생산하고 있다.

① PLC 형식에따른 분류
  가. Unit형 PLC : 블록타입, 일체형 PLC라 불리우며 PLC에는 CPU, POWER, 입, 출력이 모두 내장되어 있다. 소규모 제어에 적합하다.(MASTER-K-10S, 30S, 60S)
  나. 모듈형 PLC : POWER, CPU, 입, 출력이 모듈화 되어있다.
    PLC 사용시 시스템의 규모에 따라 CPU를 먼저 선정한 다음 POWER 모듈입, 출력 모듈, 기타 모듈을 선정하여 사용한다. 입,출력 수를 고려하여 모듈 선정하므로 중소규모 제어에 적합하다.

② P.L.C의 선정
  P.L.C를 선정하기 위해서는 여러가지를 고려해야 하겠지만 특히 다음의 몇가지를 고려하여야 한다.
  가. 입력 점수의 파악
    조작반의 누름 스위치, 전환 스위치, 토글 스위치 등의 명령을 내리는 입력신호 수와 근접 센서, 포토 센서, 리드 스위치 등의 신호수를 합쳐 입력점수로 하고, 입력모듈은 모듈 1개당 8점, 16점, 32점으로 되어 있으므로 여유를 고려하여 입력 모듈의 갯수를 적절히 선정한다. 또한 입력으로 사용되는 센서 등의 사용전압을 고려하여 입력 모듈의 전압사양을 선정한다.
  나. 출력점수의 파악
    전원 표시등, 운전 표시등, 과부하 표시등, 부저 등의 표시 또는 솔레노이드 밸브, 릴레이, 전자접촉기의 수를 합쳐 출력 점수 등을 고려하여 8점 모듈, 16점 모듈, 32점 모듈을 적절히 혼합하여 출력 모듈수를 선정한다. 또 출력방식 은 릴레이 접점 출력방식, TR 출력방식, 등이 있으므로 출력부의 사용전압을 고려 하여 선정한다. 일반적으로 출력전압에 구애를 받지 않는 릴레이 접점 출력방식의 모듈이 많이 사용된다.
  다. 제어 대상에 따른 모듈을 선정한다.
    ㉮ 입, 출력점수에 의하여 시스템에 적당한 PLC의 CPU를 제일 먼저 선정한다.
    ㉯ 입력 점수에 의한 입력 모듈 선정.
    ㉰ 출력 점수에 의한 출력 모듈 선정.
      Relay, TR, SSR등의 출력모듈중 시스템에 적당한 모듈 선정.

⑷ 특수모듈 선정

    (1) 아날로그 입, 출력모듈.

    (2) 고속 카운터 모듈.

    (3) 위치제어 모듈.

    (4) PID 모듈 등.

⑸ PLC 제작사마다 통신 방식에 의한 통신모듈, 네트워크 모듈등 제어 사양을 고려하여 꼭 필요한 모듈을 선정하여 운영한다.

제5절 PLC 프로그래밍

• PLC 프로그래밍 방법

* 유접점 시퀀스 회로를 PLC 프로그램으로 변환

  그림은 3상유도전동기의 직입기동 회로이다.

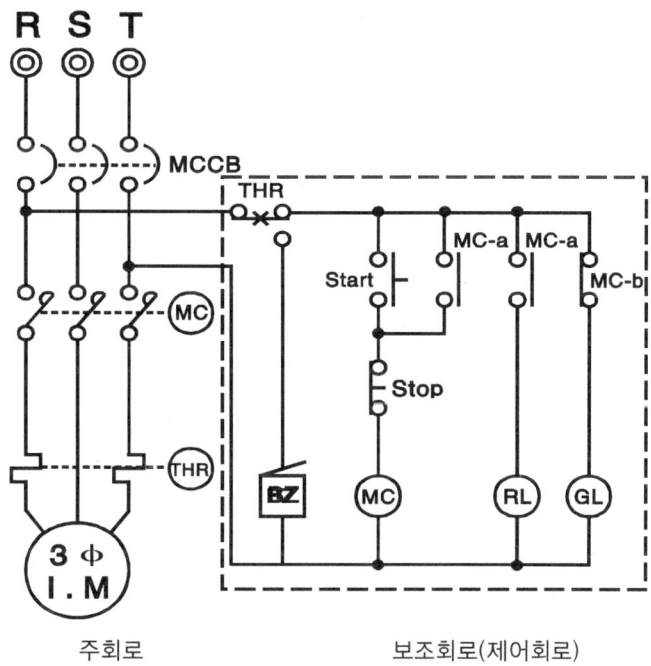

[3상 유도전동기 직입기동 회로]

그림은 3상 유도 전동기를 직입 기동하는 회로로 실제 많이 사용하는 회로이다.

초기에는 정지표시등(GL)이 점등 되었다가 Start PB 스뤼치를 누르면 MC가 여자되어 전동기가 회전한다. 이때 MC의 a, b 접점에 의하여 GL이 소등하며 운전 표시등(RL)이 점등된다. 스위치를 놓아도 MC-a에 의하여 자기유지되어 OFF되지 않고 Stop를 눌러 MC를 무여자시켜야만 정지한다.

또 전동기에 과부하가 걸리면 모든 동작을 정지시키고 과부하를 알리는 부저만 동작시킨다.

위와 같은 유접점 시퀀스 회로를 PLC를 이용하여 제어 할 수 있다.

그림에서처럼 전동기에 많은 전류가 흐르는 주회로와 점선의 보조회로(제어회로)로 나눌 수 있다. PLC에서는 주회로가 아닌 보조회로를 제어한다. 따라서 유접점 시퀀스의 보조 회로를 PLC 프로그램으로 변환한다.

가. 입력 List 작성

　　PB 스위치, 리미트 스위치, 센서.

나. 출력 List 작성

　　Lamp, 전자접촉기(MC), 부저.

다. 프로그램 변환

　㉮ 입력 리스트

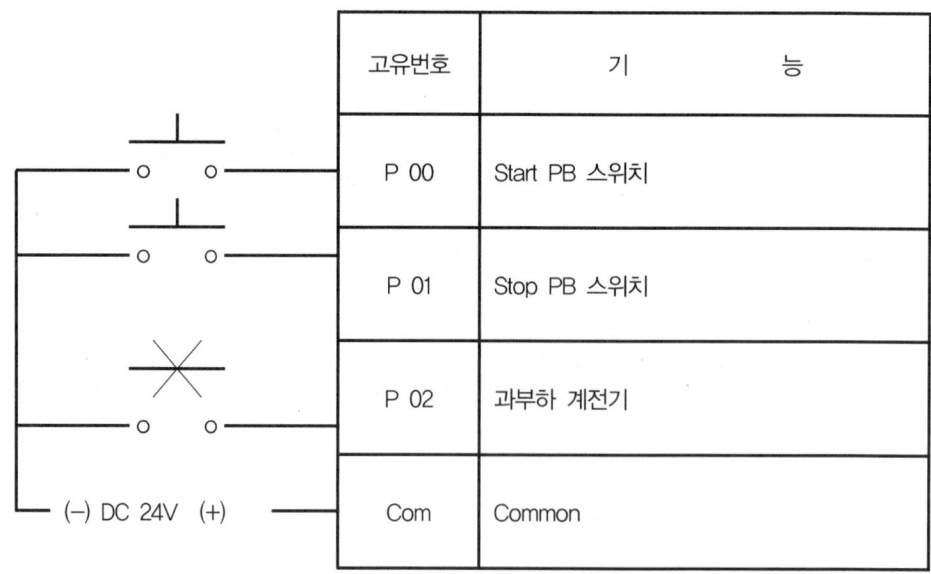

고유번호	기　　　　능
P 00	Start PB 스위치
P 01	Stop PB 스위치
P 02	과부하 계전기
Com	Common

㉯ 출력 리스트

기 능	고유번호	
운전 표시등	P 20	(M C)
정지 표시등	P 21	(R L)
전동기용 접촉기	P 22	(G L)
전동기용 접촉기	P 23	(B Z)
Common	Com	(AC 220 V)

㉰ 프로그램

유접점 시퀀스 회로의 보조회로를 PLC 프로그램으로 변환 할 때 몇가지 지켜야 할 규칙이 있다.

(1) 시퀀스 회로는 종서, 횡서 두가를 사용하지만 PLC 프로그램은 종서만 사용한다.

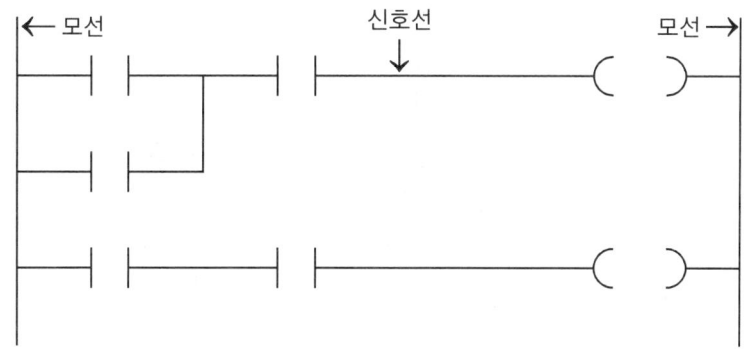

[PLC Ladder Program]

(2) 모든 입력 접점의 심벌을 하나로 통일하여 사용한다.

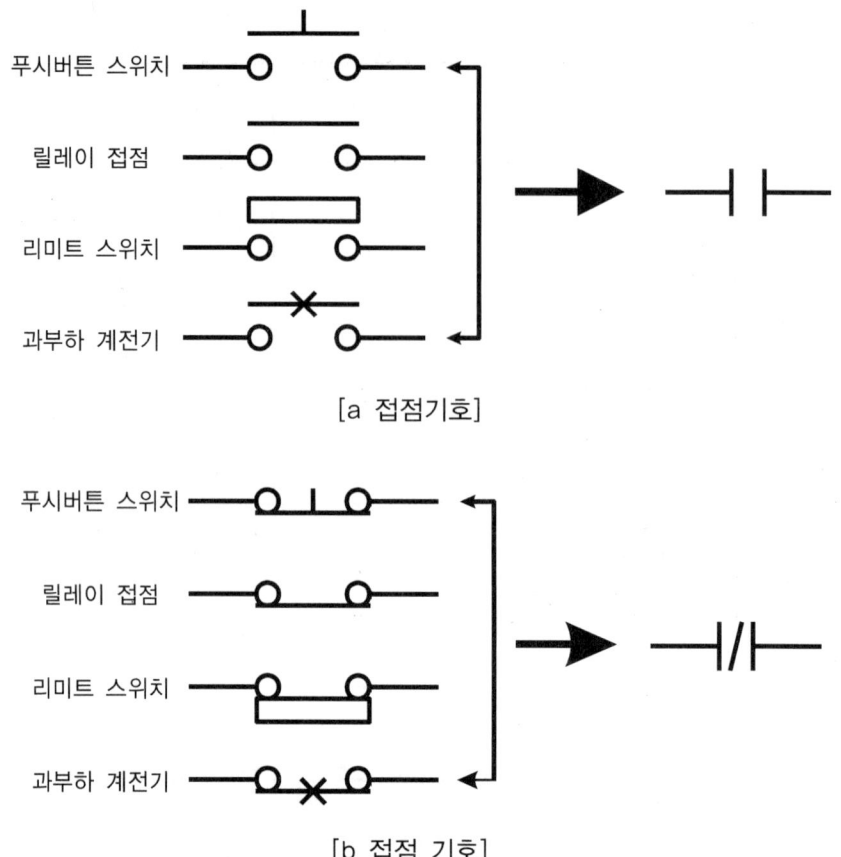

※ 입력 접점은 거의 A접점만을 사용한다.
(3) 모든 출력 심벌을 하나로 통일하여 사용한다.

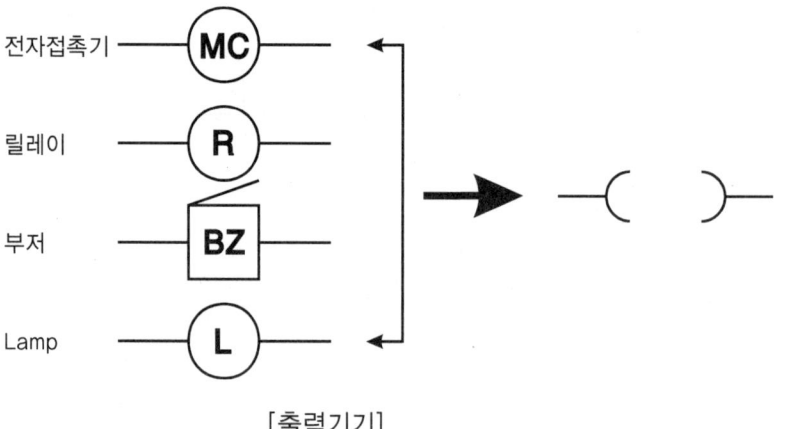

(4) 프로그램 작성

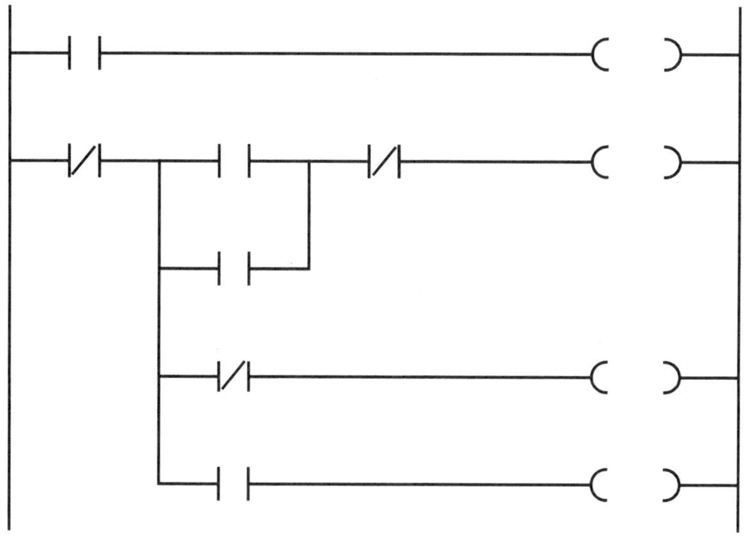

[유접점 시퀀스를 PLC 프로그램으로 변환]

시퀀스 회로를 위와 같은 PLC 프로그램으로 변환후 각 심벙(접점)의 고유 번호를 기입하면 된다.

㉣ 고유번호

※ 메모리 영역 설명

(가) 외부 입출력 P

- 외부 입력, 출력 기기와 직접 연결되는 입출력 기기의 ADDRESS이다.
- 입출력으로 사용되지 않는 영역은 보조 릴레이로 사용 가능하다.
- 입력은 a, b접점으로 사용이 가능하다.
- 출력은 a접점 만으로 사용 가능하다.

(나) 보조 릴레이 M

- PLC내의 내부 릴레이로서 보소 섭점으로 사용된다.
- 전원이 ON되었을 때와 RUN 시작시에 전부 0로 소거된다.

(다) 키프 릴레이 K

- 동작은 M영역과 동일하나 전원 ON시나 RUN 시작시는 그 전의 DATA를 보전하는 영역이다.

- DATA의 소거는 프로그래머의 [DATA CLEAR]기능으로 수행된다.

(라) 링크 릴레이 L
- 상하위 기종간의 DATA LINK용으로 사용한다.
- 파라메터 지정으로 K(키프) 영역으로 지정 할 수도 있다.
- Link용으로 사용하지 않을 경우 M 영역과 같이 사용 할 수 있다.

(마) 특수 릴레이 F
- PLC의 운전 상태, 고장종류 표시, PAUSE NO.를 표시한다.
- User System Clock를 제공해 준다.
- 비교명령, 연산결과 등의 보조 접점으로 사용한다.
- 단지 입력 명령의 OPERAND로만 사용한다.(a, b접점 가능)

(바) 타임 릴레이 T
- 기본 주기 10ms, 100ms의 타이머 기능이 있다.
- TON, TOFF, TMR, TMON, TRTG의 5종류가 있다.
- 최대 설정치는 65535(FFFFH)까지 가능하다.

(사) 카운터 C
- 입력 조건이 OFF에서 ON으로 될때 카운트 한다.
- CTU, CTD, CTUD, CTR의 4종류가 있다.
- 최대 설정치는 65535(FFFH)까지 가능하다.

(아) 데이타 레지스터 D
- 내부 데이타를 보관하는 DATA 레지스터이다.
- 기본 16비트, 2배인 32비트로 읽고 쓰기가 가능하다.

(자) 간접지정 데이터 레지스터 #D
- 간접 지정 레지스터로 #D에서 지정하는 내용이 실제의 D 레지스터를 의미한다.

[LG 산전 MASTER-K-1000S I / O 할당표]

구 분	종 별	비트번호	워드번호	점 수	비 고
외부 입, 출력	P(입, 출력)	P000 ~ P63F	P000 ~ P63	1024 점	
내부 릴레이	M(보조릴레이)	M000 ~ 191F	M000 ~ M191	3072 점	
	K(키프릴레이)	K000 ~ K31F	K000 ~ K31	512 점	
	L(링크릴레이)	L000 ~ L63F	L000 ~ L63	1024 점	
	F(특수릴레이)	F000 ~ F31F	F000 ~ F31	512 점	
타 이 머	T(Timer)	T000 ~ T191		192 점	중복사용불가
		T192 ~ T255		64 점	중복사용불가
카 운 터	C(Count)	C000 ~ C255		256 점	중복사용불가
Data Resister	D(특수 Resiste)		D0000 ~ D9999	10K WORD	
스텝 콘트롤러	S		S00.00 ~ S99.99	100조×100	

제6절 공장자동화의 개요

1. 공장 자동화란 무엇인가?

자동화란 생산을 운영하고 통제하기 위하여 기계, 전자, 컴퓨터 시스템의 응용과 관련된 일체의 테크놀로지

- 테크놀로지

① 자동공구.

② 자동조립기계.

③ 산업로봇.

④ 자동반송시스템과 자동창고시스템.

⑤ 자동검사시스템.

⑥ 피드백 통제와 공정관리.

⑦ 제반 생산활동의 계획 및 자료수집.

⑧ 의사결정을 위한 컴퓨터시스템.

2. 공장자동화의 유형

① 고정자동화
　가. 고정된 생산경로에 있는 단순한 과업들을 하나의 특수기계에 통합시킨 것.
　나. 장치산업.
　다. 고정자동화의 특징.
② 초기에 막대한 투자비 소요.
③ 높은 생산율.
④ 제품변화에 대한 낮은 탄력성.
⑤ 설비교체 난해.
⑥ 단위당 변동비 최저수준.

3. 공장자동화

① 프로그래머블 자동화.
　가. 다양한 종류의 제품을 생산할 수 있도록 설비와 기계에 생산순서를 변경할 수 있는 프로그램을 장착한 자동화.
　나. 산업로봇이나 NC공작기계.
　다. 프로그래머블 자동화의 특징.
② 주로 상용기계에 대해 초기 투자비 소요.
③ 고정자동화에 비해 낮은 생산율.
④ 제품변화에 대한 높은 탄력성.
⑤ 배치생산에 적합.

4. 탄력자동화.

① 제품을 여러 조합으로 생산하는 자동화.
② FMS와 CIM.
③ 탄력자동화의 특징.
　가. 초기 막대한 투자비 소요.
　나. 다양한 종류의 제품의 연속 생산 가능.
　다. 중규모의 생산량에 적합.

라. 제품설계 변동에 대한 높은 탄력성.

5. 자동화의 문제점.
① 설치비용이 대체적으로 높다.
② 설치하기 위해서는 수요가 많아야 한다.
③ 인간에 비해 탄력성이 제한 받는다.
④ 한 번 설치 후 변경이 어렵다.
⑤ 종업원들에게 실직의 불안감을 준다.

6. 탄 력 성

— 탄력성의 의미

① 믹스탄력성 → 다양한 종류의 제품을 동시에 생산.
② 전환탄력성 → 공정상의 새로운 제품 추가나 제거.
③ 변경탄력성 → 제품 기능의 변경.
④ 공정 경로변경 탄력성 → 공정 경로를 변경하는 능력.
⑤ 생산량탄력성 → 생산량 변경.
⑥ 자재탄력성 → 자재의 규격과 성분 및 수치가 규격과 차이발생시 수용.
⑦ 시퀀스탄력성 → 작업지시 변경.

7. 탄력성이 노동력과 설비에 끼치는 영향.

성 질	노동력	설 비
믹스탄력성	다양한 기술	낮은 범의의 전문화
전환탄력성	신기술을 습득하는 능력	낮은 고정자동화
변경탄력성	신속한 절차 변경능력	고정장치 문제를 제거
공정경로변경탄력성	협조하는 그룹구조가 필요	고장시 사용이 가능한 중복설비
생산량탄력성	다양한 기술	생산량이 적을 때 다른 용도로 사용
자재탄력성	자재에 대한 다양한 기술	수정과 시정 매커니즘
시퀀스탄력성	밸런싱에 대한 기술	빠른 기계작동준비시간

8. 컴퓨터와 생산

① 컴퓨터에 의한 생산의 발전.

　가. 1950-60년대 프로그래머블 자동화.
　　- 개별적인 작업을 통제.

　나. 1980년대 탄력자동화.
　　- 공장의 모든 작업을 체계적이고 통합적으로 통제.

　다. 미래의 공장
　　- 인간없이 컴퓨터와 로봇이 생산.

② 컴퓨터를 왜 제조업에서 사용하는가?

　가. 생산활동의 기본적 목적인 비용, 품질, 탄력성, 시간을 달성하기 위해 컴퓨터를 도입.

　나. 생산활동의 목적에 관련된 방대한 자료를 능률적으로 처리하기 위해 컴퓨터를 활용.

9. 인공지능

　가. AI (artificial intelligence)시스템이란 무엇인가?

　　㉮ 1930-40년대의 수리적인 로직과 1940년대의 컴퓨터의 개발에 따라 발생.

　　㉯ AI란 현명한 컴퓨터시스템을 설계하는 컴퓨터 과학의 일부로서, 언어를 이해하고, 배우고, 의문을 품고, 문제를 해결하는 것과 같은 인간행동에 존재하는 지능의 특성을 보여 주는 시스템.

　　㉰ 인간의 경험과 지식을 컴퓨터에 입력시킨 다음, 이 입력된 자료로 문제를 해결하는 시스템.

　나. 제조업체에서 AI가 필요한 이유.

　　㉮ 전문적인 지식이 사라지는 것을 방지.
　　㉯ 생산시스템 일부만을 최적화 시키는 수리적 모형의 단점을 제거.
　　㉰ 증가하는 새로운 제품과 테크놀로지의 개발.
　　㉱ 주위의 변화에 신속히 대응.

　다. 제조업체에 있어서 AI의 응용.

10. 전문가시스템

※ 전문가의 지식과 사고력을 발휘할 수 있는 규칙을 주입시킨 다음, 휴리스틱 또는 실증적인 의사결정을 하는 소프트웨어.

① 전문가시스템의 구성요소

　가. 사용자 인터페이스.

　　사용자가 시스템과 상호 작용하는 방법.

　나. 추론엔진

　　어떤 정보를 요구하는 사용자 요구에 응답하는 S/W.

　다. 지식베이스

　　전문가시스템이 욕구하는 정보.

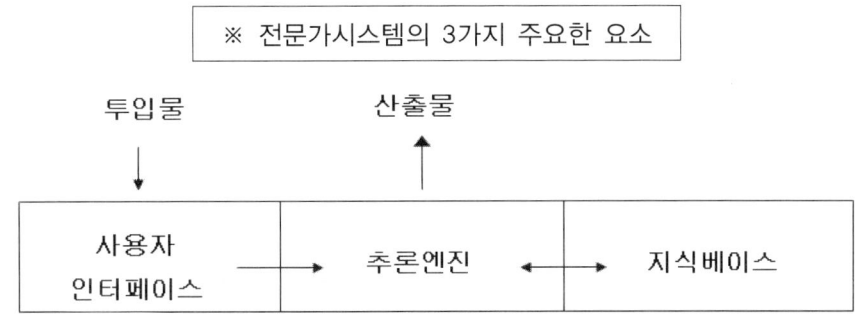

② 전문가시스템의 응용분야.

　가. 기계수리 및 서비스.

　나. 생산계획 및 스케줄링.

　다. 모형설정과 시뮬레이션.

　라. CAD/CAM 및 FMS.

　마. 설비계획에 사용.

　바. 산업로봇에 사용.

　사. CAPP에 사용.

③ 전문가시스템의 장점과 단점.

　가. 전문가시스템의 장점.

　　㉮ 결론에 일관성이 없다.

　　㉯ 지식을 고치고, 개선하고, 바꿀 수 있다.

㉰ 전문가가 없어도 전문가의 지식을 사용할 수 있다.

㉱ 여러 전문가의 의견을 종합한 시너지 효과.

나. 전문가시스템의 단점.

- 독자적인 의사결정을 할 수 없다.

11. 자동판독기.

① 바코드.

가. 점점 빨라지는 물자의 흐름을 파악하기 위해 1949년 개발.

나. 미리 정해진 형식에 따라 사각형의 마크와 공간으로 이루어진 배열.

다. PC(Universal Product Code).

㉮ 식료품을 판매하는 업종에서 주로 사용.

㉯ 판매망을 통해 주로 품목을 세고, 분류하고, 보내고, 받고, 자료를 처리하는 데 사용.

㉰ 제조업자와 제품명 및 크기 등을 표시.

라. Telepen.

- 우유와 보험회사에서 사용되는 바코딩시스템.

마. CODABAR.

- 혈액은행, 도서관, 사진현상에서 사용되는 바코딩시스템.

바. 코드 39

㉮ 문자와 숫자를 동시에 사용하는 바코딩시스템.

㉯ 일반산업체에서 가장 많이 사용.

② 매그네틱 스트라이프(magnetic stripe)

㉮ 일정한 면적에서 바코드보다 더 많은 정보를 저장.

㉯ 테이프 장애시 바코드에 비해 쉽게 정보 상실.

③ OCR(Optical Character Recognition)

㉮ 인간이 판독 가능.

㉯ 바코드에 비해 품목을 읽는 능력과 탄력성이 열등.

㉰ 소매상에서 사용.

④ 자동판독기의 장점
    ㉮ 코딩을 판독하는 속도가 상당히 빠르다.
    ㉯ 품목을 감지하는 능력이 정확하다.
    ㉰ 정보가 실시간으로 자동으로 처리된다.
    ㉱ 재고관리에 아주 효과적이다.

12. [수치제어공작기계]

① 수치제어(NC : numerically control led)란 무엇을 의미하는가?
   기계가 어떤 작업을 수행할 때 특별히 그 작업이 자동적으로 수행하도록 설계된 프로그램의 지시에 의해서 통제 받는 것.

② NC공작기계의 발전
   가. 1947년 - 파슨스사에 의해 시도.
   나. 1954년 - MIT와 미공군에 의해 최초 NC 밀링기계 생산.
   다. 1969년 - CNC 등장.
   라. 1969년 - DNC 개발.

③ 파트프로그램
   부품을 만들기 위해 기계와 공구를 움직이는 코드화된 프로그램.
   － 파트프로그램의 과정
      가. 부품의 기하학적 특징을 표시.
      나. 제조과정과 공구를 기하학적 특징과 관련.
      다. 작동되는 기계가 이해할 수 있도록 정보를 변환.

④ NC공작기계의 기본적인 구성요소.
   가. 지시프로그램.
      ㉮ 공삭기계의 활동을 지시하는 체계적이고 상세한 명령문 r MCU(Machine Control Unit).
      ㉯ 지시프로그램을 읽고, 해석하고, 기계공구의 동작으로 전환하는 하드웨어와 전자공학.
   나. 공작공구.
      － 작업대, 주축, 모터, 절단기, 고정장치물 등.

⑤ NC공작기계의 장점과 단점.

　　가. 장점.

　　　　㉮ 비생산시간 단축.

　　　　㉯ 고정 장치물 감소.

　　　　㉰ 생산시간 단축.

　　　　㉱ 탄력성 향상.

　　　　㉲ 품질향상.

　　　　㉳ 재고감소.

　　　　㉴ 생산성 향상.

　　　　㉵ 재작업 감소.

　　나. 단점.

　　　　㉮ 시설투자비 증가.

　　　　㉯ 수리유지비 증가.

　　　　㉰ 파트 프로그래머와 NC 유지인원 필요.

⑥ Computer Numerical Control.

　　가. MCU로써 독자적인 프로그램을 내장한 마이크로컴퓨터를 사용하는 NC.

　　나. NC에 비한 장점.

　　　　㉮ 높은 탄력성.

　　　　㉯ 높은 신뢰성.

　　　　㉰ 커뮤니케이션 인터페이스.

⑦ DNC

　　가. 중앙컴퓨터가 일시에 모든 기계를 통제.

　　나. DNC(direct numerical control).

　　　　- 메인프레임 컴퓨터를 이용해 NC기계나 공정을 직접 통제.

　　다. DNC(distributed numerical control).

　　　　- 마이크로프로세서의 발달로 네트워크화 된 DNC.

⑧ CNC와 DNC의 차이점

　　가. dnc는 여러 대의 기계를 통제하고 자료수집.

나. dnc는 컴퓨터가 통제를 하는 기계와 원거리.

다. dnc 소프트웨어는 생산기계의 개별적 작업 뿐만 아니라 전 분야를 통제하는 경영정보시스템의 기능을 수행.

13. [자동운반시스템과 자동창고시스템]

① 자동운반시스템.

    가. 목적.

        - 자재를 저렴한 비용으로 안전하게 지정된 장소로 운반.

    나. Automated Guided Vechicles.

        ㉮ 작업장에서 정해진 경로를 따라 움직이는 독자적이고 자력추진의 운반도구.

        ㉯ 컴퓨터의 통제를 받는 무인 소형트럭.

        ㉰ AS/RS 시스템과 연계하여 보관 업무까지 수행.

        ㉱ 병원 등과 같은 서비스업체에서도 사용.

② 자동창고시스템.

    - 창고 안에 있는 모든 품목에 대한 정보가 실시간으로 파악되어 정보시스템에 즉각 연계.

    가. 목적.

        ㉮ 창고저장 규모의 향상.

        ㉯ 안전성 향상과 도난 방지.

        ㉰ 저장과 관련된 인건비 감소.

        ㉱ 저장과 관련된 노동생산성 향상.

        ㉲ 재고관리의 통제 강화.

        ㉳ 고객서비스 향상.

    나. Automated Storage / Retrieval System.

        - 원자재와 공구를 컴퓨터의 통제 하에 작업장 가까이 보관하면서 신속하게 필요한 장소로 이동시키는 시스템.

제7절 자동화 시스템의 구성 및 특성

1. FMS의 정의.

유연생산시스템은 고도로 자동화된 GT 셀이며, 자동 자재취급 및 보관시스템과 연결되어 있는 작업장 그룹(일반적으로 CNC 공작기계)으로 구성되어 있고, 분산 컴퓨터 시스템으로 제어된다. FMS 가 유연하다고 하는 이유는 다양한 작업장에서 동시에 다양한 여러 부품유형을 처리할 수 있으며, 부품유형의 혼합 비율과 생산량이 수요 패턴이 변화함에 따라 조정될 수 있기 때문이다. FMS는 제품 다양성과 생산량이 중간 정도 인 환경에 적합하다.

초기에 FMS 라는 용어는 종종 유연가공시스템을 의미하였다. 절삭공정은 FMS 기술의 가장 큰 적용분야이다. 그러나 절삭공정보다 광범위한 의미로 FMS를 해석하는 것이 적당할 것 같다.

FMS는 그룹테크놀로지의 원리를 따른다. 어떠한 생산시스템도 완벽하게 유연할 수는 없고, FMS에서 생산될 수 있는 부품과 제품에는 한계가 있다. 따라서 FMS는 미리 정의된 유형, 크기, 공정 내에서의 부품(또는 제품)을 생산하도록 설계된다. 다른 말로는 FMS는 단일 부품군이나 제한된 범주의 부품군만을 생산할 수 있다.

FMS에 대한 좀 더 적합한 표현은 유연 자동생산시스템이다. '자동'이라는 단어는 수동 GT 기계 셀과 같이 유연하지만 자동화되지 않은 다른 생산시스템과 구분하기 위하여 사용한다. 반면에, '유연'이라는 단어는 재래식 전용 이송라인과 같이 고도로 자동화되어 있지만 유연하지 않은 다른 생산시스템과 구분하기 위하여 사용한다.

① 유연성

- 제조시스템의 유연성(flexibility)문제는 제조시스템이 유연하기 위하여 갖추어야 하는 세가지 능력을 정의하였다.

  가. 시스템에서 처리되는 여러 부품들 또는 부품유형을 식별하고 구별해 내는 능력.

  나. 공정지시의 신속한 변환.

  다. 물리적인 셋업의 신속한 변환. 유연성은 수동과 자동시스템 모두에 적용되는 속성이며, 수동시스템에서는 작업자가 시스템 유연성을 가능하게 하는 인자이다.

자동제조시스템에서 유연성의 개념을 이해하기 위하여 그림과 같이 산업용 로봇이 부품 캐러셀에서 부품을 장착 및 탈착하는 두 대의 CNC 공작기계로 이루어진 기계 셀을 보면, 주기적으로 작업자는 캐러셀에서 완성품을 빼내고, 새로운 공작물을 장착한다.

이는 어떤 정의로도 자동생산 셀이지만 과연 유연생산 셀이 될 수 있을까? 어떤 사람은 유연하다고 주장할 수 있다. 왜냐하면 셀은 CNC 공작기계로 구성되어 있고, CNC 공작기계는 다른 부품을 가공하기 위하여 프로그램 될 수 있으므로 유연하다고 할 수 있기 때문이다. 그러나 셀이 뱃치 모드로 운전되고, 동일한 부품유형이 수십 개씩(또는 수백 개씩) 두 대의 기계에서 생산된다면 이는 유연생산시스템 이라고 할 수 없을 것이다.

유연하다고 인정받기 위하여 생산시스템은 여러 조건을 만족하여야 한다.

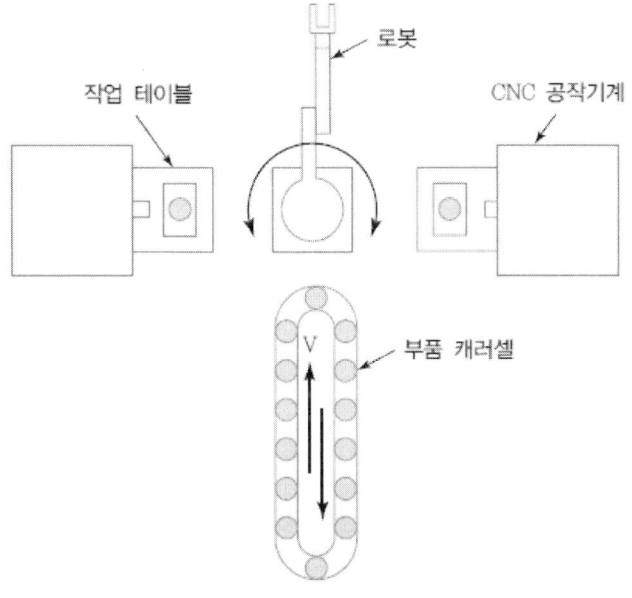

② 자동 생산 시스템에서 유연성에 대한 네 가지 테스트 방법이다.

가. 부품 다양성 테스트 : 시스템이 뱃치 모드가 아닌 상태로 여러 다른 부품유형을 가공할 수 있는가?

나. 일정계획 변경 테스트 : 시스템이 생산일정계획에서의 변경사항 및 부품 비율이나 생산량 변화를 즉시 받아들일 수 있는가?

다. 에러 복구 테스트 : 시스템이 장비 오작동과 고장을 잘 복구하여 생산이 완전히 멈추게 하지 않을 수 있는가?

라. 신부품 테스트 : 새로운 부품설계를 비교적 쉽게 기존의 부품혼합에 적용할 수 있는가?

이러한 전체 질문에 대하여 주어진 생산시스템이 모두 만족한다면 시스템은 유연하다고 판단 할 수 있다. 가장 중요한 기준은 (1)과 (2)이며, 기준 (3)과(4)는 상대적으로 엄하지 않은 기준이고, 다양한 수준으로 구현될 수 있다. 사실, 새로운 부품설계의 도입은 일부 FMS에는 고려사항이 아니다. 이러한 시스템은 구성부품을 모두 아는 부품군을 생산하도록 설계되었기 때문이다.

그림의 로봇 작업 셀이 다음과 같다면 FMS 기준을 만족하는 것이다.

㉮ 뱃치 형태가 아닌 혼류 형태에서 다른 부품들을 가공할 수 있다.

㉯ 생산일정의 변화를 감당할 수 있다.

㉰ 하나의 기계가 고장이 나도 작업을 계속 진행할 수 있다(즉, 고장난 기계를 수리하는 동안작업을 일시적으로 다른 기계에 할당한다)

㉱ 새로운 부품설계가 완성되면 NC 파트 프로그램이 작성되어 기계에 전송될 수 있다. 여기서 네 번째 기준은 새로운 제품이 FMS 에서 생산하고자 하는 부품군에 포함되어 있어야 한다는 것을 의미하며, 그래야 CNC 기계에서 사용하는 공구와 로봇의 그립퍼가 새로운 부품에 사용될 수 있다.

2. FMS의 종류

모든 FMS 는 특정한 적용대상, 즉 특정한 부품군이나 공정을 위하여 설계된다. 그러므로 각 FMS 는 전용화 되어 있고 각기 고유하다고 할 수 있다.

유연생산시스템은 수행하는 공정의 종류에 따라 가공공정을 위한 것과 조립공정을 위한 것으로 구분될 수 있다. 일반적으로 FMS 는 두 공정 중 하나를 수행하도록 설계되며, 두 가지 모두를 수행하는 경우는 드물다.

FMS를 분류하는 두 가지 기준은 다음과 같다.

(1) 기계수, (2) 유연성 수준.

※ 기계수 유연생산시스템은 시스템 내 기계수에 따라 구분되며, 다음은 대표적인 범주

이다.
- 단일기계 셀.
- 유연생산 셀.
- 유연생산시스템.

① 단일기계 셀(Single Machine Cell:SMC) :
그림과 같이 부품저장시스템과 결합된 CNC 머시닝센터로 구성되어 무인가공을 수행할 수 있다. 완성품은 주기적으로 부품저장소에서 빼내고 원소재가 새롭게 공급된다. 셀은 뱃치 모드, 유연 모드 또는 두 모드의 혼합 형태로 운영될 수 있도록 설계될 수 있다. 뱃치 모드로 운영되면 기계는 지정된 로트 크기로 한 종류의 부품을 가공하며, 다음 부품 종류의 뱃치를 가공하기 위하여 변환된다.

유연 모드로 운영되면 시스템은 네 가지 유연성 테스트중에 세 가지를 만족한다.

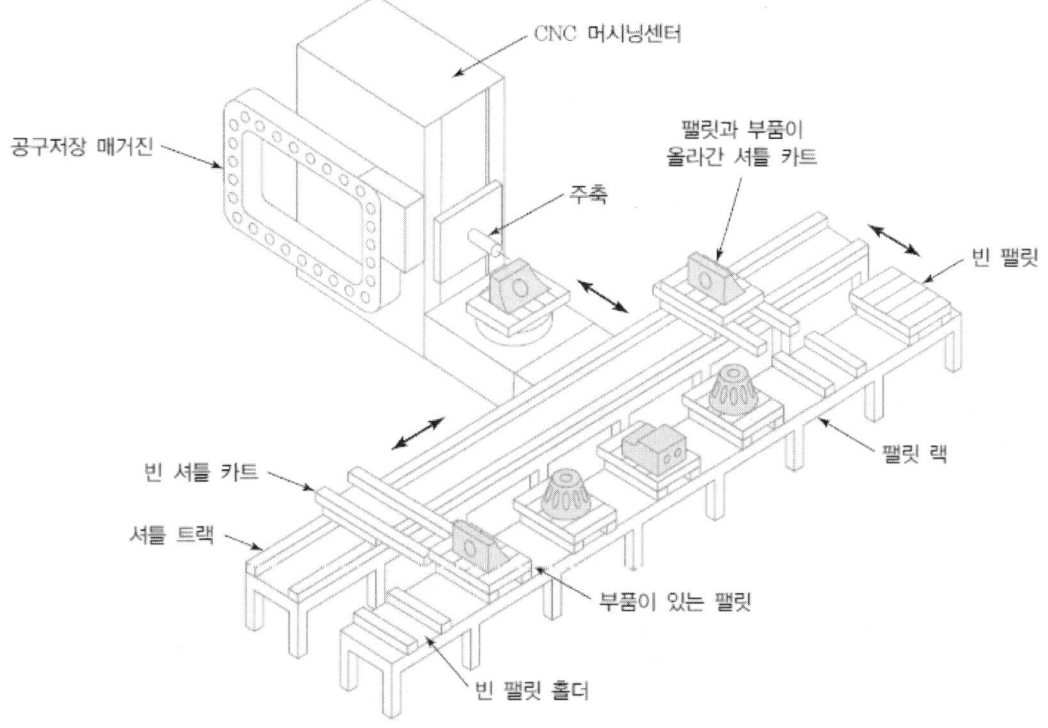

[그림 단일 가공셀의 예 (CNC머시닝센터와 부품저장소로 구성)]

가. 여러 부품 종류를 가공할 수 있으며,

나. 생산일정계획의 변경에 대응할 수 있으며,

다. 새로운 부품설계를 도입할 수 있다는 세 가지를 만족한다. 하나밖에 없는 기계가 고장나면 생산이 중지되므로 테스트 "다"의 에러 복구는 만족할 수 없다.

② 유연생산 셀(Flexible Manufacturing Cell : FMC)

둘 또는 셋의 가공작업장(대표적으로 CNC 머시닝센터 또는 터닝센터) 및 자재취급 장치로 구성되어 있다. 자재취급 장치는 장착/탈착 시스템에 연결되어 있으며 부가적으로 제한된 부품저장 용량을 갖고 있다. FMC 예를 그림에 나타내었으며, 유연생산 셀은 이전에 논의한 네 가지 유연성 테스트를 만족한다.

③ 유연생산시스템(FMS)

공통 자재취급시스템과 기계적으로 연결되어 있고, 분산 컴퓨터 시스템 과 전기적으로 연결되어 있는 네 개 또는 그 이상의 가공작업장으로 구성되어 있다. 그러므로 FMS와 FMC의 가장 중요한 차이점은 기계수이다. FMC는 두 대 혹은 세대의 기계로 구성되어 있으나, FMS 는 네 대 이상의 기계로 구성되어 있다. 두 번째 차이점은 FMS는 일반적으로 생산을 지원하지만 직접적으로 생산에 참여하지 않는 작업장을 포함한다는 점이다. 이러한 작업장으로는 부품/펠릿 세척기, 3차원 측정기(Coordinate Measuring Machine : CMM) 등을 예로 들 수 있다.

세 번째 차이점은 FMS 의 컴퓨터 제어시스템은 일반적으로 규모가 크고, 진단 및 공구 감시 기능과 같이 셀에서는 없는 기능을 훨씬 많이 갖추고 있다. FMS 가 더 복잡하기 때문에 FMC 보다는 FMS 에서 이러한 부가적인 기능이 더 필요하다.

FMC와 FMS 사이에서 구별되는 특징을 그림에 요약하였다. 표는 네 가지 유연성 테스트에 의해 세 시스템을 비교한 것이다.

※ 유연성 수준 FMS 의 또 다른 분류기준은 시스템의 유연성 수준이다.

여기에서는 두 가지 범주로 구분된다.

[그림 FMC의 예 (세 개의 동일한 가공작업장(CNC 머시닝센터), 하나의 장착/탈착작업장, 하나의 자재취급시스템으로 구성)]

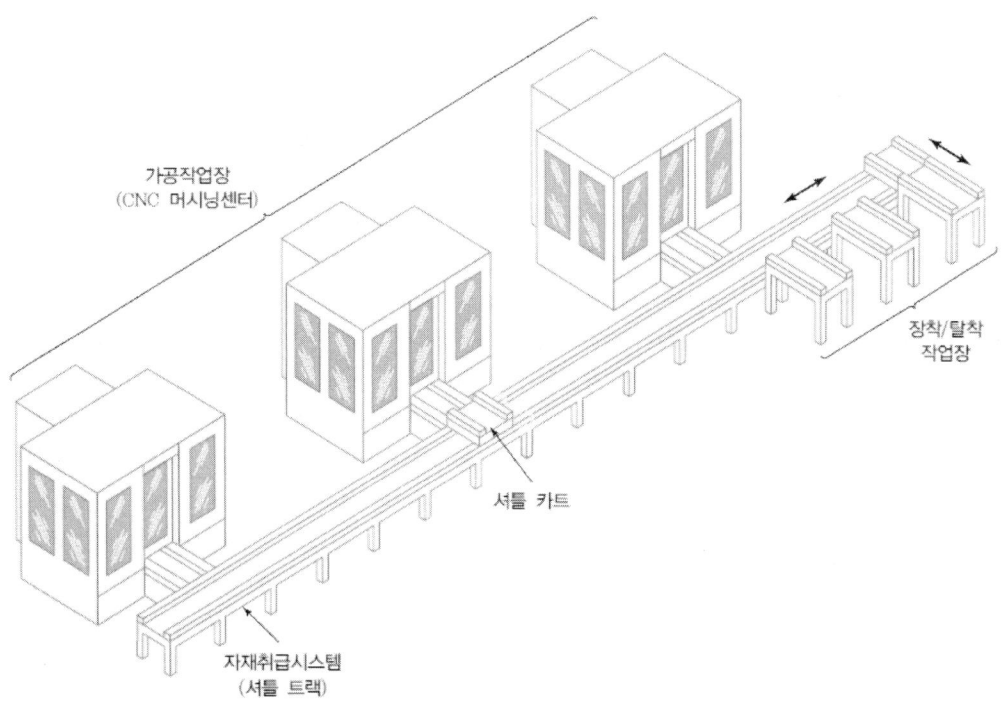

[그림 유연 셀과 시스템의 세 가지 유형의 특징]

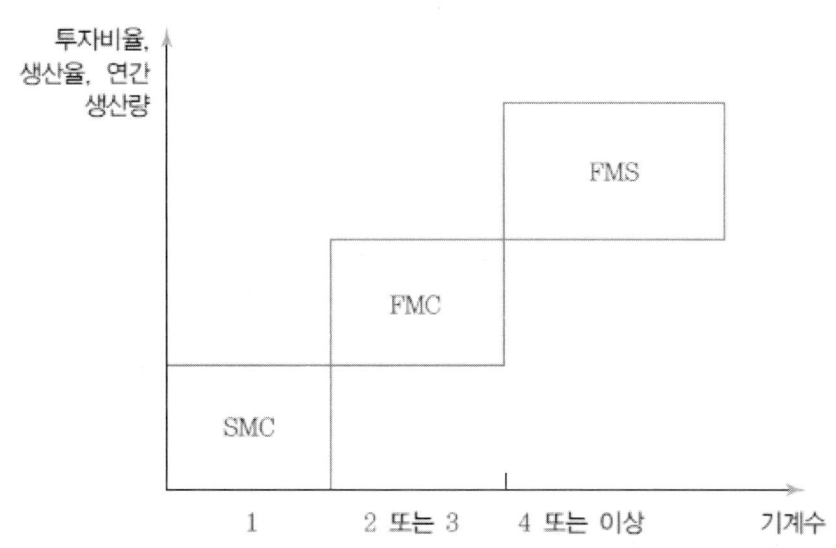

[표 제조 셀과 시스템에 적용한 네 가지 유연성 테스트]

시스템 형태	유연성 영역 (유연성 테스트)			
	1. 부품 다양성	2. 일정변화	3. 에러 복구	4. 신부품
SMC	Yes(가공은 순차적으로 동시적이 아님)	Yes	1대이기 때문에 제한적 복구	Yes
FMC	Yes(다른 부품들의 동시적 가공 가능)	Yes	FMS보다 적은 대수로 인해 제한적 복구	Yes
FMS	Yes(다른 부품들의 동시적 가공 가능)	Yes	중복기계로 인해 기계고장의 영향이 최소화	Yes

가. 전용 FMS.

나. 임의순서 FMS.

전용 FMS 는 제한된 범위의 부품종류만을 생산하도록 설계되며, 시스템에서 생산되는 부품의 총범위는 알려져 있다. 부품군은 기하학적인 유사성보다는 부품으로 구성할 제품의 공통성에 기반을 둔다. 제품설계가 안정되어 있다면 공정을 좀 더 효율적으로 만들기 위하여 어느 정도의 전용 공정으로 시스템을 설계할 수 있을 것이다.

범용 기계를 사용하는 대신에 시스템의 생산율을 증가 시키기 위하여 제한된 부품군만을 생산할 수 있는 전용기계로 시스템을 구성할 수 있다.

어떤 경우에는 생산하는 모든 부품에 대해 기계순서가 동일하거나 거의 비슷할 수 있으며, 작업장이 서로 다른 부품들을 섞어서 가공할 수 있는 유연성이 있다면 전용 이송라인이 적당할 수 있다. 이러한 경우에 유연 트랜스퍼 라인(flexible transfer line)이라는 용어를 사용하기도 한다.

부품군의 규모가 매우 크고, 기본적으로 부품 구성이 다양하고, 시스템에 새로운 부품설계가 자주 도입되고. 부품의 설계변경이 계속 이루어지고, 생산일정계획이 매일매일 바뀌는 경우에는 임의순서 FMS 가 더 적합하다. 이러한 다양성에 대응하기 위하여 임의순서 FMS 는 전용 FMS 에 비해 더 유연하여야 한다. 부품의 다양성에 대처하기 위하여 범용 기계로 구성되어야 하며, 다양한 순서(랜덤한 순서)로 부품을 가공할 수 있어야 한다. 또한 좀 더 성능이 우수한 컴퓨터 제어시스템이 요구된다.

이러한 두 시스템은 유연성과 생산성에 차이가 있다. 전용 FMS는 덜 유연하지만 생산율은 더 높다. 임의순서 FMS 는 더 유연하지만 생산율이 낮다. 이러한 두 FMS

의 특성비교를 그림에 나타내었다.

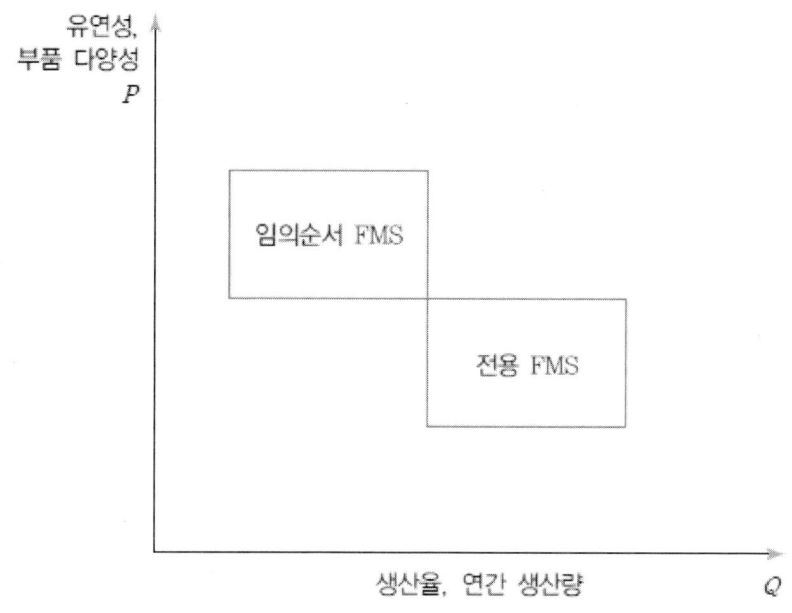

[그림 전용 FMS와 임의순서 FMS 의 비교]

3. FMS의 구성요소

정의에서 언급한 바와 같이 FMS 에는 몇 가지 기본 구성요소가 있다.
① 작업장.
② 자재취급 및 보관시스템.
③ 컴퓨터 제어시스템. 부가적으로 FMS 가 아무리 고도의 자동화 시스템이라도.
④ 시스템을 관리하고 동작시킬 인력이 필요하다.

가. 작업장

FMS 에서 사용되는 가공 또는 소립장비는 시스템이 수행하는 작업 종류에 따라 결정된다. 절삭공정을 위해 설계된 시스템에서는 가공작업장의 주된 장비가 CNC 공작기계일 것이다. 그러나 FMS 개념은 다양한 공정에 적용할 수 있다. 다음은 FMS 에서 대표적으로 사용되는 작업장의 종류들이다.

㉮ 장착/탈착 작업장

장착/탈착(loading/unloading) 작업장은 FMS 와 공장의 나머지 부분과의 물리 적인 경계선이다. 원소재는 이 지점에서 시스템으로 들어오고, 완성품은 이 지점에서 시스템 외부로 내보내진다. 장착 및 탈착은 수동 혹은 자동취급시스템으로 수행될 수 있는데, 오늘날 대부분의 FMS에서 수동 장착 및 탈착이 흔한 방법이다. 장착/탈착 작업장은 공작물이 쉽고 안전하게 취급되도록 인간공학적으로 설계되어야 한다. 너무 무거워 작업자가 들 수 없는 부품의 경우, 작업자를 돕기 위하여 동력 크레인 또는 기타 장치가 설치되어야 한다. 작업장에서는 어느 정도의 청결성이 유지되어야 하며, 오물을 불어내기 위해 공기호스 또는 기타 세척장비가 종종 사용된다.

㈏ 절삭가공 작업장

FMS의 가장 흔한 적용분야는 절삭공정이며, 사용되는 장비는 절대적으로 CNC 공작기계이다. 가장 흔한 것은 CNC 머시닝센터, 그중 수평형 머시닝센터이다. CNC 머시닝센터는 자동 공구교환 및 공구저장, 펠릿 공작물의 사용, CNC 및 분산 수치제어 기능과 같이 FMS에 적합한 여러 특성을 지니고 있다. 머시닝센터는 FMS 자재취급 장치와 바로 연계될 수 있는 자동 펠릿 교환장치와 함께 도입되는 경우가 많다. 일반적으로 머시닝센터는 비회전 부품에 사용되며, 회전부품에는 터닝센터가 사용된다.

㈐ 기타 가공 작업장

FMS 개념은 절삭공정뿐만 아니라 기타 가공공정에도 적용되어 왔다. 이러한 공정 중의 하나가 보고된 판재 성형공정이다. 이 가공작업장은 펀칭, 전단, 굽힘 및 성형공정과 같은 프레스작업으로 이루어져 있다. 또한, 유연시스템은 단조공정도 자동화하기 위하여 개발되었다. 단조는 전통적으로 노동집약적 공정이며, 작업장은 주로 가열로, 단조프레스트리밍 작업장으로 구성된다.

㈑ 조립작업장

일부 FMS는 조립공정을 수행하도록 설계되었다. 유연 자동 조립시스템은 뱃치로 만들어지는 제품의 조립에서 수작업을 대치하기 위하여 개발되었다. 산업용 로봇은 이러한 유연조립 시스템에서 자동화된 작업장으로 자주 사용되며, 시스템에서 조립되는 여러 제품 종류에 대응하기 위하여 작업순서와 운동 형태에서 다양성이 있도록 프로그래밍된다. 유연조립작업장의 다른 예는 전자조립에서 광범위하게 사용되는 프로그램 가능한 부품 자동 삽입 기계이다.

⑩ 기타 작업장 및 장비

가공작업장에 검사공정을 포함시키거나 검사를 위하여 특별히 설계된 작업장을 포함시키는 방법으로 검사가 FMS 에 포함될 수 있다. 3차원 측정기, 기계주축에서 사용될 수 있는 특수 탐침, 머신비전 검사 장치는 FMS에서 검사를 수행하는 세 가지 방법이다. 부품이 작업장에서 적절히 조립되었는지를 확인하기 위하여 유연조립시스템에서도 검사가 매우 중요 하다.

나. 자재운반 및 보관시스템

FMS 의 두 번째 중요한 요소는 자재운반 및 보관시스템이다. 자재취급시스템의 기능, 장비 및 FMS 배치양식에 대하여 설명하면,

※ 자재취급시스템의 기능

FMS에서 자재운반 및 보관시스템은 다음과 같은 기능을 수행한다.

(1) 작업장 간 공작물의 랜덤·독립적 이송 : 여러 다른 부품에 대한 다양한 공정순서를 제공하거나, 어떤 작업장이 바쁠 때 대체기계를 사용할 수 있도록 부품은 시스템의 한 기계로부터 다른 기계로 운반될 수 있어야 한다.

(2) 다양한 공작물 형상을 취급 : 각주형 부품의 경우 주로 모듈형 펠릿 고정구를 사용하여 다양한 공작물을 처리한다. 고정구는 펠릿 상면에 위치하며 주어진 부품에 대하여 고정구를 신속히 결합할 수 있도록 공통 요소, 신속변환부품 및 기타 기기를 이용하여 다양한 공작물 형상에 대응하도록 설계된다.

펠릿의 바닥면은 자재취급시스템에 맞도록 설계된다. 회전형 부품의 경우, 선반에의 장착 및 탈착, 작업장 간 부품운반을 위하여 종종 산업용 로봇이 사용된다.

(3) 임시저장 : FMS에서 부품의 수는 어느 순간 실제로 가공되고 있는 부품의 수보다 보통 많을 것이다. 그러므로 각 작업장에는 가공되기 위하여 대기하고 있는 부품 대기 장소가 있으며, 이는 기계 가동률을 증가 시킬 것이다.

(4) 부품 장착 및 탈착을 위한 용이한 접근 : 자재취급시스템에는 장착/탈착 작업장을 위한 위치도 포함된다.

(5) 컴퓨터 제어시스템과의 호환성 : 여러 가공작업장, 장착/탈착 작업장 및 창고로 자재취급시스템이 명령을 내리기 위하여 컴퓨터 시스템에 의해 직접 제어될 수 있어야 한다.

다. 자재취급 장비

FMS에서 작업장 간 부품이송에 사용되는 자재취급시스템은 전통적인 자재운반장비, 직선형 이송 메커니즘, 산업용 로봇을 포함한다. FMS의 자재취급 기능은 보통 두 가지로 구분 된다.

㉮ 1차 취급시스템,

㉯ 2차 취급시스템.

1차 취급시스템은 FMS의 기본배치를 이루며 작업장 간 공작물의 운반을 담당한다. 이런 유형의 자재취급 장비가 윗표에 요약되었다.

2차 취급시스템은 이송기구, 자동 펠릿 교환장치(APC), 또는 작업장에 위치한 이들과 유사한 메커니즘으로 구성된다.

2차 취급시스템은 1차 취급시스템으로부터 가공작업장으로 공작물을 이송시키고, 충분한 정확성과 반복성을 갖고 위치를 잡게 해 준다.

라. FMS 레이아웃

자재취급시스템은 FMS 레이아웃을 결정한다. 현재 가장 흔한 FMS 레이아웃 형태는 다섯 가지 범주로 구분될 수 있다.

㉮ 직선형

㉯ 루프형

㉰ 사다리형

㉱ 개방형

㉲ 로봇중심 셀.

- 직선형 레이아웃에서 기계와 자재취급시스템은 일자형으로 배치된다.

제8절 산업용 로봇의 종류 및 특성과 용도

1. 로봇의 구성

① 로봇 전문가들은 로봇이 2030년 즈음에는 사람과 거의 유사한 지능을 가지게 되며, 로봇의 형태도 사람과 거의 유사한 형태와 구조를 가지게 될 것으로 전망하고 있다.

이미 '아시모(Asimo)와 같은 휴머노이드 로봇은 직립 보행뿐만 아니라 컵을 집고 악수를 하는 등 실제로 인간과 유사한 행동을 구현하고 있으며, 더 자연스러운 움직임을 위해 많은 연구가 진행되고 있다.

② 로봇은 크게 주 제어 장치, 센서 장치, 구동 장치, 전원 장치로 구성된다.

　가. 주 제어 장치 : 사람의 뇌에 해당하는 장치로, 각종 주변 환경에 대한 판단과 행동에 대한 명령을 내리는 역할을 담당하는 장치이다.

　나. 센서 장치 : 사람의 감각 기관과 같은 역할을 담당하는 장치로, 주변 환경에 대한 정보를 인식하는 센서로 이루어져 있는 환경 인식 장치이다.

　다. 구동 장치 : 사람의 팔과 다리와 같은 역할을 담당하는 장치로, 로봇이 실질적으로 일을 수행하는 장치이다.

　라. 전원 장치 : 로봇이 활동할 수 있는 에너지를 공급하는 역할을 담당하는 장치이다.

2. 로봇의 동작 원리

로봇은 물체를 들어 올리거나 이동할 때 지레의 원리를 사용한다.

① **지레**

무거운 돌덩어리를 옮길 때 어떤 점에 막대를 받쳐서 힘을 가하면 쉽게 옮겨진다. 이처럼 지레는 받침점과 막대를 이용하여 작은 힘으로 물체를 쉽게 움직이게 하는 도구로서 BC220년경 아르키메데스(Archimedes)가 발견했다. 지레는 막대를 받치는 받침점, 힘을 가하는 힘점, 물체에 힘이 작용하는 작용점으로 구성된다.

지레는 받침점, 힘점, 작용점의 위치에 따라 1종 지레, 2종 지레, 3종 지레로 분류된다.

　가. 1종 지레

　　[그림]과 같이 받침점이 작용점과 힘점 사이에 있으며 시소, 가위 등이 이에 속한다.

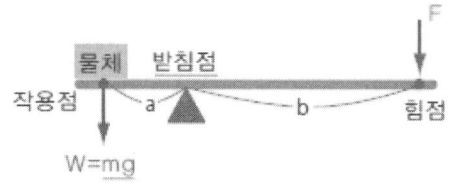

　나. 2종 지레

　　[그림]과 같이 작용점이 받침점과 힘점 사이에 있으며 병따개, 작두 등이 이에 속한다.

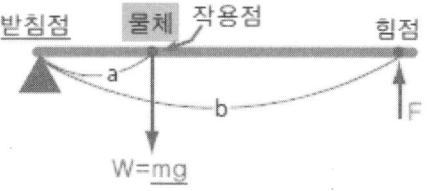

다. 3종 지레

[그림]과 같이 힘점이 받침점과 작용점 사이에 있으며 핀셋, 낚시대, 족집게 등이 이에 속한다.

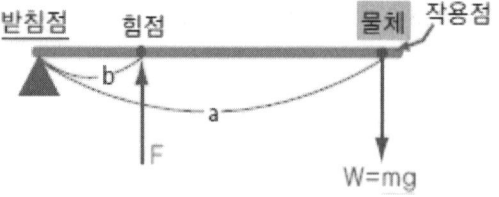

지레는 받침점과 힘점 사이의 거리, 받침점과 작용점과의 거리 등으로 힘이 가해지는 크기와 방향이 결정된다. 로봇 팔을 이용해 물건을 들려고 할 때, 이와 같은 원리를 적용해서 설계해야 한다.

② **도르래**

도르래는 바퀴의 일종으로 벨트나 끈을 바퀴의 홈에 끼워 무거운 짐을 아래에서 위로 끌어올릴 때 사용되는 도구이다. 힘의 방향을 바꿔주거나 힘의 크기를 변화시키는 작용을 한다. 도르래는 1796년 정약용이 수원 화성 성곽을 쌓으며 사용된 거중기를 비롯하여 국기게양대, 타워 크레인 등에서 사용된다. 도르래는 고정 도르래, 움직 도르래, 복합 도르래로 분류된다.

가. 고정 도르래

대표적인 것은 우물의 두레박과 엘리베이터이다. 힘의 방향만 바꿀 수 있고, 힘의 크기는 변화가 없다.

나. 움직 도르래

힘의 방향은 변화가 없고 물체와 도르래의 무게를 합한 것의 반만큼의 힘으로도 들어 올릴 수 있다.

다. 복합 도르래

고정 도르래는 힘의 크기를 변화시키지 못하고 움직 도르래는 힘의 방향을 변화시키지 못하는 단점을 보완한 도르래, 고정 도르래와 움직 도르래를 함께 사용한다.

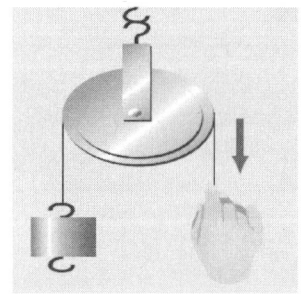

[고정 도르래]

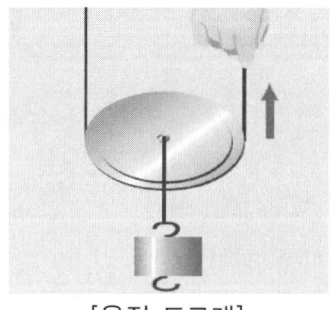

[움직 도르래]

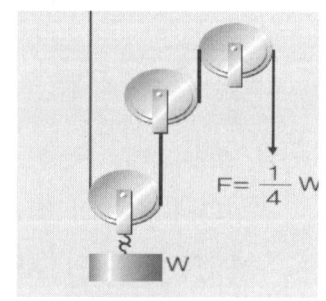

[복합 도르래]

③ 축바퀴

축바퀴는 작은 바퀴와 큰 바퀴를 하나의 축에 고정시켜서 함께 회전하도록 만든 것이다. 고정된 축이 지레의 받침점과 같이 작용을 하고 바퀴는 지레의 힘점과 작용점에 해당한다.

축바퀴를 사용하면 물체를 무게보다 작은 힘으로 들어 올릴 수 있다. 축바퀴가 사용된 예로는 자동차 핸들, 드라이버, 출입문 손잡이, 전화 다이얼 등이 있다.

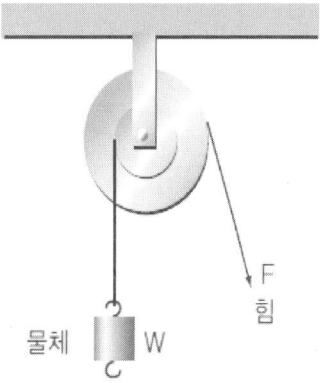

3. 로봇의 정의

제조업 분야는 최근 컴퓨터 기술의 발전에 힘입어 제 2의 산업혁명이라고 할 수 있는 자동화 혁명(revolution in automation)의 문턱에 와 있다. 자동화(automation)라는 용어는 "Automatic Motivation"의 준말로 1940년 Ford Motor Company에서 처음 사용하였고 그 의미는 여러 대의 관련기계를 묶어서 작동시키는 것이었다.

일반인들에게 자동화는 "기계로의 대치"로 받아들이나 제조업에서의 자동화는 로봇을 도입한다는 것을 의미한다. 로봇(robot)이라는 용어는 1920년 체코의 극작가 Karel Capek이 쓴 희곡 Rossum's Universal Robot에서 처음으로 등장하였으며, 로봇의 어원은 체코어로 robota라는 단어에서 나왔는데 일(work)을 의미한다. 현재의 로봇은 여러 목적의 로봇중에서도 주로 산업에서 사용되는 산업용 로봇을 말한다.

4. 산업용 로봇은 우리나라 산업안전보건법 시행규칙에 보면 "복합동작이 가능한 기계"라고 정의하고, 미국 로봇협회(R.I.A)에서는 "여러종류의 일들을 수행하기 위하여 프로그램된 동작을 행함으로써 부품이나 장치, 도구 등을 움직일 수 있는 다기능이 프로그램이 가능한 기계장치"라고 정의하고 있다. 산업용 로봇은 자동제어에 의한 <u>매니플레이션기능</u> 또는 이동기능을 가지고 각종 작업이 프로그램에 의해 실행될 수 있으며, F.M.S (Flexible Manufacturing System)에 있어서의 주역은 산업용 로봇이다.

※ 매니퓰레이터(Manipulater)
여러 자유도로 대상물을 잡거나 움직일 목적으로 서로 조인트나 미끄럼 기구로 결합된 일련의 링크 기구로 구성된 기계이다.

※ FMS(Flexible Manufacturing System)
유연 생산 시스템 : 일반적으로 기계가공이 자동적으로 이루어지는 NC공작군으로 구성되어 있고, 공작물의 착탈 장치가 있으며, 공
정간 이동을 자동적으로 할 수 있는 자동 반송 장치를 갖추고, 이들을 종합적으로 제어 관리하기 위한 호스트 컴퓨터와 운용 소프트웨어로 이루어진 시스템을 말한다.

즉, "산업용 로봇이란 기억장치가 있고 물체를 잡을 수 있는 선단부가 달린 팔의 신축, 선회, 상하 이동 등의 동작을 자동적으로 행함으로써 사람이 하는 작업을 대신할 수 있는 범용성의 기계를 말한다.

5. 로봇의 역사

1세대 로봇	⊙ 주어진 궤도를 이동하고 감각기능 및 인식이 없으며 단순기능역할만 한다. ⊙ 제조업에 주로 사용되는 스폿용접로봇, 수동 조작형 로봇, 시퀀스 로봇. ※시퀀스 로봇(sequence robot)미리 설정된 순서, 절차에 따라 행동하는 로봇

2세대 로봇	⊙ 무궤도 이동이 가능하나 외부환경을 감지할 능력은 없다.
	⊙ 자동화에 이용되는 아크용접로봇, 조립로봇, 플레이백 로봇, 수치제어 로봇
	※ 플레이백 로봇(playback robot)
	   사람의 지시에 따라서 행동을 그대로 따라하는 로봇
	※ 수치 제어 로봇(numerically controlled robot)
	   프로그램을 수시로 변경할 수 있는 로봇

3세대 로봇	⊙ 스스로 환경 변화에 적응하며 어느정도 의사결정을 할 수 있다. ⊙ 비제조업에서 주로 사용되고 3차원 이동이 가능한 지능(자율)로봇 ※ 지능 로봇(intelligence robot) 학습 능력과 판단력을 지니고 있는 로봇

6. 로봇이 사용되고 있는 분야는 매우 광범위하며, 또한 로봇개발의 최종 단계는 지능로봇이 될 것이다. 프로그래밍된 몇 가지 기능만을 수행하는 전형적인 산업용 로봇과 달리, 지능 로봇은 스스로 프로그램을 설정하고 수정할 수 있는 로봇이다.

7. 로봇의 현황

① 산업용 로봇의 발전 배경	가. 경제 성장율에 따른 노동력 부족. 나. 생산성 향상의 요구. 다. 기능 노동력의 부족. 라. 기술의 진보. 마. 노동재해 방지 및 노동환경 개선의 요구.
② 로봇의 궁극적 목 표	로봇의 궁극적 목표는 인간을 닮은 인간과 유사하게 동작하는 휴먼 로봇의 개발에 있다. 휴먼 로봇은 정밀기계, 전자제어, 정보통신, 인공지능, 생체공학 기술의 총합 체로서 인간 작업을 대체할 수 있는 인간과 유사한 오감과 지능을 갖고 자율적으로 이동하며, 작업하는 자율형 로봇 개발에 있다. ※ 휴먼이란 사람을 의미하는데 한마디로 사람을 닮은 로봇이다. (바로 휴머노이드) 우리나라에서는 휴보, 휴보2, 알프레드 휴보가 있다. (휴머노이드는 조건이 두 다리 두 팔이다.)
③ 로봇 발전의 제 한 점	가. 로봇을 제조업 분야의 조립 공정에 적용하는 경우 자동화 하기가 대단히 어렵고, 고가의 설치비가 요구되기 때문이다. 나. 머신비전, 센서, 인공지능 등의 기술 수준이다. 이 분야의 기술수준은 상당히 높으나 인간의 지능이나 유연성에 비교하면 아직 기초적인 수준을 벗어나지 못하는 상태에 있다. 다. 로봇공학은 전자공학, 기계공학, 산업공학, 컴퓨터공학 등 관련 학문의 통합이 요구되며 이와 같은 전문 분야의 지식을 고루 갖춘 훈련된 인력이 현재 매우 부족한 상태이기 때문이다.

8. 로봇의 분류

산업용 로봇은, 일반적으로 입력정보 및 교시(teaching)방법에 따른 분류와 동작 기구의 형태에 의해 분류할 수 있다.

① 입력정보 및 교시(teaching)방법에 따른 분류	
가. 수동 로봇(Manual Robot)	사람의 조작에 의해 움직이는 로봇.
나. 시퀀스 로봇(Sequence Robot)	미리 설정된 순서와 조건 및 위치에 따라 동작 의 각 단계를 순서적으로 진행하는 로봇.
다. 플레이백 로봇(Palyback Robot)	사람이 티칭 후에 그 순서와 위치 정보를 기억 시켜 두었다가 필요에 따라 재생하여 작업하는 로봇.
라. 감각제어 로봇 (Sensory controlled Robot)	감각정보를 이용하여 동작의 제어를 하는 로봇.
마. 수치제어 로봇 (Numerical Control Robot)	순서, 조건, 위치정보를 가진 수치나 언어에 의해 지시된 작업을 수행하는 로봇.
바. 지능 로봇(Intelligent Robot)	감각 및 인식에 기능에 의해 자율적으로 판단하고 행동을 결정 하는 로봇.
사. 적용제어 로봇 (Adaptive controlled Robot)	환경의 변화에 적응하여 제어기능을 수행하는 로봇.
아. 학습제어 로봇 (Learning controlled Robot)	작업 경험을 반영한 학습에 의해 제어 기능을 수정할 수 있는 로봇.

② 동작 기구의 형태에 의해 분류		
가. 직교좌표형 로봇 (Cartesion coordinate Robot)	서로 직각인2축 이상 운동의 조합으로 공간상의 한점을 결정 해주는 로봇으로 기계적 강도 및 정도가 높아 정밀 조립, 핸들링(Handling), 검사 등에 사용되나 작업공간의 제약이 단점이다.	
나. 원통좌표형 로봇 (Cylindrical coordinate Robot)	원통좌표형식의 운동으로 공간상의 한점을 결정하는 로봇으로 작업영역이 넓고 작업공간의 유연성이 있으며 위치 결정의 정밀도가 높아 핸들링용으로 주로 사용된다.	
다. 극좌표형 로봇 (Spherical coordinate Robot)	극좌표형식의 운동으로 공간 상의 한점을 결정하는 로봇 으로 작업 영역이 넓고 손끝의 속도가 빠르며 팔을 지면에 대하여 경사진 위치로 이동 할 수 있으므로 용접, 도장 등의 작업에 이용된다.	

라. 수평 다관절 로봇 (Horizontal articulated Robot)	회전운동을 하는 관절들의 조합으로 공간상의 한점을 결정 하는 로봇으로 작업면에 대하여 수평으로하는 작업을 수행 하는 로봇.	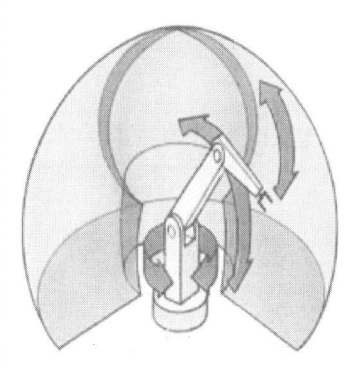
마. 수직 다관절 로봇 (Vertical articulated Robot)	회전운동을 하는 관절들의 조합으로 공간상의 한점을 결정 하는 로봇으로 작업면에 대하여 수직으로하는 작업을 수행 하는 로봇.	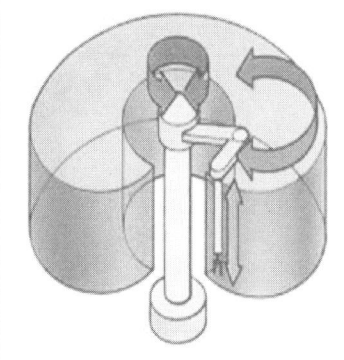

③ 제어(로봇축) 방법에 의한 분류	
가. 서보 제어 로봇 (Servo Controlled Robot)	각축의 위치 및 속도가 연속적으로 주 제어기에 Feed back 시킴으로서 비교적 큰 기억 용량을 필요로 하며, 구조가 복잡하고 비싼 편이나 사용의 유연성이 크므로 산업용 로봇에 많이 이용된다.
나. 비 서보 제어 로봇 (Non-servo Controlled Robot)	각 축의 초기 및 최종 위치만 주어지면 관절이 움직이는 과정 에 대한 정보를 사용하지 않고 작동되는 로봇이며, 구조가 간단하여, 가격이 싸서 주로 소형 로보트 등에 많이 사용이 된다.
다. 경로 결정 제어 로봇 (Continuous Path Controlled Robot)	로봇이 정해진 위치로부터 다음 위치로 이동할 때 로봇의 이동 경로가 경로 보간에 의하여 생성되고, 이를 주송함 으로써 로봇의 이동 경로가 제어되는 로봇이다.
라. 위치 결정 제어 로봇 (Point-to-point Controlled Robot)	로봇이 정해진 위치로부터 다음 위치로 이동할 때 로봇의 이동 경로와 무관하게 지정된 작업 위치를 찾아가도록 제어되는 로봇이다.

④ 구동법에 의한 분류	
가. 전기식 구동방식	매니플레이터의 관절을 주로 DC, AC 모터나 스텝핑 모터와 같은 모터에 의해서 구동이 되며, 일반적으로 필요한 토크를 발생시키기 위해서 기어와 결합을 하여 사용이 된다.
나. 유압식 구동방식	유압식은 매니플레이터가 큰 힘을 필요로 할 때 많이 쓰이며, 경우 저속에서 전기식보다 더 원활히 시스템을 구동시킬 수 있다.
다. 공기식 구동방식	유연한 동작을 필요로 하는 곳이나 정확한 위치 제어는 어려 우나 가격이 비교적 싸며, 그 용도가 제한되어 있다.

예상 문제

1. 제어시스템(Control Systems)의 내용으로 거리가 먼 것은?
   ① 제어기(controller) : 제어를 받는 제어대상물.
   ② 제어시스템(control system) : 플랜트와 제어기를 포함한 전체 장치.
   ③ 자동제어(automatic control) : 제어동작이 순수하게 기계에 의한 제어.
   ④ 제어(control) : 물리적 장치(기계, 전기, 기구, 장치, 설비 등)의 출력이 원하는 응답으로 동작하도록 조작을 가하는 것.

   해설 – 제어기(controller) : 제어입력을 만드는 장치.
   – 플랜트(plant) 또는 프로세스(process) : 제어를 받는 제어대상물.

2. 자동제어가 실현되는 분야의 종류가 아닌 것은?
   ① 온도, 습도를 조절하는 냉난방장치.
   ② 공작기계, 로봇제어, 모터의 속도제어와 위치제어.
   ③ 태양광 발전 등의 상태량 제어.
   ④ 미사일 유도장치, 비행유도, 선박이나 항공기의 자동조정장치, 인공위성 자세 제어.

   해설 – 온도, 압력, 유량 등의 상태량 제어
   – 태양광 발전은 인버터에 의하여 구동되는 설비이므로 상태량 제어와는 관련이 없다.

정답 1. ① 2. ③

3. 폐루프제어시스템의 구성 요소가 아닌 것은?
  ① 제어대상 또는 플랜트(plant, process)
  ② 제어기(controller, compensator)
  ③ 시스템오차(system error) 또는 추적오차(tracking error)
  ④ 순차 제어시스템(sequential control systems)이라고도 한다.

해설 – 개루프 제어시스템은 미리 정하여진 순서에 의하여 동작을 하므로 순차 제어시스템(sequential control systems)이라고도 한다.

4. 제어시스템의 분류에 속하지 않는 것은?
  ① 목표값의 시간적 성질에 의한 분류.
  ② 수동제어에 의한 분류.
  ③ 시스템의 특성에 따른 분류.
  ④ 입출력 수에 의한 분류.

해설 ②는 관련없는 내용이다.
  – 이외에도 시스템의 특성에 따른 분류가 있다.

5. 자동제어의 용어와 관련한 내용이 서로 다른 것을 고르면?
  ① 자동제어를 분류하는 방식 – 되먹임제어(feedback control)와 시퀀스제어(sequence control).
  ② 시퀀스 제어계 표현 방법 – 가장 많이 사용하는 방법으로 시퀀스도가 있다.
  ③ 유지형 수동 스위치 – 사람이 일단 수동 조작을 하면 반대로 조작할 때까지 접점의 개폐상태가 유지된다. 종류에는 토글 스위치, 셀렉터 스위치, 캠 스위치 등이 있다.
  ④ 근접 스위치(proximity switch) – 절연 용기 속에 불활성 가스와 2개의 가늘고 긴 접점이 봉입되어 있는 곳에 N극과 S극의 자석을 접근시키면 이 접점은 자석에 의하여 N, S극이 생겨 서로 흡입되어 접점이 동작한다.

해설 – 리드스위치(reed switch) – 절연 용기 속에 불활성 가스와 2개의 가늘고 긴 접점이 봉입되어 있는 곳에 N극과 S극의 자석을 접근시키면 이 접점은 자석에 의하여 N, S극이 생겨 서로 흡입되어 접점이 동작한다.
  – 근접 스위치(proximity switch) – 물리적인 접촉으로 대상물의 유무 상태를 검출하는 무접촉형 스위치이다.

정답 3. ④ 4. ② 5. ④

6. 아래 설명하는 자동제어의 용어를 고르면?

> 열동계전기 또는 서멀릴레이라고도 하며 주로 과부하 보호에 사용된다. 정격 전류 이상의 전류(과부하 전류)가 흐르면 내부에서 발생된 열에 의해 바이메탈이 동작하여 접점이 차단되고 전자접촉기의 회로를 차단하여 부하와 전선의 과열을 방지하는데 사용한다.

① 과부하계전기(THR, thermal relay)
② 전자개폐기
③ 압력스위치(pressure switch)
④ 전자접촉기(MC)

해설
② 전자개폐기 : 전자접촉기와 과부하계전기가 일체화 된 것으로, 전자접촉기에 의한 부하의 ON, OFF 조작과 열동계전기에 의한 과부하 보호 기능을 함께 갖는 기구이다.
③ 압력스위치 : 일정한 압력에 이르면 스위치가 ON/OFF되는 것이다.
④ 전자접촉기(MC) : 전자석의 동작에 의해 접점을 개폐하는 기구로서, 전동기 등의 동력부하에는 필수적으로 사용되고 있다.

7. 아래 시퀀스 회로도이다. 시퀀스 회로도 종류중 어느 회로도 인가?

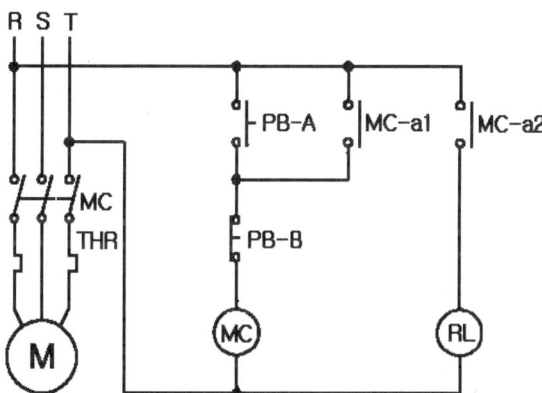

① 지연회로
② 자기유지회로(自己維持回路)
③ 인터록회로(INTERLOCK)
④ 우선회로

정답 6. ① 7. ②

8. 자동제어의 용어와 서로 연관이 없는 것은?

① NIC : Not In Contract (계약 이외 사항)

② AAV : Automatic Air Vent (자동 공기 빼기 밸브)

③ CHS : Chilled Water Supply (냉수 공급)

④ FPU : Fan Powered Unit

해설
- CHS : Chilled Water Supply (냉수 공급) → 국내에서는 흔히 CWS로 표기.
- CHR : Chilled Water Return (냉수 환수) → 국내에서는 흔히 CWR로 표기.
- FP : Fan Powered Unit가 맞다.

9. 자동제어종류중 제어기의 구성에 따른 분류가 아닌 것은?

① 정치 제어(constant value control)　　② ON-OFF 제어

③ 비례제어(Proportional control)

④ 비례 적분제어(Proportional-Integral control)

해설
- 이외에 비례 미분 제어(Proportional-Differential control), 비례 적분 미분 제어(Proportional-Integral-Differential control)가 있으며, 정치 제어(constant value control)는 목표값이 시간적 성질에 따라 분류한 종류에 속한다.

10. 순차제어의 종류중 에너지원에 따른 분류의 비교표이다. Ⓐ와 Ⓑ에 들어갈 내용으로 틀린 것은?

〈유접점 방식과 무접점 방식의 비교〉

항 목	유접점 방식	무접점 방식
동작의 빈번도	적은 경우에 사용한다.	많은 경우에 사용한다.
수명	수명이 짧다.	반영구적이다.
동작 속도	Ⓐ	빠르다 (μs)
주위 온도	온도 특성이 양호하다.	열에 약하며 보호대책이 필요하다.
환경 조건	진동이나 충격에 약하다.	나쁜 환경에 잘 견딘다.
서어지	전기적 노이즈에 안정하다.	Ⓑ

① Ⓐ 늦다.　　② Ⓐ 한계가 있다.

③ Ⓑ 불안정 하다.　　④ Ⓑ 보호대책이 필요하다.

정답 8. ④　9. ①　10. ③

해설 – ⓑ의 알맞은 내용은 서어지에 약하며, 보호대책이 필요하다가 맞는 말이다.

---

11. 순차제어중 시퀀스 제어의 구성 및 장치와 서로 연관이 없는 것과 묶어진 것은?
    ① 조작부 : 표시램프와 계측기 등을 제어의 진행상태를 나타내는 부분.
    ② 제어부 : 전자 계전기와 한시 계전기 등으로 구성된다.
    ③ 구동부 : 모터와 클러치 등 제어부의신호에 따라 실제의 일을 행하는 부분.
    ④ 검출부 : 구동부가 행한 일이 정해진 조건을 만족하는가를 검출하는 부분.

해설 – 조작부 : 누름버튼 스위치, 컨트롤 스위치 등 조작자가 조작시킬 수 있는 부분.
   – 표시부 : 표시램프와 계측기 등을 제어의 진행상태를 나타내는 부분.

---

12. 순차제어중 시퀀스 제어로 인한 효과적인 이점이 아닌 것은?
    ① 제품이 대형화되고 자동화 된다.
    ② 노동 조건의 향상 및 인건비의 절감.
    ③ 생산 설비의 수명 연장.
    ④ 작업자의 위험방지 및 작업환경이 개선된다.

해설 – ① 제품의 품질이 균일화되고 향상되며 불량품이 감소.

---

13. 시퀀스 제어에서 순차적으로 제어로직을 설계하는 것은 매우 중요하다. 순서도의 기호와 명칭이 서로 다른 것은?

번 호	기 호	명 칭
①	□	처 리 (process)
②	◇	판 단 (decision)
③	▽	추 출 (extract)
④	▱	입·출력 (input/output)

정답 11. ① 12. ① 13. ③

해설 — 병합 : ▽   추출 : △
(merge)

14. 아래 그림에 대한 설명으로 옳지 <u>않은</u> 것은?

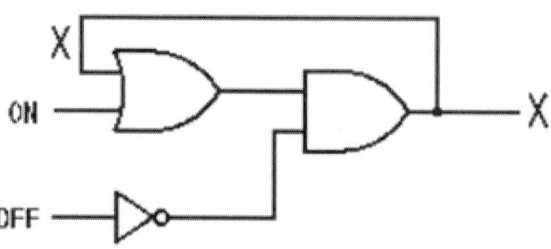

① 자기 유지 회로(self hold circuit)의 기호도 이다.
② 계전기 자신의 접점에 의하여 동작 회로를 구성하고 스스로 작을 유지하는 회로.
③ 복귀 신호를 주어야 비로소 복귀하는 회로이다.
④ 주로 전자계전기에 많이 이용된다.

해설 — 배타적인 OR 회로 (exclusive OR) : 회로로직을 설계 시에 논리로직인 배타적인 OR 게이트의 논리인 두 입력신호가 서로다른 상태여서 출력을 나타내는 것을 회로로 구성한 것으로 주로 <u>전자계전기에 많이 이용</u>된다.

15. 개회로와 폐회로의 장·단점의 내용으로 <u>어긋나는</u> 것은?

① 개회로의 장점 : 간단하고 저가이다.
② 개회로의 단점 : 고도의 기술이 필요하다.
③ 폐회로의 장점 : 균일한 제품 생산으로 생산품질 향상.
④ 폐회로의 단점 : 제작이 복잡하다.

해설 — ① 개회로 시스템 단점 : 외란에 대해 정확한 제어가 불가능하고 정확성면에서 떨어진다.
② 폐회로 시스템 단점 : 제작이 복잡하다. 고가이다. 고도의 기술이 필요하다.

정답 14. ④ 15. ②

16. 센서의 정의 내용으로 <u>틀린</u> 것은?
   ① 온도, 압력, 유량 또는 그들의 변화, 혹은 빛, 소리, 전파 등의 강도를 감지하여 그 정보 수집시스템의 입력신호로 변환하는 디바이스라고 있다.
   ② 이온, 가스, 당분 등 여러가지 화학량 등 외계의 정보를 검지하여 신호처리하기 쉬운 전기나 빛의 신호로 변환하는 기능을 지닌 소자, 또는 장치를 일컫는 말이다.
   ③ 인간의 오감(시각, 청각, 미각, 촉각, 후각)기능 및 상태를 표현하는 라틴어 aens(-us)에서 유래된 공학용어 이다.
   ④ 측정 대상의 물리량이나 화학량을 시간적으로 측정하여 유용한 신호로 변환하여 입력하는 장치이다.

해설 - ④ 측정 대상의 물리량이나 화학량을 시간적으로 측정하여 유용한 신호로 변환하여 입력하는 장치가 아니라 출력장치이다.

17. 인간의 오감과 센서의 상관 내용이다. 센서의 내용으로 <u>틀리는</u> 것은?

인간의 오감	기관	센 서
시각	눈	광센서
청각	귀	Ⓐ 음파센서
촉각	피부	Ⓑ 압력센서
후각	코	가스센서
미각	혀	Ⓒ 바이오센서
그 외의 센서		Ⓓ 이온센서

① Ⓐ　　　② Ⓑ　　　③ Ⓒ　　　④ Ⓓ

해설 ④는 중력센서, 전류센서, 자기센서이며, 이온센서는 바이오센서와 같은 종류의 센서이다.

정답 16. ④ 17. ④

18. 접촉식, 비접촉식 온도센서의 비교 내용으로 틀린 것은?
   ① 접촉식 온도센서는 센서에 의해 측정 온도가 변화하지 않는 대상, 피측정물과 센서의 접촉면이 큰 조건에 사용된다.
   ② 접촉식 온도센서는 측정온도는 1000℃이하가 용이하다.
   ③ 비접촉식 온도센서는 적외선이 상사가 충분한 곳, 대상물의 적외선 방사율이 명확하게 알려져 있고, 변화지 않는 대상을 측정한다.
   ④ 비접촉식 온도센서는 고속으로 움직이는 물체에는 적합하지 않다.

해설 - 접촉식 온도센서는 고속으로 움직이는 물체에는 적합하지 않다.

19. P.L.C의 근본적인 출현 원인 내용으로 틀린 것은?
   ① 시퀀스를 작성하고 결선을 한 다음 실제로 기계를 동작시켜 보아야만 제대로 된 시스템인지 알 수 있어 현장에서의 변경이 빈번하다.
   ② 처음 제작시, 생산라인의 변경시 시퀀스 내용을 외부에 누설 시켜야 한다.
   ③ 제작 공정상 완벽한 시퀀스의 설계, 결선도 작성, 각종 부품 구매, 검사, 시험, 현지 시운전 등 여러 단계를 거치며 단시간이 요구된다.
   ④ 고도의 경제성장을 맞아 설비는 고급화, 거대화 추세이므로 제어에 사용되는 릴레이 개수도 많아지고 릴레이 접촉 신뢰성의 한계로 인하여 빈번한 고장이 발생하였다.

해설 - 단시간이 아니라 장시간이 요구된다.

20. P.L.C의 장점 및 특징이 아닌 것은?
   ① 용이한 소프트 웨어.
   ② 보수의 용이성이 크다.
   ③ 프로세스 직결성을 갖는다.
   ④ 설치 면적이 크다.

해설 - P.L.C의 장점으로 설치면적이 작으며, 배선 및 설치의 용이하다.

정답 18. ④ 19. ③ 20. ④

예상 문제

21. P.L.C의 구성요소가 아닌 것은?
① CCU   ② 하드웨어   ③ 입력부   ④ 프로그래머

해설 – PLC는 다음의 5가지로 구성되어 있다.
　　　CCU, 입력부, 출력부, 프로그래머, 주변장치.

22. P.L.C의 설치환경에 대한 내용이 아닌 것은?
① 먼지, 염분, 부식성 가스, 인화성 가스가 없는 곳.
② 진동이나 충격이 가해지지 않는 곳.
③ 직사광선에 적당히 노출되야 한다.
④ 급격한 온도 변화로 인하여 이슬이 맺히지 않는 곳.

해설 – 직사광선에 노출되지 않는 곳이어야 하며 발열체 부근이 아닌 곳. 주위온도가 55~60°가 넘는 곳은 방열대책을 세운다.

23. P.L.C의 용어에 대한 내용이 아닌 것은?
① PLC 워치독 (Watchdog) 타이머 : WDT라고 하며 컴퓨터가 정상적인지 유,무를 항상 감시하기 위한 타이머이다.
② PLC MCU : 마이크로칩으로 PLC 를 위해서 MCU(Micro Controller Unit)를 사용하게 되는데 PIC IC에서 개발한 8051등은 이 용도로 개발된MCU 이다
③ 근거리 통신망 (local area network) : 마이크로 컴퓨터와 로봇,SERVO. CNC 장비와 PLC 등의 각종 장비를 연결하여 제어하고 프로그램 할 수 있게 한다.
④ FBD (Function Block Diagram) : PLC 내부의 데이터 값을 초기 상태로 되돌리는 것을 말한다. 카운터나 타이머, 보조릴레이 등에 대해 RST 명령이 사용된다.

해설 – FBD (Function Block Diagram) : 프로세스 제어 등에서는 논리 회로도 외에 제어 알고리듬을 순서도나 블록도와같이 표현하는 것이 유리하다.
– PLC reset : PLC 내부의 데이터 값을 초기 상태로 되돌리는 것을 말한다. 카운터나 타이머, 보조릴레이 등에 대해 RST 명령이 사용된다.

정답 21. ②　22. ③　23. ④

24. 자동화의 문제점으로 틀린 내용은?
   ① 설치비용이 대체적으로 높다.
   ② 설치하기 위해서는 수요가 많아야 한다.
   ③ 인간에 비해 탄력성이 제한 받는다.
   ④ 한 번 설치후 재 설치 할 수 있다.

해설 - ④ 문제점으로 한 번 설치 후 변경이 어렵다 외에 종업원들에게 실직의 불안감을 준다.

25. NC공작기계의 장점과 단점의 틀린 내용은?
   ① 장점 : 고정 장치물 감소.
   ② 장점 : 탄력성 향상.
   ③ 단점 : 생산시간 증가.
   ④ 단점 : 파트 프로그래머와 NC 유지인원 필요.

해설 - 장점 : 생산시간 단축.

26. FMS의 기본구성요소가 아닌 것은?
   ① 생산률 고려.
   ② 자재취급 및 보관시스템.
   ③ 컴퓨터 제어시스템.
   ④ 시스템 관리 인력.

해설 - FMS의 구성요소
   (1) 작업장.
   (2) 자재취급 및 보관시스템.
   (3) 컴퓨터 제어시스템.
   (4) 시스템을 관리하고 동작시킬 인력이 필요하다.

정답 24. ④ 25. ③ 26. ①

27. 로봇의 기본구성요소가 <u>아닌</u> 것은?

① 주 제어 장치

② 센서 장치

③ 구동 장치

④ 컴퓨터 장치

해설 – 로봇은 크게 주 제어 장치, 센서 장치, 구동 장치, 전원 장치로 구성된다.

28. 산업용 로봇은, 일반적으로 입력정보 및 교시(teaching)방법에 따른 분류와 동작 기구의 형태에 의해 분류할 수 있다. 입력정보 및 교시(teaching)방법에 따른 종류가 <u>아닌</u> 것은?

① 경로 결정 제어 로봇(Continuous Path Controlled Robot)

② 플레이백 로봇(Palyback Robot)

③ 지능 로봇(Intelligent Robot)

④ 적용제어 로봇 (Adaptive controlled Robot)

해설 – 경로 결정 제어 로봇(Continuous Path Controlled Robot)은 제어(로봇축) 방법에 의한 분류에 속한다.

29. 산업용 로봇종류 중 동작 기구의 형태에 의해 분류에 속하지 <u>않는</u> 것은?

① 직교좌표형 로봇(Cartesion coordinate Robot)

② 극좌표형 로봇(Spherical coordinate Robot)

③ 적용제어 로봇 (Adaptive controlled Robot)

④ 수직 다관절 로봇(Vertical articulated Robot)

해설 – ③은 입력정보 및 교시(teaching)방법에 따른 분류에 속한다.

정답 27. ④ 28. ① 29. ③

30. 로봇에 대한 설명으로 옳지 않은 것은?

① 로봇이 사용되고 있는 분야는 매우 광범위하며, 또한 로봇개발의 최종 단계는 지능로봇이 될 것이다.
② 로봇의 궁극적 목표는 편리한 인간의 생활을 영위하는 것이다.
③ 로봇공학은 전자공학, 기계공학, 산업공학, 컴퓨터공학 등 관련 학문의 통합이 요구되며 이와 같은 전문 분야의 지식을 고루 갖춘 훈련된 인력이 현재 매우 부족한 상태이기 때문이다.
④ 머신비전, 센서, 인공지능 등의 기술 수준이다. 이 분야의 기술수준은 상당히 높으나 인간의 지능이나 유연성에 비교하면 아직 기초적인 수준을 벗어나지 못하는 상태에 있다.

해설 – 로봇의 궁극적 목표는 인간을 닮은 인간과 유사하게 동작하는 휴먼 로봇의 개발에 있다. 휴먼 로봇은 정밀기계, 전자제어, 정보통신, 인공지능, 생체공학 기술의 총합 체로서 인간 작업을 대체할 수 있는 인간과 유사한 오감과 지능을 갖고 자율적으로 이동하며, 작업하는 자율형 로봇 개발에 있다.

31. 로봇의 역사에 대한 설명으로 옳지 않은 것은?

① 1세대 로봇 → 제조업에 주로 사용되는 스폿용접로봇, 수동 조작형 로봇, 시퀀스 로봇.
② 2세대 로봇 → 자동화에 이용되는 아크용접로봇, 조립로봇, 플레이백 로봇, 수치제어 로봇.
③ 3세대 로봇 → 비제조업에서 주로 사용되고 3차원 이동이 가능한 지능(자율)로봇.
④ 4세대 로봇 → 휴먼 로봇.

해설 – 4세대 로봇은 정해진바 없다. 휴먼로봇은 로봇의 궁극적 목표이다.

32. 축바퀴를 이용한 도구가 아닌 것은?

① 전화다이얼   ② 드라이버   ③ 손톱깎이   ④ 자동차 핸들

해설 – 축바퀴가 사용된 예로는 자동차 핸들, 드라이버, 출입문 손잡이, 전화 다이얼 등이 있다.

정답 30. ② 31. ④ 32. ③

제2장

공유압 일반

김종택 저

제2장 공유압 일반

제1절 공유압의 원리 및 특성

1. 공압의 원리 및 특성

* 공압의 개요
  (1) 공압의 특성
    가. 장점
      ① 공기의 양이 무한하므로 에너지로서 간단히 얻을 수 있다.
      ② 무단변속이 가능하다.
      ③ 힘의 전달이 간단하고 증폭이 용이하다.
      ④ 작업속도가 빠르다.
      ⑤ 배관이 간단하다.
      ⑥ 인화의 위험이 없다.
      ⑦ 압축공기를 축척할 수 있다(공기 저장탱크에 저장).
      ⑧ 온도의 변화에 둔감하다.
    나. 단점
      ① 큰 힘을 전달할 수 없다(보통 30kN 이하).
      ② 공기의 압축성으로 효율이 좋지 않다.
      ③ 저속에서 균일한 속도를 얻을 수 없다(stick-slip 현상 발생).
      ④ 응답속도가 늦다.
      ⑤ 배기와 소음이 크다.
      ⑥ 구동비용이 고가이다.

(2) 공압장치의 구성
  ① 동력원 : 엔진, 전동기
  ② 공압 발생부 : 압축기, 탱크, 애프터 쿨러
  ③ 공압 청정부 : 필터, 에어드라이어
  ④ 제어부 : 압력 제어, 방향 제어, 유량 제어, 기타
  ⑤ 작동부 : 실린더, 모터, 요동 모터
    ※ 서비스 유닛의 구성 : 윤활기, 필터, 감압 밸브
(3) 공압의 기초이론
  가. 공기의 압력

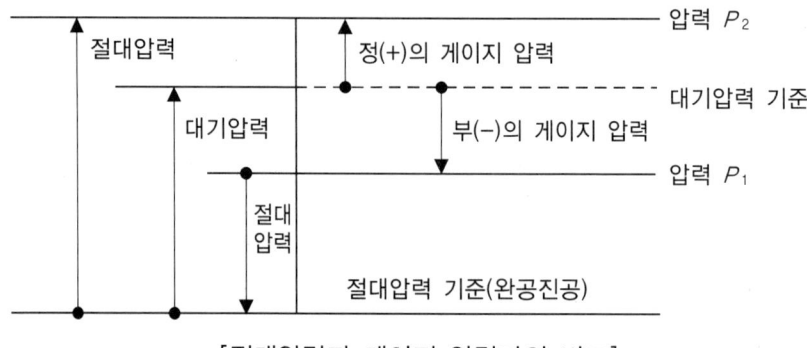

[절대압력과 게이지 압력과의 비교]

공기는 높이에 따라 밀도가 다르고 표고가 높을수록 공기의 무게는 가벼워진다. 이 공기가 단위면적당 작용하는 힘을 압력이라 한다.
  ① 절대압력(absolute pressure) : 완전한 진공을 0으로 측정한 압력이다.
  ② 게이지 압력(gauge pressure) : 대기압을 0으로 측정한 압력이다.
  ③ 진공압(vaccum pressure) : 게이지 압력에서 대기압보다 높은 압력은 정압(+), 대기압 보다 낮은 압력은 부압(-) 또는 진공이라 한다.
    ※ 절대압력 = 대기업 + 게이지 압력
  나. 공기 중의 수분
    공기 중에는 수분이 함유되어 있고, 이 수분은 공압기기에 악영향을 주게 된다.
  ① 절대습도 : 습공기 중에 포함되어 있는 건조공기 9.8N에 대한 수분의 양이다.
  ② 상대습도 : 어떤 습공기 중의 수중기(수중기량) 분압(수중기압) 과 같은 온도에서 포화공기와 수증기와 분압과의 비이다.

③ 노점온도 : 이슬점이 생기는 온도로 어느 습공기의 수증기 분압에 대한 증기의 포화온도를 말한다.

④ 포화수증기 : 1m³의 공기 중의 수중기량을 N으로 표시한 것으로 수증기가 응축되어 물방울이 되는 한계의 분압을 말한다.

※ 절대습도 = 습공기 중의 수증기의 중량[N] / 습공기 중의 건조공기의 중량[N] × 100 %

상대습도 = 습공기 중의 수증기의 분압[Pa] / 포화수증기압 [Pa] × 100 %
= 습공기 중의 수증기량[n/m³] / 포화수증기압[N/m³] × 100 %

다. 드레인(응축수)의 발생

$$D_r = r_s \cdot \frac{\phi}{100} r_s{'} \cdot \frac{p}{p'} \cdot \frac{T'}{T} [N/m^3]$$

여기서, D_r : 발생된 응축수량[N/m³]
p : 초기상태의 절대압력[Pa]
p' : 압축냉각 후의 절대압력[Pa]
r_s : 초기상태의 포화수증기량[N/m³]
$r_s{'}$: 압축냉각 후의 포화수증기량[N/m³]
ϕ : 초기상태의 상대습도[%]
T : 초기상태의 절대온도[°K]
T' : 압축냉각 후의 절대온도[°K]

라. 공기의 상태변화

① 보일의 법칙(Boyle's law) : 온도가 일정하면 일정량의 기채압력과 체적의 곱은 항상 일정하다.

$P_1 V_1 = P_2 V_2$ = 일정

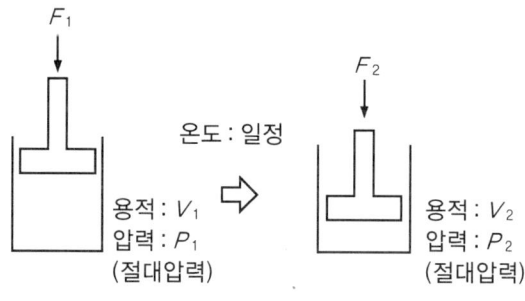

[보일의 법칙]

② 샤를(Charle)의 법칙 : 압력이 일정하면 일정량의 공기의 체적은 절대온도에 정비례 한다.

$$\frac{T_1}{T_2} = V_1 \ V_2 = 일정$$

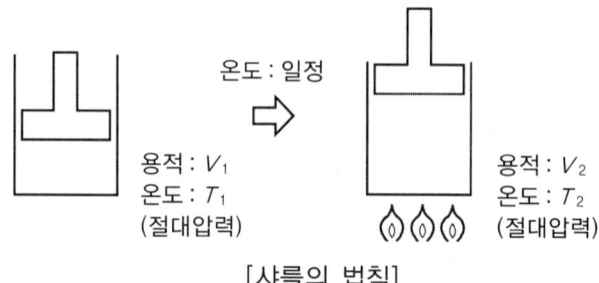

[샤를의 법칙]

③ 보일·샤를의 법칙 : 일정량의 기체의 체적은 압력에 반비례하고 절대온도에 정비례한다.

$$PV = GRT \ [\text{N} \cdot \text{m}]$$

여기서, G : 기체의 중량 [N]

R : 가스 상수[N·m/N·°K]

2. 유압의 원리 및 특성

* 유압의 개요
  (1) 유압의 특징
    가. 장점
      ① 소형장치로 큰 힘(출력)을 발생한다.
      ② 일정한 힘과 토크를 낼 수 있다.
      ③ 무단변속이 가능하고 원격제어가 된다.
      ④ 과부하에 대한 안전장치가 간단하고 정확하다.
      ⑤ 전기, 전자의 조합으로 자동제어가 가능하다.
      ⑥ 정숙한 운전과 반전 및 열 방출성이 우수하다.
    나. 단점
      ① 유온의 영향(점도의 변화)으로 속도가 변동될 수 있다.

② 고압 사용으로 인한 위험성 및 배관이 까다롭다.

③ 이물질에 민감하다.

④ 기름 누설의 우려가 있다.

(2) 유압장치의 구성요소

① 유압펌프 : 유압 에너지의 발생원으로 오일을 공급하는 기능.

② 유압제어 밸브 : 압력(일의 크기), 방향 (일의 방향), 유량 (일의 속도)재어 밸브 등으로 공급된 오일을 조절하는 기능.

③ 액추에이터 : 유압 에너지를 기계적 에너지로 변환하는 작동기로 유압 실린더, 모터 등이 있다.

④ 부속기기 : 오일탱크, 여과기, 오일냉각기 및 가열기, 축압기, 배관 등이 있다.

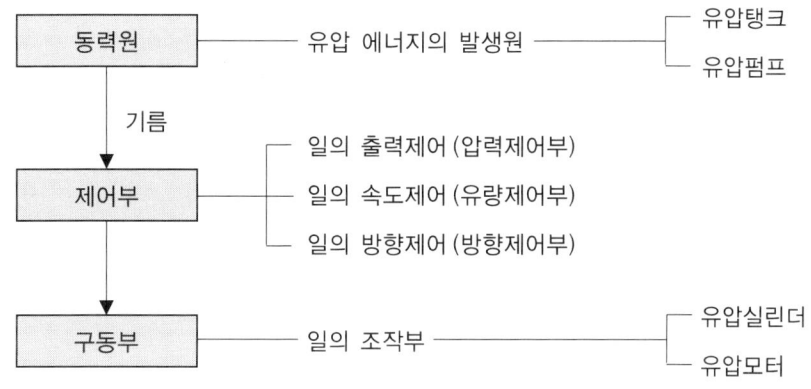

[유압장치의 구성요소]

(3) 유압의 기초이론

가. 유체의 정역학

① 파스칼의 원리

(가) 유체의 압력은 면(面)에 대해서 직각으로 작용한다.

(나) 각 점의 압력은 모든 방향에서 동일하다.

(다) 밀폐한 용기 속의 유체의 일부에 가해진 압력은 유체의 각 부에 같은 세기를 가지고 전달된다.

② 압력과 힘의 관계

(가) 압력 : 물체의 단위면적당 작용하는 힘의 크기를 말한다.

(나) 관계식

$$P = F / A$$

여기서 F : 힘 [N], P : 압력 [Pa], A : 면적 [㎠]

나. 유체의 동역학

① 연속의 법칙 : 유체가 정상류일 때 관의 임의의 단면으로 통과하는 유체의 유량은 어느 단면에서도 일정하다.

(가) 단면적이 큰 곳에서는 유속이 늦고, 단면적이 작은 곳에서는 유속이 빠르다.

(나) 관계식

$$Q = A_1 \cdot V_1 = A_2 \cdot V_2$$

여기서, Q : 유량 [㎤/min], A : 단면적 [㎠], V : 유속 [cm/sec]

② 베르누이의 정리 : 점성이 없는 비압축성의 액체가 수평관을 흐를 경우, 에너지 보존의 법칙에 의해 성립되는 관계식의 특성을 말한다.

(가) 압력수두 + 위치수두 + 속도수두 = 일정

(나) 수평관로에서는 단면적이 작은 곳에서 압력이 낮다(왜냐하면, 압력 에너지가 속도 에너지로 변환하기 때문이다).

(다) 관계식

$$\frac{P_1}{\gamma}+h_1+\frac{1}{2}\cdot\frac{V_1^2}{g}=\frac{P_2}{\gamma}+h_2+\frac{1}{2}\cdot\frac{V_2^2}{g}$$

여기서, P_1, P_2 : 압력, V_1, V_2 : 유속, γ : 액체의 비중량
g : 중력 가속도, h_1, h_2 : 위치 수두

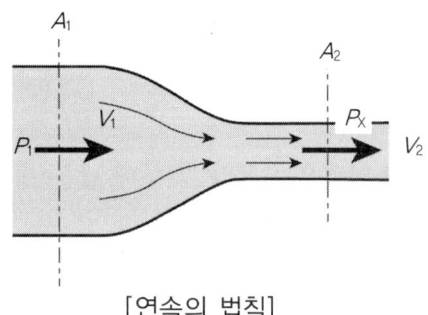

[연속의 법칙]

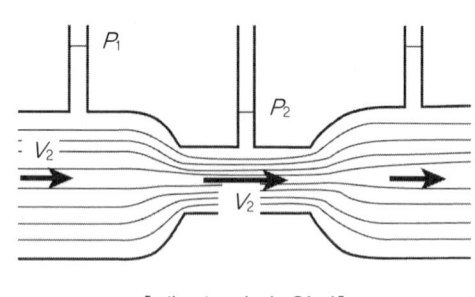

[베르누이의 원리]

③ 유체의 흐름(층류와 난류)
  (가) 층류의 특징
    - 레이놀즈 수가 작다.
    - 유체의 동점도가 크다.
    - 유속이 비교적 작다.
    - 가는 관이나 좁은 틈새를 통과할 때 발생한다.
  (나) 난류의 특징
    - 레이놀즈 수가 크다.
    - 유체의 점도가 작다.
    - 유속이 크고 굵은 관을 통과할 때 발생한다.
  (다) 레이놀즈 수
    - 층류와 난류의 경계 레이놀즈 수는 $Re = 2320$ 정도이다.
    - 관계식
      $Re = V \cdot D / \nu$

여기서, V : 속도[m/s], D : 관의 지름 [m], ν : 동점성 계수[㎡/s]

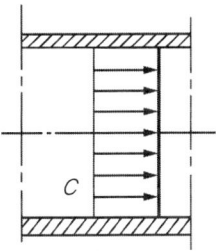

[이상유체의 흐름]

④ 유체의 교축 : 유로의 단면적을 변화시키는 기구를 교축 (throttle)이라 하며, 오리피스와 초크가 있다.
  (가) 오리피스(orifice)
    - 그림과 같이 관로면적을 줄인 통로이고, 길이가 단면치수에 비해 비교적 짧은 경우의 흐름의 교축기구를 오리피스라 한다.
    - 오리피스를 통하는 유체는 점도의 영향을 받지 않는다.
  (나) 초크(choke)
    - 그림과 같이 면적을 줄인 기구가 단면치수에 비해 비교적 긴 경우의 흐름

의 교축기구를 초크라 한다.
- 초크를 통해 흐르는 유체의 압력강하는 유세의 점도에 따라 크게 영향을 받는다.

⑤ 유체의 압축성 : 작동유는 100kg/㎠ 이하에서는 채적 변화가 극히 미소하나 그 이상 압력의 변화가 클 경우에는 무시할 수 없다. 여기서 유체에 가해지면 압력의 증가분에 대한 체적의 감소분을 압축률이라 정의한다.

일반적으로 가장 많이 사용되고 있는 석유계 작동유의 압축률을 표기하면 다음과 같은데, 실용상 문제로 삼을 만한 값이 못되기 때문에 압축성으로 생각하고, β의 역수 K를 '체적 탄성계수'라 말하고 있다.

※ $K = 1/\beta$ [Pa]

제 2 절 유압 발생장치와 부속기기

1. 기어펌프의 특성 및 작동원리

펌프는 유체를 흡입하여 토출시키는 역할을 하며 유체는 콘트롤 요소에 의해 엑츄레이터로 흘러가서 유체저항을 발생시킨다.

유체가 엑츄레이터의 저항을 이기려는 힘을 발생시킬 때 압력이 형성이 된다.

유압장치의 압력은 결국 유압펌프에 의하여 생성되는 것이 아니라 엑츄레이터의 저항에 의하여 발생되어진다.

기어 펌프는 고정량형을 사용하며 내접기어펌프와 외접기어펌프로 나누어진다.

* 윤활유 공급펌프

공급펌프는 기관이 필요로 하는 충분한 양의 윤활유를 적당한 압력으로 공급할 수 있어야 한다. 용적형 펌프(positive displacement pump : Verdrängerpumpe)가 주로 사용된다.

① 외접 기어펌프(gear pump : Zahnradpumpe)

구동기어와 피동기어가 서로 외접하여 회전하게 되면 회전방향은 서로 반대가 된다. 기어가 맞물려드는 부분이 토출 측이고, 맞물렸든 기어가 분리되는 부분이 흡입 측이다. 흡입부에서 흡입된 윤활유는 기어의 사이에 끼어 토출 측으로 운반, 윤활부로 압송된다.

② 내접 기어펌프(crescent pump : Sichelpumpe)

내측기어는 기관의 크랭크축 동력에 의해 구동된다. 외측기어는 내측기어에 대해 편심되어 펌프하우징에 끼워져 있으며, 내측기어에 의해 피동된다. 편심에 의해 형성된 외측기어와 내측기어 사이의 공간에는 초승달(crescent) 모양의 기계요소가 고정, 설치되어 있다. 이 기계요소에 의해 흡입 측과 토출 측이 분리된다.

윤활유는 흡입실에서 내측기어와 외측기어 각각의 기어이 사이에 채워지고, 기어가 회전함에 따라 초승달 모양의 기계요소의 양쪽으로 나뉘어 토출 측으로 공급된다. 맞물려 회전하는 기어이의 수가 많으므로 토출 측의 윤활유가 흡입 측으로 누설되지 않는다. 종래의 기어펌프에 비해 특히 저속에서의 공급능력이 우수하다는 점이 장점이다.

③ 로터펌프(rotor pump : Rotorpumpe)

내측 구동로터와 외측 피동로터로 구성되어 있다. 내측로터는 외측로터에 비해 기어이가 하나 더 적다. 내측로터가 회전하면 흡입부의 체적은 커지고, 토출 측의 체적은 작아지게 되어 윤활유의 흡입과 토출이 가능하게 된다. 내측 로터의 기어이가 대부분 4개이다.

④ 제어식 로터펌프(controlled rotor pump : geregelte Rotorpumpe)

이 형식의 펌프는 내측 로터의 기어이가 6~10여개이며, 외측 로터와 펌프 하우징 사이에 제어링(control ring)이 추가되는데, 이 제어링은 오일압력과 스프링장력에 의해 회전이 가능한 구조로 설치되어 있다. 장점은 기관의 운전조건과 관계없이 오일압력을 일정하게 유지할 수 있어, 모든 윤활부에서 윤활조건을 일정하게 유지할 수 있다는 점이다. 저속에서도 높은 압력으로 다량의 윤활유를 공급할 수 있기 때문에 공전속도를 더 낮출 수 있을 뿐만 아니라, 밸브기구 제어용 유압시스템의 도입이 가능하게 되었다.

가. 오일압력이 너무 낮을 경우

오일압력이 경계압력(예 : 3.5bar) 보다 낮을 경우, 제어스프링이 제어링을 오일압력에 대항하는 방향으로 회전시킨다. 그러면 내측 로터와 외측 로터 사이의 체적이 커진다. 이를 통해 더 많은 오일이 흡입측에서 토출측으로 이송되므로 오일압력은 상승한다.

나. 오일압력이 너무 높을 경우

오일압력이 제어링에 작용하여 제어스프링을 압축하면, 내측 로터와 외측 로터 사이의 체적이 작아진다. 이를 통해 흡입측에서 토출측으로 이송되는 오일량이 적어지므로 오일압력은 하강한다.

2. 베인 펌프의 종류별 구조와 특성

1) 베인펌프의 작동원리

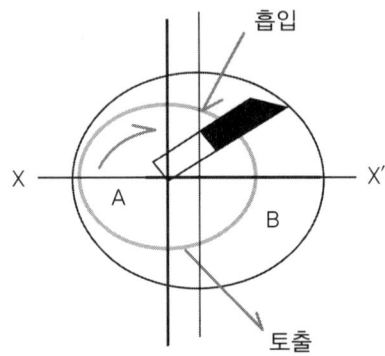

A,B 두 개의 원이 편심되어 있어서 B는 고정이고, 베인이 붙어있는 A가 회전할 경우, 이 베인은 원심력에 의해서 B의 안벽에 따라서 회전하게 되는데, 이때 XX'보다 위에서는 용적의 증가에 따라 흡입되고 XX'보다 아래는 반대로 토출하게 되는 이러한 계속된 작용이 베인펌프의 기본 원리이다.

(1) 베인펌프의 작동원리(인트라 베인식[Intra-Vane Design]의 원리)

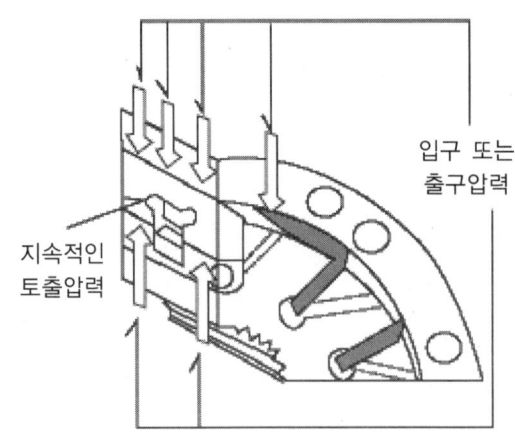

로터 홈에 따라서 뚫린 통로를 통하여 계속적으로 토출압력이 공급되고 있으며 베인 및 인서트 밑부분에는 로터에 뚫린 압력 평형 구멍을 통하여 압력이 작용된다.

(2) 베인펌프의 작동원리(듀얼 베인식의 원리)

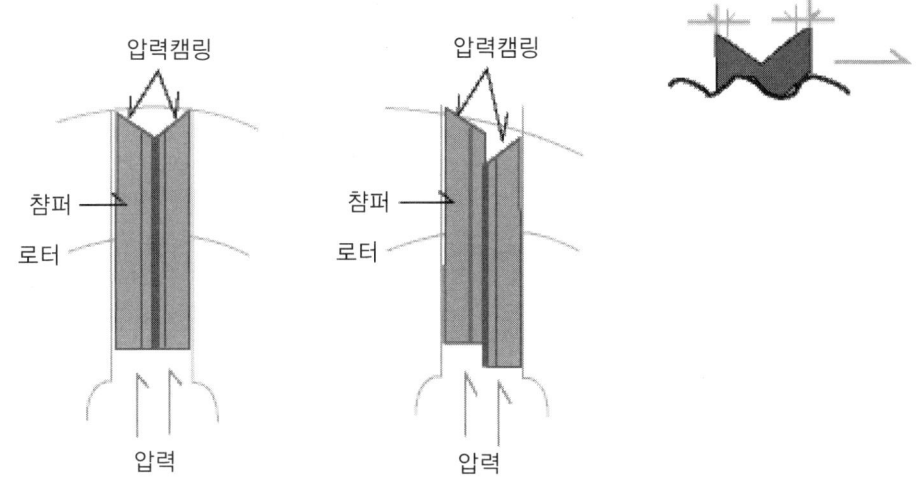

로터의 각 홈안에 2장의 모따기란 베인이 삽입되어 있는 형식이며 베인의 모따기 부분은 베인의 밑부분에서 선단으로 통하는 유로를 형성한다.

2) 베인펌프의 구조

베인펌프의 주요 구성요소에는 입구, 출구, 포트, 로터, 베인, 캠링 등이 있다. 베인 펌프의 로터에는 베인홈이 있고, 반경 방향으로 윤활작용을 하는 베인이 끼워져 있다. 로터는 구동축에 의해 회전하고, 베인은 원심력과 토출압력에 의해 캠링 내벽에 접촉력을 발생시키며 회전한다.

3) 베인펌프의 종류

[정용량형 베인펌프]

- 회로내의 부하압력에 관계없이 1회전당 토출량을 바꿀 수 없는 펌프이다. 필요한 유량을 얻기 위해서는 펌프의 용량을 바꾸고, 펌프의 회전수를 바꾸는 방법을 택하지 않으면 안된다.

가. 단단 베인펌프란?

흡입과 토출을 네방향에서 하기 때문에 베어링에 편심하중이 걸리지 않으므로 수명이 길다. 전음이 조용하고 맥동이 적으며, 성능이 좋다. 그러나, 토출량을 바꿀 수 없다는 단점이 있다.

나. 2단 베인펌프란?

베인펌프의 약점인 고압발생을 가능하게 하기 위하여 용량이 같은 단단펌프 2개를 1개의 본체내에 직렬로 연결시킨 것이며, 고압이므로 대출력이 요구되는 구동에 적합하다. 1단과 2단펌프의 압력밸런스를 맞추기 위해 압력 분배밸브가 있다.

다. 2연 베인펌프란?

단단펌프의 소용량 펌프와 대용량 펌프를 동일축 상에 조합시킨 것으로 토출구가 2개 있으므로, 각각 다른 유압원이 필요한 경우나 서로 다른 유량을 필요로 하는 경우에 사용된다.

라. 복합 베인펌프란?

- 토출압력이 무부하밸브의 설정압력보다 낮을 경우에는 2개의 펌프토출유가 합유하여 토출구로 토출된다. 토출압력이 무부하밸브의 설정압력보다 높아지면 저압대용량 펌프의 압유는 언로드되어 탱크로 돌아가고, 고압소용량 펌프의 토출유만 토출구에 토출된다.

저압대용량, 고압소용량 2개의 펌프가 동일축상에 있고, 체크밸브, 릴리이프밸브, 무부하밸브를 본체에 조합시킨 펌프이다.

① 가변용량형 베인펌프

로우터와 캠링의 편심량을 바꾸므로서 1회전당 토출량을 변화시킬 수 있는 펌프이며, 필요한 만큼의 유량만을 토출하는 펌프이다. 이 펌프는 동력손실이 적으며 유온의 상승도 낮으나 압력 불평형성이어서 베어링의 수명이 길지 못하다.

(가) 단단 베인펌프란?

가변용량형 단단 베인펌프는 회로내의 압력상승에 따라 자동적으로 토출량이 감소하는 펌프이다. 회로압력이 상승하여 토출측의 압력이 높아지면 캠링은 로우터 중심으로 이동하고, 이 압력이 스프링의 설정치에 달하면 토출량이 0에 가깝게 된다.

(나) 2연 베인펌프란?

가변용량형 단단베인펌프 2개를 동일축상에 조합시킨 것으로 서로 다른 유압원이나 동일 회로에서의 서로 다른 토출량을 필요로 할 경우에 사용되는 펌프이다.

4) 베인펌프의 특성

기어펌프, 피스톤 펌프에 비해 토출압력의 맥동이 작다.

기어의 마모에 의하여 토출량이 저하되는 기어펌프와는 달리 베인의 선단이 마모되더라도 원심력에 의하여 캠링과 베인이 접촉되어 있기 때문에 체적효율이 베인수명이 다할 때까지 좋다.

호환성이 양호하고 보수가 용이하며 다른 펌프에 비해서 소음이 적다.

3. 열교환기 기능 및 특성(heat exchanger)

1) 개 요

양 유체간에 열 에너지를 유효하게 전도와 대류의 열전달을 통하여 이동시키는 기기로써, 석유화학공업, 일반 화학공업 및 식품 설비 등에서 많이 사용되고 있는 설비임. 열교환기는 사용 목적상 고온 물질의 열을 재이용하기 위하여 회수하는 목적과 반응을 제어하기 위하여 온도 조건을 유지하는 역할을 한다.

2) 열교환기란?

하나의 유체흐름에서 또 다른 흐름으로의 열전달을 이루는 장치로 뜨거운 유체에서 찬 유체로 열을 전달하여 뜨거운 유체의 에너지를 감소시키고 찬 유체의 에너지를 증가시키는 장치를 말한다.

열교환기는 여러 다른 형태로 제작되며 화력발전소·핵발전소, 가스터빈, 가열장치, 공기조절기, 냉동장치 그리고 화학산업 등 다방면의 기술에 광범위하게 사용된다. 특별한 형태의 열교환기가 인공위성과 우주선을 위해 개발되었는데, 이들 열교환기는 특별한 목적을 위해 쓰일 때는 다른 이름들로 불린다.

따라서 보일러 · 증발기 · 과열기 · 응축기 · 냉각기등이 모두 열교환기를 의미한다.

3) 열교환기의 종류

① 사용상의 종류

가. 가열기(Heater)

유체를 가열하여 필요한 온도까지 유체온도를 상승시키는 목적에 사용하는 열교환이며, 피가열 유체의 상변화(相變化)는 일으키지 않는다. 가열원은 스팀 또는 장치중의 폐열 유체가 사용된다.

일반적으로 STEAM을 가열원(Heating source)으로 사용할 경우에는 Steam이 갖는 잠열을 피가열 유체에 주어서 가열하는 수가 많고, Steam은 이것 때문에 응열(凝熱)하여 유체가 된다. 즉, 상변화를 일으킨다.

나. 예열기(Preheater)

유체를 가열하여 유체온도를 상승시키는 목적에 사용하는 점에서는 가열기와 동일하지만, 유체에 미리 열을 가함으로써 다음조작으로 효율을 양호하게 하기 위해 사용하는 열교환기임.

다. 과열기(過熱器, Super-Heater)

유체를 가열하며 유체온도를 상승시키는 목적에 사용하는 점에서는 가열기와 동일 하지만, 유체를 재차 가열하여 과열상태로 하기 위해 사용하는 열교환기이며, 일반적으로 유체는 기체 상태임.

라. 증발기(蒸發器, Vaporizer or Evaporator)

유체를 가열하여 잠열(潛熱)을 주어 증발시켜서 발생한 증기를 사용하는 목적의 열교환기와 증기를 제거한 나머지의 농축액(濃縮液)을 사용하는 목적의 열교환기가 있으며, 피가열유체는 액체에서 기체로 변한다. 즉, 상변화(相變化)를 일으킴.

마. 리보일러(Re-boiler)

장치중에서 응축한 액체를 재차 가열하여 증발시킬 목적으로 사용되는 열교환기임. 장치 조작상 발생한 증기만을 송출할 목적으로 사용되는 열교환기와 유체 및 발생한 증기의 혼합유체를 농출할 목적으로 사용하는 열교환기가 있음.

바. 냉각기(冷却器, Cooler)

유체를 냉각하여 필요한 온도까지 유체온도를 강하시키는 목적에 사용하는 열교환기이며, 피냉각유체의 상변화는 없음. 냉각원은 하수, 우물물, 해수 등이 사용되고 있지만 최근 냉각수의 부족으로 공기를 사용하는 경우도 있다.

사. 침냉기(沈冷器, Chiller)

유체를 냉각하여 필요한 온도까지 유체온도를 강하시키는 점에서는 냉각기와 동일하지만, 유체냉각온도는 냉각기의 대기 온도 전후인 것에 대해, 침냉기(chiller)는 빙점(氷点) 이하인 대단히 저온까지 냉각시키는 목적에 사용되는 열교환기임. 냉각원은 액체 암모니아, 액체 프레온 등의 냉매(冷媒)를 사용하여 피냉각 유체에서 기화열을 탈취하여 액체에서 기체로 변한다.

아. 응축기(凝縮器, Condenser)

응축성 기체를 냉각하여 잠열(潛熱)을 탈취하여 변화시키는 목적에 사용되는 열교환기이며, 피냉각체는 기체에서 변한다. Steam을 응축시켜서 물로 만드는 열교환기는 복수기(復水器)라고 한다.

자. 열교환기(熱交換器, Heat Exchanger)

협의(俠義)의 열교환기이며 두 유체간의 열교환을 시켜서 동시에 한쪽을 가열, 다른쪽을 냉각시키는 목적에 사용하는 열교환기임.

② 구조상의 종류

사용목적에 따라 조작상태에 적합한 성능을 발휘하게끔 그 형식에 의해 분류된다.

가. 관형상(管形狀)의 熱交換器

전열부(電熱部)에 관을 사용(使用)하는 열교환기임

㉮ 다관원통형 열교환기

다관원통형 열교환기는 화학 장치에서는 가장 널리 사용되고 있는 열교환기로서 저장은 물론 고장(高庄)까지 저온 및 고온에 관계없이 재료의 허용사용범위내에서 가열 냉각 및 증발응축의 모든 용도에 적용할 수 있으므로 신뢰도가 높고 효율도 좋다. 보통 전열관을 수평으로 한 횡치형(橫置形)으로 사용되지만 설치면적에 제한을 받을 경우 증발조작을 행할 경우 기타 전열관을 수직(垂直)으로 하는 것이 성능상 유리한 경우에는 종치형(縱値形)을 사용한다. 구분은 다수의 전열관을 관판에 용접 등으로 고정시킨 관속을 원관용기에 삽입한 구조이며 관판과 동과의 연결부분의 형식으로 고정관판식, 유동두식, U자관식으로 나누어진다.

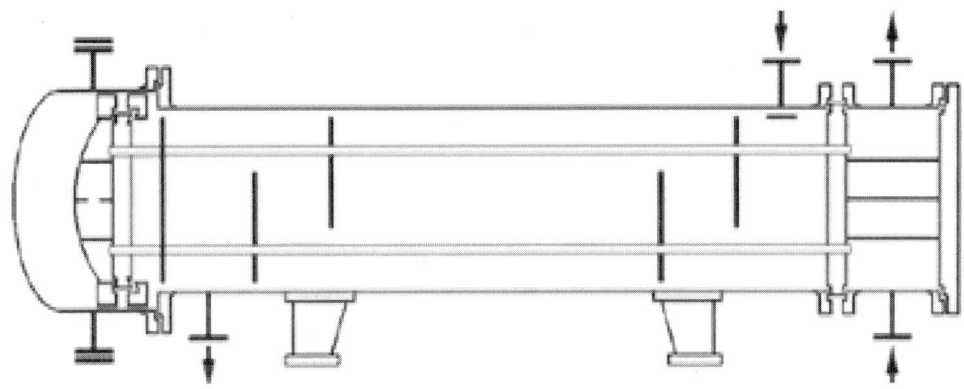

[다관원통형 열교환기]

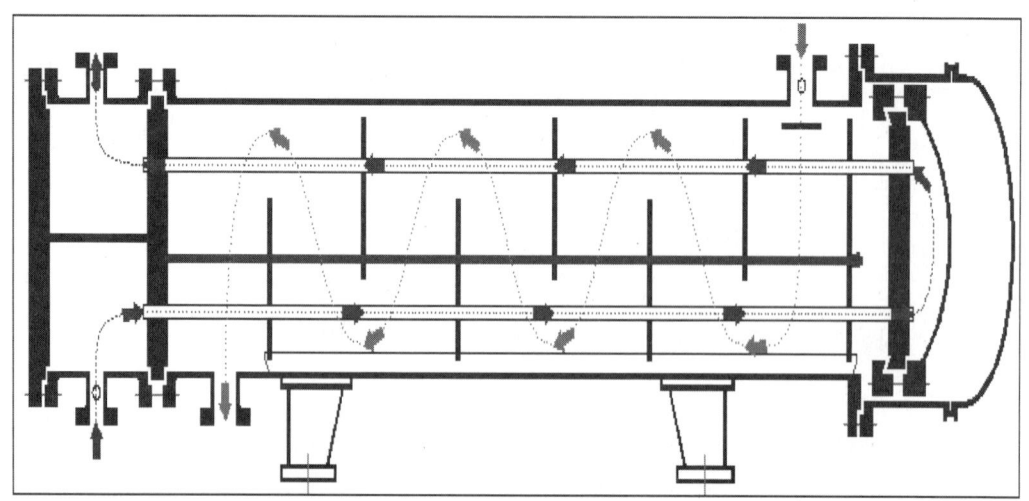

[다관원통형 열교환기 (AES Type)의 원리]

(1) 고정관판식(固定管板式)

양측의 관판은 동에 용접 또는 기타의 방법으로 고정되고 전열관은 고정관판에 용접 등의 방법으로 장착되어 있다. 동측의 청소를 할 수 없으므로 오염이 심한 유체나 부식성이 있는 유체를 동부에 흘리려면 적합하지 않다. 다관원통형 열교환기중에 서도 가장 간단한 형식이며 제작비가 싸므로 동측의 오염이 적은 경우에는 유리하다. 동측, 관측 양유체의 온도차가 100℃이상 되는 경우 또는 온도차가 적어도 동과 전열관의 재질이 다르고 동과 관의 온도 변화에 의한 신정(伸廷)의 차가 커지는 경우에는 동에 신축(伸縮)이음을 설치할 필요가 있다.

(2) 유동두식(遊動頭式)

전열관은 고정관판 및 유동관판에 용접 등으로 고정되어 있다. 동(胴)과 관속(管束)은 열팽창에 대해서는 자유이며 관속은 쉽게 삽입(揷入) 또는 발출(拔出)할 수 있다. 오염이 많은 유체는 관측(管側)에 양유체가 같은 정도의 오염성이라면 장력이 높은 쪽을 관측에 흘린다. 이것은 관측이 청소가 쉬우며 관측에 고장유체(高庄流體)를 흘리는 것이 구조적으로 염가로 될 수 있기 때문이다.

또 부식성의 유체도 관측에 흘린다. 이 형식의 열교환기는 설계조건 및 운전 조건에 대해 가장 융통성이 크지만 구조가 복잡하고 코스트가 높은

제2장 공유압 일반

(3) U자관식(U字管式)

전열관을 U자형으로 굽혀 관단을 관판에 부착시킨 것이다. 동(胴)과 관(管)은 별개로 되어 있으므로 열팽창에 대한 고려는 필요가 없다. 관판(管板)도 고정관판(固定管板式)만으로 되므로 유동두식(遊動頭式)보다 구조가 간단하고 가격도 비교적 싸게 된다. 그러나 동의 청소는 관속의 발출(拔出)은 쉬우나 관내는 U자관이므로 청소가 곤란하다. 따라서 관측 유체는 오염이 적은 것이라야 한다.

또 전열관의 구조로 관의 교환은 외측을 빼고 내부의 일부분만을 행할 수는 없다. 보통 U자관의 굽힘의 최소반경은 전열관외경의 2배로 하고 있다. 보통 굽힘가공후의 관의 살두께의 감소는 피할 수가 없으므로 직관의 경우보다는 두꺼운 전열관을 사용해야 하는 단점이 있다.

㉴ 이중관식 열교환기

외관속에 전열관을 동심원상으로 삽입하여 전열관내 및 외관동(外管胴) 과의 환상부(環狀部)에 각각 유체를 흘려서 열교환시키는 구조의 열교환 기이다. 구조는 비교적 간단하며 가격도 싸고 전열면적을 증가시키기 위해 직열 또는 병렬로 같은 치수의 것을 쉽게 연결시킬 수가 있다.

그러나 전열면적이 증대됨에 따라 다관식에 비해 전열면적당 소요면적이 커지며 가격도 비싸게 되므로 전열면적이 $20m^2$ 이하의 것에 많이 사용된다. 이중관식 열교환기에서는 내관 및 외관의 청소점검을 위해 그랜드 이음으로 전열관을 떼낼수 있는 구조로 하는 수가 많다. 이같은 구조에서는 열팽창, 진동 기타의 원인으로 이음부분에서 동측유체가 누설되는 수가 있으므로 동측유체는 냉각수와 같은 위험이 없는 유체 또는 저압유체를 흘린다. U자형 전열관과 관상동 및 동커버로 이루어지며 전열관은 온도에 의한 신축이 자유롭고 내관을 빼낼 수 있는 이중관 헤어핀형 열교환기가 있다.

또 전열효과를 증가시키기 위해 전열관외면에 핀을 부착시킨 것도 있다.

(1) 원리 및 구조

이중관식 열교환기는 내부의 pipe(전열관)와 외부의 pipe(환상부)에 가열유체와 수열유체를 넣어 열교환 시키는 것으로 이러한 열교환기는 주로 공정유체의 입구온도와 출구온도의 차가 큰 경우에 주로 온도교차(Cross)가 되는데 이러한 경우는 최적이라 할 수 있다.

(2) 특징 및 효과

이중관식 열교환기는 고온, 고압 유체에도 적합한 구조로 되어 있다. 그리고 열교관의 외관 유체가 오염이 커서 청소가 필요한 경우는 U자관 또는 직관으로 열교관을 분리할 수 있는 구조로 사용하고 열교관의 Return bend부분에 Flange 또는 Union등을 달아 사용한다. 또한 절열관 전열 면적의 증감이 자유롭다.

(3) 주요사용처

하수처리장, 일반산업체

(4) 설계사양

* 열량 : 1,663,730Kcak/hr
* 전열 면적 : 131.89㎠
* 용량 : 순환오니/168㎥/hr
* 열교환 범위 : 순환오니/입구 35℃, 출구45℃
* 온수/ 입구80℃, 출구58℃

㉰ 단관식 열교환기

전열관에 직관을 사용하여 리턴밴드와 결합시켜 사관상(蛇管狀)으로 조립한 트롬본형 냉각기나 이것을 황치형(橫置形)으로 하여 탱크 저판일면(底板一面)에 설치한 탱크가열기, 전열관을 코일상으로 감아서 용기내에 삽입한 코일형 열교환기 등이 있다.

이들의 구조는 전열관내에 고온, 고압 또는 부융성(腐融性)의 유체를 흘리는 수가 많으며 이 경우 누설의 염려는 전열관의 접속방법에만 주의하면 되며 재질의 선정에는 관으로서만 고려하면 되므로 강관, 동관등의 금속관을 위시하여 불침투성 흑연관, 합성수지관등의 비금속관에 이르기까지 광범위한 재질이 사용된다.

(1) 트롬본형 냉각기

냉각할 유체를 흘리는 수평식열간상에 물을 적하시켜 관내유체를 냉각시키는 것이다.

직관과 벤드를 사용한 간단한 구조이며 여러 단으로 포개서 전열면적을 증가시킬 수가 있다. 관내유체의 누설의 염려가 적고 누설되더라도 곧 알 수 있으므로 고압, 부융성유체(진한 황산등)의 냉각용에 적합하다. 오래전부터 각종 공업에 널리 사용되고 있다.

(2) 탱크가열기

중유 등 점도가 높은 액체의 축조의 저판일면(底板一面)에 전열관을 수평으로 배치하여 가열유체를 관내에 흘려 저조내(貯槽內)의 유체를 가열하는 구조의 열교환기이다. 가열유체는 보통 스팀이 사용된다.

(3) 코일형 열교환기

전열관을 코일상으로 감은 관속을 원통용기내에 수용(收容)하여 전열관 내유체와 용기내유체의 열교환을 행하게 하는 구조의 열교환기이다.

보통 전열관내에 고압, 고온의 유체를 흘리게 되지만 전열관내의 청소가 곤란하므로 오염이 적은 유체인 것이 바람직하다.

이 형식의 열교환기에는 주목적이 따로 있으므로 열교환은 그 수단으로 사용되므로 보통 열교환기로 호칭되지 않는 것이 있다.

㉴ 공냉식 열교환기

냉각수 대신에 공기를 냉각유체로 하여 전열관의 외면에 팬을 사용하여 공기를 강제 통풍시켜 내부유체를 냉각시키는 구조의 열교환기이다. 공기는 전열계수가 매우 작으므로 보통 전열관에는 원주핀이 달린 관이 사용된다.

공랭식 열교환기에는 관속에 공기를 삽입하는 삽입 통풍형과 공기를 흡입하는 유인 통풍형이 있다. 공랭식 열교환기는 냉각수가 필요 없으므로(수원(水源)확보의 필요가 없으므로) 최근 그 이용이 급격히 증가되고 있다.

그러나 넓은 설치면적이 필요하며 건설비가 비싸고, 관속에서의 누설(漏洩)을 발견하기 어렵고, 전열관의 교환이 곤란한 것등 단점이 있다.

㉵ 다관식 열교환기

이것은 열교환기의 대표적인 것이라고 할 수 있고 화학장치에 있어서는 가장 널리 쓰이고 있다.

원리 적으로는 아래 그림과 같이 관판과 이것을 연결한 다수의 전열관 군까로관속을 구성하며 그 주위를 원통형의 동치와 좌우의 뚜껑으로 밀폐형으로 되어 있다.

다관식은 취급하는 유체나 압력, 온도 등으로 여러 가지 형식인 것이 있으나 종류에 따라서는 전열관과 동체를 분해할 수 없는 것도 있으므로 세정, 정비 등 일 때는 주의가 필요하다.

나. 전열부가 Plate형상인 열교환기

전열부에 평판(平板), 파판(破板), Press성형에 의한 특수 요철(凹凸)을 설치한 Plate등을 사용하는 구조의 열교환기. 평판 전열면을 원통형으로 말아서 원통용기를 이중구조로 한 Jacket形, 소용돌이 形으로 말은 Spiral形등이 있으며, 일반적으로 전열판은 내부식성의 재질을 사용한다.

① Plate식 열교환기

유로(流路) 및 강도를 고려하여 요철형으로 프레스성형된 전열판을 포개서 교호(交互)로 각기 유체가 흐르게끔 한 구조의 열교환기이다.

전열판은 분해할 수 있으므로 청소가 완전히 되고 보호점검이 쉬울 뿐아니라 전열판매수를 늘이거나 줄임으로 용량을 조절할 수 있다. 전열면을 개방할 수 있는 형식의 것은 고무나 합성수지 가스켓을 사용하고 있으므로 고온 또는 고장용(高匠用)으로는 적당하지 않다. 액체와 액체와의 열교환에 많이 사용되며 한계사용장력 및 온도는 각각 약 5kg/cm², 150°C이다. 가스켓을 사용하지 않고 용접 또는 납땜으로 제작된 것은 온도의 제한이 완화되지만 전열면의 점검이나 청소를 할 수 없으므로 부식성 또는 오염이 심한 유체에는 사용할 수 없다.

② Spiral식 열교환기

대상(帶狀)의 두장의 평판을 소용돌이상으로 가공하여 두 개의 유체통로를 형성시킨 열교환기이다.

구조상 열팽창에 대한 고려가 필요없고 유체의 흐름은 균등하여 장력손실이 없는데 비해 전열계수가 크므로 전열면적에 비해 소형의 열교환기가 얻어진다. 보통 용접구조이므로 청소, 보수가 어렵다. 장력은 보통 10kg/cm²까지 사용된다.

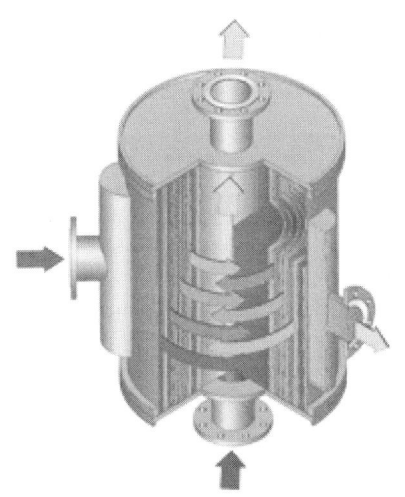 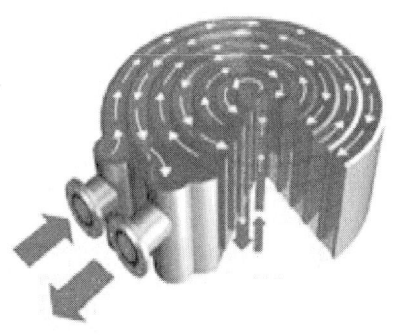

Spiral 열고환기 내 유체의 흐름도

③ 자켓식 열교환기

원통용기를 좀더 큰 원통용기에 삽입하여 그 환상부(環狀部)에 가열 또는 냉각용의 유체를 흘려서 내부원통용기의 동(胴)을 전열면으로 한 구조의 열교환기로서 이 환상부를 자켓이라 한다.

전열면적은 원통용기의 크기에 따라 한정되며 전열계수는 비교적 낮으므로 열교환만을 목적으로한 용도에는 적당하지 않다. 그러나 구조가 간단하고 제작이 쉬우며 가격이 싸므로 내부유체의 보온을 목적으로 하는 경우에는 적합하다. 내부에 교반기(攪拌機)를 장착하여 강제대류시켜서 열교환기의 효율을 좋게 하는 수도 있다. 쟈켓내부는 청소가 곤란하므로 오염이 적은 유체가 사용된다.

④ 비금속제 열교환기(非金屬製 熱交換器)

특히 부융성이 전강한 유체의 가열·냉각용에는 거기에 저항성이 있는 물질 예컨대 불침투성흑연의 블록과 ％실로 구성된 열교환기나 불침투성흑연제다관원통형 열교환기가 사용된다. 기타 테프론제의 다관식 열교환기 등도 발표되고 있다.

다. 전열부가 블록형상의 열교환기

전열부가 블록형이며 유체가 흐르는 구멍이 있어서 이 구멍을 통과하는 사이에 열교환하는 구조의 열교환기. 블록재질로는 불침투성 흑연(黑鉛)등이 있으며, 황산(黃酸)이나 염산(鹽酸)등인 유체에 사용된다.

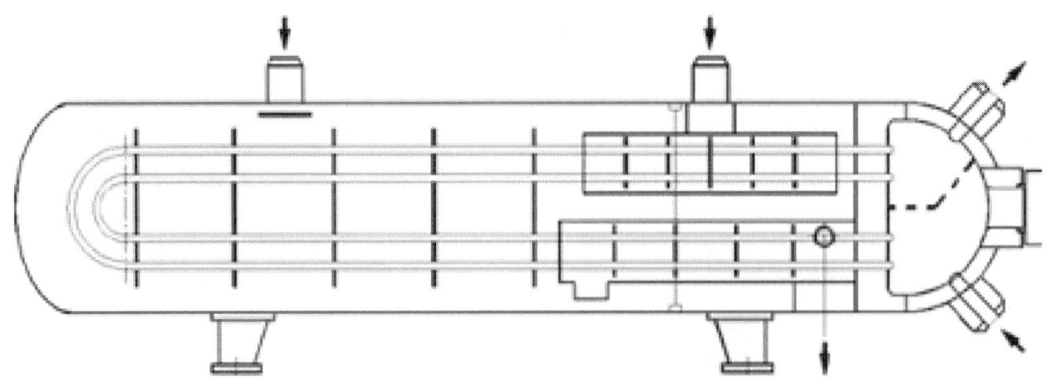

4) 열교환기의 구조설계

열교환기는 석유화학공장, 고분자화학공장, 일반화학공장, 비료화학공장, 펄프공장 등 각종 화학장치공업에 널리 사용되고 있다. 이들 열교환기는 사용 목적에 따라 다종다양(多種多樣)하여 그 상세한 구조설계에 대해 일일이 망라하는 것은 곤란하므로 현재 대규모로 사용되고 가장 보편적인 형식인 다관원통형 열교환기를 취급한다.

① 구조설계와 관련법규

다관원통형열교환기는 원통동내에 배치된 전열관의 내외면에 각각 유체를 도입하여 그 유체상호간의 열교환을 행하게 하는 기기이며 이같은 기기에 대해서는 보안상 법률이나 법칙이 제정되어 있다.

열교환기는 유체의 종류, 운전조건, 사용목적 등에 따라 어떠한 법규의 적용을 받는 경우가 많다. 또 법규의 적용을 받지 않아도 이들 법규에 근거하여 설계, 제작하는 것이 보통이다. 열교환기를 위한 설계, 제작의 기준으로서 사용되는 것이 그 중에서도 TEMA standards로 세계적으로 널리 사용되는 열교환기 설계 기준서[표 1]이다. 이상의 각 법규에 따른 열교환기의 구조상의 규제사항이나 설계계산, 제작기준은 반드시 일치하는 것이 아니므로 설계에 있어서는 충분히 주의해야한다. 가령 보일러 및 압력용기에 해당하는 열교환기는 소속관청에 제조 또는 구조인가신청서를 제출하여 인가를 받은 다음에 제작해야 한다. 인가신청서에는 구조를 알 수 있는 도면, 강도 계산서나 안전밸브의 도면 및 구경계산서, 액면계산의 도면을 첨부해야 한다. 이들 도면계산서에 법규에 저촉되는 부분이 있으면 인가하지 않으므로 법규를 충분히 검토하여 구조설계를 행할 필요가 있다.

다음으로 제조인가를 받은 열교환기는 용접에 앞서 용접검사가, 제작 완성된 열교환기는 구조검사가 필요하며 이것 역시 소속관청에 신청하여 수검해야 한다. 이들의 수검신청서에는 구조인가신청의 경우와 같은 도면이나 계산서가 필요하다. 이와 같이 법규에 따라 설계되고 각종 절차를 거쳐 제작, 검사가 행해져 열교환기가 완성된다.

② 다관원통형 열교환기의 각종 구조

원관동내에 전열관을 다수배치하고 전열관의 내외면에 유체를 동시에 도입하여 전열관벽을 통해 열교환을 행하게 하는 구조의 열교환기이다. 관판과 동의 연결상태, 전열관의 형상 및 전열조건에 알맞은 유동두형, 고정관판형, U자관형 및 케틀형 등 각종 구조의 열교환기가 있고 취급하는 유체의 종류, 압력, 온도, 오염 기타의 여러 가지조건을 고려하여 선정하고 있다.

이 형식의 열교환기는 사용범위가 넓고 또한 현재 고온고압 장치공업에서 충분한 구실을 하고 있다. 제작비가 싸고 보수점검이 용이한 것 등을 고려하여 선정한 다음 가장 합리적으로 조합된 최적인 구조의 열교환기가 설계, 제작되고 있다.

가. 유동두형 열교환기(Floating Head Type)

전열관이나 방해판을 양측의 관판에 짜넣은 상태를 관속이라고 하며 이 관속의 한쪽의 관판(고정측관판)은 동의 한쪽의 플랜지로 고정시키고 다른쪽 관판은 동에는 아무런 구속도 받지않는 구조로 되어 있으므로 유체의 온도에 따라 동 및 전열관이 열팽창하여도 거기에 대응할 수 있는 구조이며 또 관속을 동에서 빼내서 청소 및 점검할 수 있는 구조의 열교환기이다.

나. U자관형 열교환기(U-Tube Type)

U자관형의 전열관을 사용한 형식의 것이며 전열관은 동과는 관계없이 유체의 온도에 따른 신축이 자유로우며 또 관속을 그대로 빼내서 청소 및 점검할 수 있는 구조로서 유동두형의 경우와 같다.

그러나 유동두형의 경우에는 직관이므로 청소는 쉬우나 U자관형의 경우는 U자관이므로 관내의 청소가 곤란하다.

다. 고정관판형 열교환기(Fixed Tube Sheet)

관판을 동의 양측에 용접등의 방법으로 고정시킨 구조의 열교환기이다. 동측유체와 관측유체의 온도에 의해 전열관과 동은 열팽창차가 생겨 그 때문에 열응력이 큰 경우에는 동에 신축이음을 장착하여 열팽창을 흡수하는 구조가 필요하다.

이 형식은 동측의 청소, 점검 및 보수가 곤란하므로 부식성과 오염이 적은 침전물이 생기기 어려운 유체를 흘릴 필요가 있다.

라. 케틀형 열교환기 (Kettle Type)

동의 상부측은 증발이 잘되게끔 공적부(空積部)를 만들어서 동시에 증기실의 구실도 하고 있다. 이 증기실의 크기는 증기의 성질에 따라 속도를 선정하여 결정하지만 개산(概算)의 경우에는 대경동의 것의 1.5~2배 정도가 보통이다. 액면의 높이는 최상부관 보다 적어도 50mm 높게 하는 것이 보통이다.

4. 소음기(Sound attenuator)

공조기에서 조화된 기류를 송출하는 휀은 자신이 발생시킬 수 있는 압력과 풍량에 비례한 소음을 필연적으로 만들어낼 수밖에는 없다. 또한 발생된 소음은 덕트나 챔버 같은 공진이 일어나기 쉬운 통과 매개체를 가지고 있어, 절대적으로 이를 차단할 필요가 형성되게 되는 것이다. 이는 공조기의 발생소음을 차단하지 않을시, 실내까지 그 음이 전달될 수 있음을 뜻하는 것이다 따라서 국내의 기구 업체들은 SMACNA 또는 ASHRAE 등과 같은 외국학회 등의 실험를 통해 작성된 각종 학회에서 발행한, 코드집을 기준하여 예상되는 감음량 등의 계산을 실시하고 있다.

또한 소음은 주파수와 음압에 따라서 그 성격이 달라지게 되는데 일반적으로 65HZ 에서 배수로 가산하여 125HZ, 250HZ, ... 8000HZ 까지 8단계의 주파수로서 한 개의 옥타아브를 형성하며 각 주파수별 소음량을 기준한 소음기준선(Noise criterion curves)의 도표에 따라 허용값을 선정 하고 이를 기준으로 소음 감음 값을 결정한 뒤, 소음 감음 기구를 설계하게 되는 것이다. 따라서 감음량 선정과 기구설계의 과정은 다음과 같다.

1) 휀 발생 소음의 분석

휀의 소음은 직접 측정하는 경우도 있으나, 소음기의선정이 필요 한 때는 아직 휀이 제작되지 않은 상태 이므로, 이를 계산에 의하여 발생 소음량을 설정한다.

2) 덕트의 소음감쇄 요인 분석

공조기에서 실내까지는 얼마만큼의 거리를 유지하고 있으며, 또한 직선만 을 유지하는 것이 아니라, 각종 곡부와 많은 가지관을 보유 하고 있다. 따라서 발생된 소음은 역시 많은 장애 요인에 의하여 감쇄될 수밖에 없게 되며, 이를 분석하여 덕트에서 감쇄 되는 값을 얻을 수 있게 되는 것 이다. 이러한 자연 감쇄되는 값은 덕트의 크기, 보온방법, 보온재의 두께, 챔버의 수량, 곡부의 규격과 수량, 등에 따라 분석되는데 이를 종류별로 가장 잘 정리하여 놓은 것 중 의 하나가 SMACNA라는 국제규격집 이라 할수 있다. 따라서 소음기의 설계자는 이에 대한 감쇄 반응자료를 컴퓨터에 데이터(Data)화하여, 주어지는 조건 값에 따라 분석 시키는 것이다. 이때 주의할 점은 저주파음은 그 파장이 넓어 에너지의 분배가 확산되기 때문에 쉽게 감소되지 않지만, 고주파음은 그 파장이 좁기 때문에 에너지의 확산이 이루어지지 못해 쉽게 감소된다는 점이다. 산 중 속의 절에서 울리는 종소리가 계곡을 타고 먼 마을까지 울리는 원인도 저주파 원리로 이루어지는 것이다.

3) 실내 허용 소음기준

우리가 살고 있는 공간에는 어느정도의 잔류 소음이 존재하고 있다. 예를 들어 조용한 한밤의 골목길이 30~40데시빌(dB) 정도 라던지, 방음이 잘된 아파트에 모두 잠이 들은 상태가 20 데시빌(dB), 정도 라던지 하는 표현은 이를 잘 말해주고 있다. 따라서 사무공간, 또는 회의실, 연구실, 등 사용용도에 따라 요구되는 허용한계치의 잔류 소음량이 설정되는 것이다. 이때 허용 되는 실내의 소음 값 이하로 공조기 에서 진행되는 소음값을 줄여야 되는 것이다. 또한, 실내의 방음과 관련된 설계에서는 음의 반사를 막기 위하여 벽면과 바닥에 흡음재를 사용하여, 유입되는 소음에 대하여도, 그 음량이 감소 될 수 있도록 설계되기도 한다.

4) 소음기(Sound attenuator)

설계기준 소음기는 아연도 강판의 몸체와 내부에는 그라스울의 흡음재를 여러 갈래의 기둥(Split)처럼 세워, 음의 진로를 분사 시켜 이곳에 부딪히는 음을 흡음하는 것이 기본 원리이다. 따라서 발생 소음량에서 덕트 통과시의 감쇄량과 실내 허용기준 값을 뺀 나머지의 값, 즉 감쇄 시키지 않을 경우 실내 허용 기준값을 넘을 수 있는 소음 량을 흡음해야 되는 것이다. 이때 세로보(Split)의 설치규격과 수량, 내벽의 흡음재의 설치 기준이 설계값으로 산출 된다. 또한 소음의 진로를 분사시키기 위하여 설치된 세로보(Split)는 덕트내부에 압력손실값, 즉 정압이 발생되게 되는데, 주의할 점은 설계 시 소음기에 어느 정도의 정압이 설정되어 있느냐 하는 것이다. 이는 설계풍량의 통과에 영향을 줄 수 있기 때문에 필히 점검해야 할 사항이며, 소음기의 설계 기준에서 많은 변화를 가져다주기도 한다.

5) 소음기의 종류

앞서의 설명과 같은 과정을 거쳐 설계되는 소음기는 원형덕트에 설치되는 원통형(Round type) 사각형(Rectangular type)과 케싱(Casing) 내부에 공기층을 형성시키는 형식이 있으며, 휀에 직접 설치할 경우, 흡입용(Suction type)과 토출용(Discharge type), 그리고 고압용으로서 흡입 시에 휘파람 소리와 같은 고주파음 제거용인 파이프 형태(Pipe type)등이 있다.

5. 유압유의 종류 및 특성

1) 개요

유압장치에 있어서 동력 전달의 매체 또는 기기의 윤활 등의 중요한 역할을 하는 것이 유압유이다. 유압유의 부적합이 유압장치의 기능저하를 일으키는 경우가 있으므로 유압유의 선정과 오염관리에는 충분히 유의할 필요가 있다.

일반적으로 사용되는 것은 석유계의 윤활유이나, 이외에 불연성의 유압유도 있다. 유압장치에 사용되기 위해서 유압유에 필요한 물리적 성질은 아래와 같다.

① 동력을 유효하게 전달하기 위해서 압축되기 힘들고 저온이나 고압의 상태에 있어서도 용이하게 유동해야 한다.
② 적당한 윤활성을 지니고 운전 온도 범위에 있어서 각부의 유체 마찰 저항이 작아야 하고 내마모성도 커야 한다.
③ 오랫동안 사용해도 물리적, 화학적 성질이 변하지 않아야 한다.
④ 녹이나 부식을 촉진하지 않아야 한다.
⑤ 물, 공기, 먼지 따위를 재빨리 분리할 수가 있어야 한다.
⑥ 인화점이 높고 온도 변화에 대해 점도 변화가 적어야 한다.

2) 광유계
   ① 첨가 터빈유
   터빈유에 산화 방지제 등의 첨가제를 넣어 긴 수명, 고온사용 등에 효과.
   ② 일반 유압유
   첨가 터빈유를 유압에 전용화한 타입이며, 특별한 지시가 없는 한 이 기름을 사용한다.
   ③ 내마모성 유압유
   일반 유압유에 첨가제(아연계, 유황 등)를 넣어 내마모성, 열 안정성을 향상.
   ④ 고점도지수 유압유
   점도지수 향상제를 첨가, 온도에 의한 점도변화를 최소화하려는 용도에 사용.

3) 합성계
   ① 인산 에스텔계 유압유
   윤활성은 광유계와 같고 내화성이 뛰어나지만 도료나 실제에 주의하여야 한다.
   ② 폴리에스텔계 유압유
   내화성은 인산 에스텔계보다 떨어지지만 도료는 에폭시 수지, 실제는 니트릴 고무를 사용.

4) 수성계
   W/O 에멀존계 유압유 물 약 40% O/W 에멀존계 유압유 물 90~95%.

5) 비중
   ① 비중이란 4℃의 증류수와 같은 체적의 기름이 15℃에서의 중량비를 말한다.
   - 광유계의 유압유 : 0.85 ~ 0.95
   - 인산 에스텔계 유압유 : 1.12 ~ 1.35
   - 수성계의 유압유 : 0.92 ~ 1.1
   ② 비중과 비중량
   비중은 무명수로 표시하고, 비중량은 단위체적당의 중량[kg/m³]으로 표시한다(압력손실의 계산에는 비중량의 값으로 계산한다).

6) 비열

① 비열이란 1[kg]의 액체를 1[℃]올리는데 필요한 열량을 비열이라고 하며, 유압장치의 발생열량에서 냉각기로 흡수할 열량을 계산할 때 기름이나 물의 비열이 필요하다. 단위는 [kcal/kg℃]로 표시한다.

② 광유계의 유압유 : 0.44~0.47
   인산 에스텔계 유압유 : 0.3~0.4
   물 : 1.0

7) 점도

점도는 기름의 끈끈한 정도를 나타내는 것이다.

① **유압에서의 점도의 영향**

   유압펌프나 유압모터 등의 효율에 영향, 관로 저항에 영향, 유압기기의 윤활작용, 누설량에 영향.

② 적정 점도 : 유압장치에서의 적정 점도는 펌프 종류나 사용압력 등에 따라 다르지만 일반적으로 40[℃]에서 20~80[℃]의 유압유가 사용된다.

8) 점도 지수

① 동작 기름의 온도에 따른 점도 변화를 다른 기름에 대해서 비교를 쉽게 할 수 있도록 한 것이 점도 지수이다. 이것은 기준이 되는 기름으로서 점도 변화가 비교적 큰 나프타렌계의 기름과 점도변화가 비교적 작은 파라핀계의 기름을 정하고, **각각의 37.8[℃] 및 98.9[℃]의 동점도를 측정하여 정해 둔다.**

② 점도지수가 높은 기름일수록 넓은 온도 범위에서 사용할 수 있다.
   일반 광유계 유압유의 VI는 90이상이다.
   고점도지수 유압유의 VI는 130~225정도이다.

9) 인화점

가연성의 정도를 나타내는 것이며 기름을 가열하면 일부가 증발해서 공기와 혼합하여 불붙게 되는데 이 온도를 인화점이라고 한다. 유압 기름의 인화점은 대략 170~220 [℃]의 범위에 있고 이 측정법은 법규에 정해져 있다.

10) 유동점

기름은 온도가 낮으면 점도가 커지고 나중에는 유동성을 잃는다. 이러한 정도를 나타내는 것이 유동점이며, 특히 겨울의 낮은 온도가 될 경우에는 문제가 된다. 다른 관점에서 유동점은 기름이 응고하는 온도보다 2.5[℃] 높은 온도를 말하며, 저온 유동성을 나타내는 방법으로 표시한다(실용상의 최저온도는 유동점보다 10[℃] 이상 높은 온도가 바람직하다) 한냉지에서의 겨울철 사용개시시 −10[℃]이하가 되는 곳에서는 유동점에 주의할 필요가 있다.

11) 잔류 탄소 및 색상

잔류 탄소는 기름을 도가니 속에 넣어서 찔 때, 도가니 속에 남는 탄소분을 중량 %로 나타낸 것이다. 색은 성질에 전혀 관계 없으나, 불순물의 혼입을 조사하는 경우나, 기름 열화 판정시에 기준으로 쓰인다.(유니온 색으로 불리우고 있다)

12) 압축성

압축성은 일반적으로 압축률로 나타낸다. 이것은 체적이 감소하는 비율을 말하며 체적 V의 유체에 작용하는 압력을 ΔP만큼 더 강하게 했을 때 체적이 ΔV만큼 감소했다고 하면 압축률은 $(\Delta V/V)/\Delta P$로 표시된다.

※ 압축전의 용적, ΔP 가입시의 축소 용적

압축성은 기체가 최대이고 액체가 그 다음, 고체가 최소이다. 일반적으로 유압유는 압축 안되는 것으로서 취급되지만 유압장치가 고압일 때는 압축성을 무시할 수가 없다. 실린더의 미세급송의 경우등 운동이 불규칙하게 되므로 정밀공작에 있어서도 정밀도가 오르지 않는다거나 긴 관로를 통해서 압력신호를 전달하는 제어에 있어서는 시간 지연이 생긴다. 또 유압유가 압축되면 체적이 감소하므로 점도가 증대한다. 그래서 압력손실이 커지고 유온이 상승하여 기름의 산화를 조장한다.

① 기름에 있어서 점도의 영향은?

유압회로내의 유압유의 점도가 너무 크면 관내의 마찰손실이 커져서 동력손실이나 열발생의 원인이 되고 또 시동저항이 증가하여 각부의 운동을 활발치못하게 만든다. 점도가 너무 작으면 펌프, 밸브, 배관부등에 내부나 외부의 기름누출이 생기기 쉽다. 이것은 펌프효율을 저하시키거나 회로에 필요한 압력을 발생시키지 못하여 정확한

작동도 곤란해진다.

② 기기의 마모가 증가하여 고장의 원인이 되기도 한다. 그러므로 유압유로서는 회로에 적합한 점도의 것을 선정해야 한다. 그러기 위해서는 펌프 메이커가 추천하는 제품을 사용하는 것이 바람직하다. 기름의 점도는 유온에 따라 변화한다. 그러므로 점도를 일정하게 유지하고 기름의 열화를 막고 아울러 기계에 변형이 생기는 것을 방지하는 것까지 포함해서 그 온도는 일정하게 유지해야 한다. 그 온도 범위는 35 - 55 [℃] 정도이다.

13) 산화 및 열화

① 기름 속에 있는 산을 중화하는데 요하는 알칼리양을 측정하여 산도를 나타내는 것으로서, 1그램 안의 기름 내에 존재하는 산을 중화하는 가성 칼리의 밀리그램 수로 산도를 표시한다. 산도는 기름 속에 있는 유기산의 함유를 나타내는 것이므로 그 절대치만으로 정제도나 산화도를 판정할 수는 없다.

② 그 산화기구는 복잡하며, 궁극적으로는 산 또는 알코올류로 진행된다. 이 과정에서 물, 탄산가스 등이 발생하게 된다. 일반적으로 유온 40℃까지는 산화속도가 문제되지 않으나, 그로부터 온도가 10℃ 상승할 때마다 그 속도가 약 2배로 된다고 알려져 있다. 다시 70℃를 넘으면 그 속도는 급속히 진행되어 기름의 노화가 심해지므로 주의를 요한다. 특히 동, 납, 청동 등은 산화 할 때 촉매작용이 있으므로 찌꺼기, 물, 등을 충분히 주의하여 계획이나 보수에 신경을 써야한다.

14) 플래싱(flashing)의 종류

플래싱은 유압회로내의 이물질을 제거하는 것과 작동유 교환시 오래된 오일과 슬러지를 용해하여 오염물의 전량을 회로 밖으로 배출시켜서 회로를 깨끗하게 하는 것이다. 플래싱유는 작동유와 거의 같은 점도의 오일을 사용하는 것이 바람직하나 슬러지 용해의 경우에는 조금 낮은 점도의 플래싱유를 사용하여 유온을 60~80℃로 높여서 용해력을 증대시키고 점도변화에 의한 유속 증가를 이용하여 이물질의 제거를 용이하게 한다. 열팽창과 수축에 의하여 불순물을 제거시키는 수도 있으나 특히, 적당한 방청특성을 가진 플래싱유를 사용해야 한다.

15) 플래싱의 방법

① 플래싱은 주로 주회로 배관을 중점적으로 한다. 유압 실린더는 입구와 출구를 직접연결하고 유압 실린더 내부는 플래싱 회로 에서 분리한다. 전환 밸브등도 고정하며 회로가 복잡한 경우나 대형인 경우에는 회로를 구분하여 플래싱한다. 오일탱크는 플래싱 전용 히터를 사용하여 오일을 가열하고 회로 출구의 끝에 필터를 설치하여 플래싱유를 순환시켜서 배관내의 오염물질을 제거한다. 일반적으로 플래싱 시간은 수시간 내지 20시간 정도이나 가설필터에 이물질이 없어도 다시 1시간 정도 더 플래싱해준다.

② 올바른 사용법

성능이 우수한 작동유를 사용한다고 하여도 올바르게 사용하지 않으면 유압기구가 성능을 충분히 발휘할 수 없다.

16) 작동유의 오염

유압기기 고장의 대부분은 먼지에 의하여 일어나고 있으며, 마찰이나 용접 작업 기타 기계가공시의 칩, 녹 등 금속입자로 이루어진 경질의 먼지와 오일의 열화나 시일재의 마모 등으로 일어나는 연질의 먼지가 있으며, 경질의 먼지는 기계의 섭동부에 홈을 내게 하여 오일 누설이 이루어지고 기계의 성능이 저하되며, 연질의 먼지는 회로의 관로를 막아서(파일롯 라인 등) 작동불량 이나 유량유속 등에 영향을 주게 된다.

※ 회로 중에 먼지의 발생상태를 크게 나누면

ㄱ. 회로중에 처음부터 들어있는 먼지

기계의 가공중이나 조립시 들어온 용접 슬래그, 칩 등이 있으며, 경질의 먼지로서 섭동부에 홈을 내어 가장 위험하다. 회로속에 발생하는 녹은 재료의 선정 잘못이나 조립전의 보관 잘못 등으로 인하여 생기는 것이 보통이며, 온도의 변화에 따라 공기중의 수증기가 응고(결로 현상)하여 생기는 수도 있다.

ㄴ. 운전중의 회로속에서 발생하는 먼지

기계의 마찰에 의하여 마찰부분이 마모하여 생기는 기계적인 것과 작동유의 산화에 의하여 생기는 화학적인 것이 있으며, 오일의 산화 생성물은 고형인 먼지나 수분과 함께 슬러지가 되는 수도 있다.

ㄷ. 사용중 외부에서 들어온 먼지

오일 주유구의 필터 불량이나 통기구의 필터 불량으로 들어오는 경우가 많으며,

또한 피스톤 로드를 통하여 들어오는 경우도 있다.
ㄹ. 부충 오일속에 들어있는 먼지
특히 물이 가장 많은 이물질이다. 물이 들어가면 무겁기 때문에 탱크 바닥에 모이나 유압펌프의 작동에 의하여 미세하게 분해되어 기계의 각 부분에 녹을 발생시킨다.

17) 작동유의 점검과 교환

작동유의 상태를 점검하는 방법에는 눈으로 보는 방법과 시험에 의한 방법이 있으나 보통, 5,000~20,000시간 사용하면 작동유의 성질이 변화여 응고되는 경향이 생긴다. 따라서 처음에는 100~1000시간 정도에 교환을 하고 2회부터는 2,000시간마다 교환하며, 흑갈색을 띄고 있으면 즉시 교화하고 비중, 점도 등도 확인하는 것이 좋다.

제 3 절 공압 발생장치와 부속기기

※ 서론

공·유압 기기에는 작동 유체를 저장하는 탱크와 압축 공기, 또는 오일을 공·유압 장치 내로 보내는 공기 압축기나 유압 펌프, 그리고 작동 유채의 방향, 압력, 유량 등을 조절하는 각종의 제어 밸브 및 유체 에너지를 기계적인 일로 변화시키는 공·유압 실린더와 공·유압 모터 등으로 구성되어 있다.

1. 공압 발생 장치

공압 발생장치는 공기를 압축하는 공기 압축기, 압축된 공기를 냉각하여 수분을 제거하는 냉각기, 압축 공기를 저장하는 공기탱크, 압축 공기를 건조시키는 공기 건조기 등으로 구성되어 있다.

① 공기 압축기(air compressor)

공압 에너지를 만드는 기계로서 공압장치는 이 압축기를 출발점으로 하여 구성된다. 공기 압축기는 대기압의 공기를 흡입, 압축하여 1kg/㎠ 이상의 압력을 발생시키는 것을 말한다. 0.1kg/㎠ 이상 1kg/㎠ 미만의 것은 송풍기(blower), 0.1 kg/㎠ 미만의 것은 팬(fan)이라 하며, 보통의 공압장치에는 공기 압축기가 사용된다.

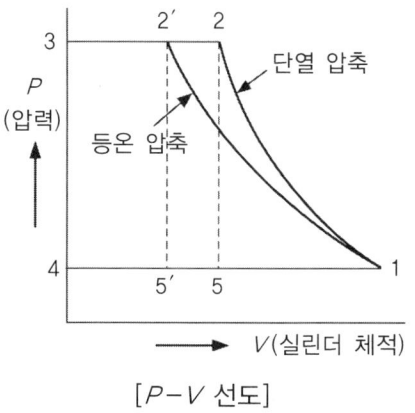

[P-V 선도]

② 왕복형 공기 압축기의 실린더에 체적변화와 공기 압력과의 관계의 선도를 P-V 선도라 부른다. 이 선도를 보면 급속한 압축작용으로 열이 외부로 전달될 틈이 없는 경우는 1→2의 단열압축에 가까운 상태로 되고, 압축행정에서 냉각을 병용하거나 저속으로 압축하는 경우에는 1→2'의 등온압축에 가까운 압축선도로 되나, 실제로는 단염에 가까운 폴리트로픽 압축으로 된다.

여기서, 실린더 전 체적을 V_1, 간극체적(체적이 최소로 되었을 때의 체적) V_2, 피스톤 배출량 V_1-V_2, V_3이 팽창하였을 때의 체적을 V_4로 하면, 유효 흡입체적 V_e와 이론 체적효율 η_v는 다음으로 표시된다.

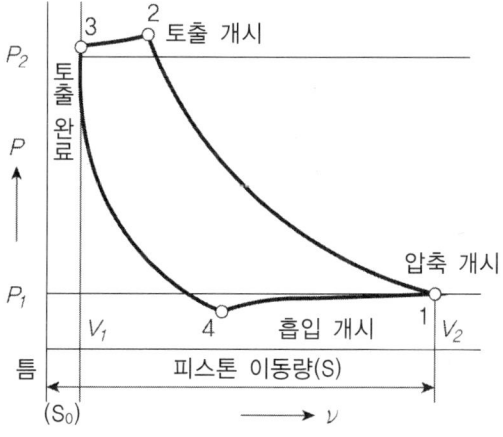

[왕복형 공기 압축기의 일반적 사이클 선도]

$$V_e = V_1 - V_4$$

$$\eta_v = \frac{V_e}{V_3} = \frac{V_1 - V_4}{V_3}$$

이것은 간극체적 V_4는 배출압력이 높아질수록 커지기 때문에 흡입체적 V_e가 작게 되어 체적효율이 좋지 않게 되는 것을 의미한다. 압축행정이 1개인 것을 1단 압축이라고 부르는데. 1단 압축으로는 압축에 의한 발열 등 때문에 최고 공기압력에 한계가 있다. 따라서, 고압력을 얻기 위해서는 2단, 3단 등으로 다단압축을 한다.

2. 공기압축기의 분류

① 압축 원리, 구조상의 분류

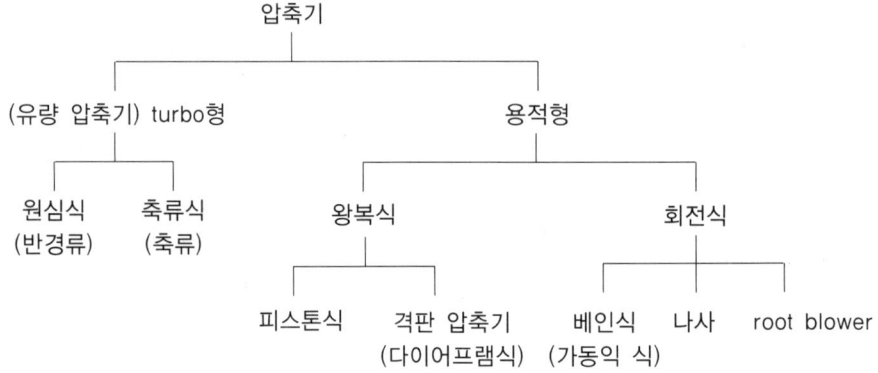

② 출력에 의한 분류 : 0.2~14kW의 것을 소형, 15~75kW의 것을 중형, 75kW을 초과하는 것을 대형으로 분류한다.

③ 토출압력에 의한 분류 : 7~8Kg/㎠의 것을 저압, 10~15kg/㎠의 것을 중압, 15kg/㎠ 이상의 것을 고압으로 분류한다.

3. 공기 압축기의 특징

① 터보형 공기 압축기 : 날개를 회전시키는 것에 의해 공기에 에너지를 주어 압력으로 변환하여 사용하는 것

  가. 축류식 : 공기의 흐름이 날개의 회전축과 평행한다.

  나. 원심식 : 회전축에 대해 방사상으로 흐른다.

  다. 터보형 공기 압축기의 특징

- 날개 바퀴를 고속 회전시켜 기체의 운동량을 증가시켜 압력, 속도를 높인다.
- 진동이 적고 고속회전 가능하며 토출공기 압력의 맥동이 없다.
- 압축부에 윤활유를 필요치 않으므로 무급유 제작이 가능하다.
- 각종 플랜트, 고로(高爐) 등의 대용량, 대형에 적합하다.
- 공기압 시스템의 공기압원으로 사용되는 일은 적다.

② 용적형 공기 압축기 : 밀폐된 용기 속의 공기를 압축하여 압력을 사용하는 것인데, 압축을 왕복운동에 의하는 왕복식과 회전운동에 의하는 회전식으로 나누어진다. 왕복식은 압축실의 용적변화를 왕복운동에 의해 얻는 것을 말하며, 회전식은 회전자의 회전운동에 의한 용적변화를 회전운동에 의해 얻는 것을 말한다. 일반 산업용으로는 용적형의 것이 많이 사용되고 있다.

4. 왕복형 공기 압축기

피스톤에 의해 공기를 흡입한 다음, 압축하여 배출밸브로 부터 압축 공기를 배출시킨다. 일반적으로 실린더와 피스톤 사이의 윤활에 윤활유를 사용하는 급유형과 피스톤 부분을 다이어프램 등으로 한 무급유형이 있다.

① 왕복운동을 하는 피스톤, 다이어프램에 의해 실린더의 내용적을 증가하는 행성에서 흡입밸브로부터 대기를 흡입
② 감소하는 행정에서 압축하여 압력이 토출공기 압력에 달한 점에서 토출밸브로 배기
③ 단동형 : 편 행정에서만 압축
④ 복동형 : 피스톤 왕복의 양 행성에서 압축
⑤ 체적효율 : 최소 용적 V_3는 구조적으로 0이 되기 힘들고, 여기에 축적된 공기의 압력이 대기압으로 팽창하기 때문에 대기흡입이 없다. 실제 체적효율(피스톤의 seal부 흡입, 토출밸브의 누설 고려).

$$\eta = \frac{Q}{V_{tk}}$$

여기서, Q : 흡입상태로 환산한 공기량(m^3/min)

V_{tk} : 피스톤 배제량(m^3/min)(피스톤 면적×스트로크×매분 회전수)

⑥ 냉각
  (1) 공랭식 : 플라이휠 풀리에 날개를 붙여 그 회전에 의해 냉각

(2) 수냉식 : 실린더, 실린더 헤드 등의 외주에 워터 자켓 설치.

[무급유식 공기 압축기의 특징]
① 청정한 압축공기를 얻는다.
② 고온, 고압에서 유분이 탄화 퇴적되는 일이 없으므로 점검기간이 길다.
③ 내부 윤활이 필요 없다.
④ 드레인은 수분뿐이므로 자동배수 밸브가 막히는 일은 적다.
⑤ 급유식에 비해 가격이 고가이고, 수명이 떨어진다.

5-1. 스크루형 공기 압축기

스크루형의 로터를 맞물려서 케이싱으로 싸여진 공간에 공기를 흡입한 다음, 계속되는 회전으로 공간의 체적이 작아짐에 따라 압축되어 배출하게 되어 있다. 스크루의 수와 그 형상에 따라 여러 가지로 분류된다.

※ 트윈 스크루(twin screw)형 공기 압축기

    가. 수 회전자. 암 회전자가 서로 맞물려 공간에 밀실을 형성한다.

    나. 회전자의 회전으로 밀실의 용적 감소되어 압축한다.

    다. 토출공기의 맥동은 없다.

5-2. 싱글 스크루(single screw)형 공기 압축기

    가. 회전자 1개와 2매의 게이트 회전자로 구성된다.

    나. 나사 회전자의 회전이 진행됨에 따라 회전자 홈의 틈 용적이 축소해 공기가 압축된다.

5-3. 나사 공기 압축기의 특징

    가. 회전부가 평행되어 있기 때문에 고속회전이 가능하고 진동이 적다.

    나. 저주파 소음이 없고 소음대책을 세우기 쉽다.

    다. 연속적으로 압축공기가 토출되므로 맥동이 없고 큰 탱크가 필요 없다.

    라. 압축실 내의 접동부가 적으므로 무급유 제작 및 용이 가능하다.

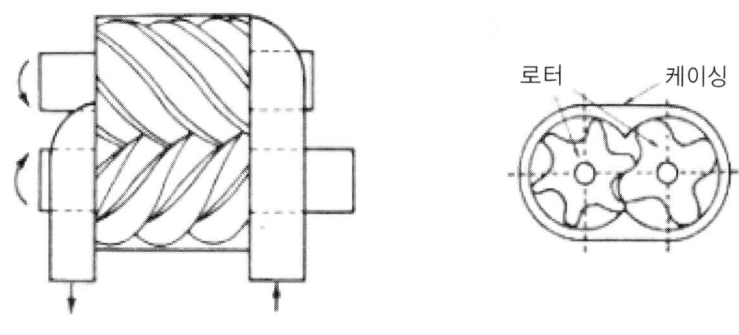

[스크루형 공기 압축기]

6. 베인(vane)형 공기 압축기

가동익형이라고도 불리며, 로터와 홈 속을 가동하는 베인과 케이싱으로 둘러싸인 공간에 공기를 흡입하고, 계속되는 회전으로 압축, 배출하게 되어 있다. 보통 냉각과 베인의 밀봉을 위해 윤활유를 사용한다.

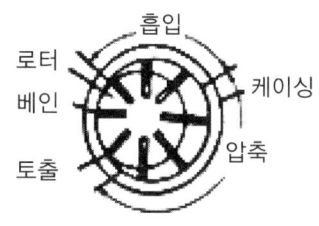

[베인형 공기 압축기]

① 실린더 내에 축과 편심한 회전자룬 설치하고 이 회전자 홈에 베인을 삽입한다.
② 인접한 베인간 회전과 함께 용적 변화에 의한 압축이다.
③ 흡입밸브, 토출밸브가 필요 없다.
④ 베인의 수는 6~12매가 보통이다.
⑤ 토출공기의 압력맥동이 적고 연속적으로 사용되므로 공기탱크를 사용하지 않아도 된다.

7. 루트 블로어(root blower)

① 2개의 고리형 회전자를 90° 위상으로 설치하고, 미소한 틈을 유지하며 역방향으로 회전한다.
② 비접촉형이므로 무급유 소형, 고압송풍 등에 사용된다.
③ 토크 변동이 크고 소음이 큰 단점이다.

[공기 압축기의 특성]

특징 \ 종류	왕복식	나사식	터보식
진 동	비교적 크다	작 다	작 다
소 음	크 다	작 다	크 다
맥 동	크 다	비교적 작다	작 다
토출 압력	높 다	낮 다	낮 다
비 용	작 다	높 다	높 다
이물질	먼지, 수분, 유분, 탄소	유분, 먼지, 수분	먼지, 수분
정기수리시간	3000~5000	12000~20000	8000~15000

8. 공기 압축기의 선정

① 공기 압력과 토출 공기량에서의 기종선정 : 프레스 기계용, 도장 및 계장용은 7kgf/㎠, 공기압 실린더는 5kgf/㎠, 일반적 공기압 시스템은 7~9kgf/㎠ (왕복식, 회전식 적합)으로 한다.

② 공기 압축기의 용량 : 공기 압축기의 피스톤 배제량.

$$V = Q\frac{(P+1.033)}{1.033\alpha}[\text{m}^3/\text{min}]$$

여기서, V : 왕복공기 압축기의 피스톤 배제량, α : 체적 효율

Q : 사용공기 압력 P에서의 사용 공기량(m^3/min)

P : 사용공기 압력(kg/cm^2)

③ 공기 압축기의 사용 대수

　가. 고장시 작업 중지에 의한 손해 방지.

　나. 부하 변동에 의한 대처.

　다. 보전과 사용 효율면에 대한 고려.

　　※ 일반적 방식으로는 2대가 최량의 방법.

④ 소음

　가. 소음은 법 규제가 수반되므로 설치장소 선정 및 방음대책 수립.

　나. 가급적 저소음 압축기 선정(왕복 공기 압축기는 특유의 저주파 진동, 소음이 발

생하나 회전 압축공기는 소음 낮음).

⑤ 압축기의 환경관리

가. 압축기의 실치조건

㉮ 저온, 저습 장소에 설치하여 드레인 발생 억제.

㉯ 지반이 견고한 장소에 설치(하중 5ton/m²을 받을 수 있어야 되고, 접지 설치).

㉰ 유해물질이 적은 곳에 설치.

㉱ 압축기 운전시 진동고려(방음, 방진벽 설치).

㉲ 우수, 염풍, 일광의 직접 노출을 피하고 흡입 필터 부착 .

나. 압축기 주위의 처리

㉮ 윤활유 산화오일 제거 필터 부착하고 애프터 쿨러 설치.

㉯ 공기탱크 설치(압력 변동 피하고 온도 안정유지).

㉰ 수평관로의 배관은 드레인 배출 용이하게 1/100의 구배 부과.

다. 압축기의 보수

㉮ 공기의 흡입상태, 흡입필터 점검.

㉯ 윤활유 및 냉각수 점검.

㉰ 정기적으로 점검.

9. 압축기의 용량제어

① 무부하 제어(no-load regulation)

가. 배기제어 : 가장 간단한 제어방법으로 압력 안전밸브(pressure relief v/v)로 압축기를 제어한다. 탱크 내의 설정된 압력이 도달되면 안전밸브가 열려 압축공기를 대기 중으로 방출시키는 것이며. 체크밸브는 탱크의 압력이 규정값 이하로 되는 것을 방지한다.

나. 차단세어(shut-off regulation) : 피스톤 압축기에서 널리 사용되는 제어로서 흡입쪽을 차단하여 공기를 빨아들이지 못하게 하며 대기압 보다 낮은 압력(진공압)에서 계속 운전 된다.

다. 그립-암(grip-arm) 제어 : 피톤 압축기에서 사용되는 것으로 흡입밸브를 열어 압축공기를 생산하지 않도록 하는 방법이다.

② 저속 제어(low speed regulation)

　가. 속도조정 : 수동. 자동 모두 가능하며, 작업압력에 따라 조정되는 방법으로 엔진의 속도를 조정하여 압축량을 조절하는 것이다.

　나. 흡입량 조정 : 흡입공기 입구를 줄임으로써 공기 압축량을 줄이는 방법으로 터보 압축기 등에 사용된다.

③ ON-OFF 제어 : 압력 스위치의 작동에 의해 최대 압력이 되면 모터가 정지하고. 최소 압력이 되면 다시 작동하게 되는 것으로 스위치의 작동횟수를 적게 하기 위해 가급적 대용량의 탱크가 필수적으로 요구된다.

10. 공기 탱크(air tank)

① 압축공기를 저장하는 기기로서 압축기 뒤에 설치되어 다음과 같은 기능을 한다.

　가. 압축기로부터 배출된 공기 압력의 맥동을 방지하거나 평준화한다.

　나. 일시적으로 다량의 공기가 소비되는 경우의 급격한 압력 강하를 방지한다.

　다. 정전시 등 비상시에도 일정 시간 공기를 공급하여 운전이 가능하게 한다.

　라. 주위의 외기에 의해 냉각되어 응축수를 분리시킨다. 또, 공기 탱크는 압력 용기이므로 법적 규제를 받는다.

② 탱크의 용적 산출

긴급 안전대책을 고려한 용적 $V_{r1} = \dfrac{Q_c T_e}{P_c - P_e} [\text{m}^3]$

맥동을 없애기 위한 용적 $V_{r2} = \dfrac{200 V_s}{r} [\text{m}^3]$

여기서, Q_c : 공압기기의 공기 소비량(Nm^3/min)

　　　　T_e : 최소 필요 지속시간(min)

　　　　P_c : 압축기의 통상 운전시 하한 압력(kg/cm^2)

　　　　P_e : 공압계통의 최소 필요 압력(kg/cm^2)

　　　　V_s : 맨 끝 피스톤 한쪽 행정용적(m^3)

　　　　r : 말단의 압력비

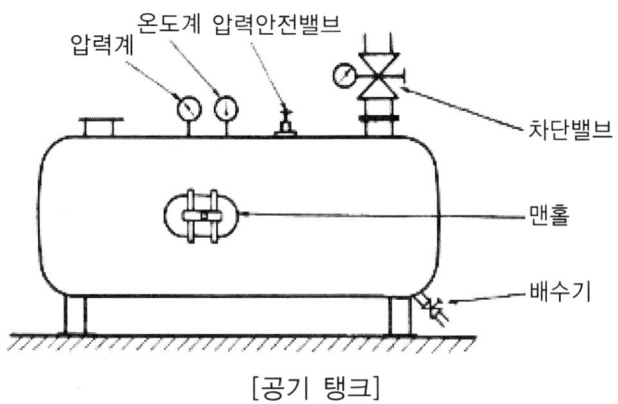

[공기 탱크]

제4절 공유압 액츄에이터

1. 공압 액츄에이터

1) 공압실린더

실린더란 액추에이터 가운데에서 가장 많이 사용되는 것으로 압력 에너지를 직선운동으로 변화하는 기기이다. 공압에서는 작동유체의 압축성 때문에 정의한 속도제어와 위치제어하기 등이 약간 어렵고, 부하의 크기의 영향을 받기 쉬운 등의 결점이 있다.

(1) 공압 실린더의 구조

공압 실린더는 사용 목적에 따라 일반적인 구조의 것으로부터 특수 구조의 것까지 많은 종류의 것이 제작되어 있으며, 가장 많이 사용되고 있는 것은 피스톤형 복동 실린더이다.

가. 피스톤(piston) : 공기압력을 받는 실린더 튜브 안에서 미끄럼 운동을 하는 것으로 충분한 강도와 내마모성이 필요하며, 피스톤과 튜브 사이를 실링하는 패킹이 압입 되어 있으며 패킹의 구조에 따라 분할 구조로 된 것도 있지만. 단일체가 주로 사용 되며, 재질은 회주철, 강, 플라스틱, 알루미늄 합금 등이 사용된다.

나. 실린더 튜브(cylinder tube) : 실린더 내부에서 피스톤이 왕복운동 할 때에 안내하는 것으로 내마모성과 내압성이 요구되어 경질 크롬도금과 1.6S 이하의 표면거칠기로 가공하고, 탄소강, 주철, 포금, 황동, 알루미늄 합금, 스테인리스

및 플라스틱 튜브 등의 재료를 사용 한다.

다. 헤드 커버(head cover) : 실린더 튜브의 양단에 설치되어 피스톤의 행정위치를 결정하는 것으로 급속 배기구멍이 내장되어 있으며, 완충기구가 내장된 것도 있다. 재질은 중부하(中負荷)는 아연, 알루미늄 합금, 주철, 황동, 청동 등, 중부하(重負荷)의 경우는 합금강이 주로 사용된다.

라. 피스톤 로드(piston rod) : 로드 커버와 피스톤에 연결되어 피스톤 출력, 변위를 외부에 전달하는 것으로 압축, 인장. 진동 등의 하중에 견딜 수 있어야 하고, 응력 집중이 발생치 않도록 하고 행정거리가 긴 경우 좌굴이 발생되므로 설계상 설치면에서 고려해야 하며, 재질로는 표면에 경질 크롬도금을 하고 표면거칠기 1.6S이하로 하여 내마모성 부여, 부식 방지, 패킹 마모를 줄인 합금강과 특수강, 스테인리스강을 사용한다.

마. 타이 로드(tie rod) : 커버를 실린더 튜브에 부착시키는데 사용되는 것으로 주로 합금강이 사용된다.

바. 로드 부싱(rod bushing) : 왕복운동을 하는 피스톤 로드를 안내하는 것으로 커버가 베어링 역할을 하므로 베어링 재료로 사용한다. 피스톤 로드가 전진할 때의 운동 방향 하중을 로드부싱으로 지지하므로 하중은 실린더 출력의 1/20으로 규정하고 있다.

사. 각종 개스킷 및 패킹 : 압축공기의 누선을 방지하고 이물질의 흡입방지 목적으로 각종 형상의 개스킷 및 패킹이 사용되고 있으며 개스킷은 고정용(주로 O링)과 운동용 패킹으로 구별된다.

아. 공기의 누출을 막기 위해서는 로드 패킹과 피스톤 패킹을 사용하는데 특징은 다음과 같다.

㉮ 립 패킹 : U. L. J 패킹으로 방향성이 있어 복동 실린더의 피스톤 패킹으로 사용할 때에는 반드시 2개가 필요하며. 마찰저항은 작으나 수명이 짧은 단점을 가지고 있다.

㉯ 압착 패킹 : O링, X링, NLP 패킹으로 고압에서 적당히 변형되어 실에 필요한 접촉 저항을 발생시키고 저압에서는 스스로의 탄성에 의하여 기밀이 유지된다. 일반적으로 저압 작동시 양호하진 않으나, NLP 패킹은 기밀이 양호하고 무급유도 가능하다.

[패킹의 종류]

종 류	O링	V패킹	U패킹
재 질	니트릴 고무	니트릴 고무	니트릴 고무
저 항	대	소	소
누 설	없 다	거의 없다	거의 없다
수 명	짧 다	보 통	보 통
가 격	싸 다	보 통	보 통

(2) 패킹 재질 등

[패킹 재질과 온도]

종 류		재 질
고온	70 ~ 100	에틸렌 프로필렌 고무, 불소고무.
	100 ~ 130	에틸렌 프로필렌 고무, 불소고무, 4불화 에틸렌 수지.
	130 ~ 160	4불화 에틸렌 수지.
저온	-20 ~ 70	니트릴 고무, 우레탄 고무, 4불화 에틸렌 수지.
	-35 ~ 25	저온용 니트릴 고무, 우레탄 고무, 에틸렌 프로필렌 고무.
	-40 ~ -35	저온용 니트릴 고무, 저온용 우레탄 고무, 에틸렌 프로필렌 고무.
	-55 ~ -45	저온용 니트릴 고무, 저온용 우레탄 고무.

2) 공압 실린더의 종류

공압 실린더는 구조 및 작동방식. 쿠션의 유무. 지지형식. 크기 등에 따라 분류할 수 있다.

① 구조와 작동방식에 의한 분류 : 공기 압력과 힘을 전달하는 피스톤부 및 피스톤 로드부의 형태와 공압의 공급방법에 따라 분류한다.

   가. 구조(피스톤 형시)에 의한 분류

   ㉮ 피스톤 형 : 일반적인 것으로 피스톤과 피스톤 로드를 갖춘 실린더이다.

   ㉯ 램형 : 피스톤 지름과 로드 지름의 차가 없는 가동부를 갖는 구조로서 복귀는 자중이나 외력에 의해 이루어지나 공압용으로는 사용빈도가 적다.

   ㉰ 비 피스톤형 : 가동부에 다이어프램이나 벨로스를 사용한 것으로 미끄럼 저항이 적고, 최저 작동압력이 약 $0.1 kg/cm^2$ 정도로 낮은 압력에서 고감도가 요

구되는 곳에 사용된다.
나. 작동방식에 의한 분류
  ㉮ 단동 실린더 : 한 방향 운동에만 공압이 사용되고 반대 방향의 운동은 스프링이나 자중 또는 외력으로 복귀된다. 일반적으로 100mm 미만의 행정거리로 클램핑, 프레싱, 이젝팅, 이송 등에 사용되며, 이 실린더는 공기압의 특징을 반만 이용할 수 있으나, 공기 소비량이 적고 3포트 밸브 한 개로 제어가 가능하고, 실린더와 밸브 사이의 배관이 하나로 족하다.
  ㉯ 복동 실린더 : 압축공기를 양쪽에 교대로 공급하여 피스톤을 전·후진시키는 것으로 가장 많이 사용한다.
  ㉰ 차동 실린더 : 실린더 면적과 로드측의 면적비가 1 : 2로 일정하며, 전·후진 시 실린더 면적차를 이용하여 출력을 사용하는 실린더이다.
    (가) 편로드 형
    (나) 양로드 형 : 행정이 긴 실린더가 요구될 경우, 양쪽 로드가 필요한 경우에 사용된다. 이 실린더는 왕복 모두 피스톤 면적이 같기 때문에 왕복 모두 같은 운동상태를 얻기 쉽다.
② 쿠션 장치의 유무에 따른 분류 : 쿠션 장치에는 공기의 압축성을 이용한 가변식과 탄성을 이용한 고정식, 쿠션의 수에 따라 한쪽 쿠션과 양쪽 쿠션형으로 나누어진다. 쿠션은 피스톤 행정의 끝 수 cm 앞에서 배출구가 쿠션 보스에 의해서 막혀지면, 공기는 무션용 니들 밸브를 통해 대기 중으로 배출되어, 실린더 내 배출구 쪽의 압력(배압)이 높게 되어 피스톤의 속도가 감속되는 원리로 되어 있다.
③ 복합 실린더
  가. 텔레스코프형 공압 실린더 : 다단 튜브형으로 단동과 복동이 있으며 전체 길이에 비하여 긴 행정이 얻어진다. 그러나 속도제어가 곤란하고, 전진 끝단에서 출력이 저하되는 단점이 있다.
  나. 텐덤형 공압 실린더 : 길이 방향으로 연결된 복수의 복동 실린더를 조합시킨 것으로 2개의 피스톤에 압축공기가 공급되기 때문에 실린더의 출력은 실린더 출력의 합이 되므로 큰 힘이 얻어진다. 또, 단계적 출력의 제어도 할 수 있어 지름은 한정되고 큰 힘이 필요한 곳에 사용된다.
  다. 다위치형 공압 실린더 : 복수의 실린더를 동일축선상 직렬로 연결하여 각각의 실린더를 제어하여 몇 개의 정지 위치를 선정하게 되어 있으며 위치 정밀도가 높은 다위치 제어에 사용된다.

④ 위치 결정에 따른 분류

   가. 브레이크 붙이 실린더

      브레이크 기구를 내장하여 임의 위치에서 0.1~1mm 정도의 위치제어가 가능하다.

   나. 포지셔너 실린더

      서보 실린더 등이 있다.

⑤ 지지 형식에 따른 분류

   실린더 본체를 설치하는 방식에 따라 고정방식과 요동방식으로 크게 나누어지고, 다시 설치부의 형상에 따라 풋형, 플랜지형, 트러니언형 등으로 분류된다.

⑥ 크기에 의한 분류 : 실린더의 크기는 실린더 안지름, 피스톤 행정의 길이, 로드의 지름, 로드의 나사 호칭에 따라 분류된다.

⑦ 기타 실린더

   가. 가변 행정 공압 실린더(adjustable stroke cylinder) : 행정거리를 조정하기 위해 헤드 커버부에 나사를 삽입하여 스토퍼 역할을 하는 행정조정 기구를 비치한 실린더이다.

   나. 충격 실린더(impact cylinder) : 충격 실린더는 공기 탱크에서 피스톤에 공기 압력을 급격하게 작용시켜 피스톤에 충격 힘을 고속으로 움직여 속도 에너지를 이용하게 된 실린더로 프레스에 이용된다.

   다. 솔레노이드 밸브붙이 실린더 : 실린더와 솔레노이드 밸브를 일체로 한 실린더이다.

   라. 로드레스 실린더 : 실린더의 설치면적을 최소화하기 위해 로드 없이 영구자석을 이용한 것으로 케이블 실린더 등이 있다.

   마. 하이드로 체커(hydro checker) 실린더 : 공압 실린더와 유압 실린더등 직력 또는 병렬로 조합시킨 것으로 공압 실린더는 압축성 유체가 동력원이므로 저속에서는 스틱슬립(slick-slip) 현상이 발생하여 원활한운동과 행정거리 중간에서의 정확한정지가 곤란하다.

      따라서, 작동신호는 공압 실린더에서, 속도제어는 유량제어 밸브를 사용하여 폐회로로 구성된 유압 실린더로 제어하는 것이다.

      이 실린더는 정밀 저속 작동이나 중간 정지의 정밀도가 요구되는 드릴의 정밀

이송이나 소형 밀링 머신에서 테이블 이송기구 등에 사용된다.

바. 베로프램 실린더 : 합성 고무제의 베로프램을 실린더 내에 장치하고 그 중앙부의 서포터에 공기압을 작용시키고 로드를 이용하여 힘을 밖으로 끌어내는 것으로 움직임이 부드럽고 공기 누출이 없다.

사. 밸브붙이 실린더 : 실린더에 밸브를 직결시켜 실린더와 밸브 사이의 배관을 생략한 실린더로 배관 공수(工數) 생략할 수 있고 콤팩트로 취급할 수 있는 이점이 있으나, 밸브만을 집중하여 고정시킬 수 없기 때문에 보수 점검이 곤란하다.

3) 공압 실린더의 특성

① 출력 : 공압 실린더의 출력은 실린더 안지름, 로드지름 및 공기 압력에 의해 결정되며, 정지에 가까운 상태에 있어서는 다음과 같이 표시된다.

$$F_1 = \frac{\mu_1 \cdot p \cdot \pi \cdot D_1^2}{4}, \quad F_2 = \frac{\mu_2 \cdot p \cdot \pi \cdot (D_1^2 - D_2^2)}{4}$$

여기서, F_1 : 밀 때의 실린더 출력(kg), F_2 : 당길 때의 출력(kg)

ρ : 사용 공기압력(kg/cm^2), D_1 : 실린더 안지름(cm), D_2 : 로드 지름(cm^2)

μ_1 : 미는 쪽의 추력효율, μ_2 : 당기는 쪽의 추력효율

추력효율은 실린더의 효율을 나타내는데, 실제 출력은 실린더의 섭동저항. 로드 베어링부의 마찰 등에 감소되므로 이것을 보정하기 위한 계수이다. 추력계수는 공기압력의 감소, 실린더 안지름이 작아질수록 계수도 작아지나, 안지름이 30mm이하의 것은 값이 커진다.

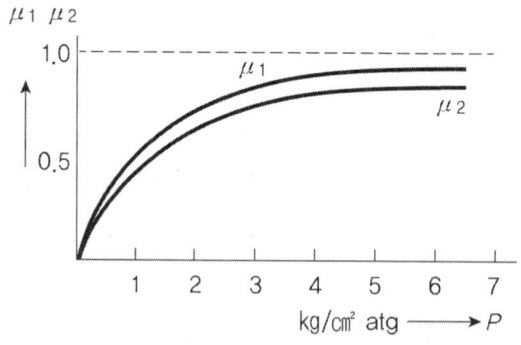

[복동 실린더의 추력효율의 경향]

② 온도 : 5~60℃ 정도를 사용하여야 하며, 최저 온도 5℃는 사용 공기 중에 포함한 수분이 실린더의 운동에 영향을 주기 때문이며, 최고 온도 60℃ 초과시 패킹과 윤활유 등에 해가 있어 최고 사용온도를 60℃로 선정하였으며 대부분의 패킹은 질화 고무를 사용하며 사용온도는 120℃이나 실린더 내를 왕복할 때의 미끄럼 마찰에 의해 발열이 국부적으로 발생되므로 70℃를 넘지 않도록 한다.

③ 공기 소비량 : 공압 신린더를 작동시키는데 소비되는 공기량은 피스톤이 밀어내는 체적과 배관 내 체적으로부터 구해진다.

④ 피스톤 속도와 시간 : 실린더의 이동속도 산출은 전제 조건이 필요하고, 비실용적수가 많고, 밸브의 응답시간, 배관저항, 큐션 정도에 따른 시간까지 포함하여 계산해야 되므로, 변환 밸브나 실린더의 각종 크기와 그 밖의 속도에 영향을 주는 백터를 여러 가지로 바꾸어 실험한 데이터를 이용하고, 조건이 일치하지 않아도 전후 조건으로 유추하여 산출한다.

KS 규격에는 공압 실린더의 사용속도는 50~500mm/s 범위 내로 사용속도가 규정되어 있으며, 최저속도 50mm/s 스틱 스립 현상이 일어나지 않는 한계 속도이다.

⑤ 사용공기 압력범위 : KS에서는 압력범위를 1~7kgf/㎠로 규정하고 있으며, 최저 사용공기압력은 패킹의 섭동저항으로 결정하며 최고 시용공기 압력범위는 안전면에서 결정되고 내압력은 최고 사용압력의 1.5배 정도로 한다.

⑥ 실린더의 행정거리 : 공압 실린더의 사용이 가능한 최대 행정거리는 설치방법, 피스톤로드 지름, 피스론 로드 끝에 걸리는 부하의 종류, 가이드의 유무 및 부하의 운동 방향 조건등에 의해 결정된다. 피스톤 로드에 축방향 압축하중이 작용한 경우 피스톤 로드 길이가 지름의 10배 이상이 되면 좌굴이 일어나므로 좌굴강도 계산을 고려해야 한다.

⑦ 피스톤 로드에 작용하는 횡하중 : 피스톤 로드에 작용하는 횡하중은 로드 부싱의 미끄럼면에서 실린더의 최대 이론 출력의 1/20 이내로 한다. 다라서, 피스톤 로드 선단에 걸린 최대 하중은 이론적으로 다음과 같으나 거리가 긴 경우는 작은 값이 되므로 횡하중이 작용이 예상될 때는 안내면을 설치해야 한다.

⑧ 완충 : 완충장치는 큰 관성력을 가진 피스톤이 행성거리 끝에서 정지할 때 충격이 직접 커버에 작용되지 않게 하기 위해 공기의 압축성을 이용하여 운동 에너지르 공기 압축에너지 변환하는 것이다.

4) 공압 실린더의 취급시 주의사항

공압 실린더를 효과적으로 사용하기 위해서는 그것의 선정, 부착, 보수 관리방법 등에 주의해야 하며, 주된 주의사항을 다음의 그림에 표시하였다.

① 선정시 주의사항

    가. 실린더의 출력

        ㉮ 정지 직전의 실린더 출력은 실린더의 추력계수를 고려하여 계산하고 실린더 안 지름을 선정한다.

        ㉯ 공압 실린더의 작동속도는 부하율에 따라 변화하므로, 저속일 때는 60~70%의 부하율이 되도록 실린더 안지름과 공기압력을 결정한다. 고속으로 작동시킬 때에 부하율이 높으면 부하변동이나 압력변동 발생시 작동속도가 변한다.

        ㉰ 방향제어 밸브가 작동한 후 실린더가 작동하기 시작할 때까지의 데드 타임(dead lime)은 부하율이 높을수록 깊어지므로, 재현성이 좋고 작동이 안정되며 데드 타임이 적어야 할 때에는 부하율이 50% 이하가 되도록 실린더 안지름과 공기압력을 결정한다.

        ㉱ 실린더 안지름은 보수, 교환이 용이하도록 KS 및 ISO 규정값을 사용한다.

    나. 완충장치

        ㉮ 공기 압축을 이용한 완충장치는 부하의 중량 및 작동속도를 검토한다.

        ㉯ 완충조건으로부터 완충장치의 내구성 등을 확인한다.

        ㉰ 필요에 따라 외부 쿠션 장치도 검토한다.

    다. 실린더의 작동속도

        ㉮ 실린더의 작동속도는 50~500mm/s가 이상적이며, 고속 운전시 다음 사항을 검토해야 한다.

          (1) 패킹의 재질, 형상 등이 고속작동에 대한 적당 여부와 수명을 확인한다.

          (2) 부하율을 50%이하로 적게 하여 부하변동이나 사용 공기압력 변화에 의한 작동속도 변동을 피한다.

          (3) 고속 작동시 압력강하가 작도록 배관하고, 공압기기는 유효 단면적이 큰 것을 사용하며, 실린더의 포트 등도 크게 한다.

          (4) 실린더 내의 배압을 빠르게 제거시키기 위하여 급속배기 밸브를 함께 사

용하며 공기 압축기의 용량이 큰 것을 사용하거나 관로 중간에 공기탱크를 설치하여 압력강하를 방지한다.

(5) 속도가 제대로 나오지 않을 때는 파이프 안지름을 크게 한다.

(6) 충격흡수기구 병용을 검토하여 외부 완충장치를 설치한다.

(7) 작동시 사고를 방지할 수 있는 조치를 한다.

㈏ 저속 운전시 검토사항은 나음과 감다.

(1) 저속정밀 이송시에는 공기-유압 유닛을 사용한다.

(2) 피스톤의 속도가 느리고 배관의 지름이 작아도 될 경우에는 실린더 포트에 리듀서를 사용하여 배관지름을 줄인다.

(3) 속도가 50mm/sec 이하의 경우에는 스틱-슬립 현상을 일으키는 최저 속도를 확인한다.

(4) 속도제어나 윤활이 잘 이루어지도록 각 기기의 성능을 확인한 후 사용한다.

② 설치시 주의사항

실린더를 설치할 때는 부하의 운동방향으로 실린더의 작동방양이 추종하도록 하도록 로드 선단과 부하의 연결부에 자유도를 가지게 하는 방법이나, 스트로크가 길 경우의 로드지지 방법을 고려해야 한다.

또, 로드 슬라이딩부 그랜드에 걸리는 횡하중은 최대 실린더 힘의 1/20 이하로 하여 가급적 횡하중이 걸리지 않도록 하고, 스트로크가 길고 로드의 처짐량이 많을 경우에는 안내를 고려해야 하며. 쿠션 조정을 포함한 보수점검이 되는 방향으로 부착하는 둥에 충분히 주의해야 한다.

가. 고정형 실린더

㈎ 부하의 운동방향은 피스톤 로드의 운동방향 축심과 일치시킨다. 일치할 수 없을 때는 로드나 튜브에 뒤틀림이 발생되고, 마찰에 의안 마모, 파손시킬 염려가 있으므로 연결부에 유격을 주거나 구면 부시 등을 설치한다.

㈏ 실린더가 큰 힘을 낼 수 있도록 설치대의 강성을 높인다.

㈐ 실린더 본체를 고정한 경우 체결 볼트 이외에 로크 핀, 스토피 등을 설치해야 한다.

㉣ 부하의 하중방법을 고려하여 설치한다.

㉤ 고정형 실린더가 원호 운동하는 경우 암(arm)과 연결을 피하고 부득이한 경우 타원형 구멍을 가공하여 로드에 횡하중이 걸리지 않도록 하며, 필요에 따라서 적당한 가이드 부싱을 해 준다.

나. 요동형 실린더

㉮ 이 실린더는 부하의 운동방향에 따라 움직이므로 피스톤 로드의 연결기구는 실린더 본체의 운동방향과 동일방향으로 운동하도록 설치하며, 필요에 따라서 구면부싱을 사용한다.

㉯ 크레비스 또는 트래니언과 상대 베어링의 틈새가 크면 핀에 굽힘 모멘트가 발생 되므로 공간을 가능한 적게 해야 하며, 베어링과 핀 사이에 센터링을 해야 하며, 행정거리가 길 때에는 마찰이 커지게 되므로 실린더 앞쪽으로 지지구를 이동 시킨다.

㉰ 베어링 하우징 설치면에서 축까지의 높이가 높은 경우 실린더 출력에 의해 하우징 설치부에 큰 힘이 발생되어 볼트를 파손시킬 수 있으므로 베어링 하우징 형상에 주의한다.

③ 사용시 주의사항

가. 방진 : 주위 환경이 나쁘고 먼지가 많은 장소에서는 섭동부에 플렉시블 커버를 부착시켜 먼지 등의 침입을 방지해야 하며 이 커버를 사용할 수 없는 곳에는 먼지를 긁어낼 수 있는 장치(scraper)를 부착한 실린더를 사용해야 한다.

나. 실린더 방식 : 사용장소에 따라 부식이나 패킹의 부풀음 현상이 있는 곳에는 특수 실린더를 사용하여야 한다.

다. 압축공기 : 압축공기는 충분히 청정된 깨끗한 공기를 사용함은 물론, 에이필터를 이용하여 청결한 압축공기를 사용한다.

라. 사용 윤활유 및 적정 공급량 : 윤활기를 사용하여 적당량(압축공기 10 ℓ 에 한방울 정도)의 터빈유 1종(150 VG 32와 같은 종류) 윤활유를 실린더에 주유한다.

마. 배기 : 배기음을 줄이기 위하여 배기구에 소음기(silencer)를 설치하여야 하며 이때에는 배압을 주의하여야 한다.

바. 배관 : 주배관은 강관으로 하고 휨 등이 필요한 곳에는 고무호스를 사용한다.

사. 압력 조정기 : 공기는 필요한 양과 적당한 압력으로 조정하며 적합한 규격의 것을 사용한다.

아. 온도 : 사용온도 범위는 5~60℃로 하며 5℃ 이하일 때는 공기 건조기를 설치한다.

④ 공기압 실린더의 보수점검 : 실린더를 최적 상태로 사용하기 위해서는 사용조건에 따라서 정기적으로 점검이 필요하다. 정기점검의 체크 포인트는 다음 항목에 의한다.

가. 실린더 부착용 볼트 및 너트의 이완

나. 실린더 부착 프레임의 이완. 또는 이상 처짐

다. 작동상태가 부드러운가의 여부

라. 피스톤 속도, 사이클 타임의 변화

마. 외부 누설

바. 로드 선단 쇠장식, 타이로드, 볼트류의 이완

사. 스트로크에 이상유무의 여부

아. 로드의 홈

이상의 곳을 체크하며. 이상이 있으면 다음의 표에 개소를 체크하여 처리한다. (단, 실은 모두 교환하는 것이 바람직하다.)

2. 유압 액츄에이터

1) 유압액추에이터의 종류

유압 액추에이터(hydraulic actuator)는 작동유의 압력 에너지로 기계적 에너지로 바꾸는 기기를 총칭하며. 직선운동을 유도시키는 것을 유압 실린더, 회전운동을 유도시키는 것을 유압 모터라 말한다. 다시 말하면. 유압 펌프는 떨어져 있는 지점에 압력을 보내기 위해 에너지를 유압장치에 가하는 기구이며, 유압 실린더와 유압 모터는 작동기구로 유압펌프의 반대 역할을 한다. 즉, 유압장치 내에서 주어진 일을 하여 펌프의 유체 에너지를 기계적 일인 직선운동 또는 회전운동으로 변환시킨다.

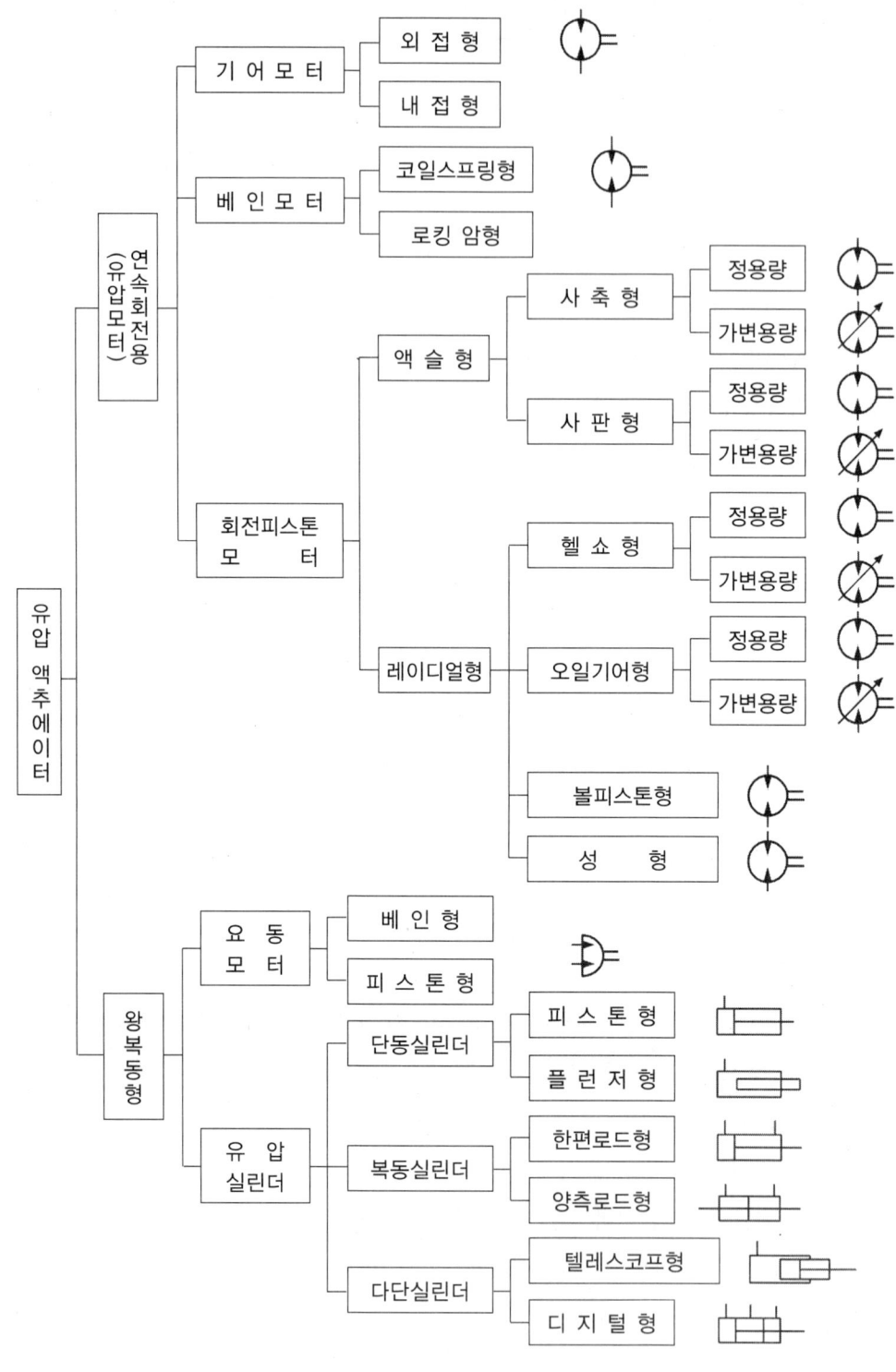

[유압 액추에이터의 종류]

유압 실린더는 한 사이클의 동작을 이루기 위해 왕복운동을 하며, 경우에 따라서는 피스톤이 실린더의 끝에 도달한 때 충격을 피하기 위해서 완충장치를 두기도 한다.

유압 모터는 연속적으로 회선하는 것과 제한된 각도 내에서 왕복 각운동을 하는 것이 있다. 제한운동을 하는 것을 진동유압 모터(vibration hydraulic oil motor)라 하고, 연속적으로 회전하는 경우를 보통 유압 모터라고 한다.

유압 모터는 피스톤 펌프, 베인 펌프, 기어 펌프와 그 모양이 흡사하다. 기어 모터는 기어펌프와 같이 체적이 고정되어 있고, 피스톤 모터는 가변 채적이 가능하다.

2) 유압 실린더(hydraulic cylinder)
   ① 종류

   유압 실린더는 유압 에너지를 직선 운동으로 변환하는 기기로서 여러 가지 형식에 따라 분류하면

   ⓐ 일체형
   ⓑ 나사형
   ⓒ 플랜지 조임형
   ⓓ 타이로드형

   ② 작동 형식에 의한 분류 : 단동식과 복동식이 있다.
   ③ 최고 사용압력(kg/cm²)

호칭기호	최고사용압력	비고	호칭기호	최고사용입력	비고
35	35	저압용	140	140	고압용
70	70	중압용	210	210	초고압용

   ④ 지지형식

지지형식		기호	종류형상	기호	종류형상
고정 실린더	풋형	LA	축직각 풋형	LB	축방향 풋형
	플런저형	FA	로드축 플랜지형	PB	헤드축 플랜지형

요동 실린더	크레비스형	CA	1산 크레비스형	CB	2산 크레비스형
	트래니언형	TA	로드축 트래니언형	TB	헤드축 트래니언형
		TC	중간 트래니언형		

⑤ 작동 형식에 따른 분류

   가. 단동 실린더 : 공압 단동 실린더와 유사한 이 형식은 피스톤과 로드가 유압에 의하여 실린더 하우징 바깥쪽으로 밀려 나가면서 일을 하고, 유압이 풀리면 부하에 의해 하우징 안으로 돌아가게 된다.

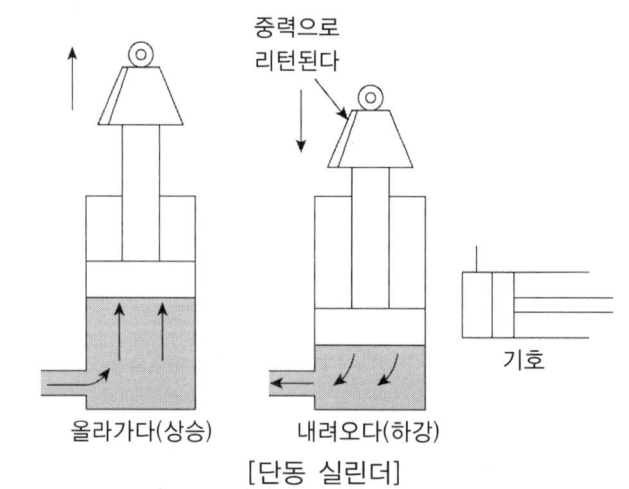

[단동 실린더]

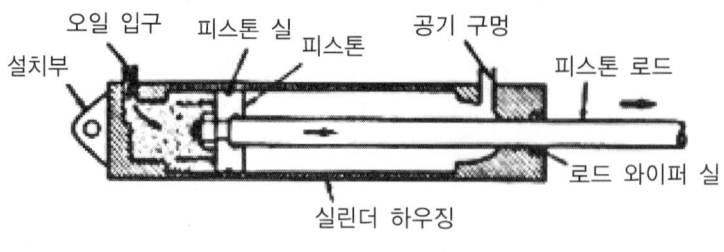

[단동 실린더의 구조]

실린더 하우징의 왼쪽 끝에는 로드 와이퍼 실(wiper seal)이 있어 피스톤 로드를 깨끗하게 유지한다. 이 실린더는 주로 단순하게 들어올리는 기능이 필요하거나, 또 작업장치의 무게도 가벼워야 하는 차량장비에 사용된다.

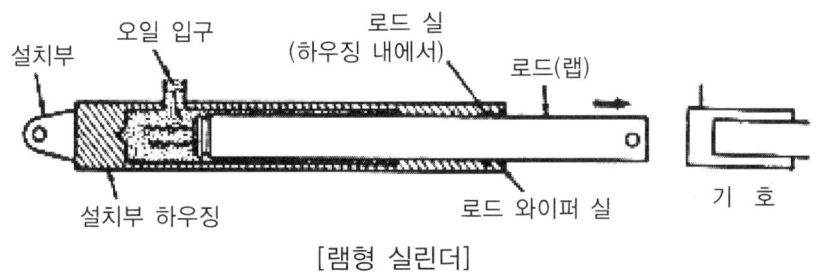

[램형 실린더]

램형 실린더(ram type cylinder)는 피스톤이 없이 로드 자체가 피스톤의 역할을 하게 된다. 로드는 피스톤보다 약간 작게 설계한다. 로드의 끝은 약간 턱이 지게 하거나 링을 끼워 로드가 빠져나가지 못하도록 한다. 이 실린더는 피스톤형에 비하여 로드가 굵기 때문에 부하에 의해 휠 염려가 적으며, 패킹이 바깥쪽에 있기 때문에 실린더 안벽의 긁힘이 패킹을 손상시킬 우려가 없으며, 공기 구멍을 두지 않아도 된다.

나. 복동 실린더

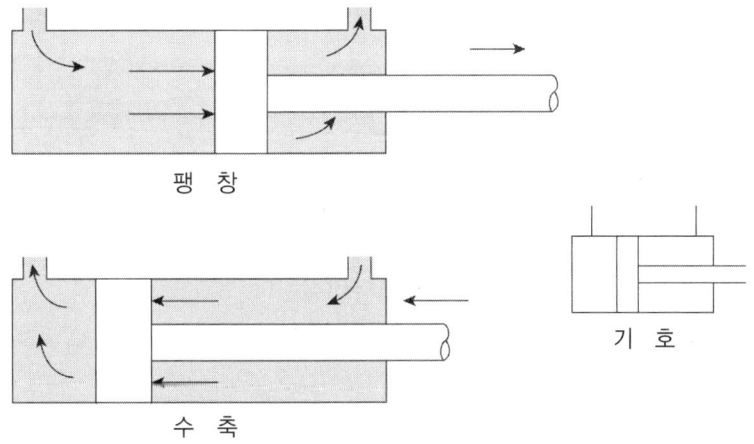

복동 실린더는 한자 로드인 것과 양쪽 로드의 2가지 형식이 있다.

피스톤의 양쪽에 포트(port)를 설치하여 흡입과 토출을 교대로 시키면 왕복운동을 시켜 실린더의 양쪽 방향에서 유효한 일을 하는 것으로, 복동식에는 불평형식과 평형식의 2가지가 있다. 불평형식은 피스톤 로드 때문에 피스톤의 양쪽 유효

면적이 서로 다르므로 팽창할 때에는 속도가 약간 느리나 많은 힘을 전달하고, 수축할 때에는 속도가 약간 빠르고 전달력은 작다. 평형식은 유압이 작용되는 면적이 같으므로 작동력의 크기가 같게 된다.

다. 다단 실린더 : 텔레스코프(telescopic)형과 디지털(digital)형이 있다.
   ① 텔레스코프형 : 유압 실린더의 내부에 또 하나의 다른 실린더를 내장하고 유압이 유입하면 순차적으로 실린더가 이동하도록 되어 있어. 실린더 길이에 비하여 큰 스트로크를 필요로 하는 경우에 사용된다. 이 경우에 포트가 하나이고, 중력에 의해서 돌아가는 것을 단동형이라 한다.
   ② 디지털형 : 하나의 실린더 튜브 속에 몇 개의 피스톤을 삽입하고, 각 피스톤 사이에는 솔레노이드 전사조작 3방면으로 유압을 걸거나 배유한다.

라. 실린더의 구조 및 설계
   유압 실린더는 사용목적, 조건에 따라 여러 가지 구조가 있으나 기본적인 부품에는 실린더 튜브, 피스톤, 피스톤 로드, 커버, 패킹 등이 있다.

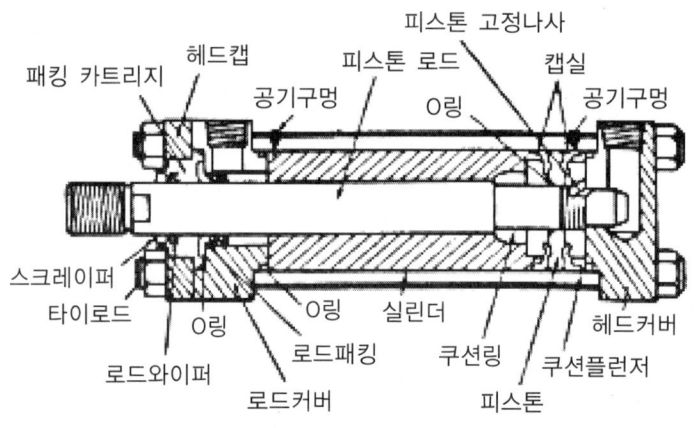

[유압실린더 구조]

① 팽창과정
   - 힘(kg) - 압력(kg/㎠) × 피스톤 면적(㎠)
   - 속도 (m/s) = 유량 (m³/s) / 피스톤면적(m²)
② 수축 과정
   - 힘 = 압력(kg/㎠) × 【피스톤 면적(㎠) - 로드 면적(㎠)】
   - 속도 (m/s) = 유량 (m³/s) / 【피스톤 면적(㎠) - 로드 면적(㎠)】

- 실린더의 작동에 필요한 동력은 다음과 같이 된다.

    ※ 동력(PS) = 피스톤 속도 (m/s) × (힘(kg) / 75)

    실제 설계에서는 여러 가지 장치가 실린더에 추가되어 부착된다. 추가되는 장치에는 피스톤 행정 제한장치, 슬래이브 실린더(slave cylinder), 쿠션(cushion) 등이 있다.

③ 실린더 튜브

이것은 내압, 내마모성이 높은 항장력으로서 절삭성이 좋은 깃이 필요조건이며, 그 재료로는 미하나이트 주철, 압력배관용 탄소강관, 기계구조용 탄소강관, 스테인리스 강, 알루미늄 합금, 청동 등이 사용되고 있다.

최근에는 유압전용으로 만들어진 인발강관을 사용하는 경우가 많이 있으며, 강관은 마모나 부식을 방지하기 위해서 두께0.05mm정도의 경질크롬 도금을 하던가 방식(防食) 처리를 해야 한다.

- 실린더 튜브는 얇은 원통과 같이 생각할 수 있으므로 두께는 다음 식으로 구할 수 있다.

$$t \geq \frac{PD}{200}$$

여기서, t : 두께

P : 최대 압력(kg/cm^2)

D : 실린더 튜브의 안지름(mm)

④ 피스톤

피스톤은 실린더 튜브의 양면을 손상하는 일이 없이 원활하게 작동하고 압력, 휨, 진동 등의 하중에 견뎌야 된다.

또 마모, 부식 등에 대하여도 보증할 수 있는 것이라야 하며, 피스톤 외주 부분의 미끄림 부분은 횡압(피스톤의 횡압은 최대 추력의 1/200 정도로 한다)이나 피스톤의 자중에 견딜수 있는 면적을 갖고 있어야 한다. 그 재료는 미하나이트 주철33종, 구상흑연 주철, 탄소강 단강품 2종, 일반 구조용 압연 봉강 2종 등이 사용되고 있다.

⑤ 피스톤 로드(piston rod)

피스톤 로드는 피스톤과 일체로 되어 있는 경우도 있으나 별개로 만들어지고 볼트 또는 나사 장착을 하고 있는 것도 있다. 재료는 기계구조용 탄소강 또는 특수강 단조품을 열처리하여 사용하고 있다. 또, 손상되기 쉬운 것을 방지하기 위해서는 경질크롬 도금을 하고, 연삭가공 또는 초다듬질 가공을 하면 더욱 좋다.

⑥ 커버

커버에는 헤드 커버와 로드 커버가 있다. 커버는 내압에 대한 충분한 강도를 갖고 있어야 한다. 일반적으로 주철, 탄소강, 주강형 단조품 등을 사용하여 피스톤 봉의 마찰부에는 롱로드 베어링을 사용하고 있다. 그러나 피스톤 봉에 먼지가 붙을 염려가 있는 경우에는 로드 와이퍼를 장치하는 것이 좋다.

⑦ 패킹

패킹은 소모품이지만 내유, 내마모, 내열, 내압성 등이 좋은 재료를 써야 한다. 패킹의 형태와 재질의 선정에는 오일의 종류, 온도, 속도, 압력 등에 대하여 검토하여야 한다. 피스톤의 평균 수명은 특히 지정되지 않은 경우 30~200mm/sec 정도로 억제하는 것이 좋고, 압력이 높아지면 패킹에 의한 저항이 증가하여 발열하고 패킹의 마모가 심하게 되므로 특히 주의해야 한다. 재료로는 합성고무인 O링, V링, 캠패킹, 피혁의 캠패킹 등이 사용되고 있다. 최근 합성고무 보다 훨씬 내마모성이 우수한 다이인라버라 부르는 울탄 고무가 패킹 재료로서 널리 사용되고 있으나, 이것은 고온 수증기에 닿으면 가수분해를 일으킴으로 더스트 와이퍼에는 사용할 수 없다.

⑧ 기타

유압·실린더에 쿠션장치를 정착하면 피스톤의 스트로크 끝에서 충격의 발생을 방지할 수 있다. 이런 경우 먼지 등이 끼지 않는 구조로 해야 한다. 무부하 상태에서의 유압 실린더의 최저 작동압력은 정격압력의 1.5% 또는 1.5 kg/㎠ 중 어느쪽이나 큰 치수인 것을 넘지 않아야 한다.

또, 정격압력의 1.5배의 압유를 공급해도 외부누출, 헐거움, 영구변형, 부품의 파괴 등이 일어나서는 안 된다.

(1) 쿠션링 : 로드엔드축에 흐르는 오일을 폐지한다.

(2) 쿠션 플런저 : 헤드엔드축에 흐르는 오인을 폐지한다.

(3) 쿠션 밸브 : 감속범위의 조정용

(4) 체크 밸브 : 복귀시동 속도를 촉진한다.

(5) 굵은 화살 표시 : 피스톤이 복귀하기 시작할 때의 실린더에 들어가는 오일의 통로를 피한다.

3) 유압 실린더의 호칭 및 선정방법

① 유압 실린더의 호칭

유압 실린더의 호칭은 규격번호 또는 규격명칭, 구조형식, 지지형식의 기호, 실린더 안 지름, 로드경 기호, 최고 사용압력. 쿠션의 구분, 행정의 길이, 외부 누출의 구분 및 패킹의 종류에 따르고 있다.

② 유압 실린더의 선정방법

유압 실린더를 선정함에 있어서 우선 계산 도표를 사용하여 필요한 추력, 속도 사용압력 및 실린더의 안지름을 구한다. 실린더 안지름과 소요 피스톤의 속도에서 소요 유량이 구해진다. 유량은 펌프나 밸브유의 크기를 구하는 경우에 실린더 패킹류의 선정에도 중요하다. 다음에는 유압 실린더의 결부방법, 최대 스트로크, 피스톤 로드 선단 붙임쇠 쿠션의 유무 등을 결정한다.

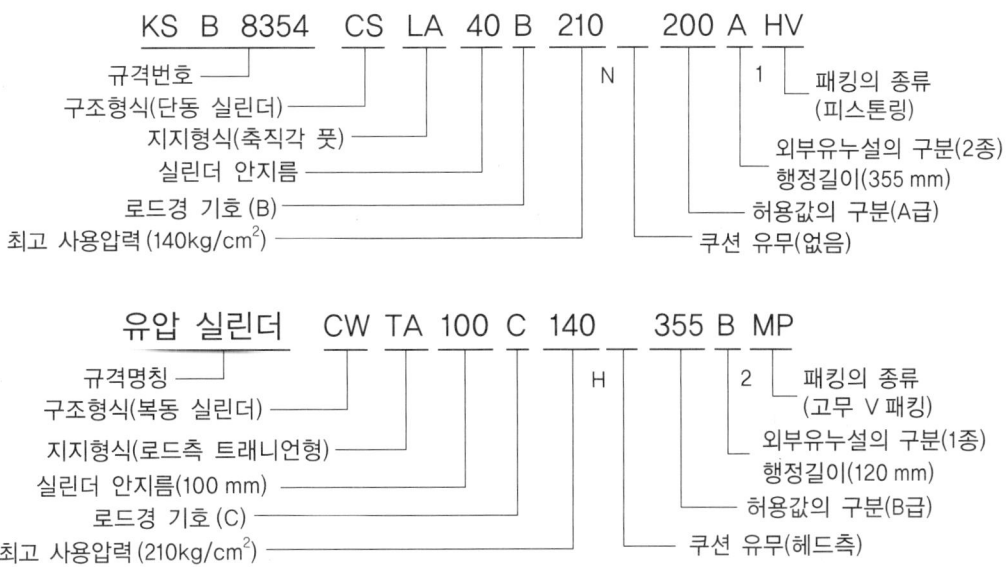

[표준 유압 실린더의 표시 예]

③ 유압 실린더의 취급시 주의사항

가. 피스톤이 실린더 양단부에 도달하여도 실린더 튜브 내에 유압이 걸리게 할 수 있고 피스톤의 구동에 지장이 없게 한다.

나. 실린더 튜브 양단은 단조한 둥근 뚜껑으로 하는 것이 좋다. 그리고 한쪽만을 분리할 수 없게 한다.

다. 유압 실린더를 가볍게 만들기 위해서는 강 대신에 양극 산화 알루미늄의 실린더와 피스톤 로드를 사용하면 좋다.

라. 실린더 튜브의 일부분에 피스톤 로드의 축받이를 장치하면 실을 1개 절약할 수 있다.

마. 하중이 주로 축방향에 걸리는 경우에는 축받이의 중복은 적어도 된다. 이 중복은 피스톤 로드 지름의 약1.5배 정도가 적당한 것으로 되어 있다.

바. 유압 실린더를 끝까지 당겼을 때에 단자간의 길이가 일정하고 지주를 안정시키고 싶을 때에는 실린더 튜브가 양단자간의 중간에 오도록 설계해야 한다.

사. 유압 실린더의 전 압축에서 전 인장 과정까지의 과정 중 작용압력이 크게 변화하고, 바깥지름 방향의 굽힘이 문제가 되지 않는 경우에는 압력변화에 따라서 실린더 튜브 외벽에 테이프를 붙이면 된다.

아. 실린더 안지름 및 로드 지름의 결정에 있어서는 규격화된 실린더 튜브재가 실을 사용할 수 있도록 배려하는 것이 좋다.

자. 유압 실린더는 적당한 위치에 공기 구멍을 장치한다.

차. 유압 실린더는 원칙적으로 더스트 와이퍼를 연결해야 한다.

카. 유압 실린더를 사용함에 있어서 가장 문제가 되는 것은 오입의 누출이다(틈새, 점도, 실 등의 영향에 유의 요망).

제5절 공유압 제어밸브

1. 공압제어 밸브

- 액추에이터(실린더, 모터 등)의 방향전환(방향제어 밸브), 속도증감(유량제어 밸브) 및

출력(압력제어 밸브) 등을 재어 및 조절해 주는 기기를 공압제어 밸브라 한다.

1) 압력제어 밸브(pressure control valve)

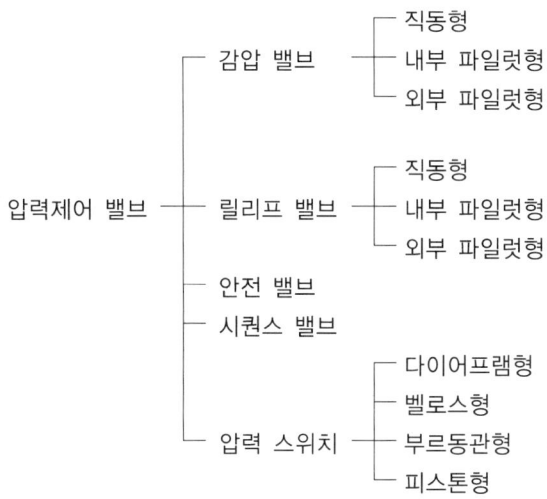

① 감압 밸브 : 공기 압축기에서 공급되는 고압의 압축공기를 감압시켜 회로 내의 압축공기를 일정하게 유지시켜 주는 밸브를 말한다. 감압 밸브를 크게 분류하면 직동형과 파일럿형이 있다.
② 시퀀스 밸브 : 공기압 회로에 액추에이터의 작동을 순차적으로 작동시키고 싶을 때 사용하는 밸브이다.
③ 압력 스위치 : 회로 내의 압력이 일정압(설정압)보다 상승하거나 하강시에 압력 스위치의 마이크로 스위치가 작동하여 전기회로를 열거나 닫도록 하는 기기이다. 압력 스위치는 압력신호를 전기신호로 변화시키므로 전공 변환기라 한다.

2) 유량제어 밸브

공압 액추에이터의 작업속도는 배관 내의 유량조절에 의해 제어되므로 유량을 교축하는 스로틀 기구에 의해 속도를 제어하는 밸브로 교축 밸브, 속도제어 밸브 등이 있다.

① 교축 밸브(throttle valve) : 나사 손잡이를 돌려 니들을 상하로 이동시키면 공기의 유로 단면적이 변화하여 유량을 가감시켜 조정한다.
　가. 작은 지름의 파이프에서 유량을 미세하게 조정하는데 적합하다.
　나. 소형 밸브는 공기압력신호 전송제어에 사용한다.

다. 대형 밸브는 주 밸브에 설치하여 공급공기량 제어나 정지 밸브로 사용된다.
② 속도제어 밸브(speed control valve) 실린더 및 모터의 속도를 조정하는 밸브로 스로틀 밸브와 체크 밸브가 조합된 밸브이다.

3) 방향제어 밸브(directional control valve)
공기압 회로에 있어서 실린더나 기타의 액추에이터로 공급하는 공기의 흐름 방향을 변환하는 밸브를 방향제어 밸브라 하며 조작방식, 밸브의 구조, 포트 및 위치수의 기능에 의해 분류된다.

① 밸브의 표시법 : 회로도에 표시되는 밸브는 기능으로만 나타내며, 설계원리나 구조는 나타내지 않는다. 즉, 스프링에 의하여 원위치로 되돌아 올 수 있는 밸브에서 정상위치(normal position)는 밸브가 연결되지 않았을 때의 위치가 된다.

   가. 작업라인 : A, B, C 또는 2, 4, 6
   나. 압축공기 공급라인(흡입구) : P 또는 1
   다. 배기구 : R, S, T 또는 3, 5, 7
   라. 제어라인 : Z, Y, X 또는 10, 12, 14

② 밸브의 구조에 의한 분류

   가. 포핏 밸브(poppet valve) : 밸브 몸체가 밸브 시트로부터 직각방향으로 이동하는 형이다.
   나. 볼 시트 밸브(ball seat valve) : 이 밸브는 구조가 간단하기 때문에 가격이 싸고 크기가 작다.
   다. 디스크 시트 밸브(disc seat valve) : 이 밸브는 밀봉이 우수하며 간단하다. 또한, 짧은 거리만 움직여도 공기가 통하기에 충분한 단면적을 얻을 수 있기 때문에 반응 시간이 짧다. 볼 시트 밸브와 같이 먼지에 민감하지 않기 때문에 내구성이 좋다.
   라. 스풀 밸브(spool valve) : 원통형으로 된 슬리브나 밸브 몸체의 미끄럼면에 내접하여 축방향으로 이동하면서 관로를 개폐시키는 것을 스풀이라 하며, 이 스풀을 사용한 밸브를 스풀 밸브라 한다.
   마. 세로 슬라이드 밸브 : 이 밸브는 세로로 움직이면서 해당하는 선들을 연결시키거나 분리시켜 주는 파일럿 스풀을 제어요소로 사용하고 있다. 작동에 요

구되는 힘은 포핏 밸브에서와 같은 스프링이나 압축공기에 반력이 없으므로 작다.

바. 세로 평 슬라이드 밸브(longitudinal flat slide valve) : 이 밸브는 밸브를 전환하기 위한 파일럿 스풀을 갖고 있다. 그러나 각 선들은 별도의 평 슬라이드에 의하여 연결되거나 분리되며, 평 슬라이드가 압축공기와 내장된 스프링에 의하여 자기조절이 되기 때문에 마모가 일어나도 밀봉은 유효하게 된다. 그리고 파일럿 스풀 자체는 O링에 의하여 밀봉 된다.

사. 회전 밸브(rotary valve) : 로터를 회전시켜서 관로를 변경하는 밸브로 관 밸브, 봄 밸브 등이 있으며, 볼 밸브로 수동으로 전환할 때 용이하다.

③ 포트(구멍)수 및 위치수에 의한 분류

가. 포트수 : 밸브 주관로를 연결하는 접속구를 말한다.

나. 위치수 : 밸브의 전환상태의 위치를 말한다.

④ 전자석의 특정

가. 직류 전자석 : 직류는 전류값이 항상 일정하므로 솔레노이드가 안정되어 소음이 없고 플랜저 흡착시 흡인력이 매우 강하다.

㉮ 교류처럼 히스테리시스나 와전류에 의한 손실이 없으므로 온도 상승이 없다.

㉯ 흡인력에 맥동이 없고 떨리는 소리가 나지 않는다.

㉰ 여자 전류가 전 행정거리에 일정하므로 과전류로 인한 코일의 파손이 없다.

나. 교류 전자석 : 교류 전자석은 일반 전원을 사용하기 때문에 교류-직류 변환기가 필요 없고 응답성이 좋을 뿐 아니라 이동 거리도 길게 할 수 있다. 반면에 전압·전류가 시 간적으로 변화하기 때문에 울리는 소리가 난다.

㉮ 전원 회로 구성품을 쉽게 구할 수 있어 가격면에서 안정적이다.

㉯ 전력은 흡수시에는 커지지만 흡인 후에는 작아져 소비 전력이 절감된다.

㉰ 직류에는 시동시 자기 유도 기전력 때문에 정격 전류에 도달시까지 시간이 걸리지만 교류는 1/2 사이클마다 자속이 변화하므로 가동 철심의 작동 속도가 빠르다.

⑤ 솔레노이드 밸브(solenoid valve) : 솔레노이드 밸브는 전자석의 힘을 이용하여 밸브를 개폐시켜 공기의 흐름방향을 제어하는 전환 밸브이다.

⑥ 분류

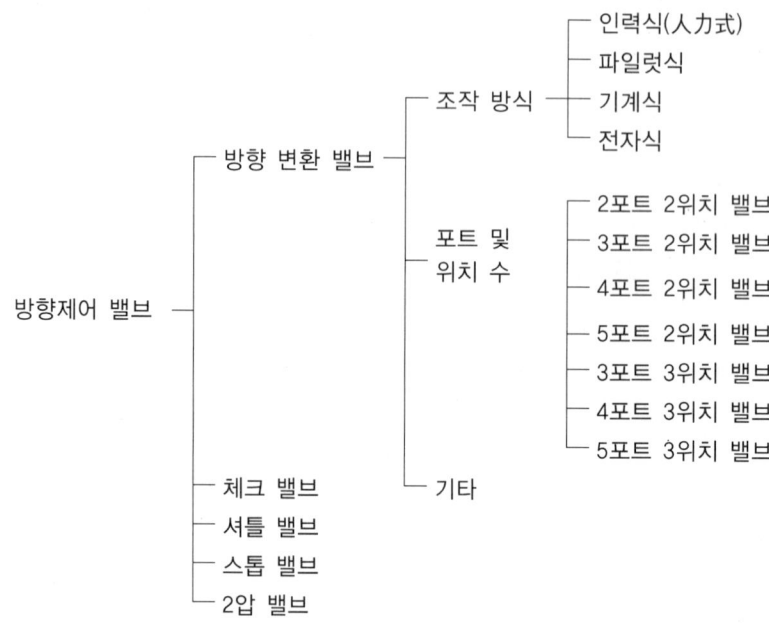

※ 참고 : 조작방식에 의한 분류 : 솔레노이드(전자)조작, 공압조작, 기계조작, 수동조작 방식 등이 있다.

2. 유압제어 밸브

- 유압제어 밸브는 유압계통에 사용하여 압력의 조정, 방향의 전환, 흐름의 정지, 유량의 조정 등의 기능을 하는 유압기기를 말한다.

  제어방식에 따라 압력제어 밸브, 방향제어 밸브, 유량제어 밸브로 나누어진다.

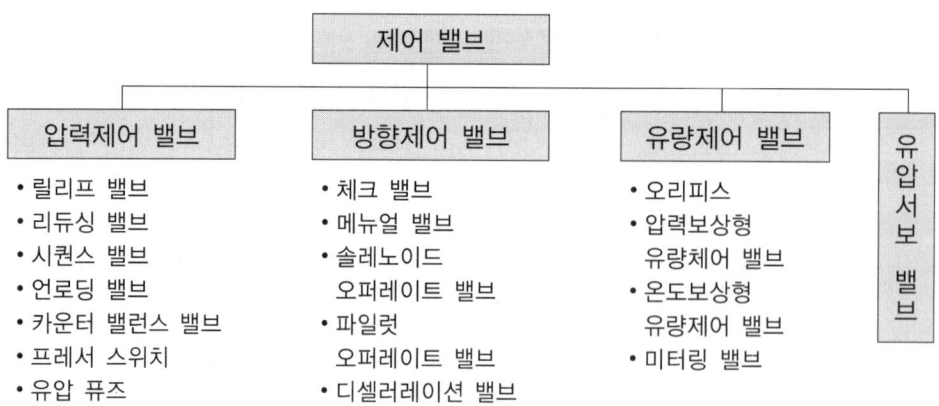

[기능에 따른 유압제어 밸브 분류]

1) 압력제어 밸브(pressure control valve)
   - 유압회로 내의 압력을 일정하게 유지시킬 때 사용한다.
   ① 릴리프 밸브(relief valve)
      가. 회로 내의 최고압력을 한정하는 밸브이다.
      나. 실린더 내의 힘이나 토크를 제한하여 과부하를 방지한다.
      다. 직동형과 파일럿형이 있다.
         ※ 압력 오버라이드 = 설정 압력 – 크래킹 압력
            (압력 오버라이드가 클수록 밸브의 성능 저하 및 밸브의 진동 증대)
   ② 감압 밸브(reducing valve)
      가. 주회로의 압력보다 저압으로 감압시켜 사용하고자 할 때 사용되는 밸브이다.
      나. 출구측(2차측) 압력을 일정하게 유지시킨다.
   ③ 압력 시퀀스 밸브(pressure sequence valve)
      가. 주회로에서 복수의 실린더를 순차적으로 작동시켜 주는 밸브이다.
      나. 응답성이 좋아 저압용으로 많이 사용된다.
   ④ 카운터 밸런스 밸브(counter valance valve)
      가. 회로의 일부에 배압(back pressure)을 발생시킬 때 사용하는 밸브이다.
      나. 부하가 급격히 제거되어 관성에 의한 제어가 곤란할 때 사용한다.
      다. 수직형 실린더의 자중낙하를 방지하는 역할을 한다.
   ⑤ 무부하 밸브(unloading valve)
      유압장치의 작동 중 펌프의 송출량을 필요로 하지 않을 때 펌프의 전유량을 직접 탱크로 되돌려보내 펌프를 무부하로 하여 동력절감 및 유온상승을 방지할 수 있는 밸브이다.
   ⑥ 압력 스위치(pressure switch)
      가. 회로 내의 압력이 어떤 설정압력에 도달하면 전기적 신호를 발생시켜 펌프의 기동, 정지 혹은 솔레노이드 밸브를 개폐시키는 일종의 전환 스위치이다.
      나. 브르동(bourdon)관, 다이어프램식, 피스톤식이 있다.
   ⑦ 유체 퓨즈(fluide fuse)
      회로압이 설정압을 초과하면 막이 유체압에 의하여 파열되어 압유를 탱크로 귀환시킴과 동시에 압력상승을 막아 기기를 보호한다.

2) 방향제어 밸브

방향제어 밸브는 압유의 흐름방향을 제어해 주는 밸브이다. 즉, 유압작동기의 시동, 정지, 운동의 방향을 제어해 주는 역할을 한다.

① 체크 밸브(check valve)

오일을 한 방향으로만 흐르게 하고 반대방향으로는 흐름을 저지하는 밸브이다.

② 파일럿 조작 체크 밸브(pilot operating check valve)

외부에서 파일럿 압력을 조작시켜서 역류도 가능하게 한 밸브이다.

③ 감속 밸브(deceleration valve)

감속 밸브는 유압작동기의 운동 위치에 따라 캠(cam) 조작으로 회로를 개폐시키는 밸브이다. 작동기의 움직임을 감속 또는 가속하기 위해 유량제어 밸브와 함께 사용된다.

④ 셔틀 밸브(shuttle valve)

항상 고압측의 압유만을 통과시키는 절환 밸브이다.

⑤ 방향전환 밸브(directional control valve)

    가. 위치의 수(number of position) 회로 내의 흐름유형을 결정하는 밸브기구의 위치를 그 밸브의 전환 위치라 하고 그 수를 그 밸브의 위치의 수라 한다.

        ㉮ 정상 위치(normal position) : 조작력이 작용하고 있지 않은 상태의 위치

        ㉯ 중립 위치(center position) : 밸브의 중앙 위치 상대의 위치로, 그 좌우의 양 위치를 오프셋 위치(offset position)라 한다.

        ㉰ 스프링 센터형(spring center type) : 조작력이 없는 상태에서 스프링의 작용으로 중립 위치로 귀환하는 것을 말한다.

    나. 포트의 수(number of port)와 방향수(number of way)

        ㉮ 포트수 : 밸브와 주관로와 접속하는 접속구의 수.

        ㉯ 방향수 : 밸브 내부에서 생기는 유로(way) 수.

    다. 흐름의 형식 : 밸브의 스풀이 중립 위치에서 흐름의 방향을 나타내는 형식을 말한다.

    라. 밸브의 조작형식 : 조작 방식은 수동조작(인력조작), 기계적 조작, 솔레노이드 조작, 파일럿 솔레노이드 조작 등이 있다.

⑥ 전자 밸브(solenoide valve)

　가. 전자조작 4포트 밸브(solenoide operated 4 port valve)

　　① 전자(solenoide) 조작으로 유로의 방향을 전환시키는 밸브이다.

　　② 전자 밸브의 스풀전환시간은 0.2초정도이고, 스풀의 반응속도는 0.05초이다.

　　③ 이 밸브는 전기스위치와 조합해서 원격조작을 할 수 있다.

　　④ 회로를 무부하 할 수 있고, 시퀀스 작용을 자동적으로 행할 수 있다.

　나. 전자 파일럿 4포트 밸브(solenoide controlled pilot operated 4 port valve)

　　① 전자조작 밸브를 파일럿 스풀을 사용하여 주 스풀을 파일럿압에 의해 이동시킴으로써 유로를 전환시키는 밸브이다.

　　② 파일럿 스풀에 가해지는 압력은 13.72MPa이고, 주 스풀의 최대압력은 20.58MPa의 것이 많이 사용된다.

⑦ 서보 밸브(servo valve)

입력 신호에 따라 비교적 높은 압력의 공급원으로부터의 유체의 유량과 압력을 상당한 응답 속도를 가지고 제어하는 밸브를 서보 밸브라 하며, 서보 기구(servo mechanism) 속에서 사용된다.

　가. 토크 모터(torque moter) : 전기 입력을 직선 변위로 변환하는 것을 포스 모터, 각 변위로 변환하는 것을 토크 모터라 한다.

　나. 유압 증폭부 : 노즐 플래퍼(nozzle flapper)가 가장 많이 사용되고 있으며, 토크 모터의 각 변위를 유압에 변환하는 부분이다.

⑧ 안내 밸브(guide valve)

포트를 통과하여 액추에이터로 흐르는 압유의 유량 또는 압력을 제어하는 작용을 하며, 노즐 플래퍼로 생긴 배압에 의하여 작동된다.

3) 유량제어 밸브

유압 실린더나 모터의 속도를 제어하기 위하여 유량을 조정하는 밸브이다.

① 교축 밸브 (throttle valve 또는 needle valve)

　가. 작은 지름의 파이프에서 유량을 미세하게 조정하기에 적합하다.

　나. 부하의 변동(압력의 변화)에 따른 유량을 정확히 제어할 수 없다.

② 압력보상 유량제어 밸브

일정한 단면적의 교축을 지나는 유량은 교축 전후의 압력차(차압)에 따라 변화하므로 출구측의 유량이 회로의 압력변동에 영향을 받지 않고 일정하게 흐르도록 하기 위한 압력보상장치가 달린 밸브를 말한다.

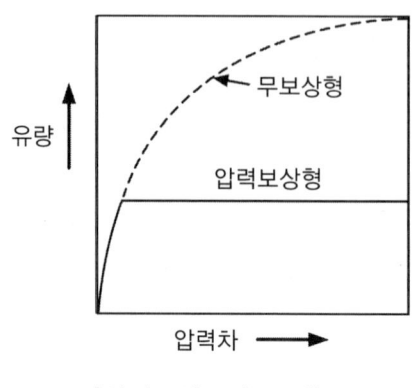

[압력보상부의 특성]

가. 고정 오리피스 직렬형 유량 밸브 : 고정 오리피스 전후의 압력차를 일정하게 한다.

나. 바이패스형 유량 밸브 : 오리피스와 스프링을 사용하여 유량을 제어하며, 유동량이 증가하면 바이패스로 오일을 방출하여 압력의 상승을 막는다.

다. 유량조정 밸브 : 가변 오리피스와 압력보상기를 부착하여 부하의 변동에 하계 없이 일정한 유량을 조정한다.

③ 유량분류 밸브 (flow divider valve)

가. 사용목적

㉮ 이 밸브는 공급된 유량을 제어하고 분배하는 기능을 한다.

㉯ 2개의 실린더의 작동을 동조(싱크로나이징)시키는데 사용한다.

나. 종류

㉮ 유량순위 분류 밸브 : 몇 개의 회로에 오일공급을 정해진 순서에 따라 하는 밸브이다.

㉯ 유량조정 순위 밸브 : 래버나 솔레노이드 등으로 스프링의 장력을 변화시켜 1차 출구의 통과 유량을 조정하며, 2개의 작동회로에 오일을 공급한다.

㉰ 유량비례 분류 밸브 : 한 입구에서 오일을 받아 두 회로에 분배하며, 분배비율은 1 : 1에서 9 : 1이다.

제6절 공유압 기본회로

1. 유압회로

1) 유압회로

기기에 유압을 채택하고 이를 이용하여 여러가지 일을 하려고 하는 경우 유압기기 하나만 설치해서는 아무 일도 못한다. 단순히 물체를 움직이는 작업이라 하더라도 필요한 유압기기는 유압실린더, 유압펌프, 제어밸브, 오일탱크, 전동기 등 수많은 유압기기가 필요하며, 또한 갖가지 기능을 얻을 수 있는 기능을 조합하여 사용하여야 한다.

기기의 조합방식을 잘못하면 전혀 일을 못하는 수도 있으며, 계획대로 유압 작동을 시키자면 가상 효과적인 조합을 하여야 한다. 유압회로 구성에 있어서 사용기기의 특성은 물론이고, 가장 기본적인 사용방법을 알아두지 않으면 안된다.

또한 반대로 여러용도에 대하여 어떤 종류의 기기를 어떤 조합으로 사용하면 좋은지를 알아두어야만 회로설계를 할 수 있다. 기기의 가상 기본적인 조합방식이 기본회로이며, 기본회로의 조합 및 기기의 특성을 이용하여 더욱 고도의 작동을 시키기 위하여 구성한 회로가 응용회로이다.

기기의 유압화 성공여부는 그 회로가 주 기기의 움직임에 맞느냐의 여부가 중요하므로 회로구성은 면밀히 검토하고 신중을 기해야 한다.

간단한 유압장치의 경우는 기본회로를 그대로 구성하는 일이 많으며, 또한 복잡한 장치의 경우에도 자세히 보면 여러가지 용도의 기본회로를 다양하게 조합한 형식의 것을 많이 볼 수 있다. 다음의 회로는 각 용도에서 가장 기본적인 조합이다.

2) 기본회로

① 언로드 회로

유압장치는 일반적으로 유압 펌프부에서 유압에너지(유량, 압력)를 발생시키고, 그 에너지는 각종 기기를 거쳐서 구동부(실린더 등)에 유도되어 물체를 움직이거나, 무거운 물체를 들어올리며, 가공 등의 일을 한다.

그래서 작동할 필요가 없을(구동부가 정지하고 있다) 때에도 유압 펌프로 큰 에너지를 발생시키고, 그것을 릴리프 밸브 등으로 고압탱크에 되돌려 보낸 다면 그 에너지의 대부분이 열에너지로 변하여 유온을 상승시키거나 불필요한 동력을 낭비해 버린다.

유압실린더의 움직임이 멈추고 펌프로부터의 토출유가 전부 릴리프 밸브를 지나 탱크로 환류되는 상태에서 효율은 0이다.

유압의 동력은 앞에서 설명한 바와 같이

※ $kW = P \cdot Q / 612 \eta$로 나타내어진다.

따라서 언로드시킬 때에는 앞식의

(가) P (압력)의 값을 줄인다.

(나) Q (유량)의 값을 줄인다.

(다) PQ 모두 줄인다.

등의 3가지 방법으로 불필요한 작동을 줄여서 회로 효율을 높인다.

※ 유압에서 말하는 언로드는 대개의 경우 펌프에 걸리는 부하상태의 감소를 말한다.

가. 전환밸브를 조작하여 언로드시키는 회로

유압 구동부에 압력, 유량 모두 불필요할 때 사용한다. 유압펌프로 부터의 토출유는 전환을 통하여 언로드시킨다.

〔작동설명〕

㉮ 펌프 토출유량은 체크 밸브를 지나 작동기를 작동시킨다.

㉯ 릴리프 설정압 이상이 되면 릴리프 밸브를 통하여 탱크로 흐른다.

㉰ 릴리프 설정압 이하에서 언로드 시킬 때에는 전환밸브를 조작하여 탱크로 흘린다.

나. 3위치 전환밸브의 센터 바이패스를 사용하는 회로

유압 구동부가 1개인 경우 3위치 센터 바이패스형 전환밸브를 사용한다.

유압 구동부가 작동하지 않을 때에는 전환 밸브로부터 언로드 시킨다(유압펌프와 전환 밸브사이 및 탱크라인에 유량 제어밸브는 들어가지 않는다).

다. 어큐뮬레이터를 사용한 회로

유압펌프의 토출라인에 릴리프 밸브를 넣어 벤트라인에 배관해서 전자밸브에 접속한다. 릴리프 밸브뒤에 체크밸브, 어큐뮬레이터, 압력스위치를 넣어 전기

회로를 구성한다. 올포트 오픈 센터 바이패스형의 전환밸브를 사용하지 못한다. 이 회로는 유압펌프가 연속 운전하여 유압 구동부의 작동회수가 적을 때에 많이 사용한다.

유압 구동부에 필요한 유량은 어큐뮬레이터(필요에 따라 유압 펌프로부터의 기름도 합류)에서 공급된다. 유압 구동부에 유량이 필요하지 않을 경우 펌프에서 토출된 기름은 체크밸브를 통하여 어큐뮬레이터에 공급된다. 어큐뮬레이터 속에는 N_2(질소) 가스가 들어있는데 기름이 들어감으로서 N_2 가스의 체적이 줄어든다. 기체의 성질 PV = const 에 의해 압력이 상승한다.

압력이 압력스위치의 고압쪽 설정압력이 되면 접점이 열리어 보조 릴레이의 작동을 정지시키고, SOL(솔레노이드)를 소자하여 릴리프 밸브 벤트라인을 개방하여 언로드된다.

② 기름 여과회로(필터회로)

유압장치의 기름을 여과하기 위하여 유압회로속에 여과기를 넣은 회로이다. 유압의 오일탱크는 첨전조가 아니며 원칙적으로 오일탱크안에 먼지가 들어가서는 안된다. 기름을 여과하는 것은 여과기이며, 석션 스트레이너는 오일탱크안의 큰먼지(조립할 때 떨어진 와셔, 너트, 기타 등)를 흡입하지 않기 위하여 장치한 것이다. 결코 기름을 여과하기위한 것이 아니다.

가. 환류쪽에 넣는 방법

오일탱크로 되돌아오는 기름을 여과하는 방법이다. 여과기에 먼지가 끼어 압력계가 어느정도 상승하면 스톱밸브를 차단하여 여과기를 세척한다. 이 경우 환류는 배압밸브를 거쳐서 오일탱크에 흐른다(전환밸브는 탱크라인에 압력이 가해지는 형식을 사용한다).

나. 토출쪽에 넣는 방법

이 회로는 전환밸브를 넣기 전에 여과기를 넣는 방법이며, 고압에 견디는 여과기를 사용해야 하지만 각 기기가 먼지로 인하여 고장이 나는 일은 줄어든다. 방향 제어밸브와 유압 구동부에 항상 깨끗한 기름을 공급하기 때문에 고장이 적고 내구시간이 길어진다.

다. 오일탱크안의 기름을 항상 여과하는 방법

이 회로는 여과를 하기 위한 회로를 따로 두는 회로이며, 유압 구동부와 관계없이 모터가 구동되면 항상 탱크의 기름을 여과시키는 것이다.

유압펌프 PF 는 여과를 하기 위한 것이며, 오일탱크안의 기름을 유압펌프(PF) → 스톱밸브(SV) → 필터 → 탱크로 흐르게 하여 계속 기름을 여과시킨다.

압력계 압력이 어느 정도 올라가면 스톱밸브(SV)를 닫고 여과기를 세척 한다. 이 때 유압펌프(PF)의 압력이 토출되는 곳이 있어야 하므로 반드시 저압 릴리프 밸브를 넣어서 기기의 파손을 방지한다.

③ 압력제어 회로

압력제어란 그 라인에 있는 높은 압력 필요한 압력으로 낮추는 것이다.

증압은 포함되지 않으며, 여러가지 용도에 따라 제어방식은 많지만 중요한 것은 부분적 또는 회로전체의 압력을 필요한 최소한으로 제어하는데 있다.

가. 유압실린더 한쪽 제어

이 회로는 유압 구동부가 한 개열 밖에 없고 작동 중 한쪽 행정의 출력이 작을 때에 사용한다. 프레스 회로 등에 많이 쓰이며, 유압 프레스의 유압 실린더를 누를 때에는 고압이 필요하지만 되돌아갈 때에는 실린더 로드를 밀기만하면 된다. 이때에는 로드 쪽 라인에 릴리브 밸브를 넣어 필요 최소 유량의 압력을 설정하며 불필요한 동력을 절감한다. 감압밸브를 넣으면 펌프 토출압력은 최상까지 올라가므로 릴리프 밸브를 넣는 것이 좋다.

나. 유압 구동부가 2 계열 이상 있고, 그 일부의 압력을 제어한 때에 쓰이며, 전환밸브 앞쪽에 넣는 방법과 실린더 한쪽만을 감압할 때에는 전환밸브 뒤쪽(작동기의 한쪽라인)에 넣는 방법이 있다.(감압밸브는 유압 구동부의 출력을 일정 이하로 제어하기 위한 것이지만, 유압구동부가 1계열일 경우 릴리프 밸브로 압력제어를 할 수 있기 때문에 감압밸브를 사용할 필요가 없다).

다. 유압 구동부에 필요한 압력을 전환하는 방법

이 회로는 유압실린더 등의 출력을 부하의 상황에 따라 바꿀 필요가 있는 경우에 사용한다. 회로 전체의 압력을 제어하는 관계로 유압 구동부가 많은 회로에서는 사용하지 못하는 수가 있다.

유압회로는 유압 제어용 전환밸브가 중립위치인 때와 좌측 위치일 때 와 우측 위치일 때는 제어하려는 압력으로 쉽게 전환할 수가 있다.

라. 서어지압 방지회로

이 회로는 전환밸브 전환시에 압력이 상승함을 방지할 목적으로 사용된다. 릴리프 밸브 벤트라인을 이용하는 것 또는 슬로틀 전환밸브 만을 사용하는 것이 있다. 전환밸브의 파일롯라인과 릴리프 밸브 벤트라인을 접속함으로서 전한된 직후 기름은 벤트라인에서 전환밸브의 파일롯 밸브를 거쳐서 주 전환밸브를 전환한다. 그 때문에 대부분의 기름은 릴리프 밸브로부터 어느 정도 낮은 압력으로 오일탱크에 되돌아온다. 전환이 완료된 후 압력은 상승하여 유압 실린더에 기름이 보내어진다.

마. 데콤프레이션 회로

용적이 큰 유압실린더 등에서 전환밸브를 갑자기 전환하면 급격한 압력 변동 때문에 충격이 발생된다. 충격을 방지하기 위하여 여러가지 회로가 있지만 압력을 2단계로 하여 전환밸브의 움직임을 제어 하여 충격을 최소화하는 방법이다(큰 램 실린더를 사용할 때 많이 쓰인다).

유압 실린더에 기름을 보낼 경우 전자밸브를 여자하여 전환하면 가변펌프의 토출유는 니들밸브로 제어되어 적은 유량이 릴리프 밸브의 탱크라인에 들어가서 유압 전환밸브의 파일롯라인으로 들어가서 유압 전환밸브를 천천히 전환한다.

바. 유압펌프의 토출유는 전환 전까지는 유압 전환밸브에서 탱크로 흐르고 있었으나 반대로 고압 펌프로부터의 기름을 통과시키기 때문에 두개의 펌프의 토출유가 합류하여 유압실린더에 들어가 피스톤을 민다. 유압실린더에 하중이 걸리면 유압펌프의 토출유는 압력으로 저압 릴리프 밸브에서 나와 고압펌프만의 토출유로 유압실린더를 밀어내 어 작동한다.

이 경우 소구경 전자밸브에서 릴리프 밸브의 탱크쪽으로 압력이 걸리므로 릴리프 밸브의 설정압력이 고압펌프 토출압력 이하라고 하더라도 기름이 나오지는 않는다.

작동이 끝나고 실린더를 되돌리기 위하여 유압실린더에 들어간 기름을 뺄 때 보통의 회로라면 충격이 발생한다.

그러나, 이 회로에서는 충격을 완화시키며, 또한 소구경 밸브를 전환하면 유압실린더의 기름은 릴리프 밸브를 통과하여 니들 밸브에서 통과량이 제어되어 소량이 소구경 전자밸브를 통과하여 탱크로 흐른다.

압력계가 30(kg/cm²)이 되면 릴리프 밸브로부터의 흐름은 정지되고 유압 전환밸브의 파일롯부에 들어 있었던 기름이 느리게 흘러 유압 전환밸브를 원위치로 복귀시킨다.

유압실린더의 기름은 유압 전환밸브에서 차례로 큰 용량으로 증가하여 흐르면서 압력이 20(kg/cm²)이하가 되면 저압펌프가 기름을 보내어 언로드 된다.

④ 압력유지 회로

유압 구동부가 2계열 이상 있고, 그 안에 클램프 등을 사용하는 등 라인의 압력강하가 있어서는 안될 때 사용한다.

⑤ 속도제어 회로

속도제어란 유압 구동부의 움직임을 그 유압원이 지니는 최대용량 이하의 필요한 일정 속도로 조성하는 일이며, 유압 구동부로 들어가는 유량 또는 유압 구동부에서 나오는 유량을 제어함을 말한다.

속도제어 중에는 단독으로 속도를 제어하는 방식과 복수의 구동부를 서로 연관시켜서 제어하는 동조방식이 있다.

가. 미터 인 회로

미터 인 방식은 유압구동부에 들어오는 유량을 제어하는 방식이며, 유압 구동부가 많을 경우 조성이 간단하다. 유압 구동부가 중력 또는 다른 힘으로 미리 움직이지 않을 때 이용된다. 유압실린더 등의 움직임이 느릴 때에는 이용하기 어렵다.

나. 미터 아웃 회로

미터 아웃 방식은 유압 구동부에서 나오는 유량을 제어하는 방식이다.

2. 공압 기본회로

공압에 사용되는 부품은 기본적인 성질과 기기의 특성을 잘 알아야 하며, 설계목적에 따라 밸브 및 부품의 특성과 작동속도, 출력, 유체 흐름방향 등을 고려하여 선택하여야 하므로 부품에 대한 충분한 지식을 갖도록 하여야 한다.

기기의 조합을 잘못하면 전혀 일을 못하는 수도 있으며, 계획대로 작동을 시키자면 가장 효과적인 조합을 하여야 한다. 공압회로 구성에 있어서 사용 기기의 특성은 물론이고 가장 기본적인 사용방법을 알아 두지 않으면 안된다.

또한 반대로 여러 용도에 대하여 어떤 종류의 기기를 어떤 조합으로 사용하면 좋은지를 알아두어야만 회로설계를 할 수 있다. 기기의 가장 기본적인 조합방식이 기본회로이다. 기기의 공압화 성공여부는 그 회로가 주 기기의 움직임에 맞느냐의 여부가 중요하므로 회로구성은 면밀히 검토하고 신중을 기해야 한다.

간단한 공압장치의 경우는 기본회로를 그대로 구성하는 일이 많으며, 또한 복잡한 장치의 경우에도 자세히 보면 여러가지 용도의 기본회로를 다양하게 조합한 형식의 것을 많이 볼 수 있다.

1) 단동실린더의 제어

단동실린더의 제어에는 직접제어 및 간접제어, 속도제어, 셔틀밸브 및 그 압력 밸브를 이용한 제어 등 여러가지가 있다.

① 단동실린더의 직접제어

버튼을 누르면 단동실린더의 피스톤이 전진하고 버튼을 놓으면 원래의 위치로 돌아오는 회로이며 귀환 행정시에는 실린더내의 공기를 배출시키기 위하여 3포트 2위치 밸브를 사용 한다.

② 단동실린더의 간접제어

직경이 크고 행정이 길며, 실린더와 밸브의 사이가 멀리 떨어져 있는 경우에는 간접 작동 시킨다. 이 때 밸브가 작동하면 실린더의 비스톤이 전진하고 작동하지 않으면 원위치로 돌아와야 한다.

또한 신호와 제어요소는 구경이 작은 관에 연결해도 무관하므로 신호요소의 크기가 작아져서 조작하기 쉽고 시간도 짧아진다.

③ 단동실린더의 전진속도제어

단동실린더에서 전진시 공급되는 공기의 양을 조절함으로써 실린더 피스톤의 속도를 조절 할 수 있다. 전진시에는 스로틀 밸브에 의하여 공기의 양을 조절하고 후진시에는 체크 밸브를 통하여 조절됨이 없이 흐른다.

④ 단동실린더의 후진속도제어

전진속도 제어방향과 반대로 회로를 구성하여 전진시에는 체크 밸브를 통하여 공기의 양을 조절하지 않고 흐르게 하며 후진시에는 스로틀 밸브에 의하여 공기가 조절된다.

⑤ 단동실린더의 전진과 후진속도 제어

단동 실린더의 후진속도의 회로이며 전진시에는 체크 밸브를 통하여 스로틀 밸브에서 조절되며, 후진시에는 체크 밸브를 통하여 스로틀 밸브에서 조절된다.

⑥ 단동실린더의 셔틀밸브 사용회로

공압 OR회로라고도 하며 두개의 신호에 의하여 동일한 동작이 일어나는 곳 즉, 각각 다른 곳에서 같은 작동을 할 수 있도록 신호를 보내는 회로이다.

다시 말하면, 한 쪽에서 신호를 보내거나 또는 다른 쪽에서 신호를 보내거나 양쪽에서 같은 신호를 보내더라도 출력은 같게 나온다.

⑦ 단동실린더의 2압 밸브 사용회로

공압 AND회로라고도 하며, 이 회로는 두개의 신호가 동시에 들어올 때만 작동되는 회로이며 한쪽에서만 신호가 들어 올 때는 2압 밸브에서 차단되어 공기가 흐르지 않는다. 다시말하면 압력이 낮은 쪽의 공기가 흘러서 작동기를 작동시키는 것이다(같은 압력일 때는 나중신호의 압이 흐른다).

2) 복동실린더의 제어

① 복동실린더의 직접제어 ; 속도계 사용.
② 복동실린더의 간접제어.

참고 목록

1. 공유압 일반 성기돈 엮음 도서출판 일진사 1994.
2. 실무자를 위한 기초유압이론 기전연구사 1995.
3. 공유압제어이론과 실험 홍민성, 차흥식 엮음 도서출판 일진사 1999.
4. 공유압 기능사 공유압시험연구회 엮음 도서출판 일진사 2008.
5. 유공압 기술, 산업도서, 1998.
6. 실용 유압 편람. 오움사, 1989.

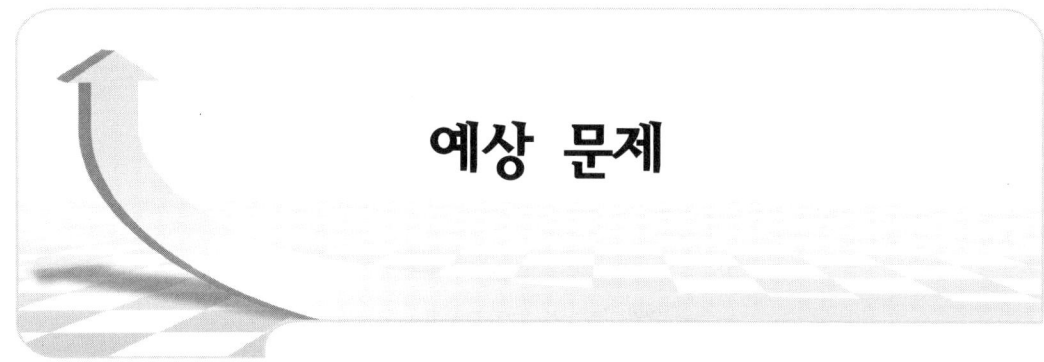

예상 문제

1. 공압의 특성중 장점에 속하지 <u>않는</u> 것은?

   ① 인화의 위험이 없다.

   ② 온도의 변화에 둔감하다.

   ③ 과부하에 대한 안전장치가 간단하고 정확하다.

   ④ 힘의 전달이 간단하고 증폭이 용이하다.

해설 — 유압의 장점
① 소형장치로 큰 힘(출력)을 발생한다.
② 일정한 힘과 토크를 낼 수 있다.
③ 무단변속이 가능하고 원격제어가 된다.
④ 과부하에 대한 안전장치가 간단하고 정확하다.
⑤ 전기, 전자의 조합으로 자동제어가 가능하다.
⑥ 정숙한 운전과 반전 및 열 방출성이 우수하다.

2. 유압의 특성중 단점이 <u>아닌</u> 것은?

   ① 유온의 영향(점도의 변화)으로 속도가 변동될 수 있다.

   ② 응답속도가 늦다.

   ③ 고압 사용으로 인한 위험성 및 배관이 까다롭다.

   ④ 기름 누설의 우려가 있다.

정답 1. ③ 2. ②

해설 — 공압의 단점
　① 큰 힘을 전달할 수 없다(보통 30kN 이하).
　② 공기의 압축성으로 효율이 좋지 않다.
　③ 저속에서 균일한 속도를 얻을 수 없다(stick-slip 현상 발생).
　④ 응답속도가 늦다.
　⑤ 배기와 소음이 크다.
　⑥ 구동비용이 고가이다.

3. 공압장치의 구성중 서비스 유닛의 구성으로 틀린 것은?
　① 윤활기　　② 필터　　③ 감압 밸브　　④ 액추에이터

해설 — 유압장치의 구성요소
　① 유압펌프　② 유압제어 밸브　③ 액추에이터　④ 부속기기 등

4. 공기온도 30℃에서 포화수증기의 양은 0.288 N/㎥이다. 상대습도 70%, 압축기가 흡입하는 공기 유량은 10㎥/min이다. 공기에 포화되는 수증기의 양은?
　① 2.0160 N/min　　② 0.2016 N/min
　③ 0.4114 N/min　　④ 4.1140 N/min

해설 — 0.288 × 70/100 = 0.2016 N/㎥
　∴ 압축기가 유입하는 수증기의 양은 0.2016 × 10 = 2.016 N/min

5. 아래설명은 무엇에 대한 설명인가?

> 유체가 오리피스등을 통과하여 분류될 때, 오리피스 등의 개구부 면적보다 분류의 단면적이 좁게 되는 현상

　① 난류　　② 축류　　③ 층류　　④ 와류

해설 — 이 현상이 발생되는 것을 교축이라 한다.

정답 3. ④　4. ①　5. ②

6. 동력전달방식 중 공압식이 전기식 보다 좋은 점은?
   ① 에너지효율
   ② 소음
   ③ 작동속도
   ④ 에너지 축적

7. 아래설명은 무엇에 대한 설명인가?

   1. 이 형식의 펌프는 내측 로터의 기어이가 6~10여개이다.
   2. 기관의 운전조건과 관계없이 오일압력을 일정하게 유지할 수 있다.
   3. 저속에서도 높은 압력으로 다량의 윤활유를 공급할 수 있다.

   ① 기어펌프
   ② 베인펌프
   ③ 저압 소용량 펌프
   ④ 고압 대용량 펌프

   해설 기어펌프(제어식 로터펌프)의 장점
   이 형식의 펌프는 내측 로터의 기어이가 6~10여개이며, 외측 로터와 펌프 하우징 사이에 제어링(control ring)이 추가되는데, 이 제어링은 오일압력과 스프링장력에 의해 회전이 가능한 구조로 설치되어 있다. 장점은 기관의 운전조건과 관계없이 오일압력을 일정하게 유지할 수 있어, 모든 윤활부에서 윤활조건을 일정하게 유지할 수 있다는 점이다. 저속에서도 높은 압력으로 다량의 윤활유를 공급할 수 있기 때문에 공전속도를 더 낮출 수 있을 뿐만 아니라, 밸브기구 제어용 유압시스템의 도입이 가능하게 되었다.

8. 베인펌프의 작동원리 및 형식 설명 중 틀린 설명은?
   ① 로터의 각 홈안에 2장의 모따기란 베인이 삽입되어 있는 형식이다.
   ② 베인의 모따기 부분은 베인의 밑부분에서 선단으로 통하는 유로를 형성한다.
   ③ 로터 홈에 따라서 뚫린 통로를 통하여 계속적으로 토출압력이 공급되고 있다.
   ④ 펌프는 유체를 흡입하여 토출시키는 역할을 하며 유체는 콘트롤 요소에 의해 엑츄레이터로 흘러가서 유체저항을 발생시킨다.

   해설 - 기어펌프의 작동원리 : 유체를 흡입하여 토출시키는 역할을 하며 유체는 콘트롤 요소에 의해 액츄레이터로 흘러가서 유체저항을 발생시킨다. 유체가 액츄레이터의 저항을 이기려는 힘을 발생시킬 때 압력이 형성이 된다. 유압장치의 압력은 결국 유압펌프에 의하여 생성되는 것이 아니라 액츄레이터의 저항에 의하여 발생되어진다.

정답 6. ④ 7. ① 8. ④

9. 복합 베인펌프의 구성요소가 아닌 것은?
   ① 압력분배 밸브
   ② 인로우드 밸브(저압조절)
   ③ 체크밸브(Check Valve)
   ④ 릴리프밸브(고압조절)

해설 – 2단 베인펌프(압력분배 밸브 : 1단과 2단펌프의 압력밸런스를 맞추기 위해 압력 분배 밸브)의 구성요소 이다.

10. 베인펌프의 특성이 아닌 것은?
    ① 다른 펌프에 비해 토출압력의 맥동이 작다.
    ② 기어의 마모에 의하여 토출량이 저하된다.
    ③ 체적효율이 수명이 다할 때까지 좋다.
    ④ 호환성이 양호하고 보수가 용이하다.

해설 – 기어펌프의 특성 : 기어의 마모에 의하여 토출량이 저하된다.

11. 열교환기의 종류중 사용상 열교환기 종류가 아닌 것은?
    ① 가열기(Heater)
    ② 냉각기(冷却器, Cooler)
    ③ 보일러(boiler)
    ④ 응축기(凝縮器, Condenser)

해설 – 리보일러(Re-boiler)
장치중에서 응축한 액체를 재차 가열하여 증발시킬 목적으로 사용되는 열교환기임. 장치조작상 발생한 증기만을 송출할 목적으로 사용되는 열교환기와 유체 및 발생한 증기의 혼합 유체를 농출할 목적으로 사용하는 열교환기가 있음.

정답 9. ① 10. ② 11. ③

12. 공랭식 열교환기의 설명으로 <u>틀린</u> 것은?
   ① 열교환기의 대표적인 것이라고 할 수 있고 화학장치에 있어서는 가장 널리 쓰이고 있다.
   ② 냉각수 대신에 공기를 냉각유체로 하여 전열관의 외면에 팬을 사용하여 공기를 강제 통풍시켜 내부유체를 냉각시키는 구조의 열교환기이다.
   ③ 관속에 공기를 삽입하는 삽입 통풍형과 공기를 흡입하는 유인 통풍형이 있다.
   ④ 넓은 설치면적이 필요하며 건설비가 비싸고, 관속에서의 누설(漏洩)를 발견하기 어렵다.

해설 – 다관식 열교환기 : 이것은 열교환기의 대표적인 것이라고 할 수 있고 화학장치에 있어서는 가장 널리 쓰이고 있다.

13. 유압유에 필요한 물리적 성질이 <u>아닌</u> 것은?
   ① 동력을 유효하게 전달하기 위해서 압축되기 힘들고 저온이나 고압의 상태에 있어서도 용이하게 유동해야 한다.
   ② 적당한 윤활성을 지니고 운전 온도 범위에 있어서 각부의 유체 마찰 저항이 작아야 하고 내마모성도 커야 한다.
   ③ 녹이나 부식을 촉진하지 않아야 한다.
   ④ 인화점이 높고 온도 변화에 대해 점도 변화가 커야 한다.

해설 – 인화점이 높고 온도 변화에 대해 점도 변화가 <u>적어야</u> 한다.

14. 유압유의 산화 및 열화에 대한 설명으로 <u>틀린</u> 것은?
   ① 산도는 기름 속에 있는 유기산의 함유를 나타내는 것이다.
   ② 일반적으로 유온 40℃까지는 산화속도가 문제되지 않으나, 그로부터 온도가 10℃ 상승할 때마다 그 속도가 약 2배로 된다.
   ③ 산도는 기름 속에 있는 유기산의 함유를 나타내는 것이므로 그 절대치만으로 정제도나 산화도를 판정할 수가 있다.
   ④ 동, 납, 청동 등은 산화 할 때 촉매작용이 있다.

정답 12. ① 13. ④ 14. ③

해설 – 산도는 기름 속에 있는 유기산의 함유를 나타내는 것이므로 그 절대치만으로 정제도나 산화도를 판정할 수는 없다.

---

15. 공기 압축기의 출력에 따른 분류중 중형과 대형을 구분하는 기준의 kW는?

① 14kW ② 15kW ③ 75kW ④ 100kW

해설 – 출력에 의한 분류 : 0.2~14kW 의 것을 소형, 15~75kW 의 것을 중형, 75kW을 초과 하는 것을 대형으로 분류한다.

---

16. 공기 압축기의 선정의 관한 사항중 공기 압력과 토출 공기량에서의 기종선정내용이 <u>아닌</u> 것은?

① 프레스 기계용 7kgf/㎠.
② 일반적 공기압 시스템은 7~9kgf/㎠
③ 도장 및 계장용 8kgf/㎠.
④ 공기압 실린더는 5kgf/㎠.

해설 – 공기 압력과 토출 공기량에서의 기종선정 : 프레스 기계용, 도장 및 계장용은 7kgf/㎠, 공기압 실린더는 5kgf/㎠, 일반적 공기압 시스템은 7~9kgf/㎠ (왕복식, 회전식 적합) 으로 한다.

---

17. 공기 압축기의 용량제어 종류가 <u>아닌</u> 것은?

① 무부하 제어(no-load regulation)
② 저속 제어(low speed regulation)
③ 직접제어
④ ON-OFF 제어

해설 – 단동실린더의 제어에는 직접제어 및 간접제어, 속도제어, 셔틀밸브 및 그 압력 밸브를 이용한 제어 등 여러가지가 있다.

---

18. 공기 탱크 (air tank)의 기능에 대한 설명으로 <u>틀린</u> 것은?

① 정전시 등 비상시에는 압축공기의 위험성 때문에 운전을 일시적으로 불가능하게 한다.
② 압축공기를 저장하는 기기이다.
③ 일시적으로 다량의 공기가 소비되는 경우의 급격한 압력 강하를 방지한다.
④ 주위의 외기에 의해 냉각되어 옹축수를 분리시킨다.

정답 15. ③ 16. ③ 17. ③ 18. ①

해설 — 정전시 등 비상시에도 일정 시간 공기를 공급하여 운전이 가능하게 한다.

19. 공압 실린더 사용시 주의사항으로 틀린 것은?

① 온도 : 사용온도 범위는 5~60℃로 하며 60℃ 이상일 때는 공기 건조기를 설치한다.
② 배관 : 주배관은 강관으로 하고 휨 등이 필요한 곳에는 고무호스를 사용한다.
③ 실린더 방식 : 사용장소에 따라 부식이나 패킹의 부풀음 현상이 있는 곳에는 특수 실린더를 사용하여야 한다.
④ 배기 : 배기음을 줄이기 위하여 배기구에 소음기(silencer)를 설치하여야 하며 이 때에는 배압을 주의하여야 한다.

해설 — 온도 : 사용온도 범위는 5~60℃로 하며 5℃ 이하일 때는 공기 건조기를 설치한다.

20. 공압 실린더 추력 효율의 그래프의 설명으로 틀린 것은?

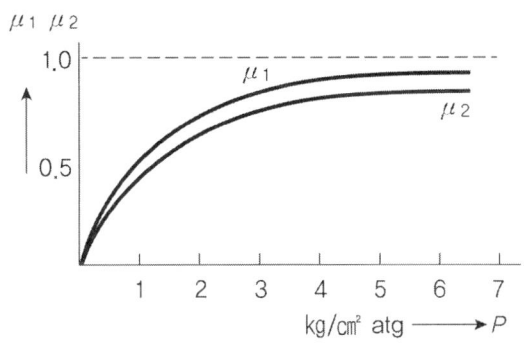

복동 실린더의 추력효율의 경향

① 실제 출력은 실린더의 섭동저항. 로드 베어링 부의 마찰 등에 증가된다.
② 실제출력을 보정하기 위한 계수이다.
③ 추력계수는 공기압력의 감소, 실린더 안지름이 작아질수록 계수도 작아진다.
④ 추력계수는 실린더 안지름이 30mm이하의 것은 값이 커진다.

해설 — 실제 출력은 실린더의 섭동저항. 로드 베어링 부의 마찰 등에 감소된다.

정답 19. ① 20. ①

21. 아래 실린더의 피스톤 면적(A)이 10㎠이고 행정거리(B)는 20cm이다. 이 실린더가 전진 행정을 1분동안 끝내려면 필요한 공급 유량은?

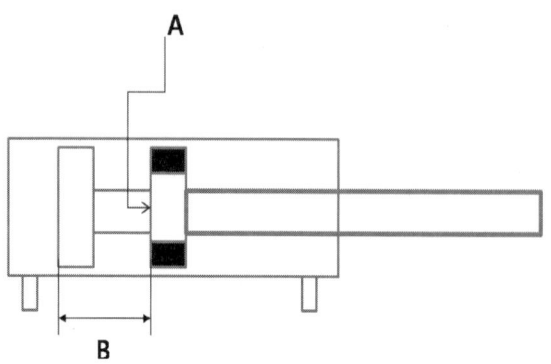

① 200 ㎤ / min
② 20 ㎤ / min
③ 2 ㎤ / min
④ 100 ㎤ / min

해설 – Q = AV = 10 × 20 = 200 ㎤ / min

【실린더 출력 계산식 모음】
1. 실린더 단면적 산출 공식 = [A(㎠) = D²(내경㎠)·π / 4]
2. 실린더 추력 산출 공식 = [F(kg) = A(㎠) × P(kg/㎠)]
3. 추력에 필요한 실린더에 유압 압력 산출 공식 = [P(kg/㎠) = F(kg) / A(㎠)]
4. 실린더에 필요한 유량 산출 공식 = [Q(ℓ/min) = A(㎠) × speed V(cm/sec) × 60 / 1000]
5. 실린더 전행정에 필요한 시간 산출 공식 = [T(sec) = A(㎠) × st(cm) × 60 / Q(ℓ/min) × 1000]
6. 1초에 실린더가 작동하는 speed 산출 공식
    = [speed V(cm/sec) = Q(ℓ/min) × 1000 / A(㎠) × 60]
7. 전동 MOTOR 산출 공식
    ① 마력(HP) = P(kg/㎠) × Q(ℓ/min) / 450 × η(효율)
    ② 키로와트(KW) = P(kg/㎠) × Q(ℓ/min) / 612 × η(효율)
8. 유압 MOTOR의 TORQUE 산출 공식 = [T(kg·m) = P(kg/㎠) × q(cc/rev:1회전당용적) /200·π]
9. 유압 MOTOR에 필요한 유량 산출 공식
    [Q(ℓ/min) = q(cc/rev) × N(rpm) / 1000]
10. 유압 MOTOR의 출력 산출 공식
    ① 마력(HP) = 2π·N·T(kg·m) / 75 × 60
    ② 키로와트(KW) = 2π·N·T(kg·m) / 102 × 60
11. ACCUMULATOR 용량 산출 공식 = [V₁ = ΔV × P₂× P₃/ P₁× (P₃− P₂) × (0.7)]

정답 21. ①

예상 문제

22. 유압 액추에이터(hydraulic actuator) 내용으로 틀리는 것은?
① 작동유의 압력 에너지로 기계적 에너지로 바꾸는 기기를 총칭.
② 유압 펌프는 떨어져 있는 지점에 압력을 보내기 위해 에너지를 유압장치에 가하는 기구.
③ 유압 실린더와 유압 모터는 작동기구로 유압펌프의 반대 역할을 한다.
④ 압력 에너지를 직선운동으로 변화하는 기기이다.

해설 - 공압 액추에이터 : 압력 에너지를 직선운동으로 변화하는 기기이다.

23. 유압 액추에이터(hydraulic actuator) 분류중 작동 형식에 따른 종류가 아닌 것은?
① 단동 실린더   ② 복동 실린더   ③ 다단 실린더   ④ 고정실린더

해설 - 고정실린더는 지지형식에 따른 분류이다.

24. 소음기(Sound attenuator)에 대한 설명으로 틀리는 것은?
① 실내 허용 소음기준에서 조용한 한밤의 골목길이 30~40데시빌(dB) 정도이다.
② 원형덕트에 설치되는 원통형(Round type) 사각형(Rectangular type)이 있다.
③ 고압용으로서 흡입 시에 고주파음 제거용인 파이프형태(Pipe type) 등이 있다.
④ 설계시 소음기에 어느 정도의 정압이 설정되어 있질 않다.

해설 - 설계풍량의 통과에 영향을 줄 수 있기 때문에 필히 점검해야 할 사항이다.

25. 압력제어 밸브(pressure control valve)에 대한 설명으로 틀리는 것은?
① 교축 밸브(throttle valve) : 나사 손잡이를 돌려 니들을 상하로 이동시키면 공기의 유로 단면적이 변화하여 유량을 가감시켜 조정한다.
② 감압 밸브 : 공기 압축기에서 공급되는 고압의 압축공기를 감압시켜 회로 내의 압축공기를 일정하게 유지시켜 주는 밸브를 말한다. 감압 밸브를 크게 분류하면 직동형과 파일럿형이 있다.

정답 22. ④ 23. ④ 24. ④ 25. ①

③ 시퀀스 밸브 : 공기압 회로에 액추에이터의 작동을 순차적으로 작동시키고 싶을 때 사용하는 밸브이다.
④ 압력 스위치 : 회로 내의 압력이 일정압(설정압)보다 상승하거나 하강시에 압력 스위치의 마이크로 스위치가 작동하여 전기회로를 열거나 닫도록 하는 기기이다.

해설 — 유량제어 밸브 = 교축 밸브(throttle valve) : 나사 손잡이를 돌려 니들을 상하로 이동 시키면 공기의 유로 단면적이 변화하여 유량을 가감시켜 조정한다.

26. 방향제어 밸브(directional control valve)의 밸브구조에 따른 분류에 속하지 <u>않는</u> 것은?
① 포핏 밸브(poppet valve)
② 볼 시트 밸브(ball seat valve)
③ 디스크 시트 밸브(disc seat valve)
④ 교축 밸브(throttle valve)

해설 — 유량제어 밸브 : 공압 액추에이터의 작업속도는 배관 내의 유량조절에 의해 제어되므로 유량을 교축하는 스로틀 기구에 의해 속도를 제어하는 밸브로 교축 밸브, 속도제어 밸브 등이 있다.

27. 전자 밸브 (solenoide valve)에 대한 설명으로 <u>틀리는</u> 것은?
① 전자조작 4포트 밸브와 전자 파일럿 4포트 밸브가 있다.
② 회로를 무부하 할 수 있고, 시퀀스 작용을 자동적으로 행할 수 있다.
③ 노즐 플래퍼(nozzle flapper)가 가장 많이 사용되고 있으며, 토크 모터의 각 변위를 유압에 변환하는 부분이다.
④ 전기스위치와 조합해서 원격조작을 할 수 있다.

해설 서보 밸브(servo valve)의 유압 증폭부의 내용이다.

정답 26. ④ 27. ③

28. 유압의 기본회로 내용중 언로드 회로에 대한 설명으로 틀리는 것은?
   ① 유압에서 말하는 언로드는 대개의 경우 펌프에 걸리는 부하상태의 감소를 말한다.
   ② 유압의 동력은 $kW = P \cdot Q / 612 \eta$로 나타내어진다.
   ③ 전환밸브를 조작하여 언로드시키는 회로는 유압 구동부에 압력, 유량 모두 필요할 때만 사용한다.
   ④ 3위치 전환밸브의 센터 바이패스를 사용하는 회로는 유압 구동부가 작동하지 않을 때에는 전환 밸브로부터 언로드 시킨다.

해설 전환밸브를 조작하여 언로드시키는 회로
- 유압 구동부에 압력, 유량 모두 **불필요할 때** 사용한다. 유압펌프로 부터의 토출유는 전환을 통하여 언로드시킨다.

29. 압력제어 회로에 대한 설명으로 틀리는 것은?
   ① 압력제어란 그 라인에 있는 높은 압력 필요한 압력으로 낮추는 것이다.
   ② 회로전체의 압력을 필요한 최대한으로 제어하는데 있다.
   ③ 유압실린더에 하중이 걸리면 유압펌프의 토출유는 압력으로 저압 릴리프 밸브에서 나와 고압펌프만의 토출유로 유압실린더를 밀어내어 작동한다.
   ④ 압력계가 30(kg/㎠)이 되면 릴리프 밸브로부터의 흐름은 정지되고 유압 전환밸브의 파일롯부에 들어 있었던 기름이 느리게 흘러 유압 전환밸브를 원위치로 복귀시킨다.

해설 – 압력제어 회로 : 회로전체의 압력을 필요한 최소한으로 제어하는데 있다.

30. 단동실린더 제어 종류가 아닌 것은?
   ① 직접제어   ② 전진제어
   ③ 속도제어   ④ 셔틀제어

정답 28. ③ 29. ② 30. ④

해설 −단동실린더의 제어

단동실린더의 제어에는 직접제어 및 간접제어, 속도제어, 셔틀밸브 및 그 압력 밸브를 이용한 제어 등 여러가지가 있다.

① 단동실린더의 직접제어

버튼을 누르면 단동실린더의 피스톤이 전진하고 버튼을 놓으면 원래의 위치로 돌아오는 회로이며 귀환 행정시에는 실린더내의 공기를 배출시키기 위하여 3포트 2위치 밸브를 사용 한다.

② 단동실린더의 간접제어

직경이 크고 행정이 길며, 실린더와 밸브의 사이가 멀리 떨어져 있는 경우에는 간접 작동 시킨다. 이 때 밸브가 작동하면 실린더의 피스톤이 전진하고 작동하지 않으면 원위치로 돌아와야 한다. 또한 신호와 제어요소는 구경이 작은 관에 연결해도 무관하므로 신호요소의 크기가 작아져서 조작하기 쉽고 시간도 짧아진다.

③ 단동실린더의 전진속도제어

단동실린더에서 전진시 공급되는 공기의 양을 조절함으로써 실린더 피스톤의 속도를 조절할 수 있다. 전진시에는 스로틀 밸브에 의하여 공기의 양을 조절하고 후진시에는 체크 밸브를 통하여 조절됨이 없이 흐른다.

④ 단동실린더의 후진속도제어

전진속도 제어방향과 반대로 회로를 구성하여 전진시에는 체크 밸브를 통하여 공기의 양을 조절하지 않고 흐르게 하며 후진시에는 스토틀 밸브에 의하여 공기가 조절된다.

⑤ 단동실린더의 전진과 후진속도 제어

단동 실린더의 후진속도의 회로이며 전진시에는 체크 밸브를 통하여 스로틀 밸브에서 조절되며, 후진시에는 체크 밸브를 통하여 스로틀 밸브에서 조절된다.

⑥ 단동실린더의 셔틀밸브 사용회로

공압 OR회로라고도 하며 두개의 신호에 의하여 동일한 동작이 일어나는 곳 즉, 각각 다른 곳에서 같은 작동을 할 수 있도록 신호를 보내는 회로이다.

다시 말하면, 한 쪽에서 신호를 보내거나 또는 다른 쪽에서 신호를 보내거나 양쪽에서 같은 신호를 보내더라도 출력은 같게 나온다.

⑦ 단동실린더의 2압 밸브 사용회로

공압 AND회로라고도 하며, 이 회로는 두개의 신호가 동시에 들어올 때만 작동되는 회로이며 한쪽에서만 신호가 들어 올 때는 2압 밸브에서 차단되어 공기가 흐르지 않는다. 다시 말하면 압력이 낮은 쪽의 공기가 흘러서 작동기를 작동시키는 것이다(같은 압력일 때는 나중신호의 압이 흐른다).

31. 공압기본회로에 대한 설명으로 틀린 것은?

① 간단한 공압장치의 경우는 기본회로를 그대로 구성하는 일이 많다.

② 복잡한 장치의 경우에도 자세히 보면 여러가지 용도의 기본회로를 맞추어서 조합하여야 한다.

③ 기기의 조합을 잘못하면 전혀 일을 못하는 수도 있으며, 계획대로 작동을 시키자면 가장 효과적인 조합을 하여야 한다.

정답 31. ②

④ 기기의 공압화 성공여부는 그 회로가 주 기기의 움직임에 맞느냐의 여부가중요 하다.

해설 – 복잡한 장치의 경우에도 자세히 보면 여러가지 용도의 기본회로를 <u>다양하게 조합</u>한 형식의 것을 많이 볼 수 있다.

32. 아래 내용은 어떤 제어기를 설명한 것인가?

1. 4포트 2위치 밸브와 5포트 2위치 밸브를 사용하여 누름 버튼을 누르면 실린더의 피스톤이 전진하고 버튼을 놓으면 원위치로 돌아가는 경우의 회로도이다.
2. 5포트 2위치 밸브를 사용하면 전진과 후진시 따로따로 배기할 수 있다.
3. 속도계에 주로 사용한다.

① 단동실린더의 직접제어
② 단동실린더의 후진속도제어
③ 복동실린더의 직접제어
④ 복동실린더의 간접제어

해설 ① 단동실린더의 직접제어
버튼을 누르면 단동실린더의 피스톤이 전진하고 버튼을 놓으면 원래의 위치로 돌아오는 회로이며 귀환 행정시에는 실린더내의 공기를 배출시키기 위하여 3포트 2위치 밸브를 사용 한다.
② 단동실린더의 후진속도제어
전진속도 제어방향과 반대로 회로를 구성하여 전시시에는 체크 밸브를 통하여 공기의 양을 조절하지 않고 흐르게 하며 후진시에는 스토틀 밸브에 의하여 공기가 조절된다.
④ 복동실린더의 간접제어
복동실린더가 1.2와 1.3 두개의 밸브에 의하여 작동되며 1.2 밸브가 작동하면 피스톤이 전진하고 1.2 밸브가 작동을 멈춘 후에도 밸브 1.1이 이 피스톤의 전진방향에 놓이게 되므로 밸브 1.3을 통한 귀환행정을 지시하는 신호가 입력될 때 까지 그 위치에 정지하게 된다.

정답 32. ③

제3장

반도체장비보전 일반

조정묵 저

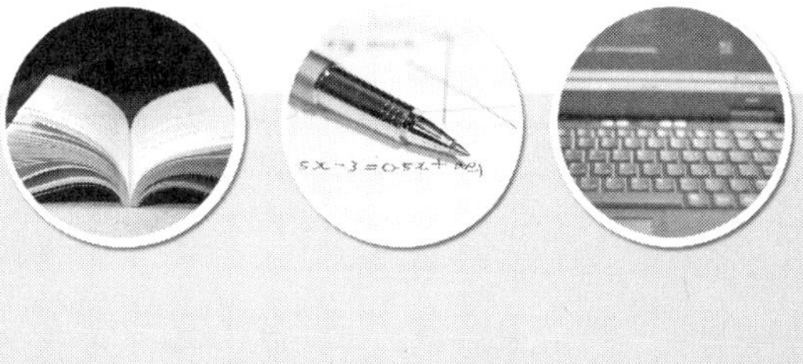

반도체장비보전 일반

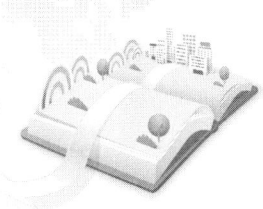

세계 반도체 장비 시장 규모 및 지역별 시장 예측
- 일본과 중국을 중심으로 -

- 2014년 반도체 장비 시장 매출액이 2013년 보다 21% 증가한 439억8000만달러에 이를 것으로 전망함.[국제반도체장비재료협회(SEMI), 'SEMI 장비시장 전망보고서']

일본의 반도체 장비시장

1. 최근의 업계동향

1) 일본의 반도체 초소형 생산시스템으로 알려진 '미니멀 팹(Minimal fab)'이 그 간의 시험 단계를 마치고 2013년 4월부터 수주를 시작할 것으로 보임.
   가. 직경 1.2cm 정도 크기의 작은 웨이퍼로 반도체 칩 1개를 생산할 수 있는 이 시스템은 클린룸이 없어도 되기 때문에 설비투자비가 약5억 엔에 불과한 것으로 알려져 있음.
   나. 그 동안 관련된 기술 개발은 산업기술종합연구소 컨소시엄과 주로 중소기업으로 구성된 미니멀팹 기술연구조합이 함께 주도해 왔으며, 기존의 반도체 제조 방식을 완전히 뒤바꾸는 혁신에 성공했다는 평가를 받고 있음.

2) 이 시스템은 특히 디지털 가전과 자동차 생산에 필요한 대규모집적회로(LSI) 등 특정용도반도체(ASSP)의 소량 생산에 적합한 것으로 알려져 있음.
   가. 개발에는 히타치, 도시바, 올림푸스 등 일본을 대표하는 전자업체와 무라타제작소, 오므론 등 부품장비 업체가 대거 참여했음
   나. 미니멀 팹 반도체 제조라인은 폭 30cm 미만, 깊이 45cm, 높이 144cm 크기인 소형 장치로 전체 유닛은 세척, 습식 에칭, 마스크리스 노광, CMP 등 총12 종류로 구성

되어 있음.
　다. 2013년 가을 경부터는 납품이 이루어질 수 있을 것으로 보이며, 유닛의 가격은 1,000~3,000만 엔 정도가 될 것으로 보임.

3) 이번 개발은 수익 압박을 받고 있는 일본 반도체 업계가 초소형 생산 시스템을 구축함으로서 국제경쟁력을 높이는 계기가 될 것으로 기대하고 있음.
　가. 반도체 가공 기술을 응용해 실리콘 등의 기판에 미세한 센서를 부착하는 미세전자.
　나. 기계시스템(MEMS) 업체를 주로 판매 대상으로 설정해 놓고 있음.
　다. 한편 미니멀 팹은 연간 최대 50만개 정도의 생산이 가능할 것으로 보고 있음.

자료 : 경영주치의 최권호

2. 설비투자 현황

1) 일본 반도체제조장치 수요는 2012~14년도에 연평균 5.2%의 성장을 기록할 것으로 전망하고 있음.
　가. 일본반도체제조장치협회가 발표한 자료에 따르면 2012~14년도에 일본의 반도체제조장치 수요는 삼성전자와 인텔의 추가 설비투자에 힘입어 연평균 5.2% 성장할 것으로 예측하고 있음.
　나. 구체적으로는 일본의 반도체제조장치 수요를 2012년에는 전년 대비 0.3% 늘어난 1조2,675억 엔, 2013년에는 전년 대비 10% 증가한 1조 3,942억 엔, 2014년에는 전년 대비 5.6% 늘어난 1조 4,726억 엔으로 예측하고 있음.
　다. 이 같은 예측에는 전 세계 반도체 설비투자액의 50% 이상을 차지하고 있는 삼성전자, 인텔, TSMC(대만) 등 대형 3사의 2012년도 설비투자액이 중요한 변수로 작용할 것으로 보임.

2) 반도체제조장비 시장의 변동성은 반도체시장에 비해 훨씬 크다는 특징이 있음.
　가. 유럽에서 시작된 글로벌 금융위기 직전이었던 2007년과 2009년을 비교해보면 반도체시장이 11% 감소한 반면 제조장비 시장은 63%나 감소했음.
　나. 이 같은 현상은 호황일 때 투자가 집중되는 반면 불황에는 갑자기 투자를 억제하는

반도체 업계 특유의 투자패턴이 반영된 결과라고 할 수 있음.
다. 따라서 반도체제조장비 업체는 호황을 대비한 생산체제를 구축하면서 불황을 견딜 수 있는 경영체력을 어떻게 확보할 것인가가 최대 과제가 됨.

3) 각 장비별 특징이 뚜렷한 반도체 제조장비는 일본기업과 구미기업이 서로 각기 다른 분야에서 경쟁력을 확보하고 있음.
   가. 반도체는 전(前)공정에서 실리콘웨이퍼의 표면가공처리를 하고 후(後)공정에서 칩으로 분리하여 패키지에 봉입한 후 검사공정을 거쳐 출하됨.
   나. 또한 일반적으로 반도체 제조장비는 해상도와 정밀도 등의 성능, 단위시간당 처리능력을 의미하는 Throughput, 사용원료에 대한 제품의 비율을 높일 수 있는 고도의 기술수준이 요구되기 때문에 각각의 장비별로 독자적인 강점을 지닌 전문업체가 많은 것이 특징임.

자료정리 : 경영주치의 최권호

4) 웨이퍼에 절연막과 전도체의 박막을 형성하는 성막 장치, 빛으로 회로패턴을 부착하는 노광장치, 박막을 깎아서 회로를 조각하는 etching의 3가지 장치의 시장규모가 비교적 크지만, 그 이외에도 다양한 공정이 있기 때문에 필요한 제조장비는 무수히 많음.

5) 일본 반도체제조업체는 후 공정과 테스트검사장치 분야에서 상대적 우위를 점하고 있으며, 전 공정에서는 에칭·세정장치와 코팅장치 자동운송 시스템 등에서 강점을 보이고 있음 반면, 노광장치는 네덜란드의 ASML, 성막장치에서는 미국의 AMAT를 비롯한 구미기업이 강한 경쟁력을 보이고 있음 그러나 마스크 묘화(描畵)장치의 NuFlare Technology, 노광장치의 ASML, 화합물반도체와 LED용 유기금속성막장치(MOCVD)의 미국 Veeco와 독일 Aixtron, 첨단 팩키징 노광장치의 미국 Ultratech 등, 업계 2위 이하 업체는 수익측면에서 상대적으로 어려운 상황에 놓여 있음 요코가와(橫河)전기는 메모리디스크 사업을 한국기업에 양도하고 검사장치 사업에서 철수했으며, 일본(日本)전자도 거액의 연구개발비 투자가 필요한 반도체 관련 장치 사업에서 전자현미경과 같은 핵심 사업으로 경영자원을 옮길 방침인 것으로 알려져 있음.

한편 한 회사가 폭 넓은 장비분야에 투자하여 토털솔루션을 제공하고 있는 AMAT와 동경일렉트론과 같은 종합형 반도체제조장비업체도 높은 수익력을 나타내고 있음.

6) 일본 반도체 제조장비 업체의 세계시장점유율이 더 이상 하락하지 않는 이유는 해외시장 개척과 연구개발 강화에서 찾을 수 있음 매출액에서 차지하는 연구개발비 비율을 비교하면 일본 업체는 1990년대 후반에는 한 자리 숫자에 머물러있었으나 2000년대 들어오면서 10%대로 상승하고 있는 것으로 나타남 그러나 일본 이외의 다른 국가의 업체들도 높은 수익력을 바탕으로 일본 업체 이상의 높은 수준의 연구개발비를 투자하고 있음 일본 업체가 중장기적으로 경쟁력을 강화하기 위해서는 눈앞의 이익 증감보다는 안정적인 연구개발비 투자를 계속할 필요가 있어 보이며, 다른 회사와의 제휴와 공동개발 등 외부 자원을 적극적으로 활용하는 것도 바람직할 것임.
세계 반도체 제조장비 시장은 미국, 유럽, 일본기업이 세계시장의 약90%를 차지하고 있음.

자료정리 : 경영주치의 최권호

7) 최근에는 이러한 선점기업에 맞서 한국을 비롯한 아시아 기업의 시장점유율이 상승하고 있으나 아직은 3~4%정도에 머물러있는 상황임.
특히 한국에서는 세정장비 분야에서 여러 제품을 개발하고 있는 SEMES 이외에도 주성엔지니어(Jusung Engineer)가 반도체 성막장비, LCD용 성막장치, 태양전지 셀사업에 주력하며 세계시장점유율을 확대해 나가고 있음.

[반도체 제조장비 세계 Top 10 변화] (2007년 → 2011년)

	2007년		2011년	
	업 체	매출 (백만 달러)	업 체	매출 (백만 달러)
1	Applied Materials (미국)	4,088	ASML (유럽)	7,877
2	ASML (유럽)	3,525	Applied Materials (미국)	7,437
3	Tokyo Electron (일본)	3,452	Tokyo Electron (일본)	6,203
4	KLA-Tencor (미국)	1,770	KLA-Tencor (미국)	3,106
5	Lam Research (미국)	1,502	Lam Research (미국)	2,804
6	Nikon (일본)	1,332	Dainippon Screen (일본)	2,104
7	Dainippon Screen (일본)	832	Nikon (일본)	1,645
8	Teradyne (미국)	825	Advantest (일본)	1,446
9	Advantest (일본)	787	ASM International(유럽)	1,443
10	ASM International(유럽)	787	Novellus Systems(미국)	1,318

[참고자료]
한일재단 일본지식정보센터
한국반도체산업협회
무역협회
디지털데일리 2013년 7월
PWC Chinas impact on semiconductor industry 2012 update. 2013.02

제1절 포토에칭장비보전

1. 포토에칭장비의 작동환경

1) 클린룸 [Clean Room]

반도체 소자나 LCD 등 정밀 전자 제품은 물론 유전자조작과 같은 극미산업(極微産業)에서 미세먼지와 세균을 제거한 작업실을 말한다. 청정실 또는 무균실 이라고도 한다. 극미산업 에서는 미세한 먼지나 세균도 커다란 영향을 미치기 때문에 제품의 질이나 수율을 높이기 위해서는 공기 중의 미세먼지를 제거하고 청정상태를 유지해야 한다.

업종		적용장소	C/R Class	허용 미립자경(㎛)
필름제조		사진 감광유 제도부	1 ~ 10,000	〈 0.3
전자·전기 기기 공업		반도체소자, 직접회로, 전산기용 자기테이프	1 ~ 100,000	〈 0.3
		전산기 제조공정, 전산기 사용실	100 ~ 10,000	〈 0.5 ~ 〈 100
요업		정밀 세라믹	100 ~ 10,000	〈 0.1
인쇄		정밀제판, 전자제판	1,000 ~ 10,000	〈 0.3
합성수지		인공신장, 의약품용기, 수술용 장갑	100 ~ 10,000	〈 0.3
정밀기계 공업가공		정밀자이로, 소형베어링, 광학렌즈, 전기접점 정밀유도장치, 정밀유체소자	10 ~ 100	〈 0.5 ~ 〈 10
		소형계기, 유압제어기기, 베어링, 유체소자	100 ~ 10,000	〈 50
		시계, 카메라, 엑츄에이터, 산소액체, 산소펌프기기	100 ~ 100,000	〈 0.3
		비스코스 공정, 비닐시트, 합성지, 합피	100,000	〈 0.5 ~ 〈 100
수술실	무균	인공관절수술, 장기이식수술, 뇌신경수술, 안과수술	100	〈 0.3
	일반	비뇨기수술, 산부인과, 흉부외과, 성형외과	100 ~ 10,000	〈 0.3 ~ 〈 0.5
	감염	흉부외과(TB), 감염환자용(혈청간염, 녹염균등)	10,000	〈 0.3

[네이버 지식백과] 클린룸 [Clean Room] (한경 경제용어사전, 한국경제신문/한경닷컴)

미국은 산업용 클린룸의 기준을 10, 100, 1000 클래스(Class) 등으로 규정하고 있다. 1000클래스는 PDP 제조용(1입방피트 당 0.5㎛의 먼지 1000개 미만 및 5㎛의 먼지가 없어야 함), 100클래스는 LCD 제조용(1입방피트 당 0.5㎛의 먼지 100개 미만 및 5㎛의 먼지가 없어야 함), 10클래스는 반도체 제조용(1입방피트 당 0.5㎛의 먼지 10개 미만 및 5㎛의 먼지 입자가 없어야 함) 등으로 이용된다.

2) 반도체 제조 라인

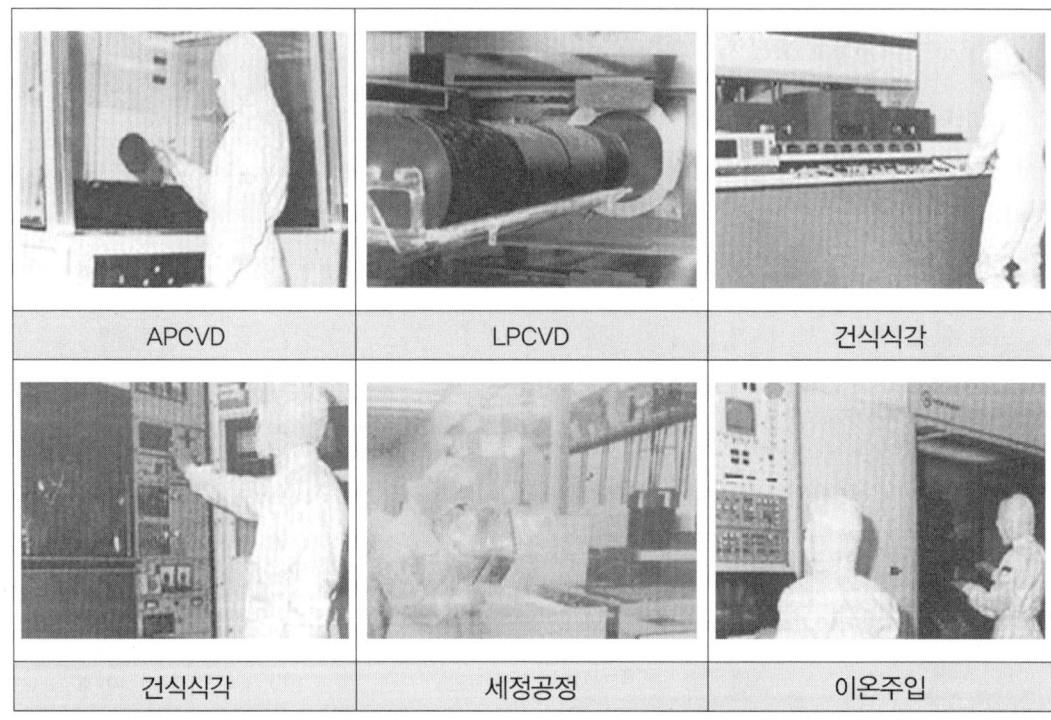

3) 청정실에서의 복장

방진복의 바른 착용 - 방진복, 방진모자, 방진마스크, 방진화, 방진장갑, 보안경, 비닐장갑.

 가. 마스크 착용상태 검사기준
- 마스크를 정확하게 펴서 사용.
- 알루미늄 부위를 위로 착용.
- 콧등을 눌러 주었는지 확인.

나. 방진복 착용상태 검사기준
- 자기방진복을 착용하며, 없을 경우 공용방진복을 착용한다.
- 지퍼불량, 손목부위 고무줄 상태를 확인한다.
- 반드시 SIZE에 맞는 방진복을 착용한다.

다. 방진화 착용상태 검사기준
- 지퍼 상태가 바른지 확인한다.
- 약품, 더러움, 낙서 등 오염상태를 확인한다.

라. 방진모자 착용상태 검사기준
- 눈썹이 보이지 않게 착용하고,
- 마스크의 양끝을 방진모자 속으로 넣어서,
- 목끈을 알맞게 조여서 착용.
- 속살이 보이지 않게 접착부위 상태 확인.
- 방진복 위로 방진모자의 밑부분이 나오지 않게 한다.
- 각자 SIZE에 맞는 방진모자를 착용한다.
- 착용 전에 낡음, 보푸라기 등을 확인한다.
- 찢어졌는지, 바느질상태는 양호한지 확인한다.

마. 방진장갑 착용상태 검사기준
- 속장갑을 먼저 착용한 후, 비닐장갑을 착용한다.
- 장갑 목부위가 반드시 방진복 소매끝으로 들어가도록 착용한다.

바. 방진화 착용상태 검사기준
- 무릎 밑까지 올렸는지 확인한다.
- 고무줄 조임 상태, 청결상태를 확인한다.
- 반드시 자기 SIZE에 맞는 방진화를 착용한다.

4) 에어샤워룸(Air Shower Room)

FAB라인 출입시 방진복, 방진화 등에 부착된 먼지나 이물질을 제거하기 위한 장치로서, 밀폐된 Box에 사람이 들어가면 양벽에서 강한 공기가 불어나와 먼지를 제거하도록 되어 있다.

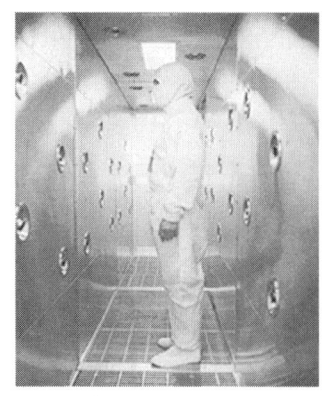
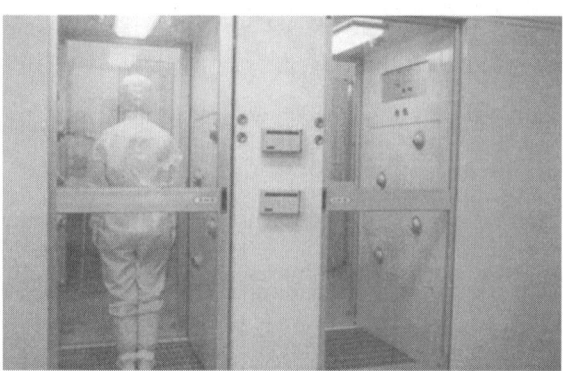

5) 공정라인 예시

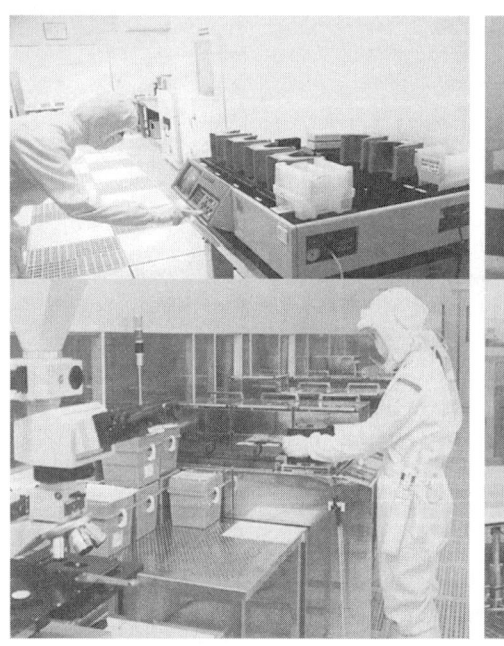
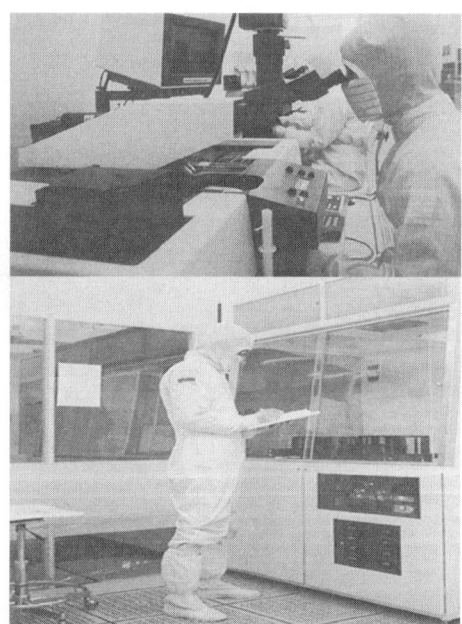

[라인에서 작업중인 모습들]

2. 포토에칭장비의 매커니즘 이해

1) 반도체 제조공정

    가. 단결정성장: 고순도로 정제된 실리콘 용융액에 시드(Seed) 결정을 접촉하고 회전시키면서 단결정 규소봉(Ingot)을 성장 시킨다.

    나. 규소봉절단: 성장된 규소봉을 균일한 두께의 얇은 웨이퍼로 잘라낸다. 웨이퍼의 크

기는 규소봉의 구경에 따라 결정되며 3인치, 4인치, 6인치, 8인치로 만들어지며 최근에는 12인치 대구경 웨이퍼로 기술이 발전하고 있다.

다. 웨이퍼표면연마: 웨이퍼의 한쪽면을 연마(Polishing)하여 거울면처럼 만들어 주며, 이연마된 면에 회로패턴을 형성 한다.

라. 회로설계: CAD(Computer Aided Design)시스템을 사용하여 전자회로와 실제 웨이퍼위에 그려질 회로패턴을 설계 한다.

마. 마스크(Mask)제작: 설계된 회로패턴을 유리판위에 그려 마스크를 만든다.

바. 산화(Oxidation)공정: 800~1200℃의 고온에서 산소나 수증기를 실리콘웨이퍼표면과 화학반응 시켜 얇고 균일한 실리콘산화막($SiO2$)을 형성 한다.

사. 감광액도포(Photo Resist Coating): 빛에 민감한 물질인 감광액(PR)을 웨이퍼표면에 고르게 도포 시킨다.

아. 노광(Exposure)공정: 노광기(Stepper)를 사용하여 마스크에 그려진 회로패턴에 빛을통과시켜 감광막이 형성된 웨이퍼위에 회로패턴을 사진 찍는다.

자. 현상(Development)공정: 웨이퍼표면에서 빛을 받은부분의 막을 현상시킨다.

카. 식각(Etching)공정: 회로패턴을 형성시켜주기위해 화학물질이나 반응성가스를 사용 하여 필요 없는부분 을 선택적 으로 제거시키는 공정 이다.

타. 이온주입(Ion Implantation)공정: 회로패턴과 연결된 부분에 불순물을 미세한 가스입자 형태로 가속하여 웨이퍼의 내부에 침투시킴으로써 전자소자의특성을 만들어 주며, 이러한 불순물주입은 고온의 전기로 속에서 불순물 입자를 웨이퍼내부로 확산 시켜 주입하는 확산 공정에 의해서도 이루어 진다.

파. 화학기상증착(CVD:Chemical Vapor Deposition)공정: 반응가스간의 화학 반응으로 형성된 입자들을 웨이퍼표면에 증착하여 절연막이나 전도성막을 형성 시키는 공정이다.

하. 금속배선(Metallization)공정: 웨이퍼표면에 형성된 각회로를 알루미늄선으로 연결시키는 공정이며, 최근에는 알루미늄 대신에 구리선을 사용하는 배선방법이 개발되고 있다.

갸. 웨이퍼자동선별(EDS Test): 웨이퍼에 형성된 IC칩들의 전기적 동작여부를 컴퓨터로 검사하여 불량품을 자동 선별 한다.

냐. 웨이퍼절단(Sawing): 웨이퍼상의 수많은 칩들을 분리하기 위해 다이아몬드톱을 사용하여 웨이퍼를 절단 한다.

댜. 칩집착(Die Bonding) : 낱개로 분리되어 있는 칩중EDS 테S스트에서 양품으로 판정된칩을리드프레임위에붙이는공정이다.

랴. 금속연결(Wire Bonding) : 칩내부의 외부연결단자와 리드프레임을 가는 금선으로 연결하여 주는 공정 이다.

먀. 성형(Molding) : 연결금속부분을 보호하기위해 화학수지로 밀봉해주는 공정으로 반도체소자가 최종적으로 완성 된다.

[CE(양면 순차 수동 평행광노광기)]

ITEM	SPEC.
Exposure Area	510×610mm
Lamp	5kW 초고압 Mercury Lamp
Wave Length	365nm(320~480nm)
Resolution	L/S=35/35㎛(@30㎛DFR)
절대조도(Intensity)	≥ 25mW/cm^2
조도분포(Uniformity)	90~95%
Collimation Angle	≤ 1.5°
Declination Angle	≤ 1.5°
Lamp Lifetime & Cooling	Lifetime≥1000Hr, Air Cooling
Dimension	1450(W)×2950(L)×2020(H)mm
Weight	1500kg
Control	PLC
Operation Condition	Clean Room(≤1000 Class)
Power Supply	3Phase 220/380V 60/50Hz 7kW

2) 포토리지스트를 이용한 노광공정 개요 및 발전과정

고분자를 이용한 패터닝 공정에서 가장 대표적인 기술이 노광공정(photolithography)이다. 노광공정은 자외선 등의 특정 파장에 반응하는 감광성 고분자(photoresist)를 이용하여 마스크상의 패턴을 기판에 전송하는 방법을 일컫는다.

노광공정의 모식도 및 대표적인 양성 감광막의 구조감광제는 크게 두 가지로 나뉘는데 빛을 조사받은 부분이 현상할 때 녹아나가는 양상감광막, 그리고 빛을 조사받은 부분이 오히려 남게 되는 음성감광막으로 나뉜다.

감광제의 성분을 보면 크게 용제를 제외하고 2성분, 3성분으로 구성되는데 파장이 긴 G/I line의 자외선의 경우는 2성분계를 주로 사용했으나 최근에 단파장쪽으로 기술이 발전함에 따라 점차 3성분께로 바뀌고 있다. 크게 용제(solvent), 다중체(polymer), 감응제(photoactive compound)로 구성되며 이중 용제는 감광제를 액체 상태로 유지시켜 기판에 도포하기 쉽게 만들고 다중체는 고분자 물질로서 막의 기계적인 성질을 결정하며 감응제는 빛에 의한 광화학 반응을 일으킨다. 양상감응제의 경우 감응제는 고분자가 용매에 녹는 것을 억제하는 dissolution inhibitor 역할을 하는데 빛에 노출되지 않으면 감광제에 용매에 녹는 것을 억제해 주다가 자외선에 조사되면 구조가 깨지면서 더 이상 용매 억제기능을 하지 못해 결국 빛에 조사된 부분이 선택적으로 녹아가게 된다. 이러한 기작을 용해억제형이라고 한다. 또 하나의 예로 화학증폭형이 있는데 여기에는 촉매작용을 하는 Photo Acid Generator (PAG)가 들어 있어 약간의 빛으로도 사슬 반응을 일으키고 궁극적으로 아주 적은 양의 빛으로도 고감도를 유지할 수 있도록 만들어졌다. 이는 최근의 단파장 빛들이 흡수가 잘되어 적은 양의 빛으로도 해상도를 유지해야 하기 때문이다. 노광공정은 결국 원하는 패턴 사이즈를 얻는 공정이므로 얼마나 작은 패턴을 정교하게 얻을 수 있는 가를 결정하는 해상도가 중요하다. 해상도는 다음의 식으로 표현된다.

Resolution (R) = $K_1 * \lambda / NA$ (1)

DOF = $K_2 * \lambda / NA^2$ (2)

여기서 λ는 노광파장, NA는 렌즈의 개구수, K_1 및 K_2는 레지스트 공정에 의한 비례상수이다. NA는 렌지의 지름에 비례하고 focal length에 반비례하는 값이다. 그리고 DOF는 Depth of Focus의 약자로 기판의 울퉁불퉁한 정도를 보정할 수 있는 초점거리이며 해상도가 작아지면 같이 작아지는 것을 알 수 있다. 위 식에서 알 수 있듯이 파장이 짧아짐에 따라 얻을 수 있는 해상도도 커지고 또 렌지가 커질수록 해상도가 좋아진다. 하지만 파장이 점점 짧아지면 Diffraction과 같은 기술적인 문제가 생기고 렌지가 커지면 공정 가격 상승 및 렌지 가공에 문제점이 생긴다.

이제 순차적으로 노광공정을 단계별로 살펴보면 다음과 같다.

가. 감광막의 스핀코팅(Spin-Coating)

스핀코팅은 감광막을 우리가 원하는 두께로 기판에 일정하게 도포하는 공정으로서 사용하는 감광제에 따라 다르지만 몇 백 나노에서 수십 마이크로 정도까지 조절할 수 있다. 감광막을 도포하기 전에 먼저 감광막의 접착도를 증가시키기 위해 표면처리를 해 주어야 하는데 보통 HMDS(Hexamethyldisilane)을 2% 정도로 묽게 해서 기판에 도포하면 실리콘기판과 감광막 사이의 접착력을 크게 향상시킨다. 이러한 표면처리를 하지 않을 경우 감광막이 쉽게 박리되어 후속 공정에 문제가 생기게 된다. 막의 두께는 용액의 점도나 농도, 그리고 스핀 속도로 조절할 수 있다.

나. Soft Bake

Soft bake는 감광막 도포후 잔여 용매를 제거하고 막의 응력 제거 및 기판과의 접착력을 증가시키고자 한다. 공정 조건은 대게 70~95°C 사이에서 4~30분 정도 하며 너무 적게할 경우 막이 박리되고 오래할 경우 막이 변성되어 나중에 제거하기 어렵게 된다.

다. 정렬(Alignment)과 노출(Exposure)

반도체 회로는 보통 여러층으로 구성된 다층막으로서 패턴이 원하는 위치에 형성되어야만 회로를 연결하거나 인접회로와 격리시킬 수 있다. 따라서 마스크를 기판에 올려놓을 때 원하는 위치에 갖다 놓는 정렬기술이 필수적이다. 마스크에는 모서리 부분에 정렬을 위한 마커가 있으며 보통 레이저를 이 마커에 조사하여 바닥에서 반사되는 빛의 양을 파악하여 최적의 위치를 판단하게 된다. 노출 작업은 가장 핵심이 되는 단계로서 빛을 원하는 세기로 적당한 시간만큼 조사하여 기판에 있는 감광막에 전달시킨다. 쉽게 예측할 수 있듯이 빛의 양이 너무 적으면 감광막이 완전히제거되기 어렵고(Underdevelopment), 상대적으로 빛의 양이 너무 많으면 원하지 않는 부분까지 녹아나가기 때문에(Overdevelopment) 적당히 조절하여야 한다. 과거에는 I line(365nm)을 많이 사용했으나 현재 KrF(248nm)에서 ArF(193nm)로 점차적으로 기술이 발전하는 단계이다.

라. 현상(development)

현상은 식각되어야 할 부분에 있는 감광막을 제거하는 과정으로서 주어진 감광막에 적합한 용제를 사용하여 선택적인 감광막 패턴을 형성한다. 현상하는 방법은 Spray를 이용하거나 현상액과 세척액에 순서적으로 담그는 Immersion 방법 등이 있으나안정적인 현상을 위해 후자의 방법을 많이 사용한다.

마. Hard bake

현상 후에 바로 식각 작업에 들어가는 것이 아니라 감광막과 기판과의 접착력을 더욱 향상시키기 위해 다시 한 번 열처리 작업을 수행한다. 이때 감광막에 존재하는여분의 용매가 제거되며 접착력이 월등하게 증가한다. 공정 조건은 Soft bake에 비해 약간 가혹한 조건으로서 100~150°C 사이에서 10~ 20분 정도 한다. 지나치게 오래 열처리를 하면 역시 Scum이 생기며 감광막 제거가 어렵게 된다.

이러한 노광공정의 단계가 끝나면 후속 공정으로 주로 건식 식각 (dry etching)을 하여 포토리지스트의 패턴을 기판에 전사시키게 된다.

현재 노광공정은 100nm 이하의 패턴을 구현하는데 있어 여러가지 기술적, 경제적 어려움이있으며 차세대 노광기술로서 Deep UV, X-ray, E-Beam 등의 단파장을 이용한 기술들이 속속개발될 예정이다. 한편으로 이러한 문제점을 해결하고자 포토리지스트가 아닌 다른 고분자물질을 이용한 비전통적인 패터닝 방법들이 많이 개발되었으며 다음 시간부터 이에 대해 살펴보고자 한다.

3. 포토에칭장비의 공유압/전기/프로그램 이해

* ETCH 공정의 개요
  가. Etching의 방법 : Wet etching, Dry etching
    - Wet etching : 소자의 선폭이 수백~ 수십mm LSI 시대 적용함
    - Dry etching : 활성 미립자와 대상물질과의 화학반응에 의해 대상 물질을 제거하는 방법과 대상 물질을 물리적 이온 충격으로 파괴하여 제거하는 방법 (VLSI, ULSI 소자 등)
    (1) Dry etching 기술 : Plasma, Gas, Vacuum 장비의 구조
      - Plasma, Gas, Vacuum 등의 상태 유지해야 함.
      - Damage, Contamination 등을 고려해야 함.
        Etching에 의한 Pattern 형성.
      - Etching 방법은 wet etching가 dry etching으로 구분되며 각 장단점이 있음.
      - Dry etching : 미세패턴 형성에 적합.
      - Gas를 이용 : F 〉 O 〉 N 〉 Cl 〉 Br 〉 S 〉 I 〉 H 〉 P 〉 Si 〉 …
      - 비등방성 식각 Etching은 피 etching 막의 재질에 맞는 etching 용액을 선택하기 때문에- 광범위한 재질에 적용된다.

(2) Wet Etching
- 산을 이용 - 등방성 식각
- Photo-resist film에 pattern이 형성된 wafer를 화학약품 또는 반응성 가스로 etching 처리하여 목적하는 device의 형상을 만듦.
- 선택비가 크다.
- Etching 속도가 크고 생산성이 크다.
- 오물. 이물의 제거 작용이 있다.
- Photo-resist 막 아래층 기판과의 접착력이 약화에 의한 pattern 불량이 발생할 수 있다.
- 등방성 etching이기 때문에 photoresist 패턴 아래로 under cut이 있고 크기 변화가 크다(균일도 나쁨).
- 재질이 서로 다른 2층 이상의 다층막의 가공에는 부적합하다.

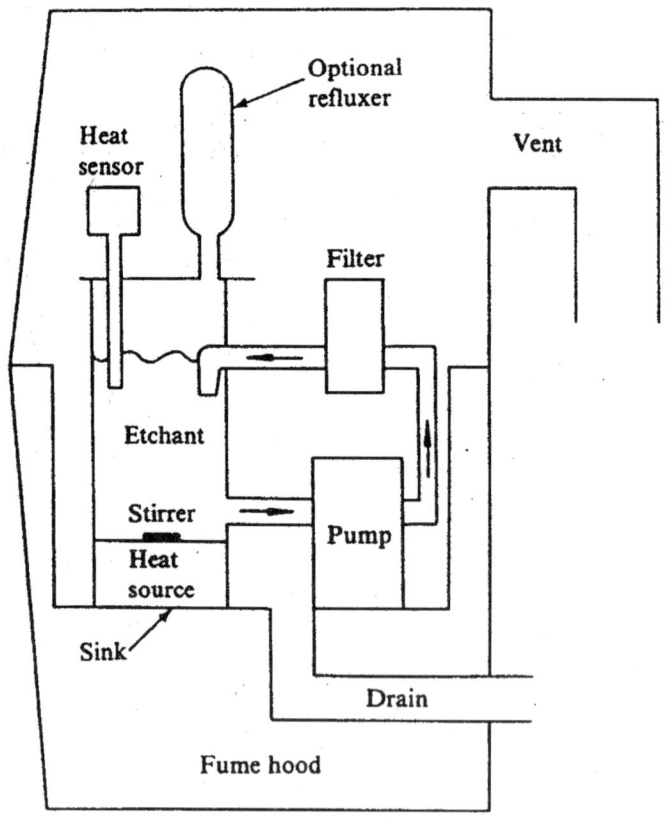

그림. fume hood used for Wet Etching

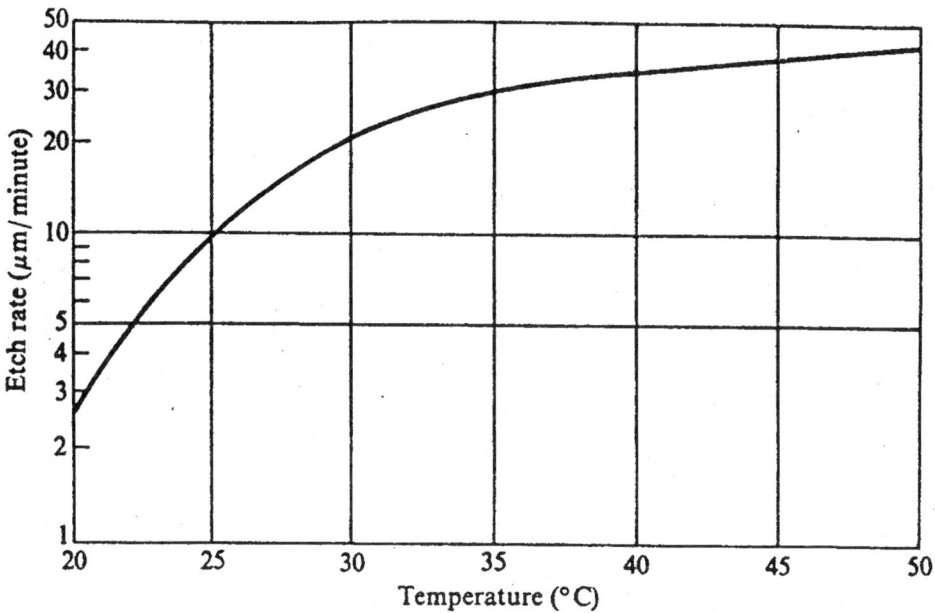

그림. Silicon Etching (20% HF45%, HNO3 35% Acetic acid solution)

- Etch 장비의 구성
  - Wafer를 cassette에서 반응 챔브로 이송하는 반송부, 진공을 유지하는 진공부, 공정을 위한 plasma를 발생시키는 전극부 등이 있다. 일반적으로 전극 구조에 따라 Etch 장비를 분류한다.
  - Electric power : RF power (27.12MHz, 13.56MHz, 800kHz, 400KHz) Microwave power (2.45GHz).
  - Temp control unit : Heater 제어, Chiller 제어 등.
  - Vacuum pump unit : Rotary pump, Dry pump, Turbo molecular pump 등.
  - 진공 측정 unit : Capacitance manometer, Penning gauge, Pirani gauge, Convectron gauge, Ion gauge, Auto pressure controller 등.
  - 공압 및 Gas control unit : MFC, Solenoid valve, Filter, Regulator, Air operator valve, Fitting 류(VCR, VCO, SWG 등).

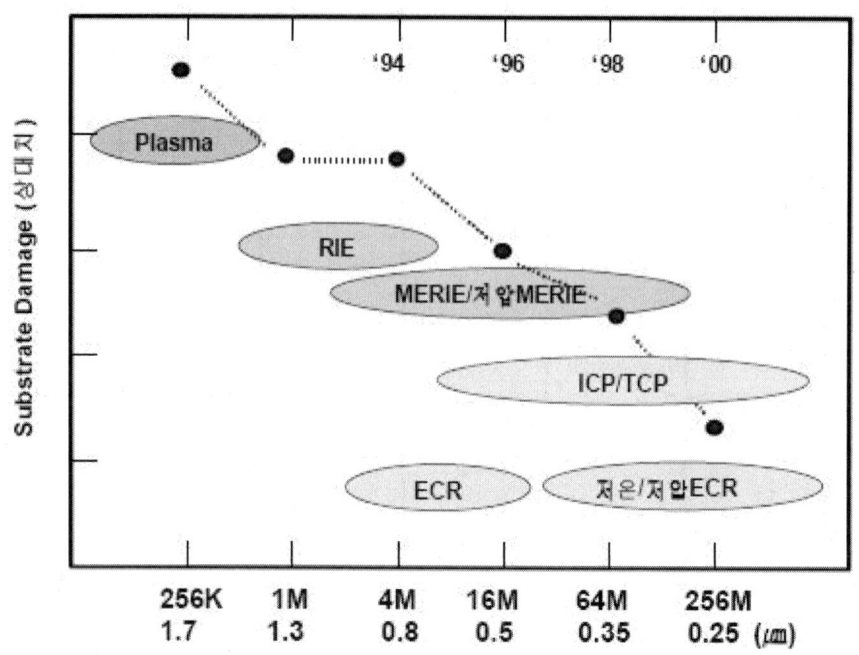

그림 Etcher 기술 발전 추이도

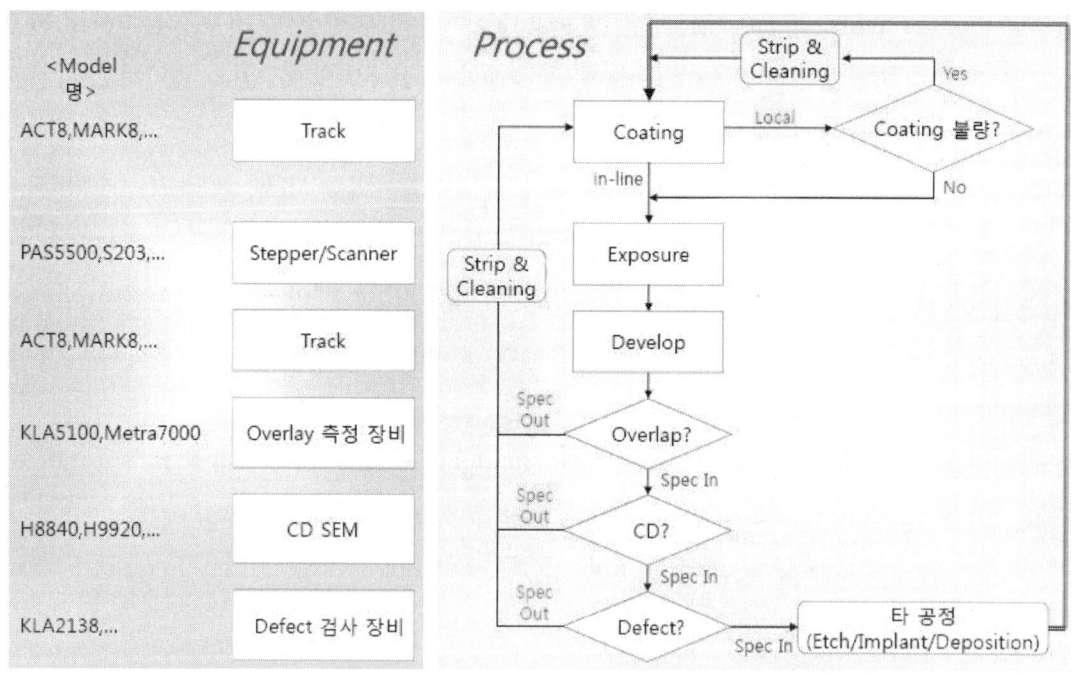

그림. Lithography Process 및 장비

• Lithography Process

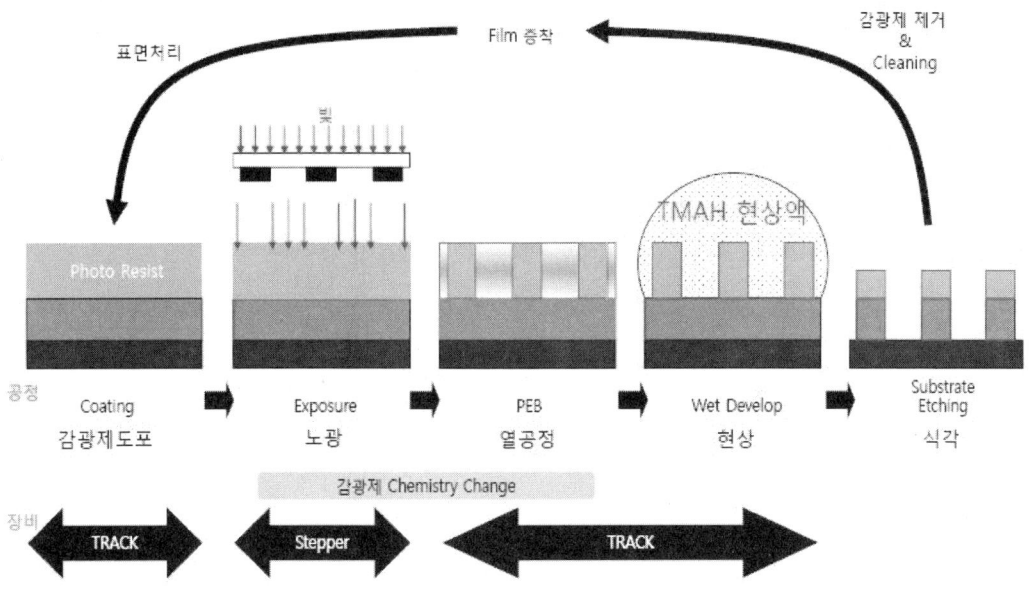

Mask(Reticle)
: 두께 6.5mm Qz 기판에 불투명층(Cr, MoSi)으로 회로 형성. 가로/세로 각 6inch 정방형

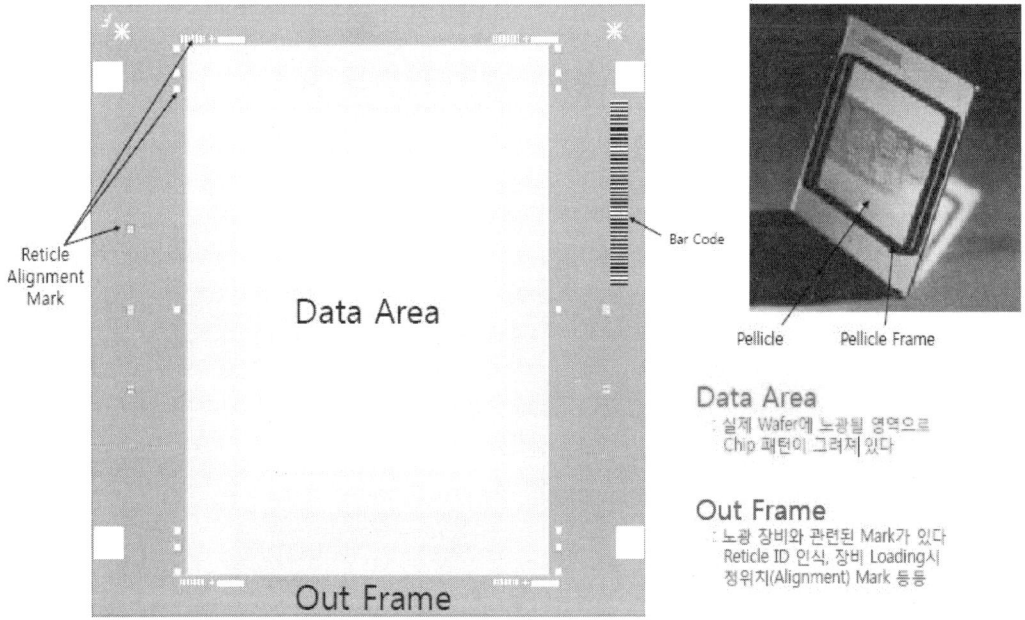

Data Area
: 실제 Wafer에 노광될 영역으로 Chip 패턴이 그려져 있다

Out Frame
: 노광 장비와 관련된 Mark가 있다
Reticle ID 인식, 장비 Loading시 정위치(Alignment) Mark 등등

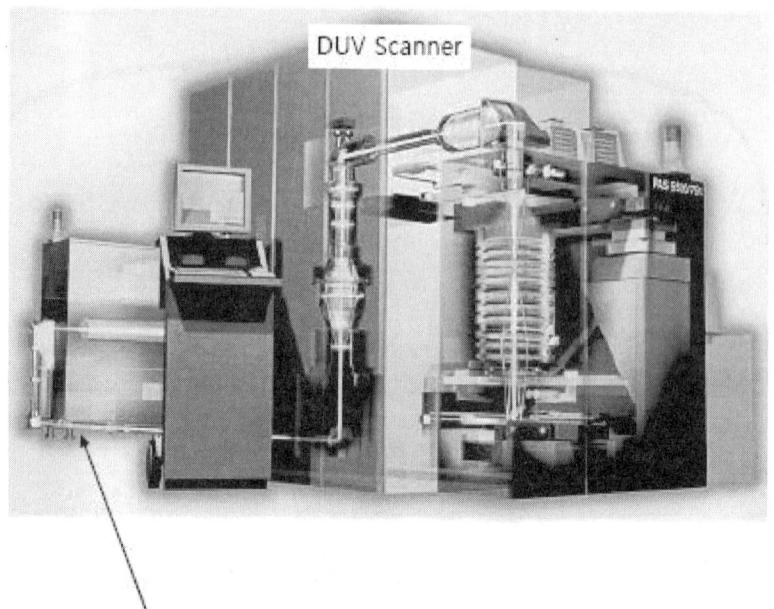

광원으로 Excimer Laser 사용 : DUV (248nm, 193nm, 157nm)
(Excited Dimer)

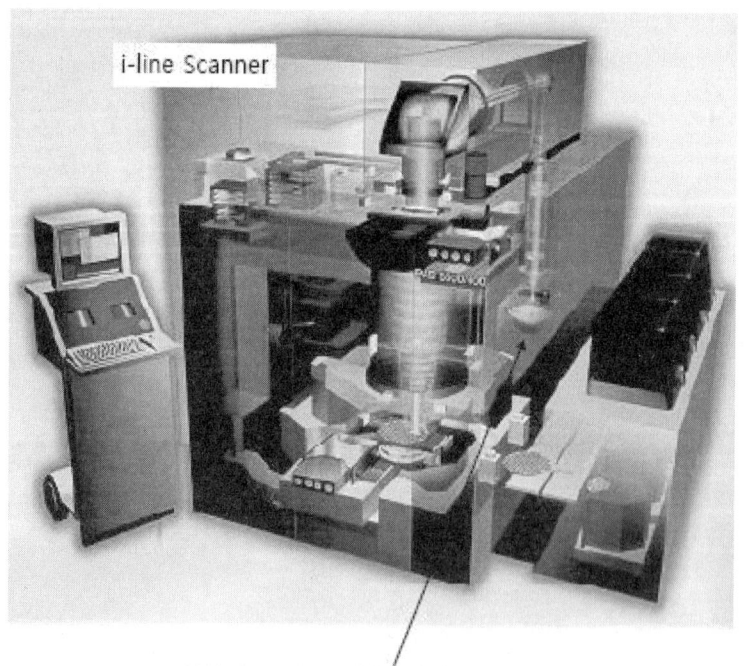

광원으로 수은등 사용 (436nm, 365nm)

제3장 반도체장비보전 일반

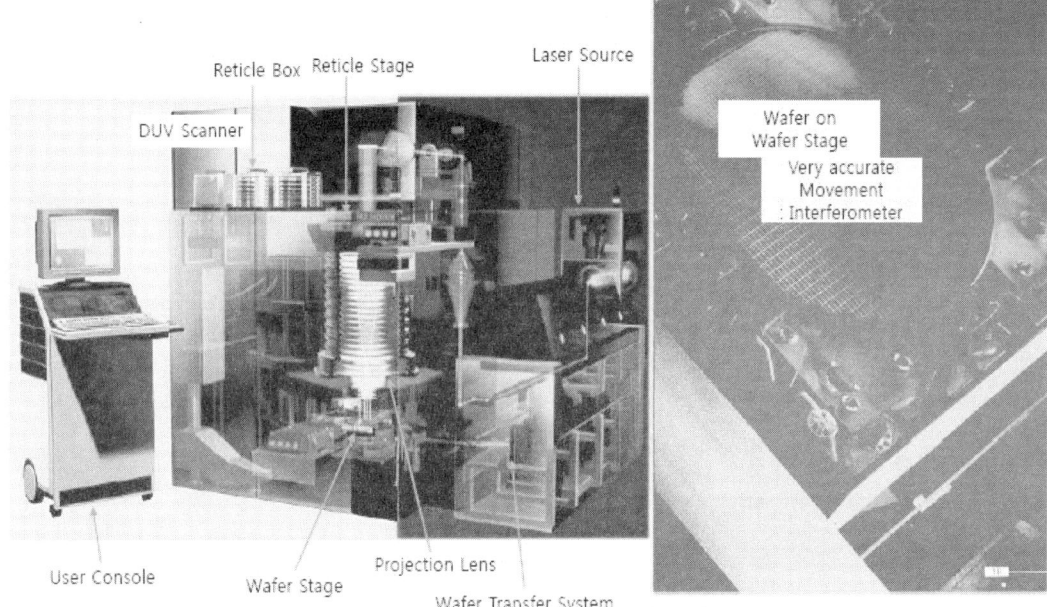

- F# & 조리개 & NA

F-number와 조리개

F#	증가	감소
조리개	감소	증가
NA	감소	감소

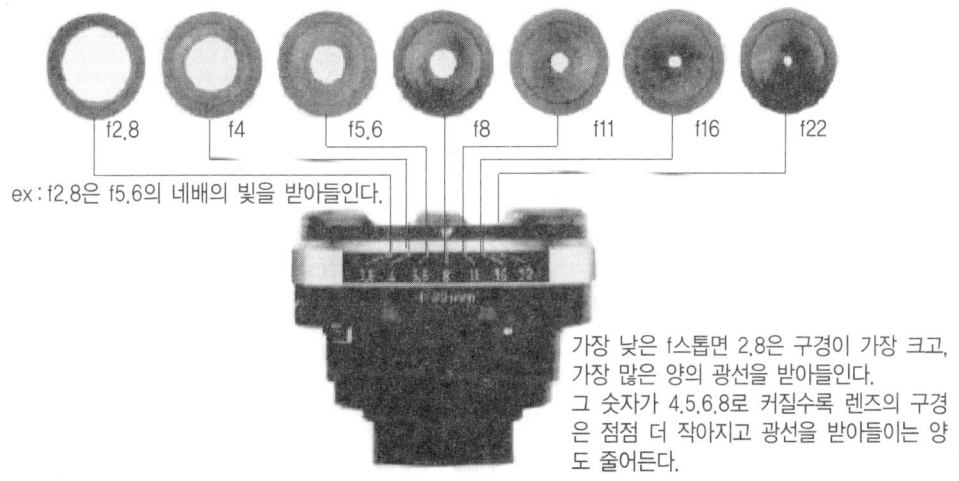

ex : f2.8은 f5.6의 네배의 빛을 받아들인다.

가장 낮은 f스톱면 2.8은 구경이 가장 크고, 가장 많은 양의 광선을 받아들인다.
그 숫자가 4,5,6,8로 커질수록 렌즈의 구경은 점점 더 작아지고 광선을 받아들이는 양도 줄어든다.

4. 포토에칭장비의 조작 및 예방정비

1) HMDS

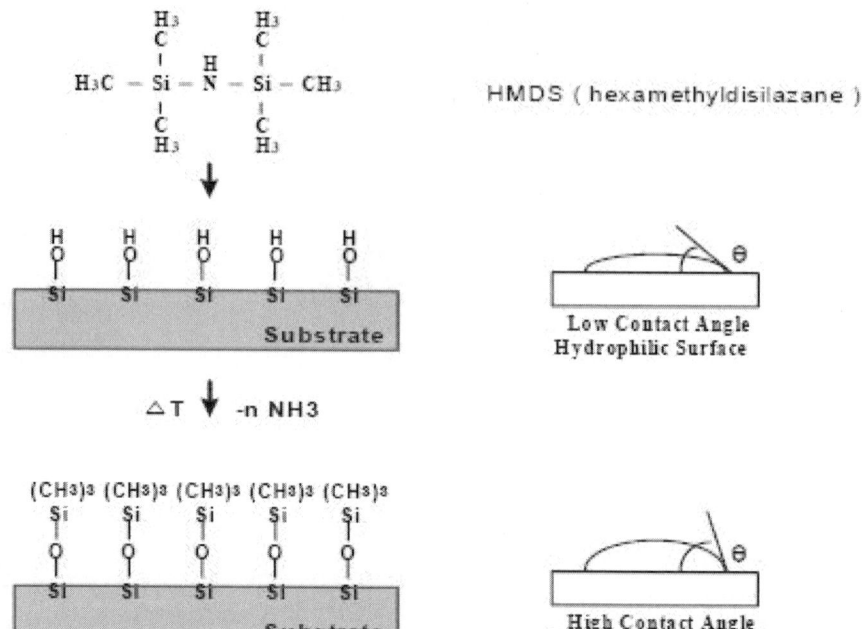

2) Coating Process

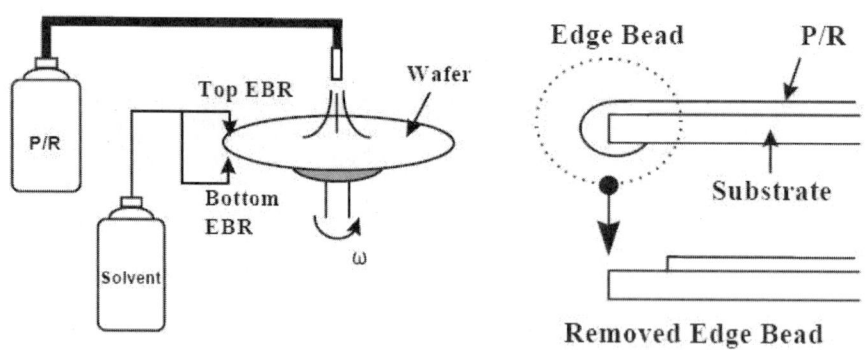

3) 노광장치

반도체 웨이퍼에 만들려고 하는 회로패턴을 지니고 있는 마스크를 통해 빛을 통과시켜 그 형태를 마스크로부터 감광제로 옮기는 작업, 즉 광원을 이용하여 원하는 부분에 미세

패턴을 형성시키는 기술을 광미세가공기술(Photolithography)라고 하는데, 그 공정을 수행하는 장치를 노광장치라고 한다.

4) Develop Process

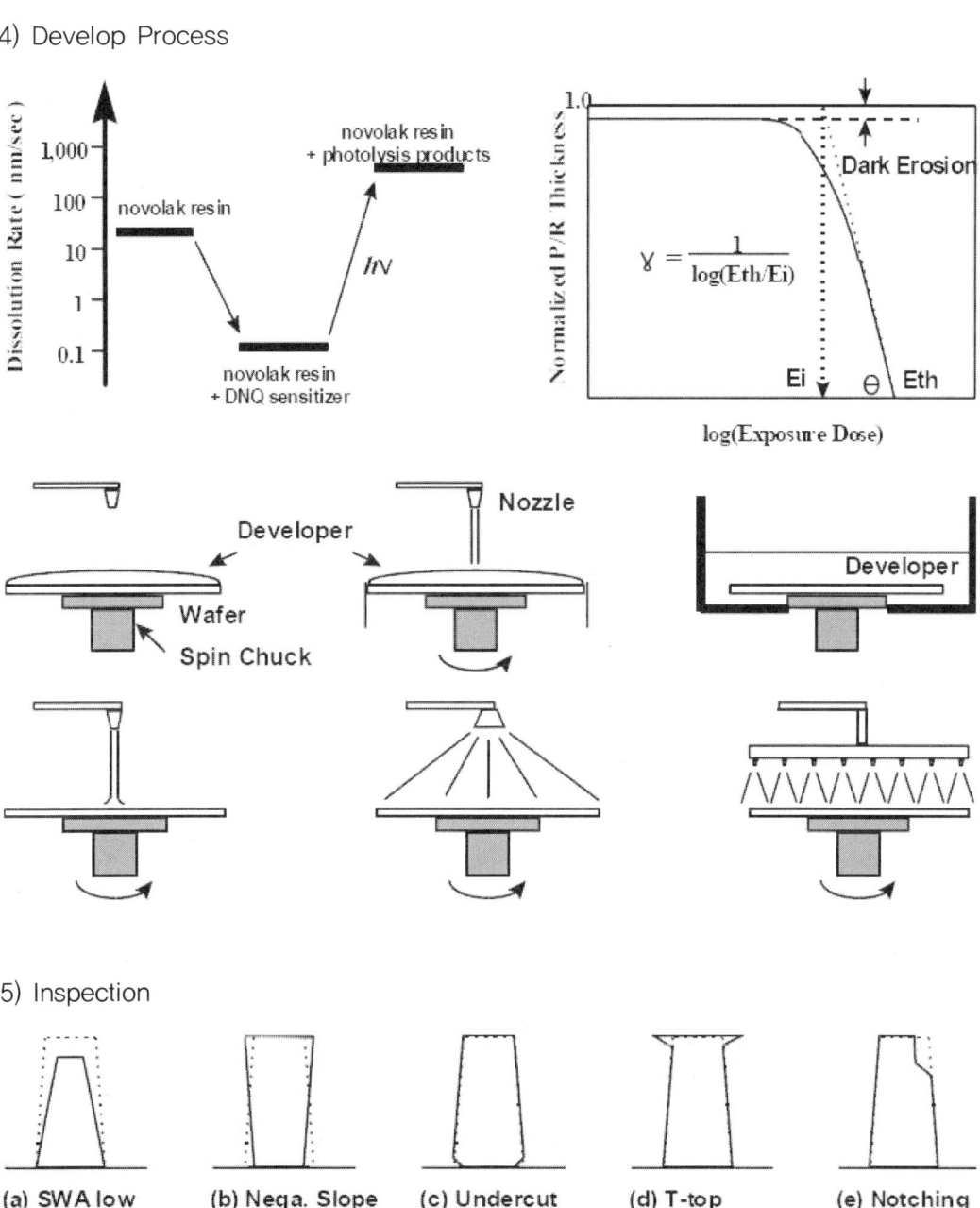

5) Inspection

(a) SWA low $T^{P/R}$ low　(b) Nega. Slope　(c) Undercut　(d) T-top　(e) Notching

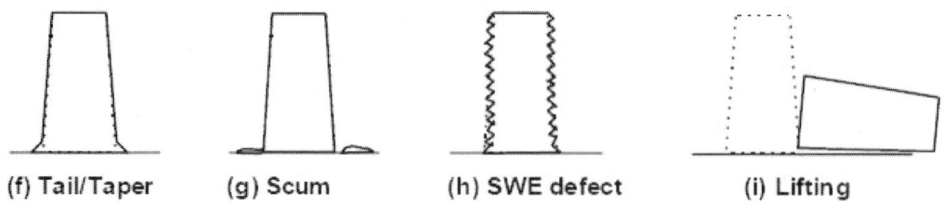

5. 포토에칭장비의 보전

• Wet etching (습식 식각)

Chemical을 이용하여 식각을 행하는 것을 말함. 화학약품내에 포함된 성분이 식각시키려는 물질과 화학 반응을 일으켜 식각하고자 하는 성분이 약품 용액 중에 녹아 내림.

1) Wet etching

Basic mechanism

가. 반응 화학물질이 식각시키고자 하는 물질 표면으로 공급.

나. 표면에서 화학반응이 일어남.

다. 생성물질이 표면에서 떨어져 나옴.

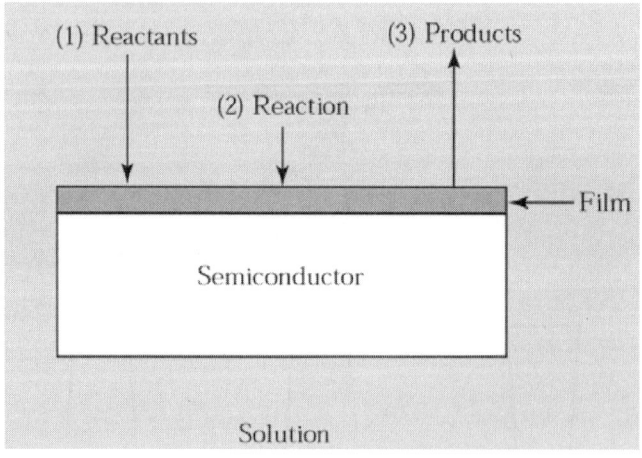

[Mechanism in wet etching]

◎ 특징

- 일반적으로 등방향성(isotropic).

- 절단한 웨이퍼의 표면 연마, 열산화막등을 성장시키기 전의 웨이퍼 세척.
- 최소 선폭 크기가 3μm 이상의 소자 제작등에 주로 사용.

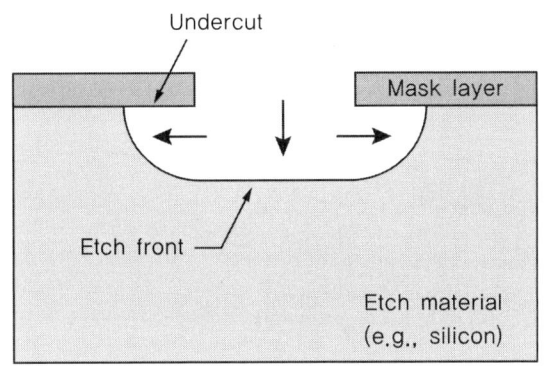

[Isotropic etching]

2) SiO2 식각

불소(F)는 산소보다 더 작은 이온반경을 갖고 Si-O(1.62Å)보다 작은 Si-F(1.4Å) 결합을 이루며 결합에너지도 Si-O에 비해 작아 쉽게 SiO2의 산소 자리에 들어감.

◎ etchant

- 희석된 불산(HF)사용

단점) • 이 반응이 HF를 소모하므로 반응률은 시간에 따라 감소.
　　　• 식각속도가 너무 빨라 (1000 Å/min 이상) 공정 조절이 어려움.

◎ 일반적으로 HF를 NH4F로 더욱 희석하여 사용하는데 완충 HF(BHF : Buffered HF)라 한다.

3) Si3N4 식각

질화 실리콘은 Si, SiO2 막 위에서 두꺼운 산화막 성장이나 SiO2 막의 식각을 위한 마스크로 사용하므로 이들 물질들이 식각되기 쉬운 HF나 BHF 용액에서는 식각할 수 없음.

◎ etchant

- 인산(H3PO4) at 180℃

단점) 이 etchant에 의해 PR이 들어올려지며 부풀어짐. 따라서 대부분의 Si3N4

식각은 질화막 위에 열이나 CVD 를 이용한 SiO_2 층을 얇게 만들고 PR 을 도포하여 Lithography 로 SiO_2 마스크를 만들어 식각함.

◎ 식각률
- Si_3N_4(100Åmin), SiO_2(10~20Åmin), Si(3 Åmin)

4) Si 식각

등방성 식각과 이방성 식각의 두가지 성질을 가짐.

다결정 실리콘, 비정질 실리콘 ; 등방성 식각.

단결정 실리콘 ; 식각용액에 따라 등방성, 이방성.

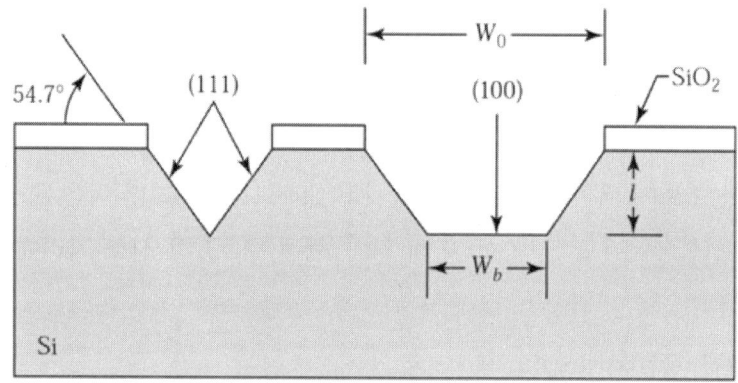

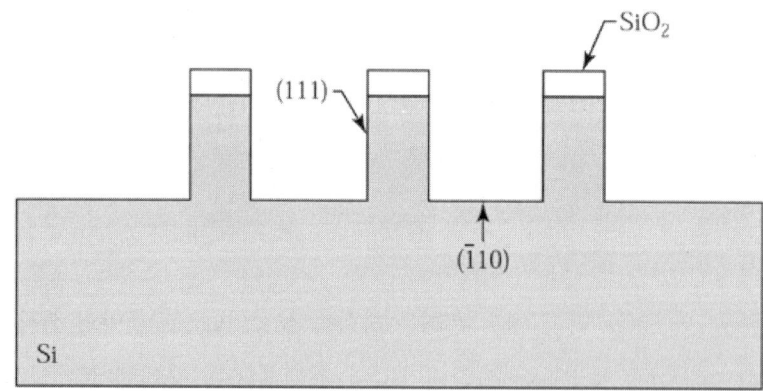

5) 등방성 실리콘 식각

반도체 물질들의 식각은 일차적으로 이를 산화시킨 후 산화물을 식각하는 방법을 사용.

◎ etchant
- 질산(HNO3), 불산(HF)을 물이나 초산(CH3COOH)에 섞은 용액사용.

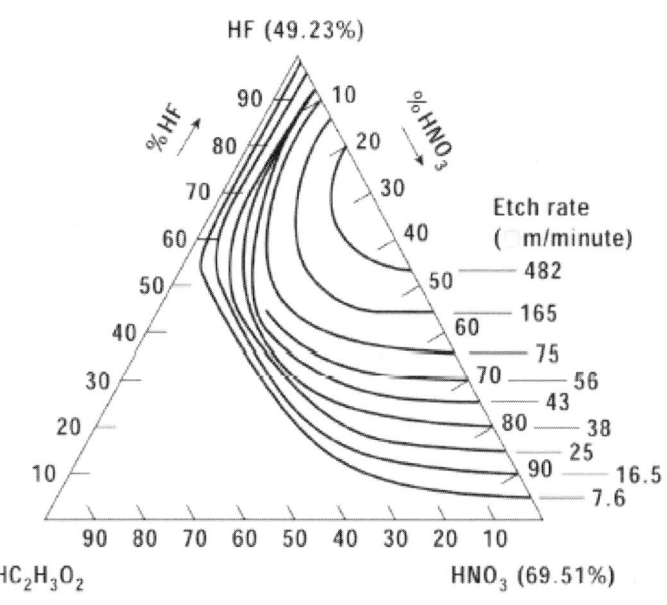

[실리콘 등방성 식각 곡선]

6) 이방성 실리콘 식각

결정면 중에서 일정 방향의 특수한 면에서는 다른 면에서 보다 매우 빠른 식각 속도를 나타내는 방향성을 갖는 식각이 일어날 때 이방성 식각 이라고 함.

- (100)면 ; 0.6μm/min, (110)면 ; 0.1μm/min, (111)면 ; 0.006μm/min(at 80℃)

◎ etchant
- 일반적으로 KOH 를 물과 이소프로필 알코올에 섞은 용액(23.4 KOH - 13.3 이소프로필 알코올 - 63.3 물) (무게비)

◎ 식각 형태
- V-형 ; 마스크 폭이 작을 때 54.7 도의 경사각을 가지는 V-형의 모양이 형성.
- U-형 ; 마스크 폭이 충분히 클 때나 식각 시간이 짧을 때 형성.

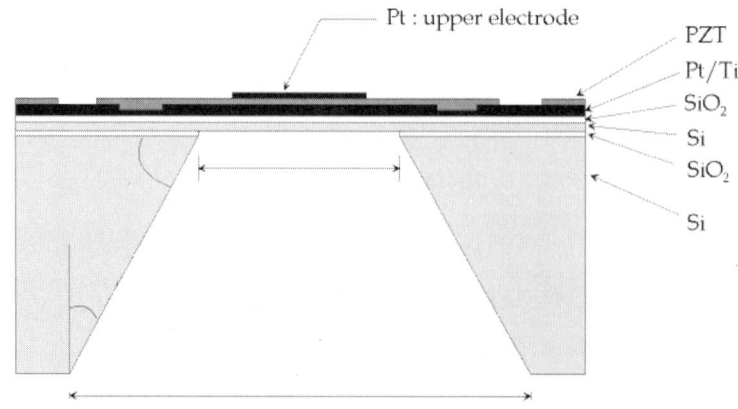

[Schematic of ultrasonic sensor]

7) 알루미늄 식각

알루미늄은 주로 회로의 연결을 위해 7000 ~ 15000Å의 막이 증착 되는데 식각은 등방향성으로 발생.

◎ etchant

- (인산)H3PO4:(질산)HNO3:CH3COOH:H2O = 80 : 5 : 5 : 10 (체적비)

$$2Al + 2HNO_3 \rightarrow Al_2O_3 + H_2 + NO + NO_2$$
$$Al_2O_3 + 2H_3PO_4 \rightarrow 2AlPO_4 + H_2O$$

- 여기서 초산과 물은 완충액으로 사용되는데 초산은 질산의 분해를 저지시켜 주는 역할을 하여 산화알루미늄 생성을 조절하고, 물은 산화 알루미늄의 분해를 조절한다.

단점) 생성되는 기포 중 수소가 Al막에 부착되어 식각에 방해를 주므로 식각이 되지 않은 미소 부분이 발생 → 식각도중 흔들어 기포 부착을 없애는 초음파 진동 같은 방법을 사용.

◎ 식각률

- 1000 ~ 3000Å/min (35 ~ 40℃)

8) 인 실리케이트 유리 (PSG : P2O5 -SiO2) 식각

실리카보다 박막형성시 증착에 의한 응력이 낮고 보통 절연층과 보호층 으로 쓰인다.

◎ etchant
- 다결정 실리콘 위의 절연층 ; 보통 7 : 1 불산 용액
- Al 선위에 보호층 ; BHF (H2O : CH3COOH : NH4F = 6 : 5 : 1)
- 식각률은 PSG내의 P2O5양이 증가할수록 커짐.

- **Dry etching (건식 식각)**

화학 약품대신 Gas를 사용하여 Plasma상태에서 물리적 반응을 일으켜 식각하는 것을 말함.

1) Dry etching

Basic mechanism

가. 플라즈마 안에서 반응 물질 생성.
나. 식각될 표면으로 확산에 의해 이동.
다. 식각될 표면 속으로 흡수.
라. 화학반응(이온충격과 같은 물리적 효과)에 의해 증발하기 쉬운 물질 생성.
마. 이 물질이 표면으로부터 방출.

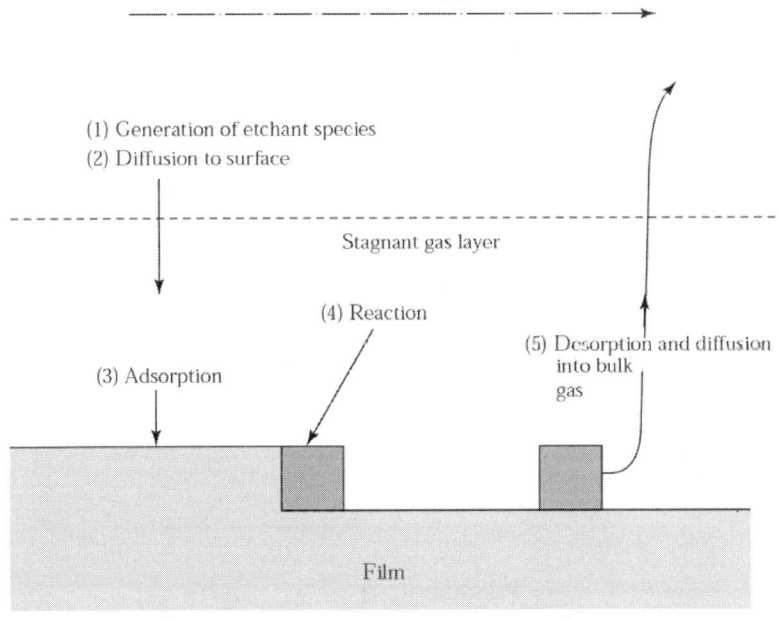

[Basic step of a dry etching]

[건식 식각 방법들의 비교]

	건식 식각		
	이온 식각	반응 식각(reactive etching)	
방법	물리적	화학적	물리적 및 화학적
기술	이온빔 식각(이온빔 밀링 스파터 식각). rf 스파터 식각.	*Barrel reactor*에서의 플라즈마 식각. 화학적 건식 식각. (혹은 하류 건식 식각)	*parallel-plate reactor* 내의 플라즈마 식각. 반응 이온 식각, 반응 스파터 식각. 반응 이온빔 밀링. 전자 유발 화학적 건식 식각. 광자 유발 화학적 건식 식각.
원리	(그림: 전계, 이온·원자·분자 → substrate)	(그림: plasma, 반응종, 휘발성 반응물질생성 → substrate)	(그림: 전계, 이온·전자·광전자, 반응종, 휘발성 반응물 → substrate)
식각 원인	충돌이온, 원자 혹은 분자들의 운동량 이동.	플라즈마 내의 반응종 생성과 식각 물질 표면으로의 이동 및 표면에서의 화학반응 후 휘발성 물질 생성.	충돌이온, 전자, 광자들에 의한 표면 화학 반응 및 휘발성 물질 생성.
가장자리 윤곽	(그림: 이온, 원자 혹은 분자 → mask/film/substrate)	(그림: 반응종, 휘발성반응물생성 → mask/film/substrate)	(그림: 이온, 전자 혹은 광자, 휘발성반응물생성, 반응종 → mask/film/substrate)

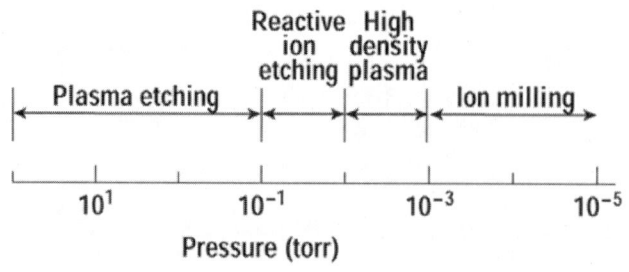

[챔버 압력정도에 따른 식각공정의 형태]

◎ 건식 식각의 방법

Physical etching ; 이온들이 식각 대상 물질을 향해서 전계에 의해 가속된 후 충돌할 때 운동량 이전에 의하여 표면 마멸 현상이 일어나는 것.

2) 이온식각

고에너지를 가진 이온들을 식각 표면에 충돌시킴으로써 이들 입자들의 운동량이 전달되고 식각물질의 결합에너지보다 커 결합이 끝어져 여분의 에너지에 상응하는 운동량을 가지고 표면을 이탈해 나오게 하는 식각.

일반적으로 이온빔 식각(이온빔 밀링, 이온빔 스파터링 이라고도 함)과 RF 스파터 식각 두 종류로 대별됨.

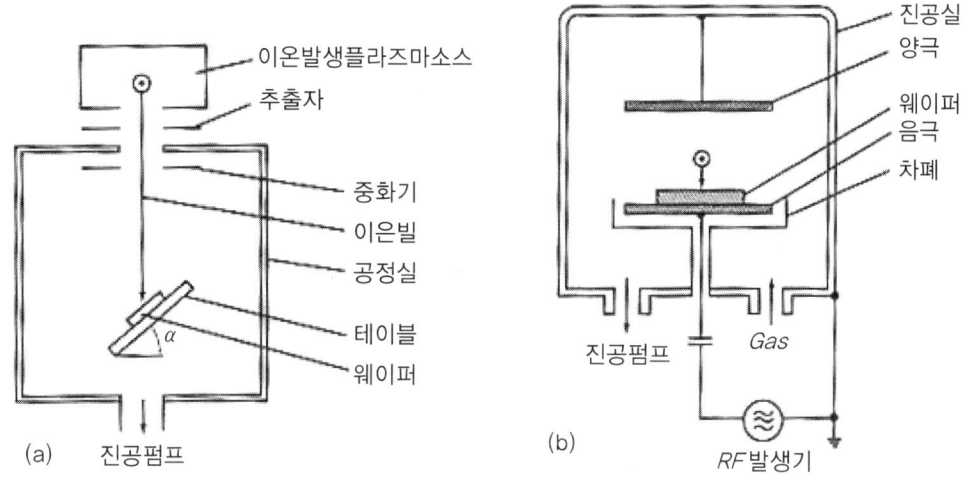

[이온식각]
(a) 이온빔 식각장치 (b) RF 스파터 식각장치

가. 이온빔 식각

이온발생 플라즈마(10^{-4}Torr 이상 압력)로부터 발생한 이온이 추출자에 의해 추출된 이온은 가속되어 (500 ~ 2000V) 웨이퍼와 충돌을 일으켜 식각.

- 스퍼터링 효율 ; 입사 이온이나 분자수에 대한 스파터된 원자들의수, 질량이 낮은 He+ 보다 큰 질량의 Ar+, 크립톤(Kr+) 또는 세논(Xe+)이온들을 사용할 때 더욱 큰 값을 가진다.

[여러 물질들의 스파터링 효율 $\eta_1 (E=500eV)$]

목표물질	η_1 [atoms/ion]				
	He^+	Ne^+	Ar^+	Kr^+	Xe^+
Be	0.24	0.42	0.51	0.48	0.35
C	0.07		0.12	0.13	0.17
Al	0.16	0.73	1.05	0.96	0.82
Si	0.13	0.48	0.50	0.50	0.42
Ti	0.07	0.43	0.51	0.48	0.43
V	0.06	0.48	0.65	0.62	0.63
Cr	0.17		1.18	1.39	1.55
Mn				1.39	1.43
Mn			1.90		
Bi			6.64		
Fe	0.15	0.88	1.10	1.07	1.00
Fe		0.63	0.84	0.77	0.88
Co	0.13	0.90	1.22	1.08	1.08

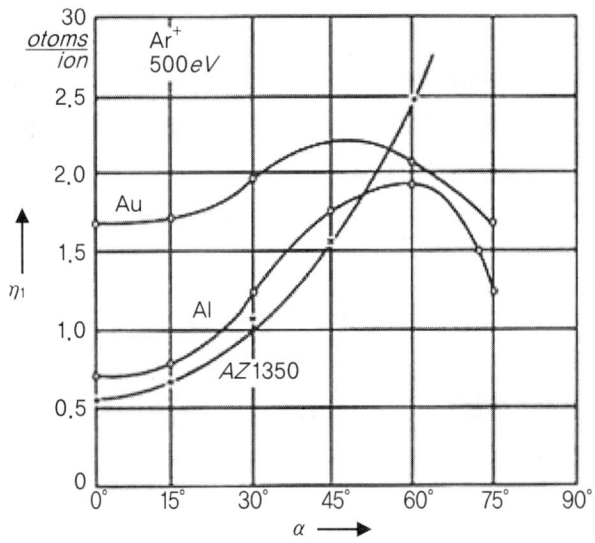

[입사각 α 에 따른 스파터링 효율]

- 입사각과의 관계

    대부분의 물질들은 입사각이 증가함에 따라 스파터링 효율이 증가하다 40°~60°영역에서 최대가 되었다 감소한다.

나. RF 스파터 식각

DC 스파터링은 단지 도전체만을 스파터 시킬 수 있으나 RF 스파터링은 유전체를 포함한 모든 종류의 고체물질을 스파터 할 수 있다.

- 감광막이 두껍고 식각해야 할 박막이 매우 얇을 때 사용.
- 사용되는 주파수는 5 ~ 500MHz 에서 가변적이나 대부분 13.56MHz 를 사용.

◎ Physical etching 의 장단점

장점 - 물리적인 메카니즘의 공정으로서 순간적으로 매우 큰 에너지를 가진 할 수 있다(매우 수직의 식각 프로파일을 형성에 유리).

단점 - 식각되어지는 층 아래에 놓여 있는 물질과 마스킹 역할을 하는 물질에 대한 선택도가 없다. (감광막이 두껍고 식각해야 할 박막이 매우 얇을 때 사용)

- 비휘발성 물질들이 식각된 측부벽에 부착.
- 결과적으로 물리적인 스퍼터링에 의한 식각 방법은 패턴을 형성하는 공정에 널리 보급되지 못함.

3) Barrel reactor

- 최초의 상용 건식식각장치.
- 터널 혹은 튜브 반응장치라 불리는 원통형 관에서 플라즈마가 발생하여 활성화 물질이 웨이퍼 쪽으로 확산.
- 0.5~2 Torr의 고압하에서 작동.
- 등방성 식각 성질을 나타냄.

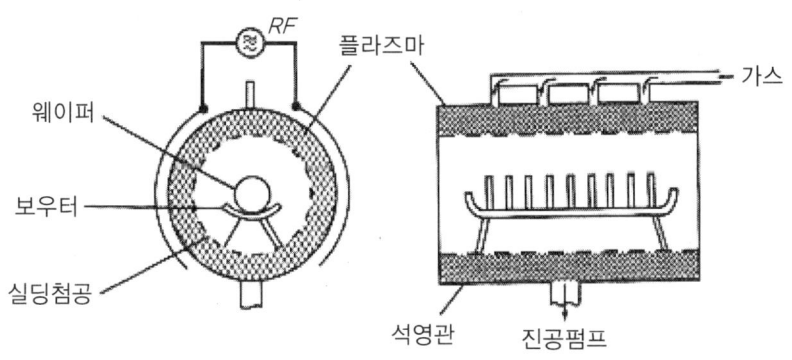

[Barrel reactor]

4) 하류 식각장치(down stream etcher)
- 플라즈마 발생관과 화학반응실을 분리하여 ion bombardment에 의한 substrate의 방사 손상 방지.
- RF나 microwave에 의한 방전에 의해 생성된 radicals들이 방전실로부터 웨이퍼가 장착된 반응실로 튜브를 통하여 확산되어 들어감.
- 0.5~2 Torr의 고압영역에서 작동.

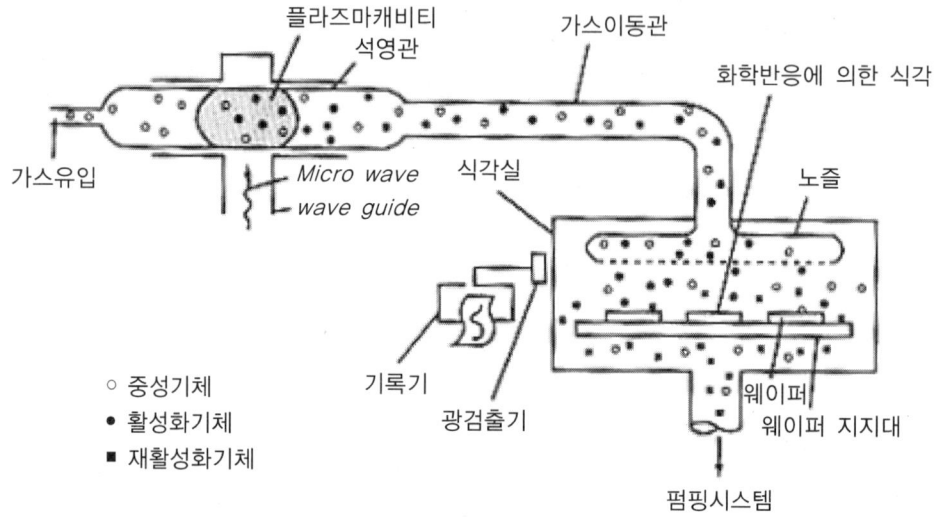

[Down stream reactor]

◎ 첨가 gas의 영향
- 산소 ; 플라즈마에 소량의 산소(O_2)를 첨가하면 COF_2, CO, CO_2 등이 생성되고, 이들의 생성이 CF_x($x \leq 3$)의 농도를 감소시켜 CF_x와 F의 재결합률이 저하되어 F의 농도를 증가시키는 결과를 가져온다.
- 식각률은 O_2가 12%정도 첨가될 때 최대로 나타나고 그 이상 증가 하면 감소한다.(Si표면위에 O_2가 흡착하여 Si와 F사이의 반응을 방해)
- 수소 ; 수소와 F가 결합하므로 직접적으로 식각 작용을 하는 F가 감소하므로 식각률이 감소한다.

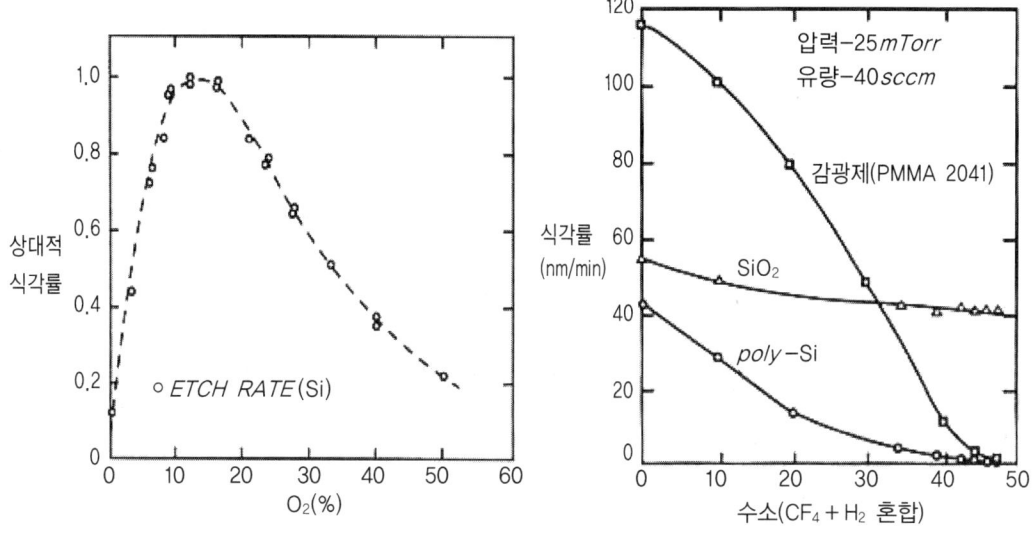

[O2 농도에 따른 Si 식각률 Fig. 수소 농도에 따른 식각률]

5) Physical-Chemical reactive etching

◎ 이온조사 반응 건식식각 (ion irradiation)
- 상온의 가스분위기에서 이온빔을 조사시켜 식각하는 방법.
- XeF2 기체가 실리콘 표면에 흡착되어 Xe이 증발하고 2개의 불소원자가 남게 되고 Ar+ 이온빔을 조사 시키면 불소와 실리콘 원자와의 화학반응 확률이 증가하여 식각작용이 크게 증대.

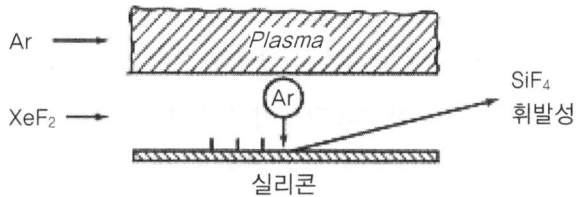

[이온조사 반응 건식식각 개략도]

◎ 식각 형태
- 이방성 식각 ; 마스크와 식각시킬 물질의 두께 및 이온덮게(ion sheath)가 이온의 평균자유행정거리 λ보다 훨씬 작을 때 이온들은 중성입자나 전자들과 충돌없이 자유로이 수직이동을 할 수 있어 이방성 식각을 일으킴.
- 등방성 식각 ; 압력이 높아 이온의 평균 자유행정거리가 이온덮게 길이와 같아지면 중성입자와 이온들이 서로 충돌을 일으켜 등방향으로 식각.

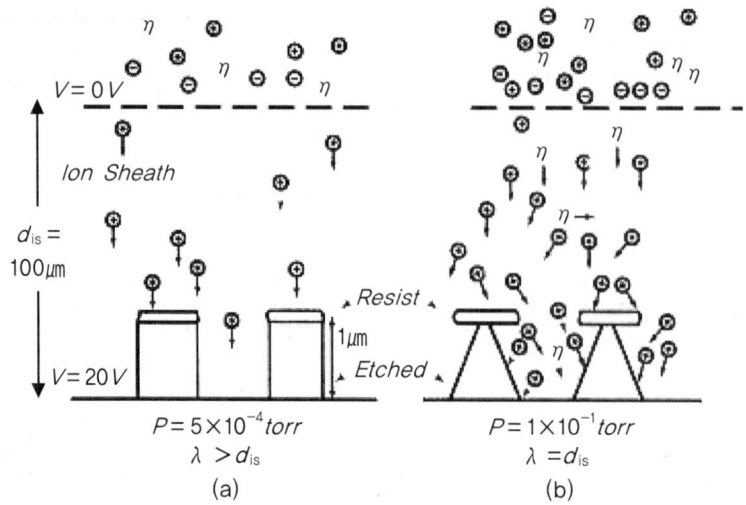

[물리-화학적 반응 건식식각] (a) 방향성 이온이동 (5×10$_{-4}$ Torr)
(b) 충돌에 의한 등방성 이온 이동 (1×10$_{-1}$ Torr)
b) 전자조사 반응 건식 식각 (electron irradiation)

- SiO2건식 식각에 주로 XeF2 기체와 전자빔을 사용하는데, XeF2 기체나 전자빔만으로는 SiO2를 식각시킬 수 없으나 전자빔을 조사하면 반응기체의 분해가 일어나 반응기체와 식각 대상 물질 사이에 화학 반응으로 식각됨.
- 감광제 없이 전자빔이 조사되는 부분만 SiO2가 식각되게 할 수 있는 특성을 가짐.

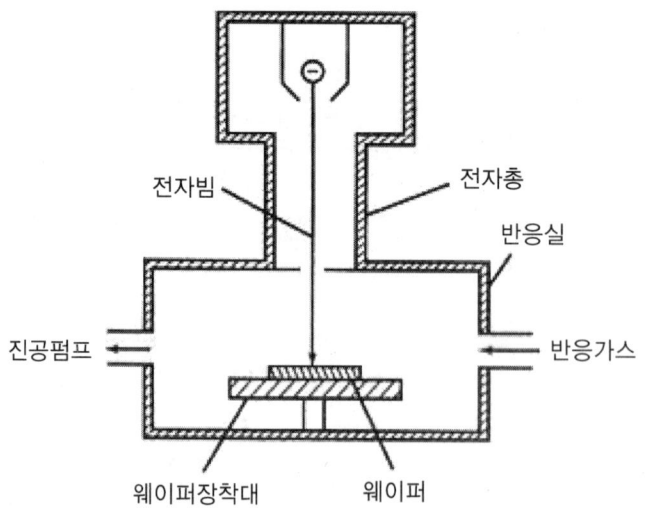

[전자조사 반응 건식 식각]

◎ 건식식각의 사용상의 문제점
- 건식식각은 가공 정밀도에 있어 습식식각에 비해 우수하므로 미세가공에 요즘 폭넓게 널리 사용되고 있으나 다음과 같은 몇가지 단점이 있다.
- 가장 큰 단점으로 에칭속도가 늦고 처리능력이 낮아 경제성이 낮음.
  습식식각에 비해 장치가 복잡하고 진공용기안에 식각물질을 한장 내지 몇장 정도 넣어 식각.
- 식각 과정중의 오염물의 흡착.
  반응생성물이 표면에서 제거되지 않고 그 근처에 흡착되어 남는 것과 반응 용기에 의한 오염물 혼입. (습식에칭 후공정과 같은 세척과정이 없음)
  식각 단면 형상을 손상, 중금속의 흡착은 후 열처리 과정에 기판재료 내부로 확산되어 디바이스 특성을 저해.
- 식각의 불균일성
  방전을 사용하는 장치에서 전극간의 방전을 균일화해야 하며 일반적으로 기판 웨이퍼 끝에서는 에칭의 속도가 작게 되는 현상이 발생.

• Photoresist Stripping

※ 주의할 점
- PR자체가 완전히 제거되어야 한다.
- 린스 공정을 통해 웨이퍼에서 제거될 수 있어야 한다.
- 웨이퍼 표면이나 기판을 손상시키면 안된다.

* Photoresist stripping 의 **종류**

가. 습식 스트리핑(wet-stripping methods)
◎ 장점
- 금속이온 제거.
- 값이 싸다.

- 복사에 의한 손상을 입을 가능성이 없어 진다.

◎ 단점
- 금속층이 부식되거나 산화될 위험이 있다.

◎ 스트리퍼
- 크롬 황산 혼합물
- 수성 아민(Aqueous Amines)
- 유기물 스트리퍼 등

나. 건식 스트리핑

건식방법은 산소 plasma 방전을 이용하는 방법과 오존을 이용하는 방법으로 크게 나뉘어 진다.

(1) 산소 plasma의 부산물인 O^* (산소라디칼)과 유기물인 photoresist가 반응하여 CO_2(이산화탄소)로 변하여 진공펌프를 통해 배출되므로 photoIesist를 제거하는 방법이다.

(2) 비교적 최근에 개발된 방법으로서 오존의 강력한 산화작용을 이용하여 상압하에서 를 제거하므로 비교적 간단한 장비구성으로 습식 방법과 같은 damage가 없는 부드러운 처리가 가능하며 차세대 ashing방법으로 각광을 받고 있으나 환경적인 문제 등 해결해야 할 과제가 남아있다.

◎ 장점
- 화학약품을 취급할 필요가 없다.
- 습식식각조나 후드를 쓸 필요가 없다.
- 웨이퍼가 약품이나 세척액에 노출되지 않는다.

◎ 단점
- 웨이퍼가 금속이온으로 오염될 위험이 있다.
- 웨이퍼가 복사에 노출 된다.
- 전자와 정공 생성-표면에서 전기적 특성에 영향을 준다.

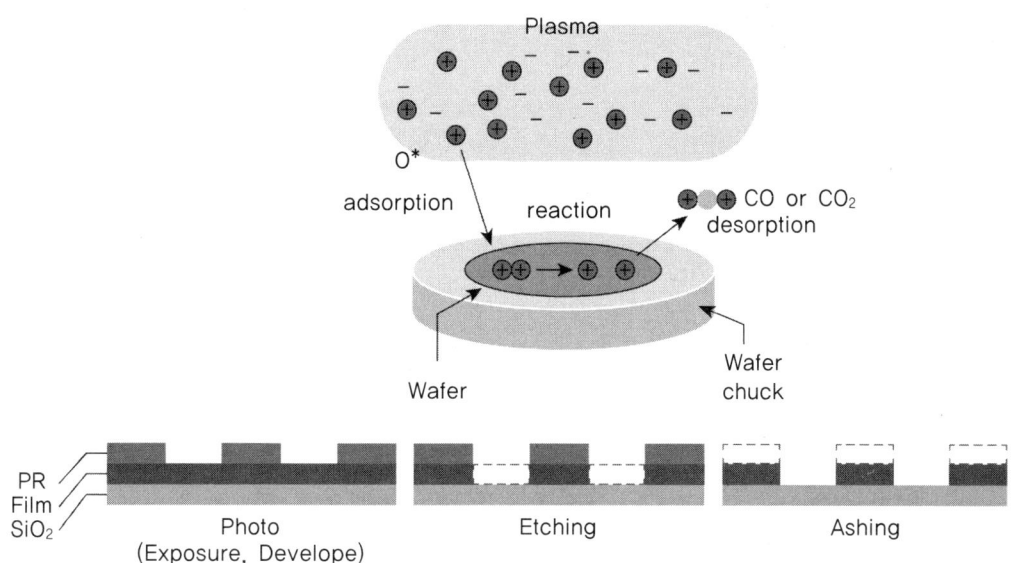

〈참고〉 Reactive dry etching 용 gases

식각 물질	사용 기체	마스크	식각 장치
단결정 Si	Cl_2	SiO_2	RIBE
	Cl_2/Ar	SiO_2	RIE, RIBE
	Cl_2/Ar, He	SiO_2, Al_2O_3, MgO	RIE
	Cl_2/O_2	SiO_2, Al_2O_3	RIE
	$CBrF_3/He$	SiO_2	PP
	CCl_3F/O_2	Si_3N_4, SiO_2	RIE
	CCl_4		CDE
	CCl_4/Ar	SiO_2	RIE
	CF_4	Si_3N_4, SiO_2, 감광제	PB, PP, RIE
	CF_4/Cl_2	SiO_2	RIE
	CF_4/O_2	Si_3N_4, SiO_2, Al	PB, TP
	$CF_4/O_2/Ar$	SiO_2	PP
	C_2F_6/O_2	SiO_2	RIBE
	F_2/Ar		RIBE
	SiF_4	SiO_2, Si_3N_4	RIE
	XeF_2		RIBE
	XeF_2/He, Ne, Ar		RIBE
Poly-Si	BF_3	SiO_2	RIBE
	Cl_2	SiO_2, Si_3N_4	PP, RIE, PCDE
	Cl_2/H_2	SiO_2	RIE
	$CBrF_3/Cl_2$	SiO_2	RIE
	CCl_3F/O_2	Si_3N_4, SiO_2	RIE
	CCl_4	SiO_2, 감광제	PP
	CF_4	Si_3N_4, SiO_2, 감광제	PB, PP
	CF_4/Cl_2	SiO_2	RIE
	CF_4/O_2	Si_3N_4, SiO_2	PB
	SF_6	SiO_2, 감광제(AZ 1350 J)	RIE

SiO$_2$	CBrF$_3$		PCDE
	C$_2$ClF$_5$		PP
	CF$_4$	Si	PP, RIE, RIBE
	CF$_4$/H$_2$	Si, 감광제(AZ 1350 B)	RIE, RIBE
		Au	
	C$_2$F$_6$	Si, Ti, 감광제, Al	RIE, RIBE
	C$_3$F$_6$	Si, Poly-Si	RIE, RIBE
	CHF$_3$/H$_2$	Si	RIE
	XeF$_2$		ECODE
Si$_3$N$_4$	CBrF$_3$	SiO2, 감광제(AZ 1350 J)	RIE
	CCl$_2$F$_2$		PCDE
	CF$_4$	SiO$_2$, Si	PB, PP, RIE
PSG	CH$_4$/H$_2$	Si, 감광제(AZ 1350 B)	RIE
	CHF$_3$	Si	RIE
	CHF$_3$/SF$_6$	Si, 감광제	RIE
Al	BCl$_3$	Si, 감광제(AZ 1350, WR 300)	PP
	Cl$_2$		RIE
	CCl$_4$	SiO$_2$, Al$_2$O$_3$, PSG	RIE
	CCl$_4$/He	SiO$_2$, Si(100), Al$_2$O$_3$	PP, RIE
Au	CCl$_2$F$_4$		PB
	CF$_4$/O$_2$	Si$_3$N$_4$, GaAs	RIBE
W	CCl$_2$F$_4$		PB
	CF$_4$	SiN$_2$, Si$_3$N$_4$	PB, RIBE
Cr	Cl$_2$, Cl$_2$/O$_2$		PP, RIE
	CCl$_4$, CCl$_4$/Ar		PB
Ti	CBrF$_3$/He/O$_2$		PP
	CF$_4$	Si$_3$N$_4$, Au, Pd	PB, RIE
Pt	CCl$_2$F$_4$/O$_2$		
TiSi$_2$	CCl$_4$	SiO$_2$	PP
	CF$_4$/O$_2$		
MoSi$_2$	CCl$_4$	SiO$_2$	PP
	CF$_4$/O$_2$	SiO$_2$	PB, RIE
	SF$_6$	SiO$_2$, 감광제(AZ 1370)	PP, RIE
TaSi$_2$	CF$_4$/Cl$_2$	SiO$_2$	RIE
	CF$_4$/O$_2$	SiO$_2$	PP
WSi$_2$	CF$_4$/O$_2$	SiO$_2$	PP, RIE
Al$_2$O$_3$	Cl$_2$/Ar		RIE
	CCl$_4$/Ar		
Cr$_2$O$_3$	Cl$_2$/Ar		RIBE
TiO$_2$, V$_2$O$_5$	C$_2$F$_6$	Ti, V	RIE
Polymers	CF$_4$, CF$_4$/O$_2$		PP
감광제	O$_2$, O$_2$/CF$_4$	Si, SiO$_2$, Si$_3$N$_4$, Al	PB, CDE
Polystyrene	NF$_3$/CF$_4$/Ar		PP, RIE

제2절 박막확산장비보전

- CVD 공정의 유형들
    - APCVD (Atmospheric Dressure CVD)
    - LPCVD (Low Pressure CVD)
    - UHVCVD (Ultra-high vaccum CVD) 초고진공화학기상증착
    - DLICVD (Direct liquid injection CVD)
    - AACVD (Aerosol-assisted CVD)
    - MPCVD (Microwave Plasma CVD)
    - PECVD (Plasma Enhanced CVD)
    - ALCVD (Atomic Layer CVD)

- IC제조에 있어 주된 CVD 공정들의 예
    - 부도체 박막의 경우 소자내 층간 절연막으로 주로 사용되는 PSG(phosphosilicate glass)나 BPSG(boro-phospho silicate glass) 등이 대기압에서 운전되는 APCVD법에 의해 증착.
    - 반도체 박막의 경우는 IC내 트랜지스터의 게이트 층으로 사용되는 다결정 실리콘이 LPCVD법에 의해 주로 증착.
    - 최상층 금속배선 위를 덮는 보호막인 Si3N4 박막과 금속 배선층간 절연막인 SiO2 박막 등이 PECVD법에 의해 증착.
    - 최근 들어서는 주로 PVD법에 의해 증착되었던 금속층들(Al, Cu, W, TiN)도 CVD법을 사용하여 증착하는 연구가 활발히 수행되고 있다.

- LPCVD (Low Pressure CVD)
    - 상압보다 낮은 압력에서 Wafer 위에 필요 물질을 Deposition하는 공정에서 사용반응 Gas들의 화학적 반응방법을 이용하여 막을 증착시키는 방법으로서 확산공정에서 사용.

- PECVD (Plasma Enhanced CVD)
  - 강한 전압으로 야기된 plasma를 이용하여 반응물질을 활성화시켜서 기상으로 증착시키는 방법 또는 장치. TFT-LCD에서는 insulator층과 a-Si 증착에 사용한다. 반응 Chamber가 Plasma 상태하에서 GAS들의 화학적 반응에 의해 film을 증착하는 방법으로 Plasma에 의해 reactant들이 energy를 얻음으로 낮은 온도에서 증착이 가능하다.

1. 박막확산장비의 작동환경

* 정전기와 클린룸 환경

우리가 관찰할 수 있는 대부분의 정전기 발생 현상은 움직이지 않거나 또는 움직이는 전기를 띤 전하로 설명할 수 있다. 일반적으로 정전기는 어떤 물체의 표면에 잠시 머무르고 있는 다량의 전하로 이해할 수 있다.

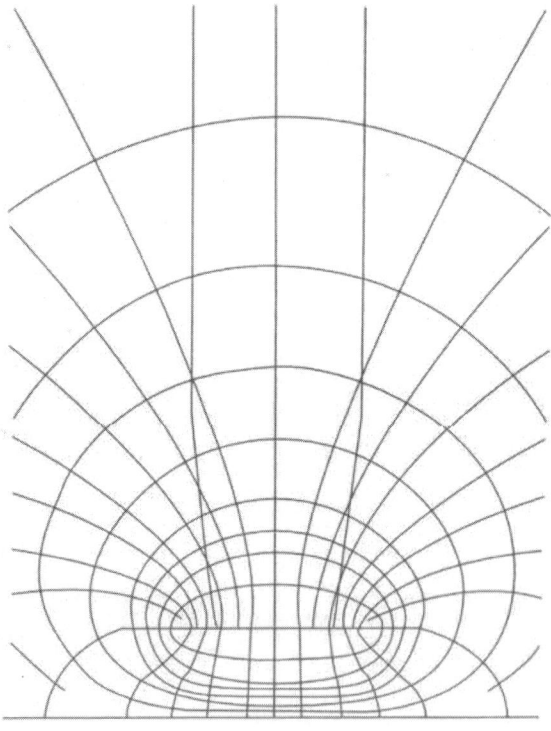

[Electric Field Line of a Charged Surface]

이런 전하는 물체의 표면에 전자의 과잉 또는 부족으로 인해 생긴다. 정전하의 크기는 쿨롱 단위로 측정할 수 있다. 비전도성 물체의 표면에서 정전하는 국부적으로 또는 광범위하게 존재할 수 있다. 정전하는 대전된 물체 주위의 지역에 영향을 끼칠 수 있는 정전기장을 가지고 있다.

가. 정전기 - 원인과 영향

보통 정전기는 클린룸 환경의 제조공정 모든 단계에서 발견할 수 있다. 웨이퍼 생산, 조립, 포장 그리고 테스트 공정을 포함한 모든 공정에서 정전기를 발생시키고 제품 수율에 영향을 미치는 process를 가지고 있게 마련이다. 정전기로 인한 피해를 다음의 세가지로 설명할 수 있다.

- 정전기 방전(ESD) 현상의 직접적인 영향으로 인한 제품 또는 장비의 손상.
- 정전기에 의한 입자 유인(ESA) 현상으로 물체 표면 오염.
- 정전기 방전(ESD)에 의한 공정 설비의 Latch-up 현상과 그로 인한 전자기 간섭 현상(EMI).

나. 정전기 발생 원인

어떤 환경에서 사람이나 물체가 움직이게 되면 정전기가 발생된다. 이러한 정전기는 마찰과 유도 전하라는 두 가지의 주요 메커니즘에 의한 결과이다. 마찰 정전기는 어떤 두 물체가 접촉했다가 다시 분리될 때마다 발생한다. 유도 정전기는 대전된 물체 주위에 전도성 물체가 있을 때마다 생긴다.

사실 마찰 정전기는 도체와 액체를 포함해서 어떠한 두 물체 사이에서 생긴다. 대전 중 한 물체의 양전하에서 전자가 나와서 다른 물체로 전하가 이동하는 전자의 이동이 생긴다. 물체들의 상대적인 대전은 전자를 얻고 잃는 친화력 정도, 접촉 압력, 접촉 면적 크기, 분리 속도, 표면 상태 등과 같은 여러가지 요인들에 의존한다. 반도체 산업에서 일반적인 정전기장 볼트는 다음과 같다. 웨이퍼 기판 5,000V, 석영 제품 15,000V, 아크릴 커버 20,000V, 테프론 카세트 20,000V, SMIF pods 25,000V(그림 참조). 물체의 정전기 성질을 이해하기 위해서는 대전표를 통해서 상대적인 대전 상태를 숙지하고 있어야 한다. 여기에서의 위치는 두 표면이 접촉했다 분리되면서 발생될 전하의 극성과 크기를 나타낸다. 이 표에서 더 멀리 위치해 있는 물체들은 더 큰 크기의 전하를 가진다. 또한 이 표의 위에 있는 물질은 아래에 있는 물질에 대해서 양의 전하를 띠게 된다. 한 번 전하가 표면 위에 발생되면 이 전하는 유도를 통해서 전도체로 이동한다. 도전성 물체는 정전기장 하에서 쉽게 대전된다.

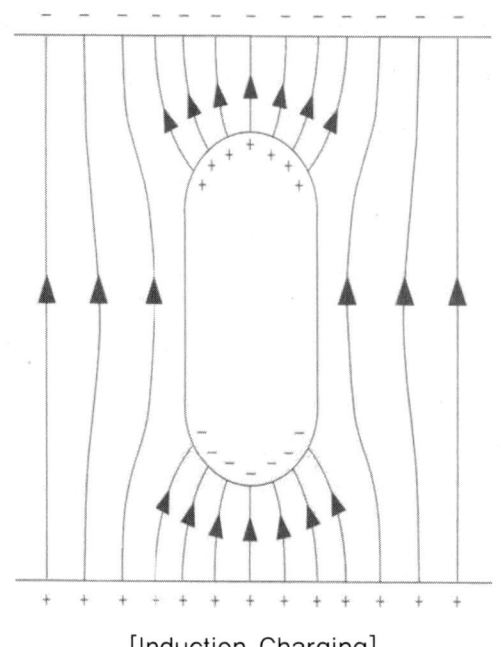

[Induction Charging]
Polarization of an isolated conductor in an electric field.
*Bossard, P.R., Chemelli, R.G., Unger, B.A., ESD BY STATIC INDUCTION, 1983 EOS/ESD Symposium Proceedings.

유도된 전하는 마스크, 레티클, 웨이퍼에 심각한 피해를 입히는 주요 인자이다.

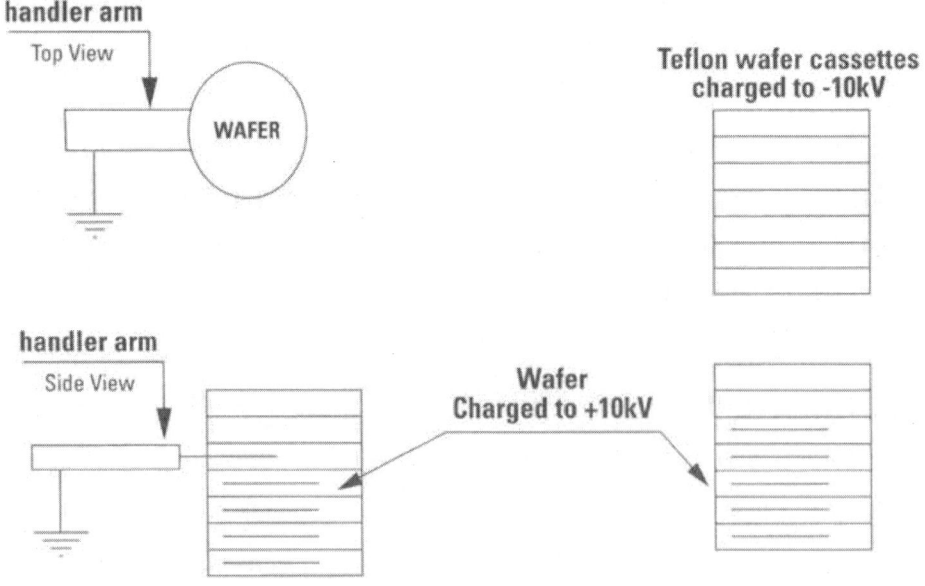

[Model of Induction Charging and Wafer Handling]

공정 중 유기된 전하의 예를 다음과 같다.
- 웨이퍼의 고속회전 건조 공정에서 웨이퍼 기판 표면에 수천 V의 정전기가 발생한다. 그 다음의 처리 공정은 방전에 유리하게 작용한다.
- 휴렛 패커드의 실험에서, 보호필름에 300V를 인가했을 때 device gate를 망가뜨리기에 충분한 60V를 유기시켰다.
- 웨이퍼 jet spray clean 공정은 얇은 게이트 산화막 유전체 본연의 특성에 심각한 피해를 준다. 정전기 증가는 FET 디바이스의 얇은 산화막을 파괴시키기에 충분하다.
- 일괄적으로 마스크 또한 정전기장 유도 현상에 의한 방전으로 피해를 입을 수 있다.

다. 정전기 방전(ESD)

대전된 물체가 다른 전위를 가진 물체에 접근해 갈 때 자발적이고 신속한 정전기 이동이 발생한다.

정전기 방전 효과는 다양한 방법으로 영향을 미친다. ESD 현상은 장비 능력, 장비 수명, 수율, 작업 처리량에 영향을 준다. ESD 영향은 최종 제품의 포장과 선적을 포함해서 받을 때까지 관심을 가져야한다. 문제의 대부분은 제품이 carrier에 있거나 또는 로봇 팔과 같은 carrier에 의해서 이동할 때 발생한다. 룸 전체, minienvironment, 공정 설비에서 정전기를 관리하기 위해서 Ionizer 사용을 고려할 필요가 있다. Ionizer를 사용해서 제품, 레티클 그리고 공정 장비의 피해를 줄일 수 있다.

전자 산업에서는 ESD 현상이 나타나는 경우를 구체화하기 위해서 연구를 해 오고 있다. 다음과 같이 세 가지로 나눌 수 있다. 인체에 의한 피해 모델(Human Body Model), 대전된 소자의 방전에 의한 피해 모델(Charged Device Model), 전기장에 의한 유도 모델(Machine Model).

(1) 인체에 의한 피해 모델(Human Body Model)

상대적으로 사람의 작은 움직임에 의해서도 충분한 정전기를 발생시킬 수 있다. 아래의 표는 걷기, 앉기, 포장 뜯기 등등의 조그마한 동작으로 인해 나타나는 정전기의 크기를 표현하고 있다.

[Typical Electrostatic Voltages (volts)]

Event	Relative Humidity		
	10%	40%	55%
Walking across vinyl floor	12,000	5,000	3,000
Motions of bench worker	6,000	800	400
Device sliding on a delivery rail	2,000	700	400
Remove bubble pack from PCBs	26,000	20,000	7,000

대전된 물체 또는 어떤 개인이 소자에 닿을 때, 그 개체에 축적되어 있던 에너지의 일부가 소자로 또는 소자를 통해서 접지한 곳으로 이동 또는 방전된다. 이 피해 모델에서 소자를 파괴하거나 또는 피해를 줄 수 있는 힘을 가진 전하가 정전기에 민감한 소자로 이동한다. 인체에 의한 피해 모델인 그림은 서 있는 사람의 손끝에서 소자로 방전되는 것을 나타내고 있다(그림 참조).

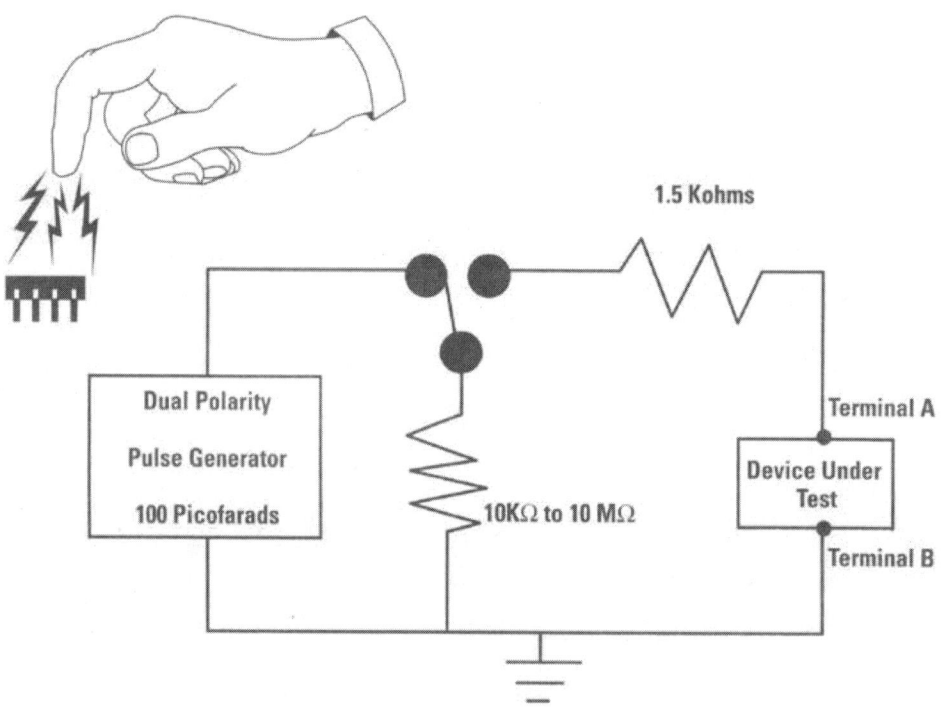

[Typical Human Body Model Circuit]
Source: ESD Association STM 5.1

실질적으로 사람이 앉을 때 방전은 금속 물질인 핀셋 같은 것을 통해서 일어난다. 그래서 일반적으로 최대의 발생 전압을 소자 감도 등급의 10%로 제한하는 방법을 권하고 있다.

(2) 대전된 소자의 방전에 의한 피해 모델(Charged Device Model)

두 번째 ESD 피해 현상은 소자와 패키지 자체에 관련이 있다. 대전된 소자의 방전에 의한 피해 모델(CDM)은 소자의 리드 프레임과 한 지점에서 접지 쪽으로 빠르게 방전시킬 수 있는 전도성 부위 위에 있는 전하를 나타낸다. 이 경우에, 소자의 전도성 부위에 있는 전하가 리드를 통해서 흘러가고, 방전 통로가 되는 접합부, 유전체, 구성부품 등을 파괴한다. 검사기로 이어지는 선로를 움직이는 소자는 마찰 정전기를 일으키는 경우의 하나이다. 다른 경우는 대전된 물체 가까이 접근하는 것이다. 도전성 물체를 정전기장 가까이 접근시키면 전위가 커지게 된다. 이렇게 해서 발생된 전하는 움직일 수 있는 것과 고정된 것으로 이루어진다. 움직이는 전하는 금속 리드 프레임이나 도전체 위에 있게 되고, 움직일 수 없는 전하는 소자의 비전도성 부위에 머무르게 된다. 움직일 수 없는 전하는 전류를 발생시킬 수 없고 그러므로 소자에 직접적으로 영향을 주지 않는다. ESD 현상에 의한 피해를 최소화하기 위해서는 움직일 수 있는 전하를 낮은 수준으로 유지할 수 있어야 한다. CDM 모델에서 소자 위에 존재하는 전하는 ESD 현상에 민감한 소자에서 전위차가 존재하는 물체나 접지 전위로 이동하게 된다 (그림 참조).

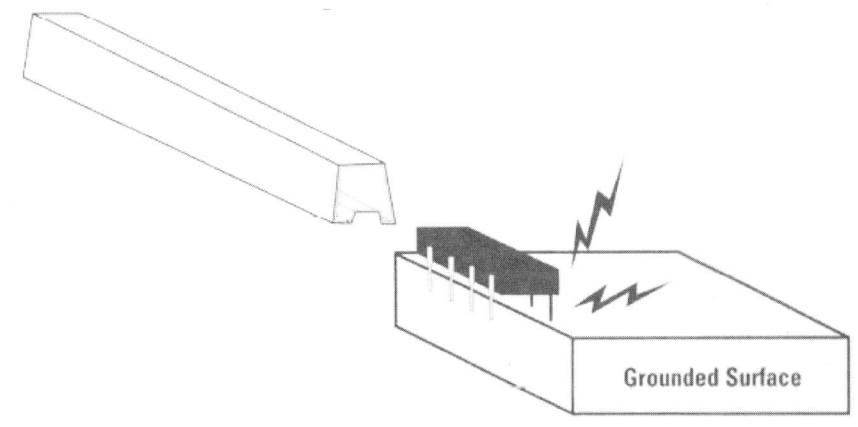

[Charged Device Model]

이 모델과 관련이 있는 커패시턴스나 에너지는 다른 피해 모델에서의 커패시턴스나 에너지와는 다른 성질의 것이다. CDM 모델에서 파형 risetime은 주로 100ps 이하이고, 500ps 이하에서 발생한다.

2. 박막확산장비의 매커니즘 이해

* Diffusion
    ※ Si wafer에 불순물(dopant)을 넣는 공정.
    ※ Si에 불순물을 넣는 이유.
    ※ 순수한 Si의 경우 결정이 공유결합되어 있어 전도성이 매우 약하며, 이러한 실리콘으로 제작된 반도체를 진성(intrinsic) 반도체라고 함.

- 화학기상증착 공정이란?
    - 화학 반응을 수반하는 증착기술로서 부도체, 반도체, 그리고 도체 박막의 증착에 있어 모두 사용될 수 있는 기술.

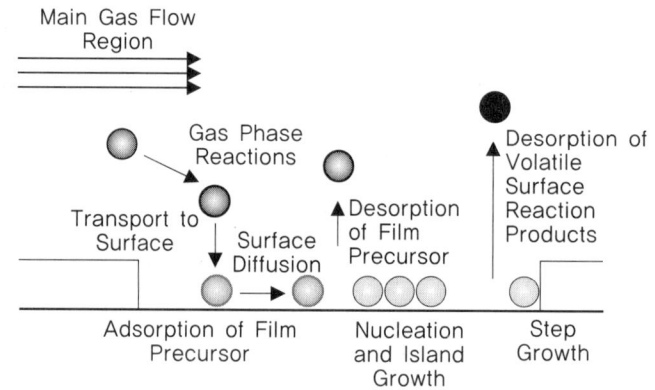

[기체상태의 혼합물을 가열된 기판 표면에서 반응시켜
생성물을 기판 표면에 증착시키는 기술]

- CVD 방법의 장점
    - 융점이 높아 제조하기 어려운 재료를 융점보다 낮은 온도에서 용이하게 제조 가능.
    - 증착되는 박막의 순도가 높다.
    - 대량 생산이 가능하여 비용이 PVD법에 비해 적게 든다.
    - 여러 가지 종류의 원소 및 화합물의 증착이 가능하며, 공정 조건의 제어 범위가 매우 넓어 다양한 특성의 박막을 쉽게 얻을 수 있을 뿐만 아니라, PVD법에 비해 훨씬 좋은 step coverage를 제공한다.

- <u>APCVD</u> (Atmospheric Dressure CVD)
  - 고순도 고품질의 박막을 형성하는 기술로 저온에서 기화한 휘발성의 금속염(Vapor)과 고온에 가열된 도금할 고체와의 접촉으로 고온분해, 고온반응하고 여기에 광에너지를 조사시켜 저온에서 물체표면에 금속 또는 금속화합물층을 석출시키는 방법으로 화학 Gas들의 화학적 반응 방법을 이용하여 막을 증착시키는데 이때 Champer 상태가 대기압 조건에서 이루어지는 증착.
    · 반도체는 전압을 가했을 때 전류가 흐를 수 있어야 하므로 인(P), 안티몬(Sb), 비소(As)등과 같은 5가나 붕소(B)와 같은 3가 불순물을 넣어 실리콘의 결정 구조를 변경시킴.
    · 이러한 불순물의 종류에 따라 n-type(5가)과 p-type(3가)으로 구분됨.
    · 불순물의 주입 방법 : Diffusion과 Ion implantation으로 나뉨.
    · Diffusion : Predeposition → Drive in
    · Predeposition : Dopant를 Si wafer에서 원하는 위치에 주입.
    · Drive in : 고온처리를 하여 표면에 있는 dopant를 Si 내부로 들어가게 하는 공정.

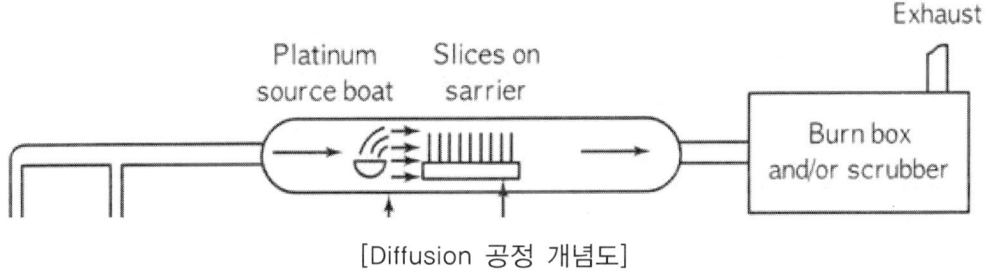

[Diffusion 공정 개념도]

3. 박막확산장비의 공유압/전기/프로그램 이해

SVCS의 Diff Furnace 디자인은, 다양한 공정을 포함, 최대 capa의 양산라인용(SVaFUR-FP)과 아주 다양한 소 규모의 연구 및 시험 생산용(SVaFUR-RD)을 모두 제공합니다. 보다 쉬운 유지보수, 안전성과 함께 신뢰 할 수 있는 Horizontal Funace를 제공합니다. SVCS 디자인은, 고 효율성, 다양한 High Process를 진행하는데 최소 footprint와 낮은 관리비용을 실현.

1) 대기 공정.
- Diffusion (drive-in) high temperature processes.
- 고체, 액체 및 기체 화학 불순물 소스 doping.
    예) BBr_3, B_2H_6, $POCL_3$, PH_3, BN
- 다양한 열처리 공정.
    예) annealing, curing, sintering
- External Burning System 구조의 Pyrogenic Wet Oxide.
- 극도로 순수한 증기에 의한 Wet Oxide.
- Dry Oxide.
- HiPOx (High Pressure Oxide).
- 모든 Process에 대한 option.
    예) DCE(TCA는) 또는 HCL.

2) 특징 및 장점.
- 모듈식 제어 시스템 방식, 자체 설계, 최선의 고객요구 지원 가능한 자체 생산.
- 최고의 성능과 trouble을 최소화 할 수 있는 furnace 장비를 위한 최고 품질의 부품을 항상 최우선 선택.
- 다양한 공정을 위한 최대 4 stack 가능
  - Quartz 또는 SiC tube reactor 적용.
- 각 Tube (stack) 별 구분 된 advanced water cooling system : 각 튜브 사이에 열 간섭 최소화.
- 비접촉식 완전 자동화된 boat-in-tube loading.
  (cantilever or softlanding system)
- 친화적인 유지보수를 위한 기계 설계.

4. 박막확산장비의 조작 및 예방정비

※ 배경 및 필요성

정부는 연구장비의 투자효율성을 증대시키기 위해서 지속적으로 신규장비를 취득하는 것(구축 중심)보 다 기존장비에 대한 안정적인 유지보수비의 배정(운영 중심)을 통해 연구생산성을 높이는 방향으로 정 책 패러다임을 전환하고 있는 실정.

최근 수행된 연구1 에서 연구자들이 응답한 연구장비의 정상작동 요인으로 1순위는 '운영관리 전담인 력의 확보', 2순위는 '정기적인 유지보수'로 조사됨.

또한, 연구장비의 수명을 증가시키는데 중요한 항목인 유지보수도2를 높이는 주요 요인으로는 '유지 보수비 마련'이 1순위로 조사되었음.

만약, 연구장비의 유지보수가 제대로 이루어지지 않는다면, 관리부실로 인한 노후화로 장비의 수명이 단축되고, 결과적으로 신규장비의 구입 시기를 앞당기게 되어 예산낭비를 초래함.

그러므로, 연구장비가 설치된 후 활발하게 이용되기 위해서는 예방정비, 고장수리 등이 적시에 필요 하며, 그렇게 하기 위해서는 안정적이고 적정한 연구장비 유지보수비의 투입이 요구됨.

연구장비의 유지보수비에 대한 연구자들의 범위와 인식이 다양하여, 체계적인 운영관리를 위해서는 표준적인 연구장비의 유지보수비 산정이 필요.

기초기술연구회 소관연구기관의 연구자들(212명)을 대상으로 조사한 결과, 연간 적정 유지보수비는 연구장비 구입금액의 6.8% ~ 12.4%로 조사됨.

그러나, 인터뷰 결과 대부분의 연구자들이 유지보수비 3와 운영유지비 4 의 정확한 범위를 알지 못하고 두 가지를 모두 유지보수비로 인식하고 있어, 조사된 유지보수비가 실제보다 크게 나타난 경향이 있음.

5. 박막확산장비의 보전

1) 소개

퍼니스 가 올바르게 설치 및 평준화 된 후에, 시동이 시작될 수 있다.

비상 사태 또는 시스템 장애, 키를 눌러 전체 시스템 의 전원 차단 에 대한 EMO 버튼의 경우. 이 빨간 EMO 버튼은 리모트 컨트롤 콘솔 또는 loadstation의 상단 전면 과로(선택 사항)의 뒷면에 배치된다.

2) 시동

- 디지털 전압계(=D.V.M.).
- 정확한 실내 온도 미터, 1 소수점(DP=1).
- 프로판 -2 - 올(I.P.A.)
- 클린 룸 장갑.
- 클램프 식 전류계 0-200 최소한의 범위를 A .
- 장소 및 TC 의 연결한다.
    열전대에 대한 각각의 세라믹 하우징은 그 안에 열전대 두 쌍이 있다.
- 가열 요소 내부에서 (약 2 ㎜) 바로 볼 수 있도록 열전대를 조정한다.

소자 산화, 발열체의 외측 단부는 (고객에 의해 제공되는) 석영 울로, 내열 절연성 재료를 이용하여 폐쇄되어야 한다.

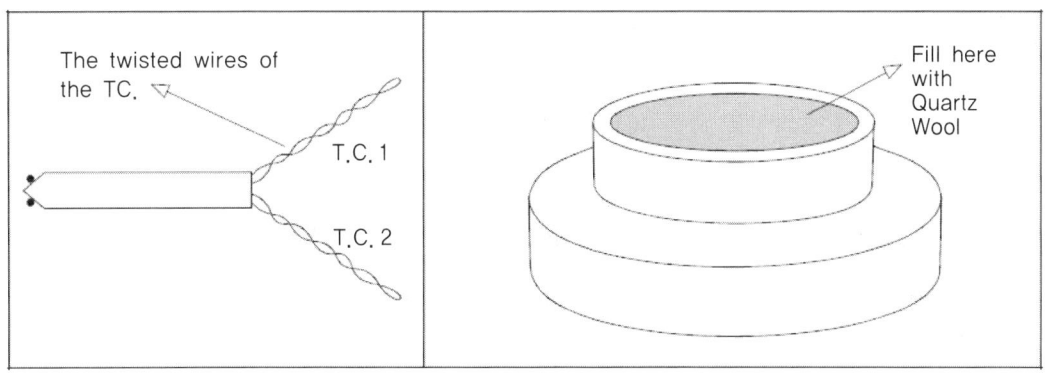

[Spike thermocouple]　　　　　　　　[Tube adapter]

이동 및 석영 에 이물질이 포함 되지 않은 경우 는 튜브 어댑터 에서 떨어지지 않을 것이다.

3) 주의

튜브 어댑터는 발열체 및 프로세스 튜브 사이의 공기 이동을 방지하기 위해 사용된다. 공기 이동은 클린 룸 밖에서 크린룸 사이의 차압 에 의해 생성 될 수 있다. 온도 는 기류 에 의해 영향을 받을 수 있다.

- 앞에서 발열체 의 후방에서 튜브 어댑터를 놓고 발열체에 전기가 제대로 연결되어 있는지 확인한다.
  이 케이블에서 높은 전류가 느슨한 연결로 인해 제어 회로 및 요소에 손상을 줄 수 있다.
- 케이블이 제대로 연결되어 있는지 확인하고 정확한 전압을 확인한다.
  터미널 스트립의 연결이 강화 되는 경우
- 물 공급 및 폐품 배기 는 외형도 에 따라 연결 되어 있는지 확인한다.
- 모든 시스템 전원 스위치 가 꺼져 되어 있는지 확인
- EMO - 스위치 가 세내로 작동 있는지 확인
- 전원 공급 장치를 켜고 상 전압 은 주 전원 입력 연결 에 올바른지 확인 후 주 전원 스위치를 켠다.
  팬이 노의 상단에 온도 전원 표시 등 이 켜져 있는지 되어 있는지 확인 . 하나 이상의 열전대가 작동, 또는 하나 이상의 작동하지 않는 경우, 유지 보수 장에 있는 절을 참조 조건이 해결될 때까지 더 이상 진행 하지 금지.

참고 : gascabinet, gassystem 및 loadstation가 장착되어 있는 경우 튜브 스위치가 켜져 때, 적용.

- 튜브의 전원 스위치를 하나 하나를 돌립니다. 각각의 스위치를 컨 후, 다음을 확인.
- 온도 조절기 에 불이 들어오고 프로세스 컨트롤러는 작동한다.
- 터치 패널의 점등(선택 사양).

4) 쿨 다운

밸브의 유연한 이동을 위해, 폴드밸브를 닫을 압력은 1과 2 사이 바 조절 필요.
참고 : 불필요한 높은 폐쇄 압력에 이상이 발생될 수 있다.

5) 고온에서 가열 요소의 산화

- 최대 전력 / 기울기 값 6000C에서 가열.
- "초과 온도 조절기"에, 600도 정도의 설정값을 제공하여 각 영역의 중복 열전대 초과 온도의 테스트.
- 초과 온도 컨트롤러는 열전대에 의해 측정된 온도를 보호하기 위해 설계. 과열 이 발생 하면 알람이 터치 패널에 나타난다.
- 12500C에 초과 온도 조절기의 설정값을 다시 설정한다.
- 6000C에서 최소 12시간 동안 이 온도 설정.
- 최대 전력 / 기울기 다시 12000C 에 설정 온도를 높인다.
- 2시간 이상을 허용 한다.
- 250C에 제어기를 재설정 한다.
- 전원 스위치를 끈다.

6) 냉각

- 냉각한 후, 시스템은 이제 작동 할 준비가 ; 예비 세정 프로세스 튜브가 설치될 수 있다.

7) 석영 관의 설치

석영 관을 설치하기 위해 아래에 설명 된대로 절차를 확인 한다.

- 석영 관의 포장을 풀고 손상의 유형을 검사.
- HF 및 탈 이온수의 농도(5% HF까지 1 %)의 희석 용액에 석영 관을 청소.

- 노의 양쪽에 배치 튜브 어댑터.

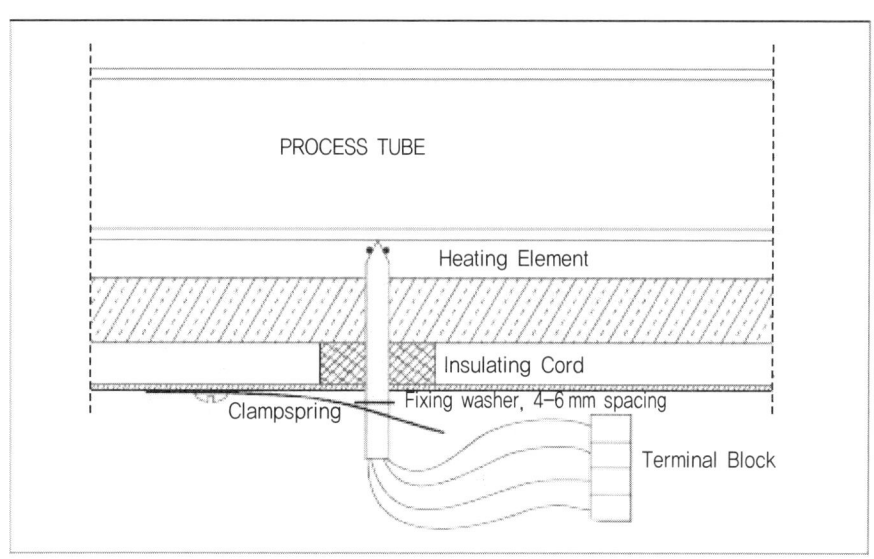

[Position of the thermocouple]

- 열전대의 클램프 스프링을 분리

  열전대를 프로세스 튜브가 설치 될 때, 전혀 열전쌍을 터치하지 않도록 발열체의 내측에 확인.

  와이어가 너무 꺽이지 않도록 열전대를 주의.

  이 와이어는 쉽게 꺽인다.

- 올바른 위치가 달성 된 때까지 가열 요소 내부에 매우 신중하게 처리 튜브를 밀어 넣는다.
- 방사선 차폐 덮개를 놓는다.

  복사 실드를 설치 한 후, 석영 관은 방사선 차폐에 단단히 한다.

제3절 반도체조립장비보전

※ 조립 장비 분야

Package의 박형화와 함께 적층 웨이퍼의 두께는 박형화되고 있으며, 2016년에는 양산

제품에서도 50㎛ 이하까지 박형화가 진행될 것으로 예측되고 있어 Wafer 박형 가공기술 개발이 활발히 이루어지고 있음.

Thin Wafer Handling 기술이 매우 중요해지고 20㎛까지 결함(Damage) 없이 Handling 할 수 있는 기술개발이 이루어지고 있음.

Si Back-grinding 보다 먼저 Dicing 공정을 진행하는 방법의 연구가 진행되고 있으며, Die Bonder는 50㎛ 이하의 Thin Die Handing 기능이 주로 해외 주요 업체에서 개발되고 있고 새로운 Idea가 요구되고 있음. Wire Bonding 기술에서 FlipChip Bonding 기술로 전환이 진행 중이며, FlipChip Bonder는 열압착 Bonding, Ultrasonic Bonding, Metal-to-Metal Bonding 등의 새로운 공정 및 장비의 개발이 진행 중임.

Wire Bonding은 원가 경쟁력 확보를 위한 합금 Wire, Wire Diameter 축소 기술 개발이 진행 중으로 Pad Pitch는 지속적으로 줄어들 것으로 예상되나, Wire Diameter는 더 커질 것으로 예상되지 않음.

고밀도를 구현하기 위하여 PoP(Package-on-Package), Multi-Stack Package 등이 개발되어 사용되고 있음. 따라서 이들이 공통적으로 채용하고 있는 Low Profile, 고밀도, Complex Interconnection을 위하여 Thin Chip, High I/O 등의 요구조건을 만족시킬 수 있는 Molding 기술과 Encapsulation 기술이 지속적으로 개발 중임.

3D Stack에서 사용가능한 재료들의 개발도 중요해지고 있음.

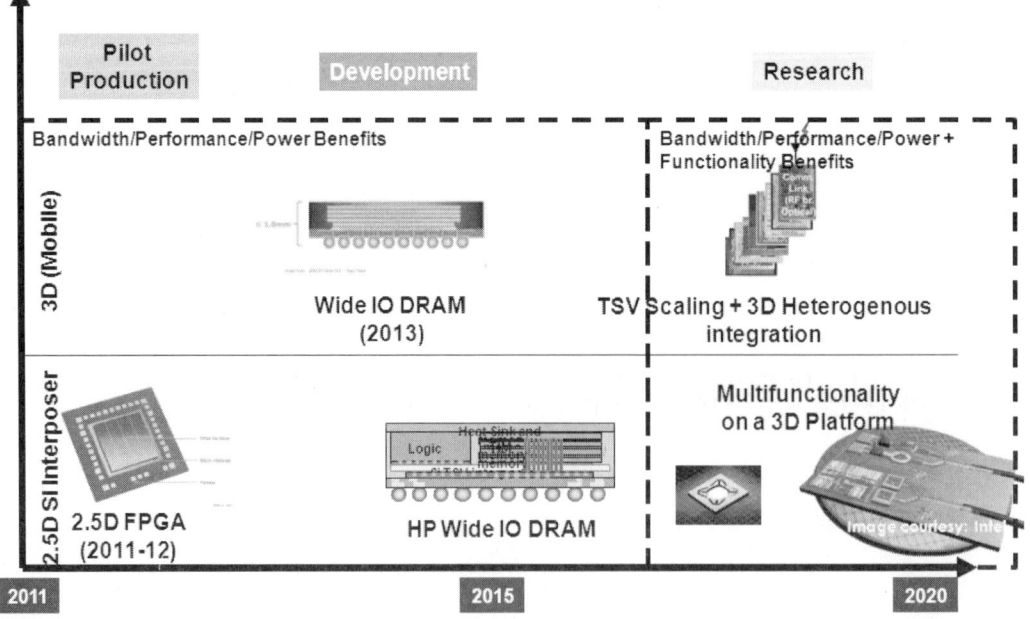

※ Interconnection 장비

Die Bonder는 Big Die Size(memory 경우)와 Thin Die(≤50 ㎛) 술이 요구되고, Wire Bonder는 Bond Pad Pitch가 30㎛ 이하를 준으로 초고속과 고정도(highaccuracy)가 요구되고 있으며, Thin Chip Overhang Bonding 기술과 Low LoopControl 기술 등이 요함. FlipChip Bonder는 여러 가지 Bump Alloy 및 40㎛Bump Pitch 등을 Ultrasonic/Thermo-compression/Metal bonding 등의 새로운 방식의 Bonding을 위한 고정도 ±3㎛ 이하의 장비가 요구됨.

[조립장비]

장비명	Fluxless Reflow		
개요	• Wafer 상태에서 도금이 된 Solder를 Bump형상을 만드는 장비임. 특히, Fluxless Reflow는 고가의 Flux를 사용하지 않기 때문에 원가절감에 장점이 있음.		
적용대상 제품	• Solder Bump가 있는 반도체 Memory 및 Logic Device에 모두 적용이 가능함.		
선정사유	• 현재 사용되고 있는 장비의 Heating은 Bottom-Up 방식임. Wafer 표면에 열전달을 방해하는 Layer가 있을 시 Reflow가 정성적으로 진행이 되지 않는 경우가 있으며 Cu Pillar Bump는 Solder가 Wafer 표면으로부터 수십 um 떨어져 있기 때문에 Bottom-up Heating 방식은 한계가 있음. • Fluxless Reflow 진행 전·후 처리를 위한 Cleaning Chamber는 CLN 단일 장비의 성능만큼 높은 수준을 필요로 함. • 현재 장비는 온도 제어에 제한적임. 다양한 Temperature Profile을 구현할 수 있는 장비가 필요함.		
수요기업	• (국내) 삼성전자, SK하이닉스, 앰코테크놀로지 등. • (해외) 인텔, TSMC, IBM, 글로벌파운드리즈, 도시바 등.		
핵심개발 기술	• Bottom-up과 Top-Down Heating 방식을 동시에 만족. • Wafer Temperature Uniformity 1% 이내 확보. • 다양한 Temperature Profile 구현 능력. • Through Put 30WPH.		
핵심부분품	• Top/Bottom Dual Heater (Reflow Process Chamber). • Wet Station for Clean. • Formic Acid Supply Unit.		
장비현황	• 300mm用 국산 장비 없음.		
개발기간	2013~2014년(2년)	소요예산	20억원(10억원/년)
기대효과	• Fluxless Reflow 장비를 활용한 Solder Bump 품질 확보. • 다양한 Temp. Profile의 Control 능력 확보를 통해 Bump 구조별 Process Margin 확보. • Through Put 개선을 통한 Cost 절감 효과.		

※ 반도체장비

반도체공정은 원재료인 웨이퍼를 개별칩으로 분리하는 시점을 준으로 前·後공정, 검사로 구분되며 각 공정별로 전문화된 장비를 활용하고 있음.

◎ 반도체공정은 약 300 step으로 구성되며 단계별 전용장비가 필요.
◎ 장비가격 : 前공정 20-050억원, 後공정 5-20억원, 검사 5-25억원.
  특히, 前공정은 미세화 기술 등 반도체 칩의 품질을 좌우하는 단계로서 노광기, 증착기, 식각기 등 매우 높은 기술수준 요구됨.
◎ 後공정은 최종적인 칩모습을 형성하는 조립단계로 절단, 금속연결로 구성되며 고집적화 및 다양한 수요대응 기술 요구됨.
◎ 검사는 불량을 검출·보완하는 단계로 고속처리 기술이 관건임.

[반도체 주용 장비 및 기능]

공정		장비 개요		
		주요 장비군	기능	외관
前공정 (팹공정)	노광	• Stepper/Scanner • Track	빛을 사용하여 웨이퍼위로 회로모양을 그리는 장비.	
	식각	• Etcher • Asher • CMP	노광에서 그려진 대로 식각을 통하여 모양을 만드는 장비.	
	증착	• CVD • PVD	웨이퍼위에 특정 용도막(산화막, 절연막 등)을 증착하는 장비.	
	열처리	• Furnace • RTP	열을 이용하여 웨이퍼내 물질을 균질하게 하거나, 증착하는 장비.	
	측정/분석	• Wafer Inspection • Metrology	웨이퍼내의 물질특성(두께, 성분 등)을 분석하는 장비.	
後공정 (조립)	조립	• Die Attacher • Wire Bonding	패턴이 그려진 웨이퍼를 절단하여 밀봉하기 전까지의 장비.	
	패키지	• Molding M/C • Laser Marker	전자제품에 장착하기 위하여 밀봉하는 장비.	
검사		• Burn-in 시스템 • Memory Test	칩의 불량여부를 판정하는 장비.	

※ 반도체장비용 부분품

반도체장비용 부품은 장비별로 차이는 있으나, 약 1만개에 이상의 다양한 부품을 설계 사양에 따라 조립하여 완성하게 됨.

◎ 부품 : 볼트, 너트 등과 같이 기본적인 조립을 위한 최소 단위품목.

◎ 부분품 : 부품의 조합체로 원형 그대로 제품에 부착되어 장비의 조성부분이 되는 재료.

◎ 전공정 장비와 조립장비는 기능에 따라 Transfer 모듈, Process 모듈, Sub System 모듈로 구분됨.

◎ 검사장비는 기계적 특성보다는 테스트를 위한 전기신호 발생·해석 및 전원 제어 등이 중요하여, 타 장비군과는 다소 차이가 있음.

[반도체장비의 주요 부분품]

구분		역할	주요 부분품
전공정 장비	Process Module	장비 고유의 공정이 가능하도록 조절, 관리	Heater, Chamber, MFC, Gas Panel, Valve, ESC, EPD, Pump, RF Generator 등.
	Transfer Module	공정 대성이 되는 웨이퍼를 최적의 상태로 이송	Vacuum Robot, Backbone 등.
	Sub System Module	장비의 운영환경을 제공	Power box, Cable assembly, Operating S/W 등.
조립 장비	Process Module	패키지 조립 공정 상의 필수적인 기능을 수행	Press, Heater, Vac.pump, Laser, Diamond Blade, Punch, Die 등.
	Transfer Module	공정과 공정간 Strip 또는 패키지 단품을 이송	Servo motor, Air cylinder, Linear motor, Vac.chuck 등.
	Sub System Module	장비 운영 및 시스템 제어	PC, PLC, Power cable, Drier, Encoder cable, Operating S/W 등.
검사 장비	Main Frame	Tester에 필요한 전원 공급 및 관리	Fixed Power, Programmable Power Supply, Power Control Board, Chiller 등.
	Head	반도체 평가에 필요한 전기적인 신호발생 및 검증	Pin Electronic Device, PMU, FPGA, Replay, Connector, DC-DC 등.
	Hi-Fix	다양한 평가를 하기 위한 칩과 Head간 연결	Cable, Connector, test socket 등.
	Transfer Module	피평가물 배치 및 테스트 결과에 따른 재배치	Handler robot, picker 등.

1. 반도체조립의 개요

1) 반도체 설비

반도체산업을 "장치산업"이라고 한다. 그만큼 반도체제조과정이 제조설비에 크게 의존한다는 의미이다. 반도체설비는 1947년 미국의 벨연구소에서 트랜지스터가 발명된 이후 산업화과정을 거치면서 고도의 첨단설비로 발전하였으며 다음과 같은 특징을 갖게 되었다.

가. 가격이 엄청난 고가이며 따라서 투자부담이 크다.
나. 프로세스조건에 크게 의존한다.
다. 전기, 전자, 기계등 여러 기술의 종합적 산물로서 점점 복잡화, 다양화되고 있다.
라. 반도체제조기술의 빠른 발전속도에 따라 그만큼 진부화가 빠르고 유효수명이 짧다.
마. 진공, 불순입자등 트러블이 많아 세심한 주의가 필요하다.
바. 반도체제품의 수율이나 신뢰성에 크게 영향을 미친다.

따라서 최초 제작이나 구입시도 중요하지만, 사용중에도 최적상태로의 유지, 보수가 생산성향상에 주요한 요인이 된다. 반도체 설비는 크게 설계설비, 공장설비 그리고 조립/검사설비로 나눌 수 있는데 모두 점차로 복잡화, 자동화, 고기능화한다는 공통점이 있다. 여기서는 공정설비 중심으로 그 종류를 알아보기로 한다.

공정명	설비명	주요내용
확 산 (Diffusin)	H-Furnace V-Furnce	"확산"이란 한 물질이 어떤 다른 물질 속으로 퍼져나가는 것을 말한다. 맑은 물위에 잉크를 떨어뜨리면 물속으로 잉크가 퍼져나가는 것을 볼 수 있다. 그러나 반도체공정에서는 이러한 액체간의 확산이 아니라 고체간의 확산이 이루어지며, 빠른 확산을 위해 환경을 고온처리 해주어야 한다. 이처럼 고온의 환경을 만들어주는 설비가 Furnace(爐)이다. 용광로를 사용하는 제철소와는 달리 반도체라인에서는 석영관에 코일을 감은 전기로를 사용하며 웨이퍼를 집어넣는 방식에 따라 수평식(Horizontal)과 수직식(Vertical)의 두가지 있다.
화학기상증착 (C V D)	AP-CVD LP-CVD PE-CVD	CVD란 Chemical Vapor Deposition의 약자로서 보호막을 만들때 사용되는 공정을 의미하지만, 설비를 지칭할때도 사용된다. AP, LP, PE 등의 공정환경을 의미하는 약어를 붙여 구분하는데 여기서 AP는 常壓(Atmospheric Pressure), LP는 低壓(Low Pressure), PE는 플라즈마(Plasma Enhanced)를 의미한다.

사 진 (Photo)	Coater	감광액(PR:Photo Resist)도포설비. 웨이퍼 표면에 감광액을 고르게 도포해주는 설비.
	Stepper	반도체제조용 카메라. 자외선(UV선)을 이용하여 마스크상의 회로패턴을 감광액이 도포된 웨이퍼 표면에 전사해주는 설비.
	Aligner	정렬기. 미세한 회로패턴이 그려진 마스크를 반복적으로 축소 투영하게 되는데 웨이퍼상의 위치와 마스크가 정확히 일치하도록 정렬시켜 주는 설비.
	Developer	현상기. 빛에 노출되어 성질이 변한 감광액을 현상액으로 제거해주는 설비.
박 막 (Thin Film)	Implanter	이온주입장치. 불순물주입공정에 사용되는 설비로서 불순물원자이온을 고속으로 가속하여 웨이퍼 속으로 주입해주는 장치. 가속에너지 정도에 따라 High Implanter와 Medium Implanter가 있다.
	Sputter	금속증막장치. 알루미늄(AL)원자를 웨이퍼 표면에 부착시켜 소자간에 연결배선을 만들어주는 설비.
	Grinder	반도체의 특성에 치명적인 영향을 미치는 원소중에 대표적인 것이 나트륨(Na)인데, 이 나트륨을 제거하기 위해 나트륨을 웨이퍼 뒷면으로 몰아서 나중에 그 뒷면을 갈아서 제거할때 사용하는 설비이다.
식 각 (Etch)	Etcher	웨이퍼 위에 형성된 패턴대로 필요한 부분을 선택적으로 깍아내는 설비.
	Stripper	식각공정이 끝난 후 남아있는 감광액을 제거해주는 설비.
	Staion	세척설비. 매 공정후에는 항상 웨이퍼를 세척해주어야 한다.

2) 케미컬(Chemical)

반도체 제조공정에서 사용되는 화공약품을 말하며, 각종 산과 용매 등이 있다.

3) 유틸리티(Utility)

공기, 질소, 진공, 초순수, 전기 등 제반공정에 필요한 요소들을 통틀어 일컫는 말.

4) D. I. WATER (초순수)

De-Ionized Water의 약자. 이온이 함유되지 않은 물이란 뜻으로, 불순물을 제거시킨 순수한 물, 웨이퍼 세정 및 절단시 용수로 사용된다.

2. 쏘잉/다이본딩 장비의 작동환경

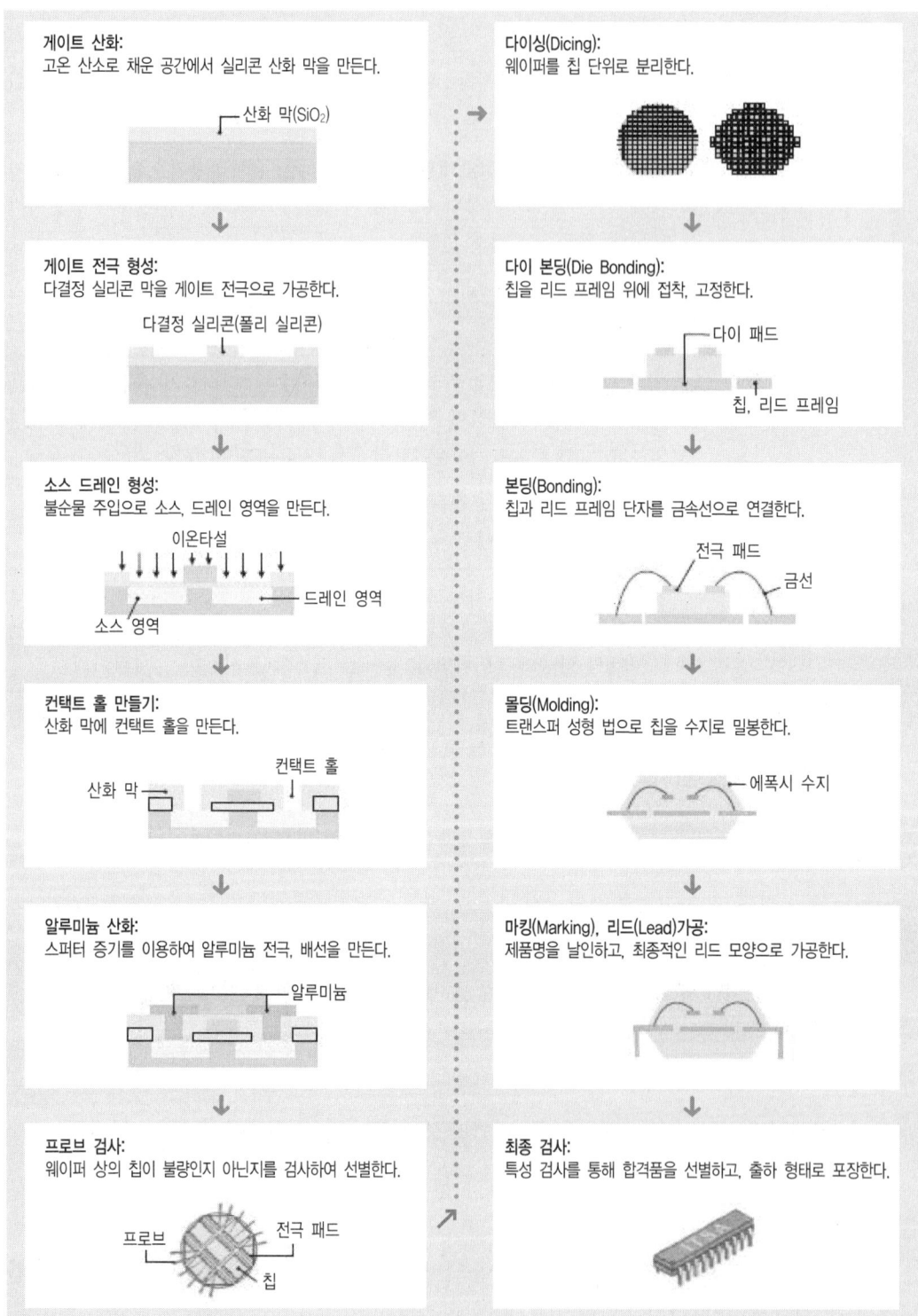

3. 쏘잉/다이본딩 장비의 매커니즘 이해

[Wafer thinning and sawing]

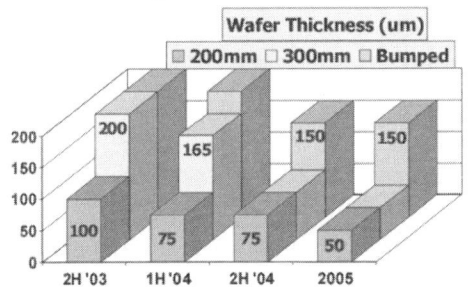

- In-line back grind, polish, D/A film, saw tape lamination
- Wafer saw two-step cut or laser, attention to metal peel, low-k damage

[Die Thickness Roadmap]

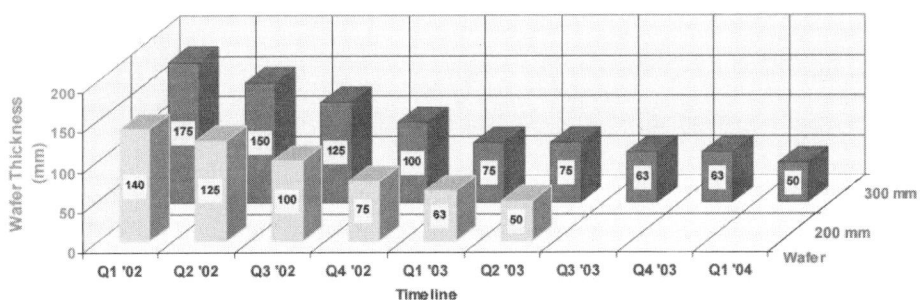

- Wafer thinning available for 200mm and 300mm wafers.
- Wafer thinning is key enabler to stacked die CSP.
- Wafer polishing necessary for <120um thick 200 mm and for <150um thick 300 mm wafers in order to relieve wafer backside grinding stress and warpage.
- In-line processing used from wafer backgrind to saw tape ring mount and backgrind tape removal to minimize wafer handling and breakage.

※ DIE BONDDIE BOND

가. 공정정의 SAW 공정 이후 분리된 Die를 Die Adhesive Mat'l이 Dotting된 LEAD FRAME의 Pad위에 접착시켜 Wire Bond가 가능 하도록 하는 공정.

나. 기본공정개요

   (1) 다이를 리드프레임에 붙이는 공정.

   (2) 공정은 크게 다음과 같이 분류 됨.

      - Eutectic die bond.

      - 접착제 또는 Epoxy die bond.

      - Silver filled glass paste die bond.

      - Soft solder die bond.

      - Tape die bond.

4. 쏘잉/다이본딩 장비의 공유압/전기/프로그램 이해

1) Chip 이면의 back metal

  즉 합금(AuSi/AuGe)이 고온(400℃-450℃)으로 가열된 리드프레임 위에서 가압되어 공정 접합하는 방식.

◎ 특징

   가. Chip의 제조 공정이 어려우며 제조 단가도 높다.

   나. Chip의 크기에 따른 융착성 저하로 한계가 있다.

   다. 작은 Chip의 제조와 소전류 용량의 SSTr용 제작에 가장 많이 사용 됨.

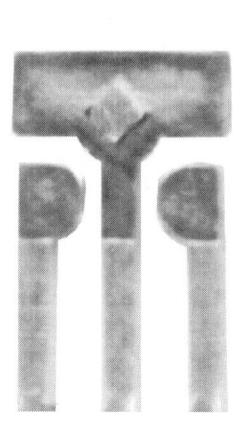
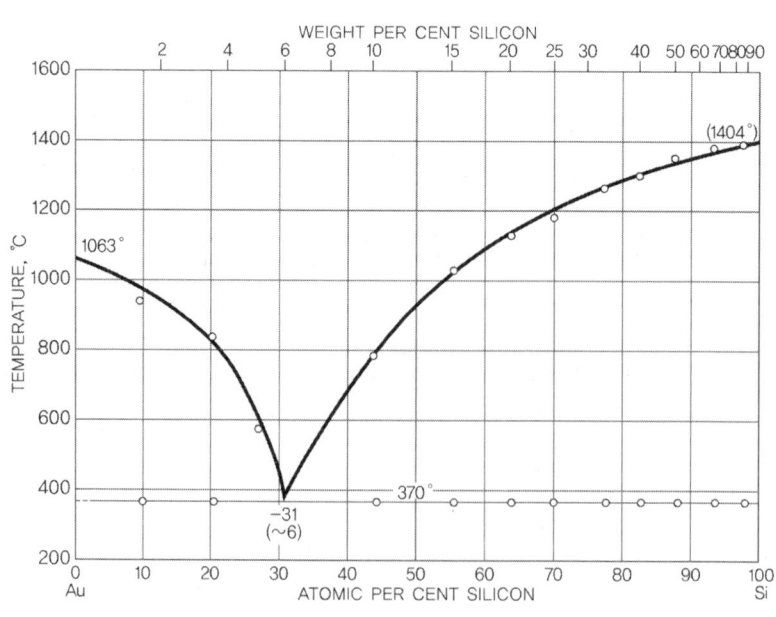

2) Soft solderdie bonding

Chip을 본딩 하기 전단계에서 리드프레임 위에 SnSb, PbSn의 solder를 용융시켜 그 위에 chip을 놓고 압력을 가하여 접합하는 방식.

◎ 특징

    가. Chip의 제조 공정이 Eutectic 방식에 비하여 상대적으로 쉽다.

    나. 공정의 축소로 인하여 제조단가가 낮아진다.

    다. Chip의 크기가 클 때에도 접합성을 유지한다.

    라. 대전류 용량인 PWTr용으로 많이 쓰인다. 하지만, Void, Chip Tilt, 납땜면에 대한 산화등에 주의해야 한다.

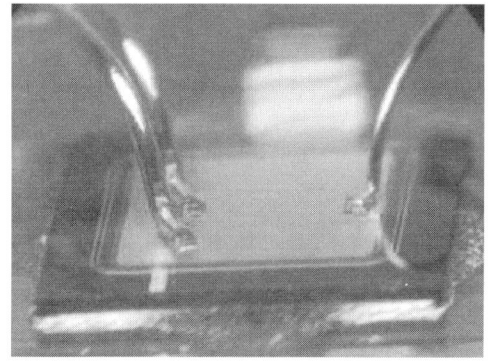

3) Epoxy die bonding

Chip을 bonding 하기 전 단계에서 리드프레임 위에 전도성 접착제인 Ag Paste를 도포하고 그 위에 chip을 놓고 curing 작업을 통하여 접합을 이루는 방식.

◎ 특징

    가. Chip의 제조공정 이eutectic 방식에 비하여 상대적으로 쉽다.

    나. 공정의 축소로 인하여 제조단가가 낮아진다.

    다. 전기전도도가 낮아서 주로 저전류의 시그널용으로 많이 사용된다.

    라. 가열경화공정(Snap cure 혹은 fast cure)이 필요하다.

    마. 공정의 특성상 기포(Void)나 경화시 발생되는 fume 배출에 대한 주의가 필요하다.

5. 쏘잉/다이본딩 장비의 조작 및 예방정비

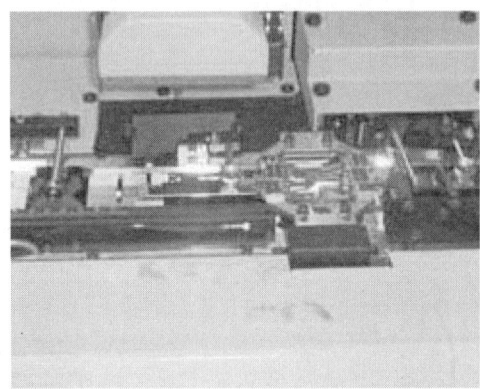
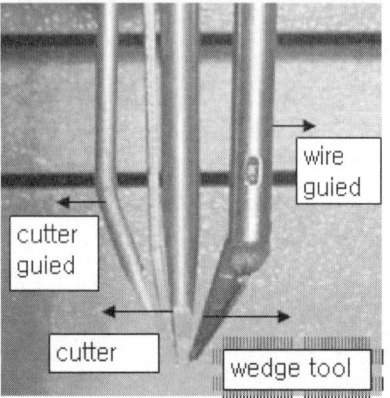

기본공정은 다음과 같이 캐피러리를 사용하여 전극을 연결하는 것임.

6. 쏘잉/다이본딩 장비의 보전

1) Bonding wire

본딩와이어란 반도체칩과 리드프레임을 연결 하는 가느다란도선, 즉 본딩와이어는 반도체칩과 이를받쳐주는 리드프레임의 사이를 연결하는 가느다란도선으로서 반도체 구조 재료중의 하나임.

Bonding Wire의 종류 재질에 따라Au, Al, Cu등으로 나뉜다.

2) Lead frame

반도체Chip을 제조공정 전,중,후에 걸쳐 지탱하고 있는 구조.

반도체 Chip을 프린트 기판에 접착하여 외부와 접속하기 위한 lead를 지지하는 금속 Chip을 고정하는 die pad와 기판과 접속하여 외부와의 전기적 접속을 행하는 lead.

◎ Lead frame의 기능

　　가. 반도체 package의 골격을 형성.

　　나. Chip으로부터 외부로의 전기적 접속의 경로.

　　다. Chip에서 발생하는 열의 방산경로이며 실장후 기판과의 접속 lead.

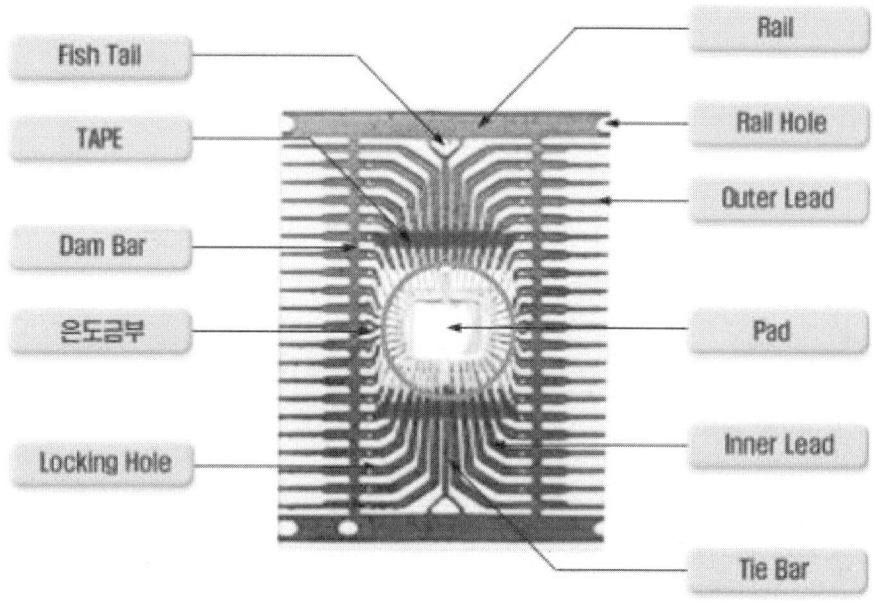

예상 문제

1. 다음중 포토에칭장비에 속하는 것은 무엇인가?
   ① CVD   ② Furnace   ③ printer   ④ 노광기

   해설 노광(Exposure)공정 : 노광기(Stepper)를 사용하여 마스크에 그려진 회로패턴에 빛을 통과시켜 감광막이 형성된 웨이퍼 위에 회로패턴을 사진찍는다.

2. 회로패턴을 형성시켜주기 위해 화학물질이나 반응성가스를 사용하여 제거하는 공정은?
   ① 회로설계   ② 규소봉절단   ③ 산화   ④ 식각

   해설 식각(Etching)공정 : 회로패턴을 형성시켜 주기 위해 화학물질이나 반응성가스를 사용하여 필요없는 부분을 선택적으로 제거시키는 공정이다.

3. 감광막을 일정한 두께로 도포하는 장비는 무엇인가?
   ① 노광기   ② 얼라이너
   ③ soft baker   ④ spin coater

정답 1. ④   2. ④   3. ④

해설 감광막의 스핀코팅(Spin-Coating)

스핀코팅은 감광막을 우리가 원하는 두께로 기판에 일정하게 도포하는 공정으로서 사용하는 감광제에 따라 다르지만 몇 백 나노에서 수십 마이크로 정도까지 조절할 수 있다. 감광막을 도포하기 전에 먼저 감광막의 접착도를 증가시키기 위해 표면처리를 해 주어야 하는데 보통 HMDS(Hexamethyldisilane)을 2% 정도로 묽게 해서 기판에 도포하면 실리콘기판과 감광막 사이의 접착력을 크게 향상시킨다. 이러한 표면처리를 하지 않을 경우 감광막이 쉽게 박리되어 후속 공정에 문제가 생기게 된다. 막의 두께는 용액의 점도나 농도, 그리고 스핀 속도로 조절할 수 있다.

4. 박막확산 장비는 무엇인가?
   ① 노광기
   ② 얼라이너
   ③ Screen printer
   ④ Furnace

해설 Diffusion furnace

"확산"이란 한 물질이 어떤 다른 물질 속으로 퍼져나가는 것을 말한다. 맑은 물위에 잉크를 떨어뜨리면 물속으로 잉크가 퍼져나가는 것을 볼 수 있다. 그러나 반도체공정에서는 이러한 액체간의 확산이 아니라 고체간의 확산이 이루어지며, 빠른 확산을 위해 환경을 고온처리 해주어야 한다. 이처럼 고온의 환경을 만들어주는 설비가 Furnace(爐)이다. 용광로를 사용하는 제철소와는 달리 반도체라인에서는 석영관에 코일을 감은 전기로를 사용하며 웨이퍼를 집어넣는 방식에 따라 수평식(Horizontal)과 수직식(Vertical)의 두가지가 있다.

5. 식각기 장비는 무엇인가?
   ① 노광기
   ② 얼라이너
   ③ Screen printer
   ④ Asher

해설 웨이퍼 위에 형성된 패턴대로 필요한 부분을 선택적으로 깎아내는 설비.

6. 클린룸의 기준으로 1입방피트당 0.5um의 먼지 1000개 미만 및 5um 의 먼지가 없는 기준은?
   ① 10클래스
   ② 100클래스
   ③ 1000클래스
   ④ 500클래스

해설 산업용 클린룸의 기준을 10, 100, 1000 클래스(Class) 등으로 규정하고 있다. 1000클래스는 PDP 제조용(1입방피트 당 0.5μm의 먼지 1000개 미만 및 5μm의 먼지가 없어야 함), 100클래스는 LCD 제조용(1입방피트 당 0.5μm의 먼지 100개 미만 및 5μm의 먼지가 없어야 함), 10클래스는 반도체 제조용(1입방피트 당 0.5μm의 먼지 10개 미만 및 5μm의 먼지 입자가 없어야 함) 등으로 이용된다.

정답 4. ④ 5. ④ 6. ③

7. 청정실에서의 복장으로 기본적으로 착용하지 않아도 되는 것은?
   ① 고무장갑   ② 방진복   ③ 방진마스크   ④ 방진모자

   해설 방진복의 바른 착용 – 방진복, 방진모자, 방진마스크, 방진화, 방진장갑, 보안경, 비닐장갑.

8. 마스크 착용상태중 옳지 않은 것은?
   ① 마스크를 정확하게 펴서 사용.
   ② 알루미늄 부위를 위로 착용.
   ③ 콧등을 눌러 주었는지 확인.
   ④ 답답할때는 입 아래로 놓는다.

   해설 마스크 착용상태 검사기준
   • 마스크를 정확하게 펴서 사용.
   • 알루미늄 부위를 위로 착용.
   • 콧등을 눌러 주었는지 확인.

9. 방진복 착용상태로 옳지 않은 것은?
   ① 자기방진복을 착용하며, 없을 경우 공용방진복을 착용한다.
   ② 지퍼불량, 손목부위 고무줄 상태를 확인한다.
   ③ 반드시 SIZE에 맞는 방진복을 착용한다.
   ④ 방진복이 없을 때는 깨끗한 일반복장도 가능하다.

   해설 방진복 착용상태 검사기준
   • 자기방진복을 착용하며, 없을 경우 공용방진복을 착용한다.
   • 지퍼불량, 손목부위 고무줄 상태를 확인한다.
   • 반드시 SIZE에 맞는 방진복을 착용한다.

10. 방진화 착용상태로 옳지 않은 것은?
    ① 지퍼 상태가 바른지 확인한다.
    ② 약품이 묻었는지 확인한다.
    ③ 어느 정도 낙서나 더러움은 괜찮다.
    ④ 사이즈에 맞는지 확인한다.

    해설 방진화 착용상태 검사기준
    • 지퍼 상태가 바른지 확인한다.
    • 약품, 더러움, 낙서 등 오염상태를 확인한다.

정답 7. ① 8. ④ 9. ④ 10. ③

예상 문제

11. FAB 라인 출입시 방진복, 방진화등에 부착된 먼지나 이물질을 제거하기 위한 장치는 무엇인가?
　① Wet-station　② Yellow booth　③ 에어샤워룸　④ 청정실

해설 에어샤워룸(Air Shower Room)
　FAB라인 출입시 방진복, 방진화 등에 부착된 먼지나 이물질을 제거하기 위한 장치로서, 밀폐된 Box에 사람이 들어가면 양벽에서 강한 공기가 불어나와 먼지를 제거하도록 되어있다.

12. 포토리소그래피 공정 중 설계된 회로패턴을 유리판위에 그려놓은 것을 무엇이라 하는가?
　① 회로설계　② 노광　③ 현상　④ 마스크

해설 마스크(Mask)제작 : 설계된 회로패턴을 유리판위에 그려 마스크를 만든다.

13. 포토리소그래피 공정 중 빛에 민감한 물질인 photo resist를 웨이퍼 표면에 고르게 도포하는 것을 무엇이라 하는가?
　① 회로설계　② 노광　③ 현상　④ 감광액도포

해설 감광액도포(Photo Resist Coating) : 빛에 민감한 물질인 감광액(PR)을 웨이퍼표면에 고르게 도포 시킨다.

14. 포토리소그래피 공정 중 마스크에 그려진 회로패턴에 빛을 통과시켜 감광막이 형성된 웨이퍼 위에 회로패턴을 찍는 것을 무엇이라 하는가?
　① 회로설계　② 노광　③ 현상　④ 감광액도포

해설 노광(Exposure)공정 : 노광기(Stepper)를 사용하여 마스크에 그려진 회로패턴에 빛을 통과시켜 감광막이 형성된 웨이퍼위에 회로패턴을 사진 찍는다.

15. 감광막을 원하는 두께로 일정하게 웨이퍼에 도포하는 장비를 무엇이라 하는가?
　① Bake　② 스핀코팅　③ 현상　④ Aligner

정답 11. ③　12. ④　13. ④　14. ②　15. ②

해설 감광막의 스핀코팅(Spin-Coating)

스핀코팅은 감광막을 우리가 원하는 두께로 기판에 일정하게 도포하는 공정으로서 사용하는 감광제에 따라 다르지만 몇 백 나노에서 수십 마이크로 정도까지 조절할 수 있다. 감광막을 도포하기 전에 먼저 감광막의 접착도를 증가시키기 위해 표면처리를 해 주어야 하는데 보통 HMDS(Hexamethyldisilane)을 2% 정도로 묽게 해서 기판에 도포하면 실리콘기판과 감광막 사이의 접착력을 크게 향상시킨다. 이러한 표면처리를 하지 않을 경우 감광막이 쉽게 박리되어 후속 공정에 문제가 생기게 된다. 막의 두께는 용액의 점도나 농도, 그리고 스핀 속도로 조절할 수 있다.

16. Chemical을 이용하여 식각을 행하는 것을 무엇이라 하는가?
   ① Bake   ② 스핀코팅   ③ Wet etching   ④ Aligner

해설 Wet etching (습식 식각)
Chemical을 이용하여 식각을 행하는 것을 말함. 화학약품내에 포함된 성분이 식각시키려는 물질과 화학반응을 일으켜 식각하고자 하는 성분이 약품 용액 중에 녹아 내림.

17. 화학 약품대신 Gas를 사용하여 Plasma상태에서 물리적 반응을 일으켜 식각하는 것을 무엇이라 하는가?
   ① Dry etching   ② 스핀코팅   ③ Wet etching   ④ Aligner

해설 Dry etching (건식 식각)
화학 약품대신 Gas를 사용하여 Plasma상태에서 물리적 반응을 일으켜 식각하는 것을 말함.

18. Photoresist를 제거할 때 주의사항이 아닌 것은?
   ① PR자체가 완전히 제거되어야 한다.
   ② 린스 공정을 통해 웨이퍼에서 제거될 수 있어야 한다.
   ③ 웨이퍼 표면이나 기판을 손상시키면 안된다.
   ④ PR을 도포된 상태에서 최대한 오래 보관한다.

해설 Photoresist Stripping 주의할 점
   - PR자체가 완전히 제거되어야 한다.
   - 린스 공정을 통해 웨이퍼에서 제거될 수 있어야 한다.
   - 웨이퍼 표면이나 기판을 손상시키면 안된다.

정답 16. ③ 17. ① 18. ④

예상 문제

19. 상압보다 낮은 압력에서 wafer 위에 필요 물질을 증착하는 공정에서 사용반응 가스들의 화학적 반응방법을 이용하는 확산공정 장비는 무엇인가?

① LPCVD   ② UHVCVD   ③ AACVD   ④ PECVD

해설 LPCVD (Low Pressure CVD)
- 상압보다 낮은 압력에서 Wafer 위에 필요 물질을 Deposition하는 공정에서 사용반응 Gas들의 화학적 반응방법을 이용하여 막을 증착시키는 방법으로서 확산공정에서 사용.

20. 강한 전압으로 야기된 plasma를 이용하여 반응물질을 활성화시켜서 기상으로 증착시키는 장비는 무엇인가?

① LPCVD   ② UHVCVD   ③ AACVD   ④ PECVD

해설 PECVD (Plasma Enhanced CVD)
- 강한 전압으로 야기된 plasma를 이용하여 반응물질을 활성화시켜서 기상으로 증착시키는 방법 또는 장치. TFT-LCD에서는 insulator층과 a-Si 증착에 사용한다. 반응 Chamber가 Plasma 상태하에서 GAS들의 화학적 반응에 의해 film을 증착하는 방법으로 Plasma에 의해 reactant들이 energy를 얻음으로 낮은 온도에서 증착이 가능하다.

21. Si wafer에 불순물(dopant)을 넣는 공정은 무엇인가?

① LPCVD   ② UHVCVD   ③ AACVD   ④ Diffusion

해설 Diffusion
- ※ Si wafer에 불순물(dopant)을 넣는 공정.
- ※ Si에 불순물을 넣는 이유.
- ※ 순수한 Si의 경우 결정이 공유결합되어 있어 전도성이 매우 약하며, 이러한 실리콘으로 제작된 반도체를 진성(intrinsic) 반도체라고 함.

22. CVD 공정의 장점이 <u>아닌 것</u>은 무엇인가?

① 융점이 높아 제조하기 어려운 재료를 융점보다 낮은 온도에서 용이하게 제조 가능하다.
② 증착되는 박막의 순도가 낮다.

정답 19. ① 20. ④ 21. ④ 22. ②

③ 대량 생산이 가능하여 비용이 PVD법에 비해 적게 든다.
④ PVD법에 비해 훨씬 좋은 step coverage를 제공한다.

해설 CVD 방법의 장점
- 융점이 높아 제조하기 어려운 재료를 융점보다 낮은 온도에서 용이하게 제조 가능.
- 증착되는 박막의 순도가 높다.
- 대량 생산이 가능하여 비용이 PVD법에 비해 적게 든다.
- 여러 가지 종류의 원소 및 화합물의 증착이 가능하며, 공정 조건의 제어 범위가 매우 넓어 다양한 특성의 박막을 쉽게 얻을 수 있을 뿐만 아니라, PVD법에 비해 훨씬 좋은 step coverage를 제공한다.

23. 열을 이용하여 웨이퍼내 물질을 균질하게 하거나, 증착하는 장비는 무엇인가?
① LPCVD ② UHVCVD ③ AACVD ④ Furnace

해설 열처리
- Fumace, RTP
  열을 이용하여 웨이퍼내 물질을 균질하게 하거나, 증착하는 장비.

24. 웨이퍼위에 특정 용도막(산화막, 절연막 등)을 증착하는 장비는 무엇인가?
① CVD ② etcher ③ RTP ④ Furnace

해설 증착
CVD, PVD
웨이퍼위에 특정 용도막(산화막, 절연막 등)을 증착하는 장비.

25. 패턴이 그려진 웨이퍼를 절단하여 밀봉하기 전까지의 장비는 무엇인가?
① Die attacher ② etcher
③ RTP ④ Furnace

해설 조립
Die Attacher, Wire Bonding
패턴이 그려진 웨이퍼를 절단하여 밀봉하기 전까지의 장비.

정답 23. ④ 24. ① 25. ①

26. 칩의 불량여부를 판정하는 장비는 무엇인가?
    ① Burn-in 시스템
    ② etcher
    ③ RTP
    ④ Furnace

해설 검사
Burn-in 시스템, Memory Test 칩의 불량여부를 판정하는 장비.

27. 식각공정이 끝난 후 남아있는 감광액을 제거해주는 설비는 무엇인가?
    ① Burn-in 시스템
    ② etcher
    ③ RTP
    ④ Stripper

해설 Stripper 식각공정이 끝난 후 남아있는 감광액을 제거해주는 설비.

28. 이온이 함유되지 않은 물이란 뜻으로, 불순물을 제거시킨 순수한 물, 웨이퍼 세정 및 절단시 용수로 사용되는 것은 무엇인가?
    ① 냉각수
    ② 지하수
    ③ 수돗물
    ④ De-Ionized Water

해설 D. I. WATER (초순수)
De-Ionized Water의 약자. 이온이 함유되지 않은 물이란 뜻으로, 불순물을 제거시킨 순수한 물, 웨이퍼 세정 및 절단시 용수로 사용된다.

29. Chip을 본딩 하기 전단계에서 리드프레임 위에 SnSb, PbSn의 solder를 용융시켜 그 위에 chip을 놓고 압력을 가하여 접합하는 방식은 무엇인가?
    ① DIE BONDDIE
    ② back metal
    ③ Epoxy die bonding
    ④ Soft solderdie bonding

해설 Soft solderdie bonding
Chip을 본딩 하기 전단계에서 리드프레임 위에 SnSb, PbSn의 solder를 용융시켜 그위에 chip을 놓고 압력을 가하여 접합하는 방식.

정답 26. ① 27. ④ 28. ④ 29. ④

30. 반도체칩과 리드프레임을 연결하는 가느다란 도선은 무엇인가?
   ① Bonding wire
   ② back metal
   ③ Epoxy die bonding
   ④ Soft solderdie bonding

해설 Bonding wire
본딩와이어란 반도체칩과 리드프레임을 연결 하는 가느다란 도선, 즉 본딩와이어는 반도체칩과 이를 받쳐주는 리드프레임의 사이를 연결하는 가느다란 도선으로서 반도체 구조재료중의 하나임.
Bonding Wire의 종류 재질에 따라 Au, Al, Cu등으로 나뉜다.

정답 30. ①

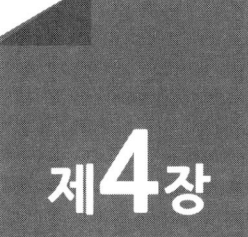

제4장

반도체장비 운용개론

조정묵 저

제4장

반도체장비 운용개론

제1절 포토에칭장비운영

※ 반도체 포토리소그래피 공정의 개요

포토리소그래피(Photolithography)는 원하는 회로설계를 유리판위에 금속패턴 으로 만들어 놓은 마스크(mask)라는 원판에 빛을 쬐어 생기는 그림자를 웨이퍼 상에 전사시켜 복사 하는 기술이며, 반도체의 제조공정에서 설계된 패턴을 웨이퍼 상에 형성 하는 가장 중요한 공정이다. Lithography는 라틴어의 lithos(돌t)+graphy(그림, 글자)의 합성어인 석판화기술로서 인쇄기술로 쓰이다가 현재는 반도체노광공정기술을 통칭하는 이름으로 쓰이고 있으며 반도체 미세화의 선도 기술이다.

반도체소자는 3차원 구조물이지만 CAD등의 software로 복잡한 구조를 각각의 높이에 따라 2차원적인 레이어로 나누어 회로설계가 가능하다. 이러한 2차원회로를 펜으로 일일이 그린다면 아주 많은 시간이 소요되겠지만, 마스크라는 하나의 원판을 정확하게 제작한 후 빛을 사용하여 같은 모양의 패턴을 반복하여 복사하면 짧은 시간에 소자의 대량생산이 가능하다.

물론 포토리소그래피 공정만으로 3차원구조가 만들어지는 것은 아니고 박막증착과 식각 등 여타 단위공정과 조합하여야 가능하며, 리소그래피공정을 통해서는 선택적인 보호막을 형성하여 부분적인 식각이 가능하게 한다.

빛을 사용하여 노광하는 포토리소그래피장비의 기본적인 형태는 사용되는 광학계에 따라서 결정 되는데, 크게 나누어서 근접노광방식과 투영노광방식이 있다(그림).

반도체 생산초기에는 주로 밀착노광(contact printing) 또는 근접노광(proximity printing) 방식을 사용 하였는데, 이 두 방식은 마스크와 웨이퍼사이의 gap 유/무에 따라 구분되며, 일반적으로 마스크와 웨이퍼가 균일하게 밀착되어 일정한 양의 빛이 고르게 감광제 (photoresist)와 반응하는 것이 기술의 핵심이다. 그러나 접촉식의 경우 감광제가 묻어

남에 따라 마스크의 수명이 짧아지는 단점이 있고, 근접노광 역시 노광중에 감광제에서 발생하는 gas로 인하여 분해능이 급격히 감소하고 재현성이 저하될 뿐만 아니라 해상도의 한계도 문제점으로 지적 되었다.

따라서 마스크와 기판의 접촉이 없어서 마스크의 수명이 길고 분해능이 높으며 생산성이 높은 장점이 있는 투영노광방식(projection printing)이 반도체제조의 주력기술로 사용 되어왔다.

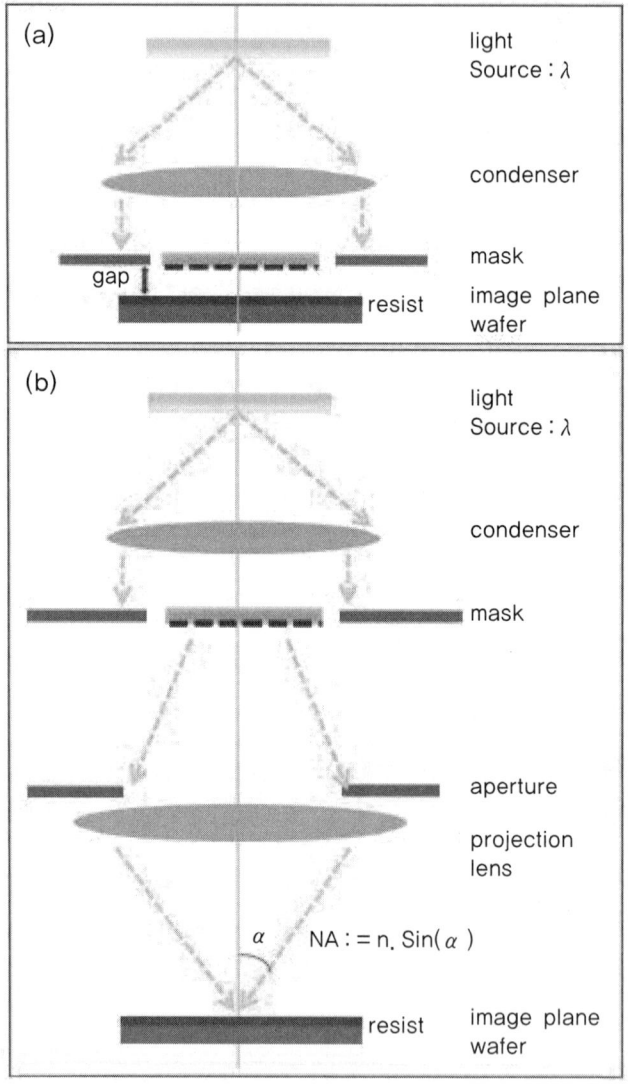

[Schematic diagram of photolithography systems.]
(a) Proximity printing, (b) Projection printing.

◎ 포토리소그래피 공정 순서

반도체 소자에 사용되는 물질들은 빛에 노출되어도 그 특성이 변화되지 않아, 노광 공정을 통해 마스크원판의 회로설계를 웨이퍼로 전사하기 위해서는 매개체가 필요한데 그 매개체를 감광제(photoresist, PR)라 한다. 감광제는 특정파장의 빛을 받아 현상액에서의 용해도 가변하는 특성을 이용해 후속현상 처리과정중 빛을 받은 부분과 그렇지 않은 부분을 선택적으로 제거할 수 있는 물질을 말한다.

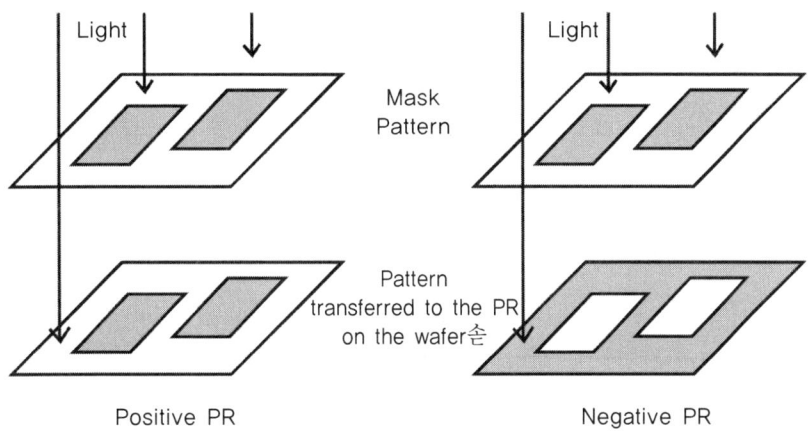

[Concept of photoresist reaction]

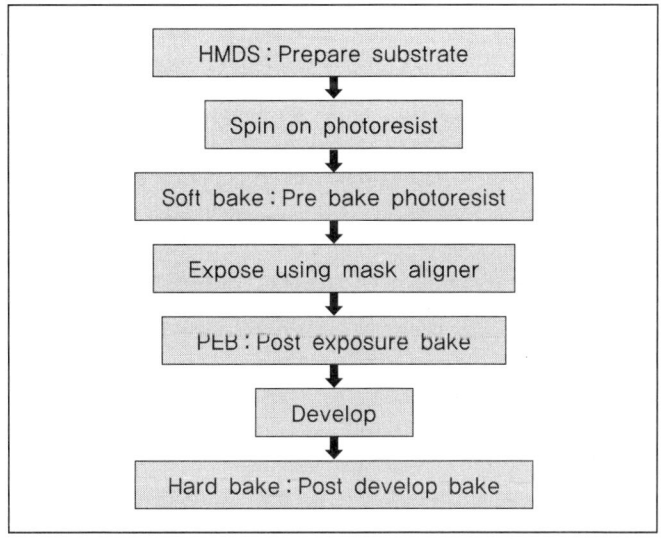

[Flowchart of photolithography process.]

일반적으로 많이 사용되는 감광제는 현상액을 이용하여 빛에 의하여 선택적으로 변화된 부분을 제거하게 되는데, 빛을 받은 부위가 현상액에 의해 잘 녹는 경우를 positive resist, 그 반대를 negative resist라고 한다(그림).

총7단계의 lithography 공정을 그림5에 공정 순서대로 나타내었는데, 그중 첫 번째 단계는 웨이퍼의 표면을 화학 처리하는 HMDS(HexaMethylDiSilazane) 처리이다. 웨이퍼표면에 HMDS와 같은 Silazane gas 분사를 통하여 Si-O-H 형태의 친수성인 웨이퍼표면을 소수성으로 바꾸어주어 웨이퍼와 감광제의 접착력을 향상 시킨다.

패턴이 미세해 질수록 수용성알칼리현상액(developer)에 대한 용해 속도차를 증대시키기 위하여 감광제를 점점 더 소수성으로 개발하는 경우가 많아지므로 극성반발로 인한 coating 불량을 막기 위해 HMDS 처리는 필수공정으로 자리 잡았다.

HMDS 처리후에는 spin coating 방식을 이용하여 감광제를 코팅 한다. 코팅의 일반적인 순서는 저속회전상태에서 감광제를 뿌린 후 특정회전수까지 가속한 후 고속으로 회전시켜 PR을 원하는 두께로 조절하며 최종단계에 저속회전으로 PR주변의 잔여물을 제거하게 된다.

Coating 공정 후에는 감광제에 남아있는 유기용매를 제거하기 위하여 낮은 온도에서 soft bake를 실시한다. 잔류용매로 인한 노광설비 및 마스크오염을 방지하고 감광제 반응특성을 일정하게 유지하기 위함인데 일반적으로 90도, 110도 정도로 가열하여 용매를 제거하고 PR의 밀도를 높여서 환경변화에 대한 민감도를 줄이게 된다.

Soft bake 후에는 웨이퍼와 마스크를 정밀하게 정렬(align)하고 노광공정을 진행한다. 노광이 끝나면 또 한번 bake를 실시하는데, PEB(post exposure bake)는 감광제의 확산을 통한 패턴형성에 매우 중요한 과정이다. 특히 193nm 파장을 이용한 ArF PR의 경우 화학증폭형 감광제(CAR: chemical amplifiedresist)를 사용하는 경우가 많은데, 이 경우 PEB 과정을 통해 화학증폭반응이 일어나므로 PEB 온도가 PR의 감도에 미치는 영향이 매우 크다.

노광과 bake가 끝난 감광제는 일반적인 사진현상과 마찬가지로 현상 과정을 거친다. 일반적인 감광제의 현상액은 대부분 수용성 알칼리용액을 사용하고 있으며 주원료로는 KOH와 HTMAH(TetraMethyl-Ammonium-Hydroxide) 수용액을 사용하고 있다. 일반적인 경우 현상시간은 약60초 정도이나 감광제의 두께가 낮아지면 현상시간을 줄이는 것이 유리하며, 최근의 ArF immersion lithography 기술로 구현하는 미세패턴의 경우 약100 nm 두께의 PR이 사용되기도 하며 약10초 정도의 짧은 현상시간 을 가진다. 실험실 수준에서는 주로 큰 통에 현상액을 담고 웨이퍼를 넣어서 흔들어주는 dip 방식이 사용되기도 하지만 실제 양산에서는 공정조절능력이 좋은 puddle방식이 사용 된다. Puddle 방식은 현상초기에 느린 속도로 웨이퍼를 spin하며 약간의 현상액을 뿌려 현상초기에 제거된 부위를 씻어낸 후 정지 상태에서 웨이퍼위에 developer를 표면장력으로 잡아서 현상하는 방식이며, 현상액의 소모량이 작고 uniformity가 우수한 특성을 보인다.

현상이 끝나면 현상액을 제거하고 필요에 따라 마지막으로 hard bake를 수행 한다. 우선은 순수(DI water)로 감광제를 충분히 린스 하여 잔여감광제를 제거한 후 건조를 하며, 이후감광제의 변형이 일어나지 않도록 PR의 유리질천이 온도보다 조금 높은 온도에서 bake를 한다. Hard bake 과정중 노광이 완료된 감광제의 roughness가 개선되는 현상을 보인다.

그림은 이렇게 현상이 완료된 패턴이 어떠한 공정에 사용되는지를 보여주고 있다. 대부분의 반도체 제조공정은 기판에 모양을 형성하고자하는 물질의 층(도체, 절연막, 확산방지층등)을 형성하고 리소그래피 공정을 통해 국부적인 감광제 보호막을 만든다. 이때 감광제는 현상을 통해 빛과 반응한 부분을 구별해내는 것 외에, 후속하는 식각공정에서 손실없이 잘 견뎌야 한다. 또한 후속 공정으로 이온주입을 하기도 하는데, 이때 감광제가 주입되는 이온의 에너지를 흡수하여 감광제내에서 이온을 정지 시켜야한다. 식각 또는 이온주입 공정등이 끝나면 감광제는 소자의 특성을 이루는데 필요가 없으므로 제거한다. 대체로 감광제는 유기폴리머로 구성되어 있으므로 산소플라즈마에 의하여 쉽게 제거된다.

반도체소자 제조공정은 최소 5번 이상에 걸쳐 식각 및 이온주입등이 수행되며 각각의 단계에서 리소그래피 공정을 진행한다. 대부분의 반도체 제조공정에서는 노광공정이20~25회정도 반복되는데 배선과 배선을 위아래로 연결하거나, 필요에 따라 연결되지 않게 형성 하여야 하므로 각 layer 간의 수평위치를 정확히 맞추어 쌓아야 한다. 이렇게 위치를 찾는 작업을 정렬(alignment)이라고 하며, 층과 층간의 위치 정확도는 overlayaccuracy라 한다.

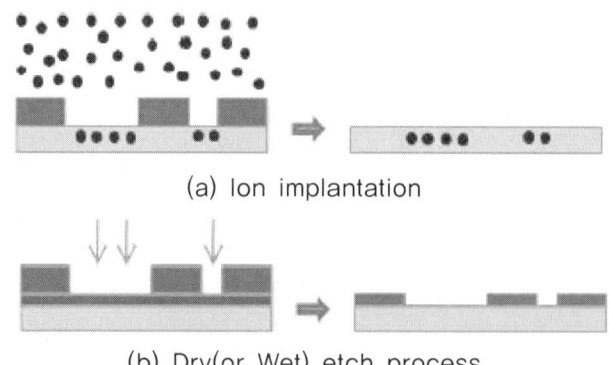

(a) Ion implantation

(b) Dry(or Wet) etch process

[Typical wafer processes following patterning step]
(a) Ion implantation (b) Etch process.

◎ 분해능(Resolution)과 초점심도(DOF : Depth of focus)

이 공정에서 가장 중요한 것은 mask pattern을 웨이퍼에 전사하는 한계인 분해능(resolution, RES)이다. 분해능은 mask pattern을 노광하였을 때 전사될 수 있는 최소크기의 척도이다. 광학렌즈의 분해능은 Heisenberg의 불확정성원리에 따라 파동의 회절현상에 의해 제한되어 있으므로 이론적으로 리소그래피에서 구현할 수 있는 최소선폭의 한계는 사용되는 광학계와 공정에 의해 다음과 같은 식으로 표현 된다.

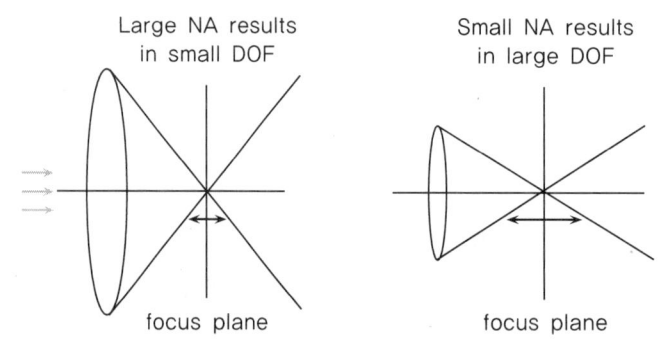

[illustration of depth of focus.]

$$RES = k_1 \frac{\lambda}{NA}$$

위식에서 k_1은 노광설비의 공정factor이고 λ는 사용되는 광원의 파장이며, NA는 노광 광학계가 가지는 개구수(numerical aperture, NA)이다. 공정 계수를 제외하면 좀 더 정교한 pattern을 전사 하는 것은 짧은 파장을 사용하고 높은 NA의 광학계(큰렌즈)를 이용하면 가능하다. 그러나 실제 패턴을 반도체공정에서 구현하기 위해서는 분해능을 유지할 수 있도록 마스크와 광학계 그리고 웨이퍼를 상대적으로 정렬할 때 허용 가능한수 직정렬 오차의 척도인초점심도(Depth of Focus, DOF)를 함께 고려해야만 한다. 초점심도는 다음의 식으로 주어진다.

$$\text{DOF} = k_2 \frac{\lambda}{\text{NA}^2} = k_2 \left(\frac{\text{RES}}{K_1^2}\right)^2 \frac{1}{\lambda}$$

초점심도가 클수록 공정 여유가 존재해서 패턴형성이 용이해지며 위의식과 같이 표현 된다. DOF를 쉽게 이해하기 위해서 그림7을 참고하면 분해능의 관점에서 좀더 큰 NA의 광학계를 설계 했을때 해상도는 좋아지지만 NA2에 반비례하는 초점심도가 줄어들어 공정에 대한 여유도가 줄어드는 것을 확인할 수 있다.

렌즈의 크기는 노광설비 내에서 공간적인 제한과 정밀 제작의 한계로 인해 NA값의 지속적인 증가는 불가능하기에, 대신에 해상도의 개선은 g-line(436 nm)에서 I-line(365 nm)을 거쳐 KrF laser(248 nm)와 ArF laser(193 nm)와 같이 점차 단파장의 광원을 사용함으로 실현해 왔다.

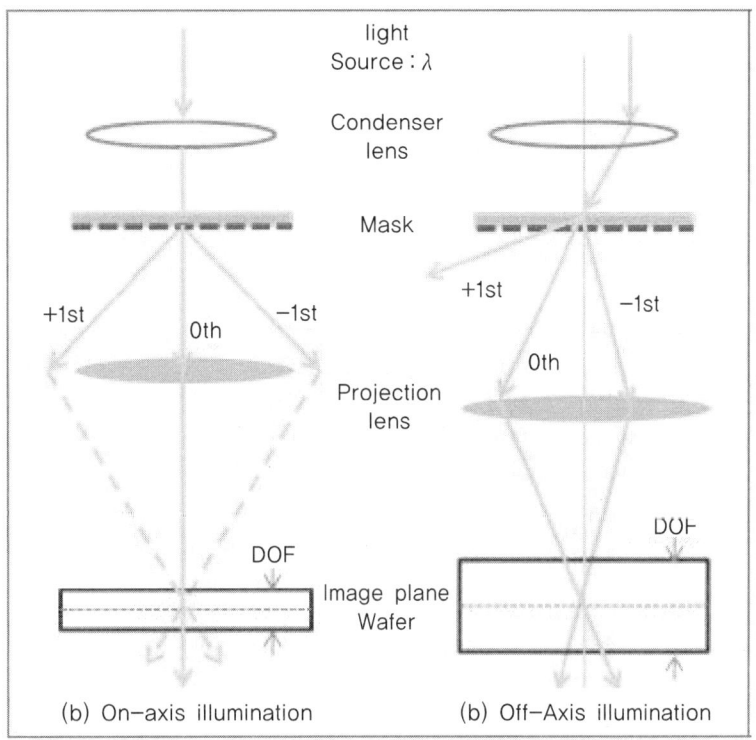

[Schematic diagram of Off-Axis illumination.[1]]

물론 k1, k2 factor를 조정하여 해상력을 증가 시킬 수 있지만 공정계수는 포토레지스트의 감도, 리소그래피 장비의 유연성, 마스크 제작의 난이도, 현상 공정의 난이도 등 복잡한 상황을 내포하고 있어서 극미세 패턴 구현이 필요한 현재의 리소그래피 기술은 해상도와 집점심도 와의 "rade off"를 고려하여 더욱더 단파장을 사용하는 경향으로 발전해 왔다.

◎ 리소그래피 분해능 향상 기술

반도체 소자 제조업체는 리소그래피 공정을 통해 마스크의 패턴과 정확히 같은 형상을 웨이퍼상에 전사 시켜야 한다. 그러나 패턴이 미세화 되면서 현재의 ArF 스캐너는 193 nm 광원의 이론적인 분해능 이하의 이미지를 구현해야 하며, EUV(13.5 nm) 등 더 짧은파장의 광원을 사용하는 차세대 리소그래피기술의 개발이 완료되지 않은 시점에서 다양한 리소그래피 분해능 향상 기술을 통해 광학적 공정의 한계를 넘어 왔다.

패턴이 미세화 되면 회절과 산란 현상에 의해서 선폭 주변에서 간섭 현상을 일으켜 원래의 마스크 패턴이 왜곡 되어서 인쇄되는 현상을 야기하는데, 이러한 패턴의 왜곡을 방지하기 위하여 위상 변위마스크(phase shift mask, PSM)와 근접효과 보정(optical proximity correction, OPC), 비등축조명(off-axisillumination, OAI) 등 다양한 분해능 향상 기술이 이용된다.

일반적으로 PR의 노광은 마스크를 통과한 빛의 세기에 의해 결정 되므로 인쇄하고자 하는 선폭이 분해능의 한계에 도달하면 회절과 산란에 의해서 구현하고자 하는 선폭주변에 간섭으로 인한 그릇된 상이 맺히게 된다. 위상변위마스크는 통과한 빛의 세기 뿐만 아니라 위상까지도 조절이 가능하여 웨이퍼 상에 원치 않는 회절광을 소멸 간섭원리를 통해 없애는 방법이다. 그러나 위상변위마스크는 여러 겹의 박막 층으로 이루어진 경우가 많아서 제작이 어렵고 제작 단가도 매우 높은 단점이 있다. 따라서 패터닝 경험에 의해 왜곡된 이미지가 나타나는 부분의 패턴을 인위적으로 변조 시킨 마스크를 제작하기도 하는데 이를 OPC 라고 한다.

마지막으로 소개하는 방법은 분해능이 아닌 노광 공정의 공정 여유도에 의한 해상력 을 증가하기 위해 NA를 증가 시키면서 DOF를 높이는 광학적인 방법으로 비등축조명(OAI) 혹은 변형조명 이라고 한다. 수직입사의 경우 pitch가 작은 마스크 패턴에서 회절된광 은 0차항 이상의 빛이 렌즈를 통해 집광되지 못해 웨이퍼에 상을 맺지 못하는 경우가 있는데, 같은 상황 일지라도 빛의사 입사를 통해 0차항 뿐만 아니라 1 혹은 1차항의 빛을 렌즈로 집속 시킬 수 있어 상을 맺을 수 있게 하는 해상도 향상 기술이다(그림).

REFERENCES

[1] Harry J. Levinson, Principles of Lithography, 2nd ed. (2004).

◎ 포토레지스트

정밀한 패턴을 구현하기 위하여 정확한 굴절률과 우수한 광학 평탄도를 가진 렌즈가 중요하다면 웨이퍼 표면에서 해상력에 가장 큰 영향을 미치는 소재는 감광제이다. 앞에서도 간략히 언급 했듯이 감광제는 빛을 받아 물질의 특성이 변하여 후속처리를 통하여 빛을 받은 부분과 그렇지 않은 부분을 선택적으로 제거 할 수 있는 물질을 말한다. 감광제에 빛을 쬐면 감광제가 빛과 반응하여 화학 구조가 바뀌어 현상액에 반응하는 속도가 달라진다. 빛을 쬔 부분이 현상액에 녹아 나가면 positive, 빛을 받지 않은 부분이 녹아 나가게 되면 negative라고 정의하며 그림9 에서 노광량과 현상 후 잔류감광제 두께의 상관 관계를 표현 하였다.

감광제는 일정량의 빛에 반응하여 현상이 되는 것이 중요한데 이는 반응 한곳과 그렇지 못한 부분의 contrast를 결정 하는 요소이다. 감광제를 현상하여 보면 노광량에 따라서 현상후의 두께가 달라진다. 이상적인 positive 감광제는 한계 노광량을 넘기면 완전히 현상되고 그 이하에서는 전혀 현상 되지 않는 것이다. 그래야 마스크 상의 패턴을 똑같이 감광제 패턴으로 재현할 수 있기 때문 이다. 그러나 실제 감광제는 노광되지 않은 부분도 약간씩 현상되고 노광량에 따라 현상 속도가 빨라지는 형태를 가진다. Negative 감광제는 이와 정반대의 현상 특성을 가진다. 그러므로 이상적인 감광제와 비교하여 얼마나 차이가 나는지 알 필요가 있으며 이를 위하여 고정된 현상 조건에서 노광량을 변화시켜 남은 두께를 관찰하는 방법이 선행 되어야 하다.

Positive 감광제 현상 후 남는 감광제가 없어지는 최소 노광량을 E_{th}라고 하고, 감광제 두께가 크게 변하지 않는다고 할 수 있는 가상의 노광량을 E_0라고 하면, contrast 는 두 값의 비로 결정된다. 실제 감광제는 빛을 조금만 받아도 현상 후 두께는 조금씩 감소한다. 하지만 어느 정도의 빛을 받을 때 까지는 크게 변하지 않는다. 현상 후 남아있는 감광제의 두께 와 노광량의 로그수에 대비 하여 그린 contrast 곡선을 기초하여 노광공정을 수행해야 한다.

그러나 기판의 반사가 있으면 정상파(standing wave) 현상이 발생 하여 실제 노광 현상은 복잡해진다. 이는 PR 박막은 입사되는 빛에 대해서 웨이브 가이드 역할을 하기 때문인데, PR 내부에서 반사 및 투과된 빛은 CD 제어를 어렵게 한다. 또한 PR 내부에서 발생하는 정상파는 의도치 않은 여러 가지 노광 현상을 일으킨다. 따라서 이런 현상을 방지하기 위해 반사방지막(anti-reflective coating: ARC)을 기판위에 증착하여 반사파 발생을 억제하는 방법을 사용하게 된다.

REFERENCES

[2] EUVL Projection on Samsung's Device Roadmap, 2009 EUVL Symposium, J. Yeo (2009).

1. 포토에칭 공정의 정의

1) ETCH 공정 개요

Photo 공정에서 진행된 Mask상의 Pattern을 Wafer상으로 옮긴 후 원하는 부분을 화학적 또는 물리적으로 제거 시켜주는 공정이다.

2) ETCH 분류

가. 목적에 따른 분류

Etching 목적에 따른 분류는

1) Mask를 이용한 선택 Etching.
   - Wafer 내 Pattern 가공.
2) Wafer 전면 Etching이 있다.
   a) 표면세정.
   b) 막의 두께 Control.
   c) 확산에 의한 증착층 제거.
   d) Photo Resist의 제거.

나. 방법에 따른 분류는

1) Chemical을 사용하는 WET ETCH.
2) Gas를 사용하는 DRY ETCH로 분류된다.

3) DRY ETCH

Gas를 사용하여 Plasma라는 물질의 제4상태 로 만든 다음, 이 Plasma중의 한 성분이 Etch 시키려는 물질과 화학반응 및 물리적인 반응을 일으켜 기체 상태로 변화한 후 chamber의 뒤쪽에 장착된 진공 Pump를 이용하여 이를 외부로 유출시켜 Byproduct를 제거 하는 것이다. 이때 Etch 시키려는 물질과 Etch Gas가 반응하기 위해서는 충분한 Energy가 필요한데 그 Energy인 R/F Power를 주입하여 형성시킨다.

Etch 공정
- Oxide Etch, Poly-Silicon Etch, Nitride Etch, Metal Etch, Photo-Resist Etch 등.

4) 기타 용어정리

가. Selectivity : 모든 Etch 공정은 Etch가 진행되는 중에 Etch 시키려는 어느 한 Film만 Etch 되지 않고, Etch 되어서는 안되는 다른 Film도 Etch가 함께 된다. 예를 들면, Poly Silicon Etch시 Mask로 사용되는 P/R은 최소한으로 Etch 되어야 하며 또한 Poly Silicon Etch 시 Poly Silicon 밑에 있는 산화막 역시 최소로 Etch 되어야 할 것이다. 따라서, 만약 Poly Silicon이 1000Å Etch되고 Oxide가 100Å 이 Etch 된다면 Poly Oxide의 Selectivity 10:1 이라고 한다.

나. Under Cut : Under Cut이란 Etch가 수직으로만 진행되지 않고 옆으로도 Etch되는 것을 말하며 Isotropic한 Etch에서 나타난다.

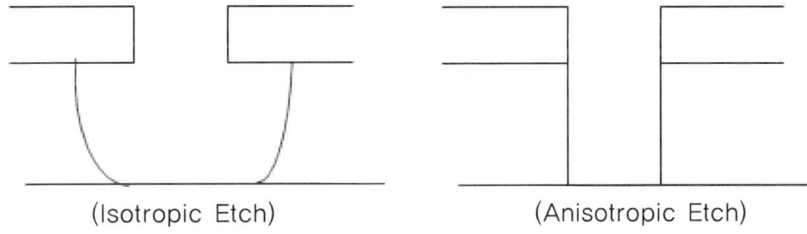

(Isotropic Etch)　　　　　(Anisotropic Etch)

일반적으로 WET Etch는 Isotropic Etch이며 Dry Etch는 Anisotropic Etch이다.

다. CD (Critical Dimension) : Etch와 P/R Strip이 끝난 후 Etch 되지 않은 부분의 Line Width를 측정하게 되는데 이것을 CD라 하며 과도한 Over Etch는 CD를 적게 하여 소자에 따른 영향을 미친다.

라. Under Etch : Etch 되어야 할 부분이 충분치 못한 Etch로 Etch가 완전히 이루어지지 않은 상태로 Etch 하고자 하는 Film이 엷은 박막이 존재할 때.

마. Over Etch : Etch되어야 할 부분이 과도하게 Etch되어 Under Layer가 많은 손상

을 받거나 형상의 부분적인 손상이 일어나는 것으로 통상적으로 Run 진행 시 어느 한도 내에서는 고의로 Over Etch를 하여 Bridge 및 Under Etch를 막고 있음.

바. Uniformity : 한 Wafer내에 또는 Wafer 와 Wafer간에 또는 Run과 Run사이에 Etch되는 속도가 얼마나 균일한가를 나타내는 척도로 나타냄.

사. Etch Rate : Etch되는 속도를 말하며 Å/Sec, Å/Min 단위로 나타냄.

5) 식각장비

가. 장비구조(Machine Structure)

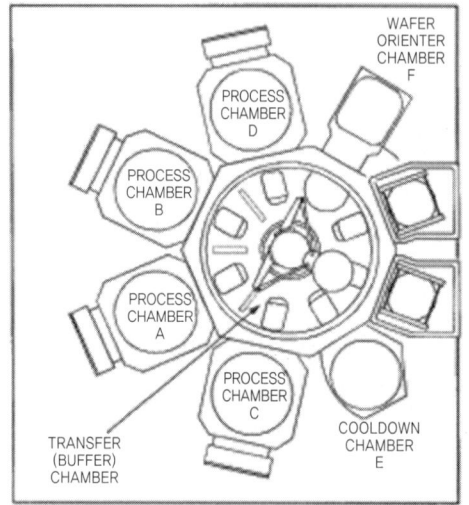
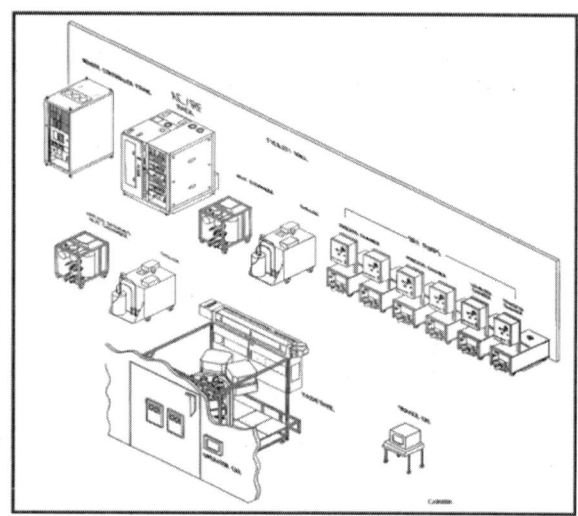

나. FUNCTION OF CHAMBERS

(1) PROCESS CHAMBER : WAFER PROCESS가 진행되는 곳으로 R.F POWER, VACUUM, GASES에 의해 CHAMBER 내에 PLASMA가 형성되어 원하는 부분 및 두께를 ETCHING 한다.

(2) TRANSFER CHAMBER : CASSETTE CHAMBER에서 WAFER를 받아 PROCESS CHAMBER로 이동 시켜주기 위한 BUFFER CHAMBER 역할을 한다.

(3) WAFER ORIENTER CHAMBER : PROCESS CHAMBER에 있는 BOTTON ELECTRODE SURFACE에 일정한 방향으로 WAFER를 LOAD 하기 위해 WAFER CENTERING를 맞추어 주는 역할을 한다.

(4) COOLDOWN CHAMBER : WAFER PROCESS CHAMBER 진행 후 WAFER SURFACE 온도 상승으로 곧바로 CASSETTE로 UNLOAD 하기 전에 WAFER 온도를 낮추어 주는 역할을 한다.

(5) CASSETTE CHAMBER : WAFER CASSETTE가 놓여지는 CHAMBER로 ETCH 전, 후 WAFERS가 대기하는 곳.

다. FUNCTION OF COMPONENTS

(1) VME CONTROLLER : SYSTEM의 AI, AO, DI, DO SIGNAL을 사용해 SYSTEM 전반적으로 CONTROL하는 역할을 한다.

(2) AC/DC POWER BOX : SYSTEM 구동계에 POWER를 GENERATION 시켜 공급하는 장치.

(3) CHILLER : PROCESS CHAMBER내 BOTTOM ELECTRODE를 설정된 온도로 일정하게 유지 시켜주는 장치.

(4) HEAT EXCHANGE : PROCESS CHAMBER WALL를 설정된 온도로 일정하게 유지 시켜주는 장치.

(5) PUMP : PROCESS CHAMBER PRESSURE를 대기압에서 진공 상태로 만들며, 유지 시켜주기 위해 사용되는 장치.

2. 제조사별 포토에칭 장비의 개요

※ 국내 기업 및 인력 현황
- 반도체산업협회 회원사를 기준으로 장비기업(부품포함)은 약 110개, 종사자는 약 8,000명 규모로 추산되며, 연간 1,000명 이상의 인력수요가 있을 것으로 예측됨. 특히, 장비기업 내 석박사급 고급 연구 인력이 부족한 상황임.

[반도체장비의 국내기업 및 인력현황]

규모별 기업 수(연매출 기준)			고용
≥5,000억원	1,000~5,000억원	<1,000억원	
1개	13개	96개	8,000명

※ 출처 : KSIA 조사 2010

[반도체산업의 인력 현황]   (단위 : 명)

분야		대기업	중소기업	주요기업
메모리반도체	63,094	63,094	-	삼성, 하이닉스 등
시스템반도체	21,275	17,144	4,131	동부, 엠텍비젼 등
반도체장비	8,090	-	8,090	주성 IPS 등
반도체재료	7,548	-	7,548	동진세미캠 등
합계	100,007	80,238	19,769	

[반도체산업의 인력 수급전망] (단위 : 명)

분야	'10	'11	'12	'13	'14	'15	합계
메모리반도체	2,706	2,806	2,927	3,051	2,911	3,317	17,718
시스템반도체	1,376	1,694	2,047	2,467	3,237	3,899	14,720
반도체장비	852	970	1,091	1,209	1,287	1,370	6,779
반도체재료	365	376	395	414	433	454	2,437
합계	5,299	5,846	6,460	7,141	7,868	9,040	41,654

- 반도체 장비기업들은 실리콘 사이클에 따른 경기변동에 대비하기 위해 대부분 디스플레이·태양광·LED 장비사업에 진출하고 있음. 장비 Top 25기업 분석 결과 72%는 디스플레이 장비, 36%는 태양광 장비, 20%는 LED 장비사업을 동시에 진행하고 있음.

또한 약 43%의 기업들은 3가지 이상의 분야에 관여하고 있는 것으로 나타남.

[주요 반도체장비기업 현황] (단위 : 억원/명)

	업체명	주용 장비	사업영역(%)				매출 (억원)	인원
			반도체	디스플레이	태양광	LED		
1	세메스	Track, 세정	78	22			7,620	839
2	에스에프에이	자동차장비	5	78	1		7,533	733
3	주성엔지니어링	식각, 증착	26	25	42		3,047	732
4	원익아이피에스	증착	65	9	1	5	2,505	551
5	제우스	세정, 열처리	39	57	5		2,482	119
6	참엔지니어링	식각	17	84			2,304	569
7	케이씨텍	세정, CMP	52	48			2,271	419
8	디엠에스	식각	17	83			2,270	331
9	세크론	조립장비	91	5			2,096	436
10	한미반도체	조립장비	85		10	5	1,758	480
11	탑엔지니어링	Saw, 몰딩		100			1,432	232
12	유진테크	증착	100				1,308	95
13	LIG에이디피	식각		100			1,158	264
14	미래컴퍼니	조립장비	5	60			1,008	200
15	에스티아이	약액공급기	30	40	5		925	66
16	피에스케이	Asher	100				911	148
17	고려반도체	조립장비	100				733	217
18	테스	증착, 식각	91	3	4	1	711	160
19	프롬써어티	테스터	42	58			522	88
20	유니테스트	테스터	100				510	109

* KSIA '12. 8   * ☐ 표시 : 비즈니스 영역

- 세계주요 반도체 장비 Top 10 기업은 일본(4개), 미국(4개), EU(2개)업체가 포진하고 있으며, 전체시장의 60%이상을 점유.
- 美 AMAT, 蘭 ASML, 日 TEL 등 선진3사의 시장독점(약 36%) 체제 유지.
- 미국과 일본은 웨이퍼 프로세스 장비 및 계측장비, 유럽은 노광기와 조립장비의 경쟁력 갖추고 있음.
- 장비업계의 사업영역확장화(M&A 등).
- M&A, 기술개발 등을 통해 일관공정 체제를 갖추고 수요기업의 요구에 대해 토털솔루션을 제공함으로써 시장 지배력 확대.

[글로벌 반도체 장비 TOP 15기업 일반현황]

순위	업체명	국가	인력 (전체, 명)	판매제품	'11년 반도체 매출(억불)
1	ASML	Netherlands	9,425	노광장비	68
2	Applied Materials	USA	12,973	CVD, PVD ECD, CMP	59
3	Tokyo Electron	일본	10,343	Etcher, CVD, IC장비	51
4	KLA-Tencor	USA	5,500	측정&분석	25
5	Lam Research	USA	3,900	ETCH, CVD PVD, ECD	23
6	Dai nippon Screen	일본	7,601	세정장비	18
7	Nikon	일본	24,348	노광장비	14
8	ASM International	Netherlands	16,700	Epitaxial eactors Furnace, PECVD ALD tods	13
9	Advantest	일본	4,464	Tester	12
10	Novellus Systems USA 2,400 In June 2012, M&A by Lam Research for $3.3 Billion dollars			CVD, PVD, ECD	10
11	Hitachi High-Tech	일본	10,149	측정&분석 FPD	10
12	Teradyne	USA	2,900	계측기	9
13	Veeco	USA	4,000	MOCVD	9
14	Aixtron	독일	780	MOCVD	8
15	Varian USA – In November 2011, M&A by AMAT			Ion Implanter	7.7

* COSAR '12. 8

◎ (국내 장비 예)동아무역의 스핀코터
- 초정밀 그래픽 스핀코터.
- 실시간 스텝별 데이터를 그래픽으로 확인.
- 허용오차 ±1 RPM 구현.
- 저렴한 가격 간단한 설계 저소음 저진동.
- 최대 100스텝 입력 가능.
- 급정지위치제어기능탁월.
- 저속고속PM에도 안정적으로 코팅.
- 콤팩트한 내부외부.

3. 포토에칭장비의 구성요소 이해

Wafer size(Max)	0.2~4 inch diameter
Bowl size	235m/m
Bowl material	SUS or P.P
Special DC Motor	UP & Down free
Step	100
Memory storage	100 program
Rotation Speed	0 to 50~8,000 rpm
Hold Time	1~999sec
Accuracy	±1 R.P.M
Acceleration, deceleration free	3,000 R.P.M/sec
Graphic Function	Real time for steps Graphic representation
Power Input	AC 220V, 50/60 Hz
Vacuum Input	-450~-650mmHg (6mm ID/8mm OD)
Display	LCD (back Light)
System Controller	Micom control
Dimension (W×D×H)	(320×420×240mm)

Spin Coater Chuck Selection (스핀코터 버큠 척 종류)

스핀코터 Type CS chuck
실리콘, 글라스, 게르마늄 웨이퍼

스핀코터 Type H chuck
글래스, 쿼츠, 세라믹, 메탈 플레이트

스핀코터 Type L chuck
두꺼운 비대칭 기판

스핀코터 Type R chuck
정방형 플래이트, 사용자 주문 사양

4. 포토에칭장비의 운영

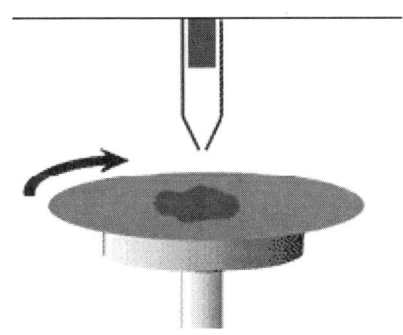

1) 스핀 코팅 프로세스 이론

수십년 동안 박막 필름에는 스핀 코팅이 사용되어 왔다. 이 프로세스 에서는 보통 소량의 액체 수지를 기판의 중앙에 증착시킨 다음고속(약 3000rpm)으로 기판을 회전 시키는 방법을 사용한다. 구심성 가속으로 대부분의 수지가 기판의 가장자리까지 퍼져나가게 되면, 얇은막의 수지가 표면에 코팅된다. 최종적인 필름 두께와 기타 특성은 수지의 속성(점성, 건조율, 응고율, 표면 장력 등)과 스핀 프로세스에 선택된 매개변수에 따라 달라진다. 스핀 속도, 가속 및 가스 배출과 같은 요인들이 코팅된 필름의 특성을 정의하는 데 영향을 미친다.

스핀 코팅에서 가장 중요한 요인 중 하나는 반복성이다. 스핀 프로세스를 정의하는 매개변수의 작은 변이가 코팅된 필름에서는 커다란 차이를 가져올 수 있다. 다음은 이러한 변수가 미치는 영향에 대한 설명이다.

일반적인 스핀 프로세스는 액체 수지를 기판 표면에 증착하는 디스펜스 스텝, 수지를 펴기 위한 고속 스핀 스텝, 남아 있는 용제를 필름에서 제거하기 위한 건조 스텝으로 이루어진다. 일반적으로 디스펜스에는 정적 디스펜스와 동적디스펜스, 두 가지가 있다.

정적 디스펜스는 소량의 액체를 기판의 중앙부에 증착하는 것만 수행한다. 액체의 양은 그 점성과 코팅할 기판의 크기에 따라 1-10 cc 정도이다.

점성이 높아질수록 또는 기판이 커질수록 고속 스핀 동안 기판의 전체 면을 커버할 수 있도록 액체의 양을 늘려야 한다. 동적 디스펜스는 기판이 저속으로 회전하는 동안 액체를 증착하는 프로세스다. 이 스텝에서는 보통

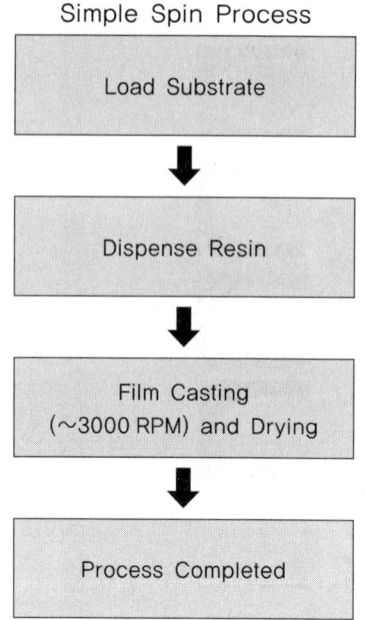

약 500rpm의 속도가 사용된다. 보통 기판의 전체 표면이 젖을 만큼 많은 양의 액체를 증착할 필요가 없기 때문에 기판 위에 액체를 코팅하여 수지가 가장 적게 남도록 한다. 이는 특히 액체 또는 기판 자체가 잘 젖지 않을 때 가장 유용한 방법으로, 그렇지 않을 경우 생길 수 있는 틈을 제거할 수 있다.

디스펜스 스텝 후, 높은 속도로 가속하여 액체가 원하는 최종 두께로 펴지게 만든다. 이 스텝에서의 일반적인 스핀 속도는 기판과 액체의 특성에 따라 1500-6000 rpm정도다. 이 스텝에는 10초에서 몇 분 정도의 시간이 걸릴 수 있다.

이 스텝에서 선택하는 스핀 속도와 시간이 보통 최종 필름 두께를 정의한다.

일반적으로 스핀 속도가 높고 스핀 시간이 길수록 필름의 두께가 더 얇아진다. 스핀 코팅 프로세스에는 무시되기 쉬운 여러 가지 변이가 일어날 수 있는데, 이를 위해 충분한 시간을 주는 것이 가장 좋다.

때때로 고속 스핀 스텝 이후 필름을 좀 더 건조시키기 위해 별도의 건조 스텝이 추가된다. 이는 필름의 안정성을 높이기 위해 취급 전에 긴 건조 시간을 필요로 하는 두꺼운 필름에 적합하다. 건조스텝을 거치지 않으면 취급 중 스핀 볼에서 꺼낼 때 기판의 측면이 벗겨지는 것과 같은 문제점이 발생 할 수 있다. 이 경우, 고속 스핀 속도의 약 25%인 중간 스핀 속도는 필름 두께를 바꾸지 않고도 필름을 건조하는데 충분하다. 대부분의 스핀 프로세스 에서는 2개 또는 3개의 스텝이 필요하다.

2) 스핀 속도

스핀 속도는 스핀 코팅의 가장 중요한 요인 중 하나이다. 기판의 속도(rpm)는 액체 수지에 적용되는 원심력과 상단부 공기의 속도 및 난류에 영향을 미친다. 특히, 고속 스핀 스텝은 최종 필름 두께를 정의한다. 이 스텝에서 상대적으로 낮은 ±50 rpm의 변이가 있어도 10%의 두께 변화를 가져올 수 있다. 필름 두께는 주로 기판의 가장 자리쪽 액체 수지를 깎아내기 위

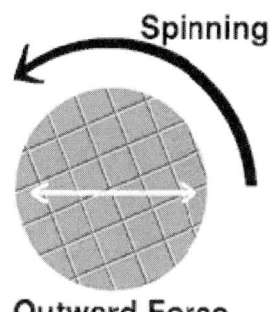

해 적용되는 힘과 수지의 점성에 영향을 주는 건조율 사이의 균형이다. 수지가 건조되어, 스핀 프로세스의원심력이 더 이상 표면 위에 수지를 올려놓을 수 없을 때까지 점성은 증가하게 된다. 이 때, 스핀 속도가 증가해도 필름 두께는 크게 줄어들지 않는다. 모든 스핀 코팅 시스템은 어떠한 속도에서도 ±5 rpm 이내로 재현할 수 있도록 되어있다. 일반적인 성능은 ±1 rpm 이다. 또한, 스핀 속도의 프로그래밍 과 디스플레이에는 1 rpm의 분해능이 제공된다.

3) 가속

최종 스핀 속도로의 기판 가속은 코팅된 필름의 특성에도 영향을 줄 수 있습니다. 수지는 스핀 사이클의 첫번째 파트에서 건조되기 시작하므로, 정확하게 가속을 제어하는 것이 중요합니다. 일부 프로세스에서는 수지의 용제 중 약 50%가 프로세스의 처음 5초 동안에 증발하여 사라집니다. 또한 가속은 패턴식 기판의 코팅특성에서도 중요한 역할을 차지합니

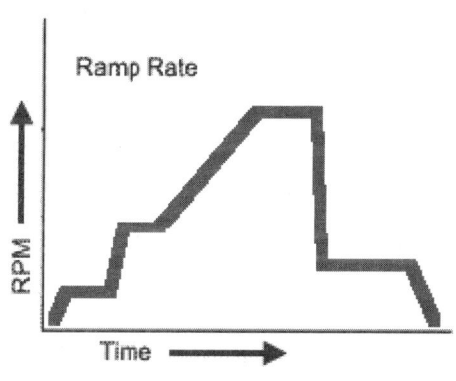

다. 따라서, 표면 위에 균등하게 수지를 코팅 하는 것이 중요합니다. 스핀 프로세스가 수지에 원심력(바깥쪽)을 제공하는 동안, 가속은 수지에 회전력을제공합니다. 이러한 회전력은 수지를 표면에 고르게 분포시켜, 액체 수지로 인해 기판에 음영 부분이 발생하지 않도록 해줍니다. Cee 스피너의 가속은 1 rpm/초의 분해능으로 프로그래밍 할 수 있습니다.

작동 중 스핀 모터는 선형 램프로 최종 스핀 속도까지 가속(또는 감속)합니다.

4) 가스 배출

스핀 프로세스 중 액체 수지의 건조율은 액체 자체의 특성(사용된 용제 시스템의 휘발성)과 스핀프로세스 중 기판 주위 공기에 의해 결정됩니다. 젖은 옷이 습한 날씨보다 바람이 부는 건조한 날에 더 잘 마르는 것처럼, 수지도 주위 공기에 따라 건조 속도가 달라집니다. 공기 온도 및 습도와 같은 요인이 코팅된 필름 특성을 결정하는 데 커다란 역할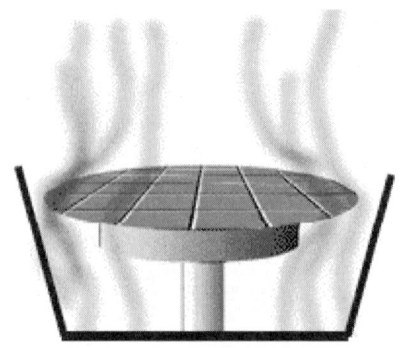
을 한다는 것은 잘 알려진 사실입니다. 또한, 스핀 프로세스 중 공기 흐름과 기판 위의 난류를 최소화하거나 최소한난류를 일정하게 유지하는 것도 매우 중요 합니다. 모든 Cee 스핀 코팅 장비는 "폐쇄 보울" 설계를 사용하고 있습니다. 실질적인 밀폐 환경은 아니더라도, 배출구 덮개는 스핀 프로세스 동안 배출을 최소화할 수 있도록 해줍니다. 배출구 덮개는 스핀 척 아래에 있는 하단 배출구와 마찬가지로 원하지 않는 임의적 난류를 최소화하기 위한시스템 장치입니다. 이 시스템에는 두 가지의 확실한 장점이 있습니다. 즉, 액체 수지의 건조를 늦추어주고 주위 습도에 따른 영향을 최소화 하는 것입니다.

건조 속도를 낮출수록 기판 전체의 필름 두께가 균등해집니다. 스핀 프로세스 동안 액체 수지는 기판의 가장자리 쪽으로 이동하면서 건조됩니다. 이 경우 기판의 중심부에서 멀어지면서 액체 수지의점성이 변화하므로 방사상 두께가 균일하지 않게 될 수도 있습니다. 이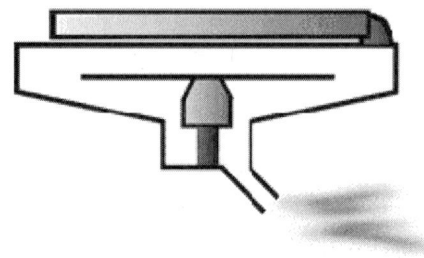
때, 건조 속도를 늦추면 기판전체의 점성을 일정하게 유지시킬 수 있습니다.

건조율 및 최종 필름 두께는 주위 습도의 영향도 받습니다. 상대습도가 약간만 달라져도 필름 두께에 큰 변화가 생길 수 있습니다.

폐쇄 보울에서 스핀을 하면, 수지 자체의 용제에서 생기는 증기가 보울에 갇히게 되어 작은 습도 변화에 의한 영향이 줄어들게 됩니다.

스핀 프로세스의 끝에서 덮개를 들어 기판을 꺼내면, 가스가 모두 모아져 용제의 증기를 모았다가 제거합니다.

이 "폐쇄 보울" 설계의 또 다른 이점은 회전하는 기판 주위에 발생하는 공기 흐름의 변이에 영향을 적게 받는다는 것입니다. 예를 들어, 일반적인 청정실에는 분당 약 100 피트 (30m/min)로 공기가지속적으로 아래로 흐릅니다. 여러가지 요인이 이러한 공기 흐름의 특성에 영향을 미칩니다. 보통 이러한 높은 공기 흐름에 의해 난류와 소용돌이 전류가 발생합니다. 환경 특성을 조금만 변화시켜도 공기의 하강을 크게 변화시킬 수 있습니다. 부드러운 덮개로 보울을 닫으면, 스핀 프로세스에서 조작자나 다른 장비에 의해 발생하는 변이와 난류를 제거할 수 있습니다.

※ 스핀 코팅 프로세스의 문제점 해결

◎ 필름이 너무 얇음
  스핀 속도가 너무 높음 더 낮은 속도를 선택.
  스핀 시간이 너무 길다면 고속 스텝 중 시간을 줄임.
  수지 선택이 부적절함.

◎ 필름이 너무 두꺼움
  스핀 속도가 너무 낮음 더 높은 속도를 선택.
  스핀 시간이 너무 짧음 고속 스텝 중 시간을 추가.
  배출량이 너무 많음 배출구 덮개를 조정하거나 배출구 조절 장치를 장착.
  수지 선택이 부적절함.

◎ 웨이퍼 표면의 기포
  디스펜스된 수지의 기포.
  디스펜스 팁이 불균등하게 절단되었거나 끝이 말렸거나 결함이 있다.

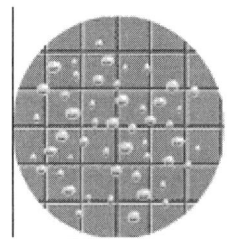

◎ 코멧, 스트리크 또는 플레어
  액체의 속도(디스펜스율)가 너무 높다.
  스핀 보울 배출율이 너무 높다.
  스핀 이전 레지스트가 웨이퍼에 너무 오래 놓여 있었다.
  스핀 속도와 가속 설정이 너무 높다.
  디스펜스 이전에 기판의 표면에 불순물이 있다.
  수지가 기판 표면의 중앙에 디스펜스 되지 않다.

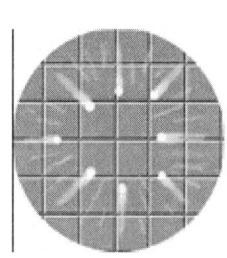

◎ 소용돌이 패턴
  스핀 보울 배출율이 너무 높다.
  수지가 기판 표면의 중앙부를 벗어나 디스펜스 된다.
  스핀 속도와 가속 설정이 너무 높다.
  스핀 시간이 너무 짧다.

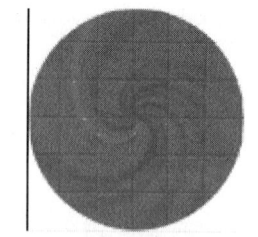

◎ 중심 원(척 마크)
  중심 원이 스핀 척과 크기가 같을 경우, Delrin 스핀 척으로 교환.

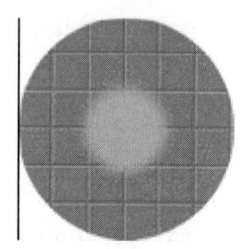

◎ 코팅되지 않은 영역
  디스펜스 볼륨이 충분하지 않다.

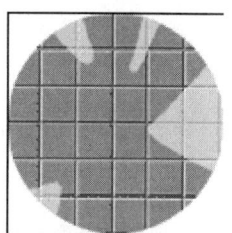

◎ 핀 홀 기포 수지 속의 불순물
  디스펜스 이전에 기판의 표면에 불순물이 있다.

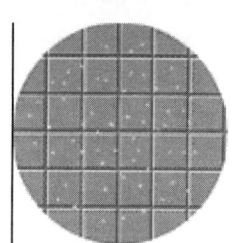

제2절 박막확산장비운영

1. 박막확산장비의 정의

※ 증착 및 기상증착법(Vapor Deposition)의 정의

기상증착법(Vapor Deposition)들은 크게 두 가지로 분류된다. PVD(Physical Vapor Deposition)와 CVD(Chemical Vapor Deposition)다. 가스반응 및 이온 등을 이용하

여 탄화물, 질화물 등을 기관(Substrate)에 피복하여 간단한 방법으로 표면 경화층을 얻을 수 있는 것으로써, 가스반응을 이용한 CVD와 진공 중에서 증착하거나 이온을 이용하는 PVD로 대별되며 공구 등의 코팅에 이용된다. 이 둘의 차이는 증착시키려는 물질이 기판으로 기체상태에서 고체상태로 변태될 때 어떤 과정을 거치느냐이다. 공정상의 뚜렷한 차이점은 PVD는 진공 환경을 요구한다는 것이다. 반면에 CVD는 수십~수백 torr 내지는 상압의 환경에서도 충분히 가능하다. 다만 CVD는 PVD보다 일반적으로 훨씬 고온의 환경을 요구한다.

진공 속에 물건과 도금할 금속을 넣고, 금속을 가열하여 휘산(揮散)시켜서 물건 표면에 응축시켜 표면에 얇은 층을 만드는 방법이다.

진공탱크 속에 넣어야 하므로 큰 것에는 적용하기가 어렵다.

박막(thin film)을 만드는데 사용되는 방법이다.

박막을 만들기 위해서는 박막의 재료가 되는 원자들을 원하는 표면에 가서 달라붙게 만들어야 하는데, 이 원자들을 어떻게 만드는가에 따라 여러가지 방법이 있다. Sputtering의 경우는 이온화된 원자(Ar)를 전기장에 의해 가속시켜 박막재료(source material)에 충돌 시키면, 이 충돌에 의해 박막재료의 원자들이 튀어 나온다. 이 튀어나온 원자들이 날아가서 원하는 표면(wafer)에 붙게 되는 것이다.

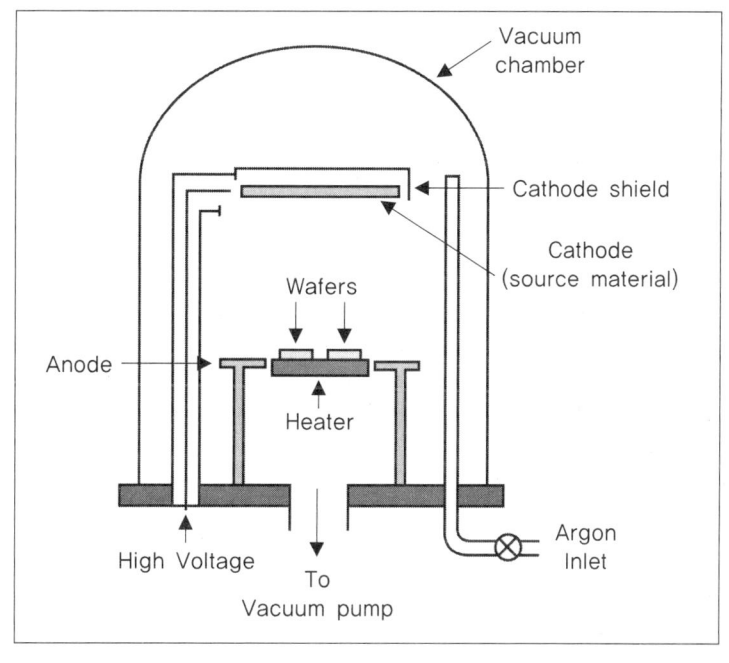

고체의 표면에 고에너지의 입자를 충돌시키면 target 물질의 원자가 완전탄성 충돌에 의해 운동량을 교환하여 표면에서 밖으로 튀어나오게 된다. 이처럼 ion이 물질의 원자 간 결합에너지 보다 큰 운동에너지로 충돌할 경우 이 ion 충격에 의해 물질의 격자간 원자가 다른 위치로 밀리게 되며, 원자의 표면 탈출이 발생하게 되는 현상을 물리학에서 "sputtering"이라고 말한다.

박막 증착에서 sputtering이라 하면 target 원자의 방출과 그 원자의 substrate에의 부착이라는 2가지 과정을 포함하는 개념으로 볼 수 있다. Sputtering process의 가장 우수한 특성은 증착된 물질의 기상으로의 이동이 chemical, thermal process가 아니라 physical momentum exchange process이므로 모든 물질을 target으로 쓸 수 있다는 점이 장점입니다. 이러한 Sputtering 현상을 이용하여 wafer 표면에 금속막, 절연막 등을 형성하게 된다.

박막증착은 특히 반도체산업에서 핵심적인 분야인데 그동안 이온 빔(ion-beam), 전자 빔(electron-beam) 또는 RF(Radio-Frequency) 스퍼터링(sputtering) 등을 이용해 왔으나 최근에는 엑시머 레이저를 이용하는 방법의 개발이 이루어져 있다. 엑시머 레이져를 사용하면 보다 높은 질과 단순성 및 재현성 등의 장점이 있다고 한다. 가장 큰 장점은 다른 방법에서와는 달리 진공이 반드시 요구되는 것도 아니며, 그리고 액체나 기체상 태의 증착재료도 이용할 수 있다는 점이다.

증착원리는 진공상태의 증착실(chamber) 안에 위치한 증착재료(target)에 높은 출력의 레이저 빛을 모으면 그 펄스가 증착재료의 온도를 급격히 올려 표면에서 폭발적인 기화 즉, 용발이 일어나게 됩니다. 기판을 증착재료 가까이 놓으면 용발된 재료가 기판에 날 라와 균일하게 증착되는 것이다.

* 박막 증착 방법의 종류

    가. 화학 기상 증착법(CVD Chemical Vapor Deposition)
        CVD에 해당하는 증착법에는 MOCVD(Metal-Organic Chemical Vapor Deposition), HVPE(Hydride Vapor Phase Epitaxy) 등이 있다. CVD는 PVD처럼 원료물질을 일단 기체상태로 운반하나 (기체에 실어 보낸다는 표현도 적합하다. 분무하는 것을 생각한다면 쉽게 이해가 될 것이다) 이 원료물질들이 기판의 표면에서 화학반응을 일으킨다. 대표적인 CVD 증착물질인 GaN의 경우에는 MOCVD법을 이용할 때

TMGa라는 Ga에 methyl기를 붙인 물질을 수송기체에 실어 보내고 한 쪽에서는 암모니아(NH3)를 불어넣어서 기판의 표면에서 TMGa의 Ga과 NH3의 N이 반응하여 GaN을 만들어내게 된다. 그리고 이런 화학반응을 일으키려면 대개 1000도를 상회하는 고온을 요구한다. CVD법으로 증착할 때 물질에 따로 다소 저온도 가능하지만 이 저온이란 것도 CVD에서는 500도 정도를 저온이라고 지칭한다.

나. 저압 화학 기상 증착(Low Pressure CVD, LPCVD)
   플라즈마 향상 화학 기상 증착(Plasma Enhanced CVD, PECVD)
   대기압 화학 기상 증착(Atmospheric Pressure CVD, APCVD)

다. 물리 기상 증착법 / PVD (Physical Vapor Deposition)
   PVD 공정은 생성하고자 하는 박막과 동일한 재료(Al, Ti, TiW, W, TiN, Pt 등)의 입자를 진공 중에서 여러 물리적인 방법에 의하여 기판 위에 증착시키는 기술.
   금속의 증기를 사용하는 증발(evaporation) 증착법.
   물질에 물리적인 충격을 주는 방법인 Sputtering 증착법.

라. 진공증착 [眞空蒸着, vacuum plating, Evaporation]
   금속이나 비금속의 작은 조각을 진공 속에서 가열하여 그 증기를 물체면에 부착시키는 일이다. 모든 물품에 적용할 수 있다는 특징이 있다.
   고진공에 놓은 용기 속에 피복(被覆)될 물체와 그 표면에 부착시키려는 금속 등의 입자를 넣어 둔 다음, 히터에 전류를 흘러서 가열함으로써 그 금속입자를 증발시키면, 차가운 물체 표면에 응축해서 부착하는 것을 이용하여 표피(表皮)를 붙이는 방식이다. 모든 물품에 적용될 수 있다는 것이 특색이며, 천에 알루미늄을 붙이거나 플라스틱에 은을 붙일 수도 있다. 광학렌즈의 반사방지피막(被膜)도 플루오린화마그네슘 등을 진공증착시킨 것이다.

마. 제거가공 [除去加工, sputtering]
   재료나 공작물의 불필요한 부분을 제거하는 방법이다. 스퍼터링이라고도 한다. 대표적인 제거가공으로 날붙이를 사용하여 공작물을 필요한 치수·형상으로 만들어내는 절삭가공이 있다. 그 밖의 제거가공으로 연삭숫돌을 사용하는 연삭가공, 가는 숫돌입자를 사용하는 연마가공 등이 있다. 제거가공은 부가가공이나 변형가공에 비하여 범용성이 높고, 하나의 공작기계로 갖가지 형상의 기계부품을 만들 수 있는 것이 특징이다. 또한, 복잡한 형상을 높은 정밀도로 가공하기 쉽다는 특징도 있다. 특히, 표면을 깨끗하게 처리하기 위한 제거가공은 습식의 표면처리가공과 같은 용제 등을 사용하지 않는다. 따라서 사용이 끝난 용제의 처리 문제나 반응물에 의한 대기 오염 등의 문제도 없다.

2. 제조사별 박막확산 장비의 개요

1) CVD process 의 분류

종류		설 명
반응 에너지원	Thermal CVD	반응기에 주입된 반응기체의 분해 및 박막 증착시 열 에너지를 이용하는 CVD 방법. (0.1~1 Torr)
	PE CVD	Plasma Enhanced CVD, (1~10 Torr) 반응기내 혼합기체에 전장을 걸어 Plasma 상태를 형성하여 박막을 증착하는 방법. Thermal CVD 방법보다 저온에서 박막 증착 가능.
	HDP CVD	High Density Plasma CVD, (수 mTorr) 고밀도 Plasma를 형성하여 막을 증착하는 방법.
	Photon CVD	Laser 또는 자외선의 광 에너지를 반응기체의 분해 및 박막을 증착할 때 이용하는 CVD 방법.
공정 압력	APCVD	Atmospheric Pressure CVD, (760 Torr) Chamber내 압력이 대기압 상태에서 막을 증착하는 방법
	SACVD	Sub Atmospheric CVD, (200~600 Torr) Chamber내 압력을 감압하여 저압상태에서 막을 증착하는 방법
	LPCVD	Low Pressure CVD (0.1~1 Torr) Chamber내 압력을 감압하여 저압상태에서 막을 증착하는 방법. (SACVD 보다 낮은 압력)
원료 물질	MOCVD	Metal Organic CVD, 반응원료가 Metal원자 및 Carbon, 산소 등과 결합하여 유기물을 형성하고 있다. 반응원료가 실온에서 대부분 액체인 관계로 기화 과정을 거쳐 반응기에 주입된다. Ex) $2Ta(OC_2+H_5)5 + O_2 \rightarrow Ta_2O_5(S) + Others$

2) 스퍼터링 장치

3 gun-type

ICP antenna 내장

3차원 코팅 가능 (공전 및 자전하는 기판 홀더) 플라스틱 기판 위에 TiN 박막의 저온 코팅 공정 고경도 내마모 TiB_2, TiBN 코팅 공정.

플라즈마 증착 장치.

ICP CVD를 이용한 DLC 박막 코팅.

Diffusion 시스템은 산화공정이나 dopant 도포등에 쓰이지만 일반적으로 후자 쪽이 많이 쓰인다. 초창기 반도체 제조에서는 diffusion 시스템은 실리콘 표면에 불순물 원자나 dopant를 도포하는데 주로 쓰였다. 근래에는 이온주입(Ion Implantation)이
dopant를 도포하는데 주로 쓰이고 있지만 diffusion 시스템은 아직까지 특정 부분에 쓰이고 있다.

Diffusion furnace로도 알려진 일반적인 diffusion 장치는 산화공정 furnace와 매우 유사하다. 이 장치는 웨이퍼에 고온 상태를 유지하고 가스 흐름을 제어하기 위해 디자인 되었다. 이 장치는 다음과 같은 파트들로 구성된다.

웨이퍼는 furnace 안에 고온의 상태로 dopant 가스에 노출되는데 이는 $SiO2$ 필름을 성장 시킬 때 쓰이는 산화 공정 메커니즘과 비슷하다. 장비 업체로는 ASM, Tempress System, Tystar 등이 있다.

- 열 발생장치
- Diffusion tube
- Diffusion boat
- Dopant 이동 장치

[ASM's Diffusion Furnace Model 250]

3. 박막확산장비의 구성요소 이해

1) Epitaxial Deposition Equipment

웨이퍼 위에 epitaxial layer를 도포하는 장비는 'epitaxial reactor'라고도 불린다. Epitaxial reactor는 고온의 CVD 시스템이다. 여기에는 'pancake reactor'와 'barrel reactor'의 두 종류가 있다. 이는 EPI 층을 성장시키는 과정에서 웨이퍼를 잡고 있는 부분의 모양에서 분류되어 나온 명칭 들이다. 기본적인 epitaxial reactor들은 적어도 다음과 같이 구성 되어야 한다.

가. 외부 환경과 완전히 차단시킬 수 있는 reactor tube 나 chamber.

나. 다양한 경로와 여러 방법으로 화학 물질을 이동 시킬 수 있는 장치.

다. 웨이퍼를 가열 시킬 수 있는 장치.

라. 폐 가스를 제거하는 장치.

Applied Material 사의 Epi 장비가 좋은 예가 될 수 있다.

[Applied Material's Centura 5200 EPI Equipment]

2) Oxidation System

실리콘 면의 SiO2는 산화(oxidation) 형태로 존재한다. 일반적으로 이러한 산화 공정은 열에 의해 공정이 진행 되는데 웨이퍼에 점진적으로 열을 가하여 생성된다. 그러므로 산화공정에는 점진적으로 열을 조절할 수 있는 heat source 와 웨이퍼에 산화 반응 가스를 주입시킬 수 있는 시스템이 필요하다.

기본적인 산화공정 시스템은 다음과 같이 구성된다.

가. Furnace의 여러 부품들이 배치되는 캐비넷.

나. Heating 장치.

다. 열 측정 및 제어 장치.

라. 웨이퍼가 산화반응이 일어나는 프로세스 tube.

마. 프로세스 tube 내, 외에 산화 가스를 전달하는 장치.

바. 프로세스 tube에서 웨이퍼를 로딩, 언로딩하는 장치.

열 산화공정은 기본적으로 diffusion 프로세스 이므로, 웨이퍼에 dopant를 도포및 산화 공정도 할 수 있게 디자인된 diffusion 장치에 의해 수행 될 수 있다. Furnace 업체로는 Tempress System, Bruce Technologies, Tystar 등이 있다.

3) Diffusion System

Diffusion 시스템은 산화공정 이나 dopant 도포등에 쓰이지만 일반적으로 후자 쪽이 많이 쓰인다. 초창기 반도체 제조에서는 diffusion 시스템은 실리콘 표면에 불순물 원자나 dopant를 도포하는데 주로 쓰였다. 근래에는 이온주입(Ion Implantation)이 dopant를 도포하는데 주로 쓰이고 있지만 diffusion 시스템은 아직까지 특정 부분에 쓰이고 있다. Diffusion furnace로도 알려진 일반적인 diffusion 장치는 산화공정 furnace와 매우 유사하다. 이 장치는 웨이퍼에 고온 상태를 유지하고 가스 흐름을 제어하기 위해 디자인 되었다. 이 장치는 다음과 같은 파트들로 구성된다.

웨이퍼는 furnace 안에 고온의 상태로 dopant 가스에 노출되는데 이는 SiO2 필름을 성장 시킬 때 쓰이는 산화 공정 메커니즘과 비슷하다. 장비 업체로는 ASM, Tempress System, Tystar 등이 있다.

가. 열 발생장치
나. Diffusion tube
다. Diffusion boat
라. Dopant 이동 장치

[ASM's Diffusion Furnace Model 250]

4) Ion Implantation System

Ion Implantation은 웨이퍼 표면에 dopant를 선택적으로 주입시키기 위해 쓴다. 이 공정은 고 에너지로 충전된 원자를 목표 지점까지 도달하도록 하는 것이다. 반도체 제조 시에는 실리콘 격자구조에 어떠한 damage도 주지 않고 정확한 위치와 깊이에 정확한 양의 dopant만을 주입시켜야 한다. 두말 할 것도 없이 이온주입 장치는 매우 복잡하고 정확한 이온 주입이 되는지 수시로 모니터링 해야 한다.

일반적인 이온 주입 장치는 다음과 같이 구성된다.

가. Feed Source : 이온 주입 시킬 물질을 저장하는 장치.
나. Ion Source.
다. 이온추출 및 분석 장치 : 주입하고자 하는 이온만을 추출.
라. 가속 tube : 이온의 에너지 양을 결정.
마. 스캐닝 장치 : 이온들이 목표 지점까지 동일한 확산을 가지도록 함.
바. End Station : 주입된 양과 에러를 최소화.
사. 진공장치.
아. 컴퓨터 제어장치.

장비 업체로는 Applied Materials, Eaton, Varian 이 대표적인 업체이다.

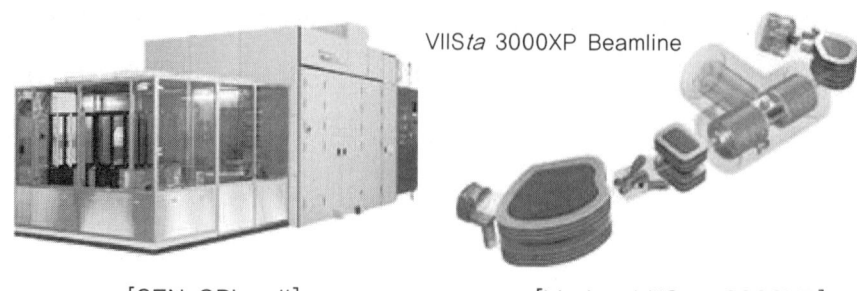

[SEN ORion II]   [Varian VIIStar 3000XP]

5) Physical Vapor Deposition System

PVD(Physical Vapor Deposition)은 표면을 물질로 도포하는 과정인데 도포하고자 하는 물질을 활성가스 상태로 만들고 압력을 조절하여 표면에 이동시키면 목표 지점에서 증기가 응고되어 도포되는 것이다. 이 방법은 웨이퍼 표면에 알루미늄 thin-film 층을 도포하는데 널리 쓰이고 있다. 도포하는 물질은 증발이나 원자를 분리하는 방법을 써서 증기 상태로 만든다.

일반적인 sputter-type PVD 장치는 다음과 같이 구성된다.

가. Sputter chamber
나. 전처리 Chamber
다. 베큠 펌프
라. 파워 서플라이
마. 가스주입장치
바. 가스흐름 제어장치
사. 모니터링 장치
아. 웨이퍼 동작 제어 장치

[Novellus INOVA PVD System]

주요 업체로는 Varian, Novellus, KDF 등이 있다.

6) Chemical Vapor Deposition System

CVD(Chemical Vapor Deposition)은 반응성 가스를 반응로에 주입하여 적당한 활성 및 반응 에너지를 공급하여 기판의 표면에 원하는 박막을 형성하는 기술이다. CVD 기술도 각각 용도 및 공정 방법에 따라 LPCVD(Low Pressure CVD), PCVD(Photo CVD), MOCVD(Metal Organ CVD), APCVD(Atmosphere Pressure CVD), SACVD (Subatmospheric CVD), PECVD(Plasma Enhanced CVD) 등이 있다. 이중 가장 널리 알려지고 많이 쓰이는 방법이 PECVD이다. PECVD에서는 박막을 입히기 위해 SiH4

같은 반응가스를 분해하기 위해 플라즈마를 사용한다. 진공 상태의 PECVD 반응로 안에서 높은 전기장을 형성하여 플라즈마를 유도하고 이 전기장에 의해 높은 에너지를 얻은 전자가 중성 상태의 가스 분자와 충돌하여 가스 분자를 분해하고 이 분해된 가스가 원자가 기판에 부착되는 반응을 하여 박막을 증착 시킨다.

장비업체로는 Novellus, Applied Materials 가 있다.

[AMAT's P5000 CVD System]

7) Photolithography System

Photolithography는 실리콘 웨이퍼 상에 회로 패턴을 입히는 광학 공정이다. 이 공정은 감광제와 마스크를 이용하여 노출 부위를 결정하여 나중에 식각(Etching)을 하거나 새로운 물질을 도포하는데 이용된다.

포토 장비는 다음과 같이 구성 된다.

가. 웨이퍼에 감광제를 도포하는 코팅 장치.
나. 감광제를 soft-bake 하기 위한 오븐.
다. 노광 장치.
라. 현상 장치.

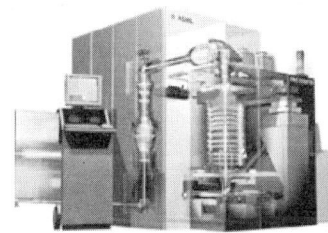   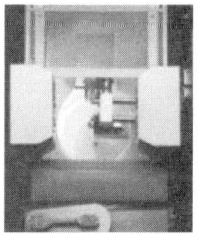

(a) Exposure System   (b) Coater   (c) Hot Plate   (d) Developer

[Photolithography 구성 요소]

주요 장비 업체로는 Nikon, Canon, Karl Suss 등이 있다.

8) Etching System

Etching 공정은 웨이퍼 위에 도포된 물질을 제거하는 공정으로 크게 dry etch 와 wet etch로 구분된다. Wet etch는 화학 용액을 이용하여 식각하는 것이고 dry etch는 물질을 제거하기 위해 반응 가스를 이용한다.

Wet etch 장비는 다음과 항목들을 갖추고 있어야한다.

가. 웨이퍼 표면에 반응 물질을 골고루 퍼트리는 장치.

나. 반응 물질이 제거하고자 하는 물질과 화학 반응이 잘 이루어지도록 하는 환경 조성.

다. 화학반응 후 표면에 남은 물질을 제거.

플라즈마 에칭은 dry etch의 일종으로 플라즈마를 사용하여 주입 가스로부터 화학반응 물질을 생성한다. 반응 가스는 이후 식각하고자하는 물질과 반응하여 식각 된다.

플라즈마 에처는 다음과 같이 구성된다.

가. Etching chamber

나. 펌핑,압력 제어 장치

다. RF 파워 서플라이

라. 가스제어 장치

마. Electrode

장비업체로는 Technics, Tegal이 있다.

[ULVAC's NE-7800H Etch System]

4. 박막확산장비의 운영

네 개의 열이 프로필 레시피 PF, 패들 설정 값, 스파이크 값과 출력 전력을 포함한다. 모든 열이 온도 영역별로 세분화되고, 각 행은 특정 프로필의 온도 레시피에 해당한다. 이 관계가 확립 된 후에, 통상의 처리 매수는 온도가 제어 되어야 되는 최종 값으로서 패들 지령치를 이용할 것이다. 이것은 필수 스파이크 값을 계산 프로필 온도 표를 사용하고, 이 값이 DTC 소프트웨어 제어 루프로 제어 신호로서 사용된다. 전원 출력은 경우에 사용된다.

1) 로드 / 언로드

프로세스는 단계 LOAD / UNLOAD 상태로 시작.
시작한 후 단계 번호 가 순차적으로 실행된다. 순서는 활성 지점에 의해 중단 또는 조건을 취소 할 수 있다. 자동 또는 운영자 개시 중단은 보트 레시피가 실행 되도록 한다. 보트 레시피의 끝에서 시스템은 원래의 처리 레시피의 수가 0 단계로 되돌아 간다.

2) BOATOUT

이 단계에서는 보트 로더는 프로그램 속도(mm/분)와 함께 BOAT 밖 위치 (10mm)로 이동합니다. 진동 필드가 0인 경우는, 위치에 도달 그렇지 않으면 보트 로더가 12mm의 진동 범위와 프로그램 된 속도로 진동할 때 보트가 중지.

3) LOAD 웨이퍼

이 단계에서 시스템은 boatloader에서 웨이퍼를 로드하는 연산자를 기다린다. 일반적 과정에서 사용되는 바와 같이 boatloader에 많은 웨이퍼를 넣어 〈START〉을 수행한다.
참고 : 웨이퍼 에 접촉 또는 바닥에 떨어뜨린 경우, 이 웨이퍼를 사용하지 않는다.

4) 보트

이 단계에서는 위치에 보트 boatloader 이동(mm/분으로 조정) 프로그램 된 속도(시스템 에 따라 다름).

5) STABILIZE

정확한 온도 제어를 위해 중요하다. 웨이퍼 패들로 튜브 발열체로부터의 열 전달은 (약간) 대기 및 저압 환경에 따라 다를 것이다.

6) 프로파일

온도 프로파일 온도 레시피로 프로필 온도 테이블(기본)에서 선택한다. 설정치에 도달할 때까지 시스템은 온도를 제어 한다.

그런 다음 필요한 전원 출력이 저장되고 프로파일링 단계가 완료 된다. 그 후 시스템은 다음 공정 단계로 진행 된다.

전원 출력은 TC 장애시 정상적인 프로세스 실행을 완료하기 위해 자동으로 사용된다.

6) STANDBY

이 단계는 시스템이 자동튜브 외부에 웨이퍼를 수행 하도록 제거 될 수 있다.

7) BOAT OUT

이 단계에서는 보트 로더는 프로그램 속도(mm / 분)와 함께 BOAT 밖으로 위치(10mm)로 이동한다. 진동 필드가 0 인 경우는, 위치에 도달하지 않으면 보트 로더가 12mm 의 진동 범위와 프로그램 된 속도로 진동할 때 보트가 중지된다.

8) 웨이퍼 언로드

이 단계에서 시스템은 웨이퍼를 언로드 할 수 있는 연산자를 기다린다.

프로파일 처리 방법의 END 명령에 도달 한 후, 레시피 단계 0, 안전 상태로 돌아간다.

제 3 절 반도체조립장비운영

1. 조립공정의 정의

1) SAWING

TAPE에 접착된 WAFER를 고속으로 회전하는 DIABOND BLADE를 이용하여, 개별의 반도체 CHIP으로 절단시키는 공정.

2) ILB(Inner Lead Bonding)

SAWING한 WAFER의 각각의 CHIP들의 AU BUMP의 INNER LEAD를 ILB TOOL로 온도, 압력, 시간을 주어 연결시키는 공정.

3) POTTING

ILB 공정이후 CHIP의 표면에 액상 수지를 이용하여 도포하여 외부환경으로 CHIP을 보호시키기 위한 PACKAGE 형성공정.

4) MARKING

PACKAGE의 수지도포표면위에 U.V잉크로 제품의 명칭이나 제조시기등 제품을 구분, 관리하기 위해 활자로 인쇄하는 공정.

5) PROBE TESTING

COMPUTER를 이용하여 PACKAGE의 외부전극에 PROBE 바늘을 접촉시켜, 제품의 전기적 특성의 이상유무를 판별, 양품만을 선별해내는 공정.

6) VISUAL INSPECTION

전기적 특성을 판별하여 양품의 제품을 최종적으로 이물질의 부착, 오염, 흠집 등의 외관 검사를 하는 공정.

7) PACKING

모든 공정이 끝난 제품을 정전기, 습기 등으로부터 보호시키기 위한 개별포장 및 대포장 공정.

[출처] 반도체 조립공정|작성자 북청물짱

2. 제조사별 조립 장비의 개요

* (후)공정장비

  가. Dicer

  다이싱 공정은 쏘잉(sawing)이라고도 하며 반도체 생산공정 가운데 웨이퍼 제조공정과 패키징공정 사이에 위치하여 웨이퍼를 개별 칩단위로 분리하는 공정이다. 가장 일반적인 다이싱의 개념은 웨이퍼를 다이아몬드 블레이드를 사용하여 절단 하는 것이다.

  블레이드와 관련되어 다이싱 공정을 행하는 제반장치들 즉, 다이싱 블레이드, 절삭 수 공급장치, 웨이퍼 지지장치, 웨이퍼 접착테이프, MANAGEMENT 시스템 (검사, 검색, 정렬등)과 더불어 다이아몬드 칼이나 레이저로 half-cut(웨이퍼 전체두께의 일부만 절단하는 것)한 웨이퍼를 완전히 절단하는 브레이킹 장치, 그리고 기타 레이저나 고압수를 이용한 절단 장치등을 모두 포함하여 웨이퍼 다이싱 장비라 한다.

  웨이퍼 다이싱 장비는 일본의 시장 점유율이 우세하다. 일본 디스코사의 일본 시장 점유율이 80%이며 세계 시장 점유율도 80%가 넘는다. 따라서 이 분야에 있어서 특허를 중심으로 한 연구개발도 일본이 한국과 미국을 월등히 앞선다. 한국의 경우 반도체 소자 시장이 활성화되어 있음에도 불구하고 이와 같은 반도체 제조 공정상의 필수장비의 개발이 소홀하여 대부분 수입에 의존하고 있는 실정이다. 그러나 최근 다이싱 장비 혹은 싱귤레이션장비(웨이퍼 레벨패키지를 절단하는 장비)와 관련하여 국내 대기업 및 중소기업들이 국산화에 많은 노력을 기울이고 있다.

  나. 다이본더(Die Bonder)

  PKG의 골격인 리드프레임의 패드에 Die를 본딩하는 장비로써, Saw 공정이후, 각각으로 분리된 Die(chip)를 Die Adhesive material(접착제)이 도포된 리드프레임 패드 위에접착 시킨 후 열경화시켜서 와이어 본딩을 가능하게 하는 공정 장비이다. Die Bonder의 종류는 표에 나타내었다.

[Die Bonder의 종류]

종류	내용
Epoxy D/B	접착제(Epoxy)를 사용하여 Bonding함.
Solder D/B	L/F에 열을 가하여 L/F Pad부분에 Soldering한 다음 그 위에 Chip을 접착하여 Bonding함.
Eutectic D/B	L/F Pad의 Gold와 Wafer 뒷면의 Gold를 열을 가하여 녹여서 Bonding함.
LOC D/B	L/F에 Lead 아랫면에 부착된 Tape에 Chip의 윗면을 열/압착하여 Bonding함.
CSP D/B	Film면에 회로 패턴이 형성된 Substrate의 아랫면에 Chip의 윗면을 정밀 보정한 뒤 열/압착하여 Bonding함.

다. 와이어본더(Wire Bonder)

다이본드가 끝나면 회로칩의 단자(Ohmic Contact Area)와 패키지의 리드사이는 전기적으로 연결시키는 일이 필요한데 이 공정에 쓰이는 장비가 와이어 본더 이다. 하이브리드(Hybrid)라고 하는 혼성 집적회로에서는 개개의 회로 소자 간에 전기적인 연결이 필요하다. 이들 회로연결을 위하여 여러 가지 방법이 개발 되었으나 가장 보편적으로 사용되는 방법은 세금선을 이용하여 필요한 부위에 결합 시키는 방법이다. 금선이외에도 알루미늄와이어, 구리와이어, 점퍼 등이 사용된다.

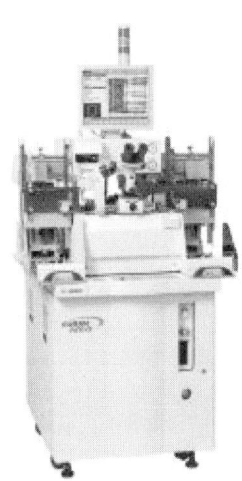

[와이어 본더]
자료 : 삼성테크윈

와이어의 굵기는 주로 0.7mil(10000분의7인치) 직경의 굵기로부터 20mil 이상까지도 있으나 특수 목적을 제외하고는 일반 트랜지스터나 IC의 경우 0.7mil, 1.0mil, 1.25mil 등의 Gold Wire가 사용된다.

라. Chip Sorter

반도체소자(IC) 제조 공정중 각각의 소자들은 Wafer 상태에서 웨이퍼 검사장비에 의해 전기적 특성이 검사되어 양불량이 구분된다. Chip sorter는 이렇게 구분된 양불량의 정보를 이용하여 적합한 소자를 웨이퍼로부터 분리 시켜 트레이에 적재하여 상품화 하는 장비이다.

※ 반도체 산업의 이해

반도체 제조 공정 – 300개가 넘는 제조공정과정.

- 웨이퍼 제조 및 회로설계 : 웨이퍼제작 – 회로설계 – 마스크제작.
- 웨이퍼 가공(FAB공정) : 산화공정 – 감광액도포 – 노광 – 현상 – 식각 – 이온주입 – 화학기상증착 – 금속배선
- 조립 및 검사 : 웨이퍼자동선별 – 웨이퍼절단 – 칩접착 – 금속연결 – 성형 – 최종검사.

[반도체 제조 공정]

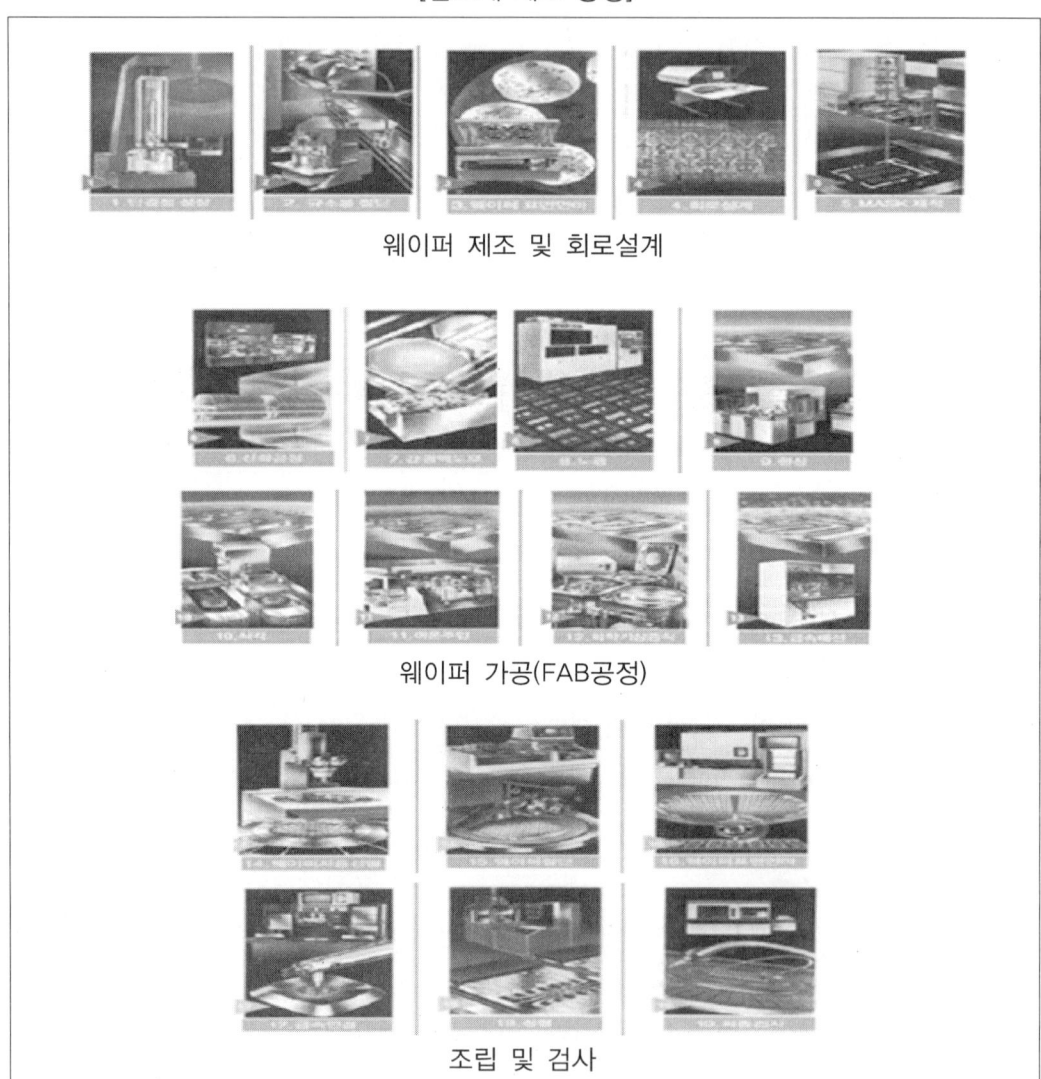

자료 : 하우투인베스트 리서치팀

[주요 반도체장비기업 현황] (단위 : 억원/명)

| | 업체명 | 주용 장비 | 사업영역(%) | | | | 매출 (억원) | 인원 |
			반도체	디스플레이	태양광	LED		
1	세메스	Track, 세정	78	22			7,620	839
2	에스에프에이	자동차장비	5	78	1		7,533	733
3	주성엔지니어링	식각, 증착	26	25	42		3,047	732
4	원익아이피에스	증착	65	9	1	5	2,505	551
5	제우스	세정, 열처리	39	57	5		2,482	119
6	참엔지니어링	식각	17	84			2,304	569
7	케이씨텍	세정, CMP	52	48			2,271	419
8	디엠에스	식각	17	83			2,270	331
9	세크론	조립장비	91	5			2,096	436
10	한미반도체	조립장비	85		10	5	1,758	480
11	탑엔지니어링	Saw, 몰딩		100			1,432	232
12	유진테크	증착	100				1,308	95
13	LIG에이디피	식각		100			1,158	264
14	미래컴퍼니	조립장비	5	60			1,008	200
15	에스티아이	약액공급기	30	40	5		925	66
16	피에스케이	Asher	100				911	148
17	고려반도체	조립장비	100				733	217
18	테스	증착, 식각	91	3	4	1	711	160
19	프롬써어티	테스터	42	58			522	88
20	유니테스트	테스터	100				510	109

* KSIA '12. 8   * ☐ 표시 : 비즈니스 영역

3. 조립 장비의 구성요소 이해

• Wire bonding

Wirebonding은 실리콘 칩과 반도체 디바이스의 외부 선을 매우 미세한 배선으로 전기적 연결을 하는 공정이다. Wirebonding에 사용되는 배선은 대게 Au나 Al 계열이 많이 쓰이며 Cu도 반도체 제조 산업에서 쓰이기 시작하고 있다. Au는 산화작용이 적어 bonding 시 크게 문제가 되지 않으나 Cu의 경우 산화 되는 것을 방지하기 위해 wirebonding 공정중에 질소 가스를 사용해야 한다. Cu는 Au 보다 강하기 때문에 칩의 표면에 쉽게 데미지를 줄 수 있다. 어쨌거나 Cu는 Au보다 값이 싸고 전기적으로 우수한 성질을 가지고 있으므로 어느 것을 선택하는가는 회사 정책에 맞게 선택되어야 한다.

1) Gold ball bonding

현재 모든 ball bonding 공정은 열, 압력, 초음파 에너지를 이용하여 wire 끝 부분에 용접점(weld)을 만든다. 사용되는 wire는 15μm 정도의 작은 직경에서 부터 사람 머리카락 두께 정도의 용접점도 이용된다. Wire가 주입되는 가는 바늘 모양의 것을 'capillary' 라 하며 주입된 wire에는 고 전압이 걸어 준다. 이로 인해 capillary (그림) 끝 부분에서 wire가 녹게 되고 용해된 금속의 표면 장력으로 인하여 wire 직경의 1.5~2.5배 정도의 ball(그림)모양을 하게 된다. 이 ball 은 쉽게 경화 되므로 capillary는 칩의 표면에 접착 하기 위해 내려가고 칩은 사전에 125℃ 이상 가열 되어 있어야 한다.

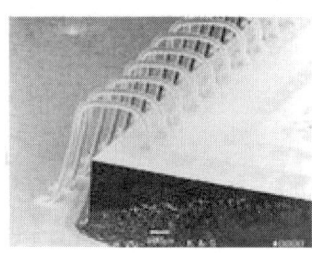
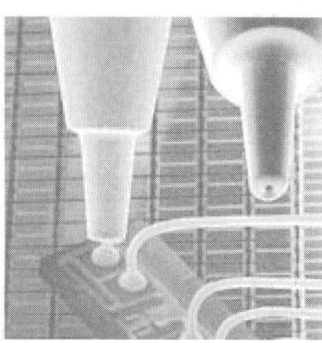

[Wire bonding]   [25μm gold wire bonding]   [Wire Bonding Capillary]

2) Aluminum Wedge bonding

Aluminum wedge bonding 에서는 그림과 같은 wedge tool이 사용 되며 wire를 일정한 힘으로 기판 위로 누르고 있는 동안 초음파 에너지가 정해진 시간 동안 wire에 가해지게 되면 Fig.5 와 같이 기판에 밀착 되어 첫 번째 bonding을 하게 된다. 그 다음 리드선을 따라 다음 지점으로 wire를 이동 시킨 후 기판에 wire를 누른 상태에서 초음파를 가하여 기판에 밀착 시키고 나머지 부분을 끊어 내어 bonding을 마무리 한다.

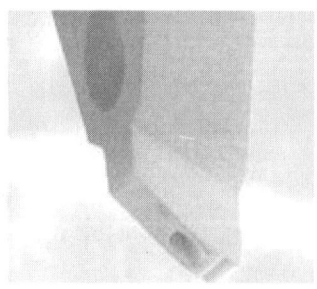
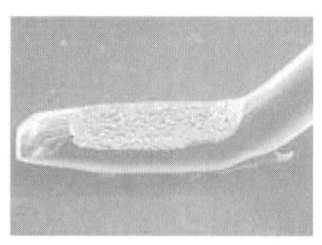

[Wire Wedge Tool]   [Wire wedge first bonding]

Wedge bonding에서 wire는 wedge tool에 30~60° 정도의 기울기로 공급된다. 일반적으로 첫번째 bonding은 die에 두번째 bonding은 기판에 실시된다. Wedge가 IC bond pad에 내려가면서 wire를 기판위에 내리 눌러 밀착 시킨 후 ultrasonic이나 thermosonic을 가하면 wire에 기판에 붙이게 된다. 그 다음 wedge 를 들어 올려 두번째 bonding 위치로 이동하면 wire가 지붕 모양을 이루게 된다. 이때 wedge의 구멍에 wire가 공급되는 방향과 첫번재 bonding 위치와 두번째 bonding 위치가 평행을 이루도록 하여 wire가 꺽임 없이 일직선으로 공급되도록 한다.

Wedge bonding 기술은 Al이나 Au bonding에 쓰일 수 있는데 기본적으로 다른 점은 Al wire는 실온에서 ultrasonic bonding으로 진행되고 Au wire는 150℃ 이상의 thermosonic bonding 공정으로 진행되는 점이다. Wedge bonding의 가장 큰 장점은 매우 작은(공간 50㎛까지)에서 공정이 진행 될 수 있다는 것이다. Al ultrasonic bonding 공정은 wedge bonding 공정중에 가장 많이 쓰이는데 낮은 비용과 공정온도가 낮은 곳에서 실시 될 수 있기 때문이다. 또한 wedge bonding 공정은 ball bonding 공정에 비해 용접 자국이 작아 Au로 bonding 해야 하는 작은 디바이스 제조에 적합하다.

[Different Types of wirebonding]

	Pressure	Temperature	Ultrasonic energy	Wire	Pad
Thermocompression	High	300-500℃	No	Au	Al, Au
Ultrasonic	Low	25℃	Yes	Au, Al	Al, Au
Thermosonic	Low	100-200℃	Yes	Au	Al, Au

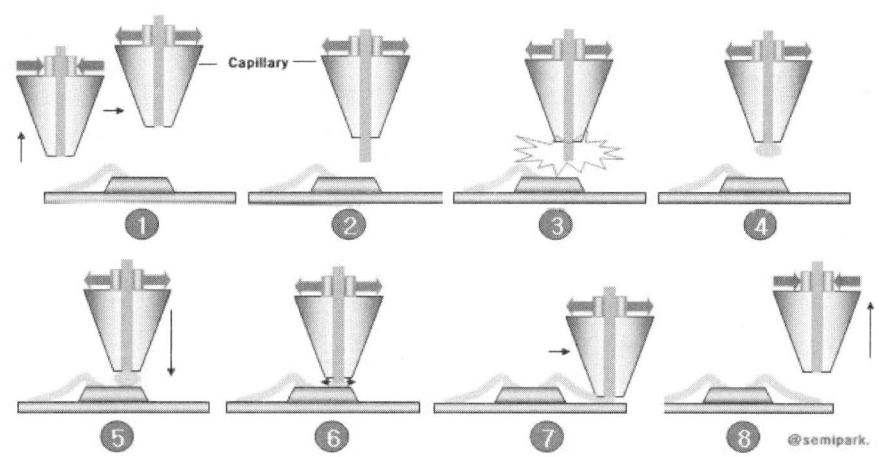

① Capillary가 다음 bonding할 위치로 이동한다. 이동중 clamp는 닫혀져 있는 상태이다. 다음 bonding 할 위치에 다다르면 clamp가 열린다.
② Wire가 capillary 속으로 주입된다.
③ EFO(Electronic Flame-off)으로 wire와 capillary끝 부분에서 스파크를 일으킨다.
④ Wire가 녹으면서 ball 모양이 된다.
⑤ Capillary가 내려오면서 die상 연결한 위치의 표면에 접촉한다.
⑥ 초음파 에너지를 쏘아 ball이 die 표면에 접착되도록 한다.
⑦ Capillary가 wire를 끊어낼 위치까지 이동하고 패키지 pad면에 접촉한다. 그리고 초음파를 쏘아 wire를 끊어낸다.
⑧ Capillary가 다음 bonding할 위치로 이동한다.

Wire bonding의 공정 변수는 많이 있지만 특히 ultrasonic과 thermosonic이 큰 영향을 미친다.

- Ultrasonics: 성공적인 공정을 위해서는 transducer에서 bonding tool 까지 초음파 진동을 효율적으로 전달하는 데 있다. 그러므로 bonding tool은 정확한 높이와 transducer에 정확한 토크로 단단히 조여져 있어야 한다.
- Clamping: Bonding 시 기판 자체는 스테이지에 완전히 고정돼 있어야 한다. 약간이라도 움직이게 되면 전체 공정을 그르칠 수 있다.
- Material condition: Bonding 사용되는 재질의 오염은 특히 신중하게 다루어야 한다.

3) Wirebonding Failure

가. Ball bonding lift : 실리콘 칩으로 부터 접착된 ball 부분이 떨어진 상태로 bond pad가 오염 되었거나 잘못된 wire parameter 셋팅등으로 발생된다.

나. Wire broken : Wire 가 끊어지는 현상으로 wire 재질이 불안정하거나 과도한 힘으로 wire를 당길 때 발생한다.

다. Wire missing : 공급되는 wire가 부족하거나 bonding tool이 막혀 공정 진행이 안된 경우이다.

라. Ball shorting : Ball bonding 부분이 서로 접촉하는 것으로 bond pad 사이의 거리가 불충분하거나 bonding 지점을 잘못 정하거나 wire parameter 가 잘못 되었을 때 발생한다.

마. Wire shorting : Bonding 된 wire 끼리 접촉하는 것으로 잘못된 wire looping 이나 과도한 힘으로 wire를 끌어 당길 경우 또는 wire 와 wire 사이의 거리가 좁을 때 발생한다.

바. Wedge Stitch lifting : Wedge bonding 된 부분이 떨어지는 상태로 bond pad나

leadfinger의 오염 잘못된 parameter 셋팅등이 유발 시키다.

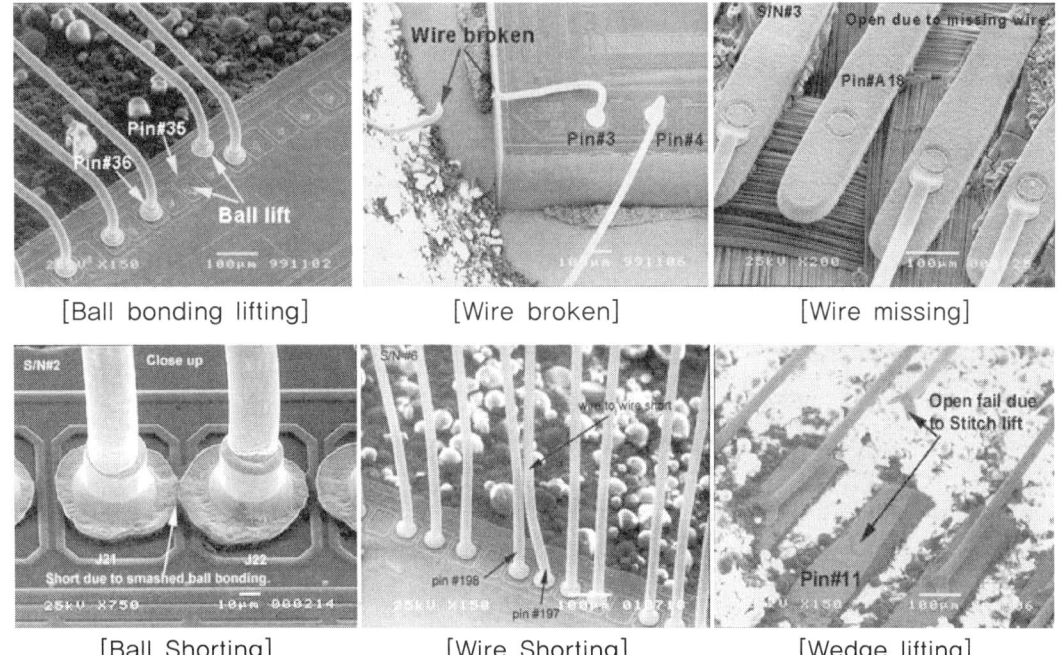

[Ball bonding lifting]　　　[Wire broken]　　　[Wire missing]

[Ball Shorting]　　　[Wire Shorting]　　　[Wedge lifting]

4. 조립장비의 운영

• Die Attach

Die Attach(Die Mount 혹은 Die Bond) 공정은 실리콘 칩을 die pad 나 반도체 패키지의 리드프레임 구조 틀에 고정 시키는 공정이다. 이 공정은 크게 adhesive 방식과 eutectic 방식으로 나누어 볼 수 있다.

1) Adhesive Die Attach

Adhesive Die Attach 공징은 polyimide, epoxy 같은 접착 물질을 사용하여 die를 부착 시키는 방법이다. 그림에서 보이는 것과 같이 Die pad에 정확히 제어된 양 만큼 epoxy를 바르고 웨이퍼에서 die를 가져와 접착 시킨다. 웨이퍼 테이프에서 die를 떼어 낼 때 'collet'로 알려진 로봇 암이 사용 되며 die bond에 정확하게 위치 시켜 접착 되도록 한다. 이와 같은 공정을 자동으로 해주는 장비를 die bonder라 부르며 그림에서 보이고 있다.

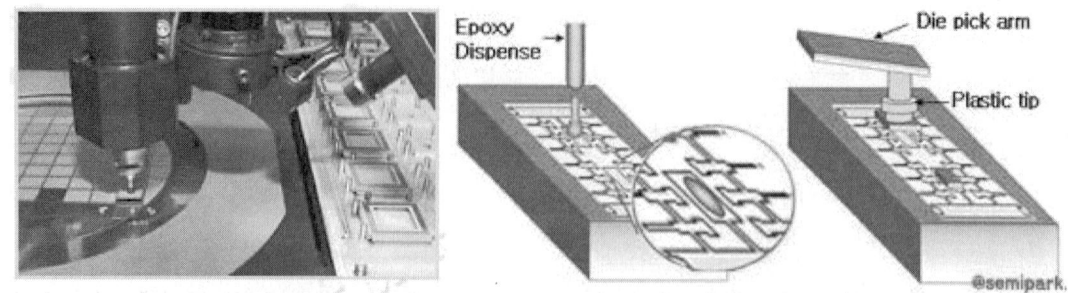

[Die ejecting from wafer Tape]   [Die Attach process]

[Kulicke & Soffa's 9022HSL & E8033D Die Attach Equipments]

Die pad에 epoxy를 바르고 그 위에 die 부착 시킬 때 die 가장 자리로 남은 epoxy가 올라오는데 이를 'die attach fillet'이라 하면 그림에서 보이고 있다. 과다한 die attach fillet은 die 표면을 오염 시킬 수 있으며 양이 너무 적으면 die가 들뜨거나 크래킹이 발생 할 수 있다.

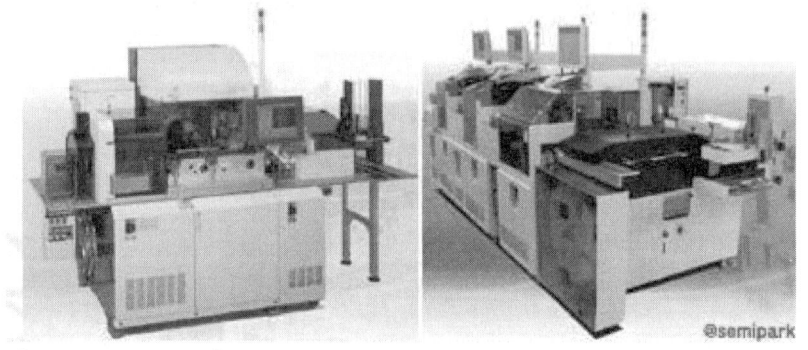

[Die attach fillet]

Die Attach 공정 시 주의 해야 할 접착제와 관련된 사항은 웨이퍼 테이프에서 die를 떼어낼 때 발생한다. Die 를 추출하는 collet 의 위치가 안 맞거나 마모 또는 부적절한 파라메터 셋팅으로 인하여 die 뒷 부분에 자국이 생기게 되면 나중에 die cracking으로 이어질 수 있다.

2) Eutectic Die Attach

Eutectic Die Attach 방법은 hermetic 패키지에 많이 사용 되며 die pad에 die를 고정 붙일 때 용접 합금 물질을 사용한다. 용접 합금 물질은 두 물질을 합금 시켜 낮은 온도에서 녹아 용접되도록 한다. 일반적으로 Au-Si 합금이 반도체 패키징에 많이 쓰인다. 공정 순서는 다음과 같다.

패키지가 가열되는 동안 cavity 위에 gold preform을 올려 놓는다. Die가 이 gold preform 위에 올려 놓고 에너지를 가하면 die 뒷면의 Si 성분이 gold preform으로 확산(diffuse)되며 Au-Si 합금을 만들게 된다. 가열이 지속될수록 좀 더 많은 Si 입자가 gold preform에 흡수 되면서 합금율이 증가 하게 되고 정해진 합금율에 도달할 때까지 계속하게 된다. 이 Au-Si 합금은 Si 가 2.85% 정도이며 녹는점은 363℃ 이다. 그러므로 die attach 공정 온도는 이 Au-Si 합금의 녹는점 보다 높아야 한다. Si 원자들이 gold preform쪽으로 계속 확산하여 어느 한계점에 다다르면 이 합금은 굳어지기 시작한다. 이때 패키지를 냉각 시켜 die attach 공정을 마무리 하도록 한다.

Au-Si 합금 이외에 반도체 eutectic die attach 공정에 다른 물질을 사용할 수도 있는데 표에 가용한 물질을 나타내고 있다.

[Alloy melting point]

Composition	Temperature (deg C)	
	Liquidus	Solidus
80% Au, 20% Sn	280	280
92.5% Pb, 2.5% Ag, 5% In	300	-
97.5% Pb, 1.5% Ag, 1% Sn	309	309
95% Pb, 5% Sn	314	310
88% Au, 12% Ge	356	356
98% Au, 2% Si	800	370
100% Au	1063	1063

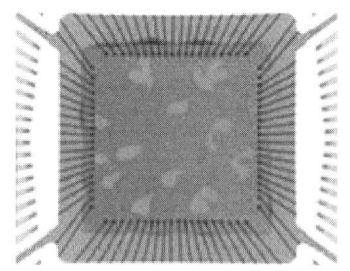

[Die attach void]

Die attach 공정중에 die와 접착면 사이에 빈 공간(void 그림)이 생길 수 있는데 이는 디바이스의 질과 신뢰성에 영향을 끼친다. Void가 크게 되면 접착 강도가 약해지고 열과전기 전도성이 떨어지게 되며 die cracking을 유발시킬 수 있는 문제가 된다. 작은

void 들은 접착 강도와 열,전기 전도성에 큰 영향을 끼치지는 못한다. 이러한 void 들이 아주 없다는 것은 접착 강도가 매우 높음을 의미하고 이는 크기가 큰 die 경우 crack을 유발시킬 수도 있다. 접착 강도는 die shear test를 통해 측정 된다.

3) Die Attach Failure

가. Die Lifting : Die가 die pad나 die cavity로부터 떨어지는 현상으로 die pad, die cavity, die 뒷면이 오염 되거나 과다한 die attach void, die를 장착하는 위치를 잘못 잡아 접착 면적이 부적절 할 때 발생한다.

나. Die Cracking : Die 상에 갈라진 틈이 발생하는 것으로 과다한 die attach void, 접착면적이 부족하거나, 접착제의 두께가 충분하지 않거나 wafer tape에 die를 떼어낼 때 과도한 힘을 주었거나 die attach void가 아예 없어도 발생한다.

다. Adhesive Shorting : 노출된 금속 배선과 die bond,pad 간의 전기적 쇼트 또는 die 표면에 잘못하여 epoxy를 부적절한 곳에 다른 배선과의 간섭으로 생기는 쇼트 현상으로 die attach 물질의 점성이 부정확 하거나 접착제의 낙하량을 잘못 조절하여 생긴다.

라. Die Scratching : Die 자체에 생기는 물리적인 손상으로 작업자의 부주의나 wafer tape에서 die 떼어내는 collet의 마모나 오염이나 부적절한 툴을 사용할 때 생긴다.

마. Die Metallization Smearing : Die 표면의 금속층이 고르지 못하거나 일그러지는 현상으로 웨이퍼를 잘못 다루거나 collet의 오염이나 마모로 발생한다.

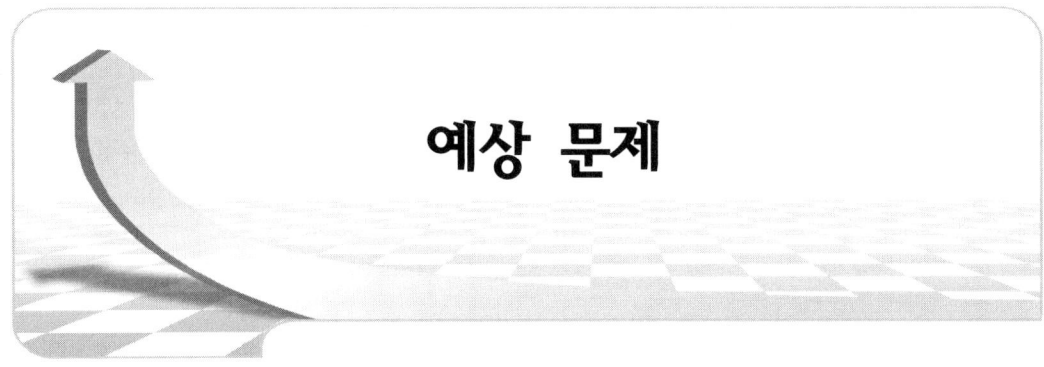

예상 문제

---

1. 반도체노광공정기술을 통칭하는 이름으로 쓰이고 있는 반도체 미세화 기술은 다음 중 무엇인가?

① Lithography ② Firing ③ printing ④ Etching

해설 **반도체 포토리소그래피 공정의 개요**

포토리소그래피(Photolithography)는 원하는 회로설계를 유리판위에 금속패턴으로 만들어 놓은 마스크(mask)라는 원판에 빛을 쬐어 생기는 그림자를 웨이퍼 상에 전사시켜 복사 하는 기술이며, 반도체의 제조공정에서 설계된 패턴을 웨이퍼 상에 형성 하는 가장 중요한 공정이다. Lithography는 라틴어의 lithos(돌t)+graphy(그림, 글자)의 합성어인 석판화기술로서 인쇄기술로 쓰이다가 현재는 반도체노광공정기술을 통칭하는 이름으로 쓰이고 있으며 반도체 미세화의 선도 기술이다.

---

2. 포토리소그래피의 공정에서 노광공정을 통해 웨이퍼로 전사를 해야 되는데 그 매개체가 되는 것은 무엇인가?

① photoresist, PR ② Coating
③ DI water ④ UV lamp

해설 **포토리소그래피 공정 순서**

반도체소자에 사용되는 물질들은 빛에 노출되어도 그 특성이 변화되지 않아, 노광공정을 통해 마스크원판의 회로설계를 웨이퍼로 전사하기 위해서는 매개체가 필요한데 그 매개체를 감광제(photoresist, PR)라 한다. 감광제는 특정 파장의 빛을 받아 현상액에서의 용해도가 변하는 특성을 이용해 후속현상 처리과정 중 빛을 받은 부분과 그렇지 않은 부분을 선택적으로 제거할 수 있는 물질을 말한다.

정답 1. ① 2. ①

3. 포토리소그래피의 공정에서 빛을 받은 부위가 현상액에 의해 녹는 특성은 무엇인가?
   ① Negative resist
   ② positive resist
   ③ photoresist, PR
   ④ Etching

해설 일반적으로 많이 사용되는 감광제는 현상액을 이용하여 빛에 의하여 선택적으로 변화된 부분을 제거하게 되는데, 빛을 받은 부위가 현상액에 의해 잘 녹는 경우를 positive resist, 그 반대를 negative resist라고 한다.

4. 포토리소그래피의 공정에서 웨이퍼와 감광제의 접착력을 향상시키는 처리는 무엇인가?
   ① HMDS(HexaMethylDiSilazane)
   ② Baking
   ③ Rinse
   ④ Etching

해설 웨이퍼의 표면을 화학처리하는 HMDS(HexaMethylDiSilazane) 처리이다. 웨이퍼 표면에 HMDS와 같은 Silazane gas 분사를 통하여 Si-O-H형-태의 친수성인 웨이퍼 표면을 소수성으로 바꾸어주어 웨이퍼와 감광제의 접착력을 향상시킨다.

5. 포토리소그래피의 공정에서 노광하였을 때 전사될 수 있는 최소크기의 척도를 무엇이라 하는가?
   ① pattern
   ② Mask
   ③ layer
   ④ resolution

해설 이 공정에서 가장 중요한 것은 mask pattern을 웨이퍼에 전사하는 한계인 분해능(resolution, RES)이다. 분해능은 maskpattern을 노광하였을 때 전사될 수 있는 최소크기의 척도이다. 광학렌즈의 분해능은 Heisenberg의 불확정성원리에 따라 파동의 회절현상에 의해 제한되어 있다.

6. 전면 Etching 의 공정순서로 맞는 것은 무엇인가?
   ① 표면세정-막의 두께 Control-확산에 의한 증착층 제거-Photo Resist의 제거.
   ② 표면세정-막의 두께 Control-Photo Resist의 제거-확산에 의한 증착층 제거.
   ③ 확산에 의한 증착층 제거-표면세정-막의 두께 Control-Photo Resist의 제거.
   ④ 확산에 의한 증착층 제거-표면세정-Photo Resist의 제거-막의 두께 Control.

정답 3. ② 4. ① 5. ④ 6. ①

> **해설** ETCH 분류
> 가. 목적에 따른 분류
> Etching 목적에 따른 분류는 1) Mask를 이용한 선택 Etching과 2) Wafer 전면 Etching이 있다.
> 1) 선택 Etching : Wafer 내 Pattern 가공.
> 2) 전면 Etching : a) 표면세정, b) 막의 두께 Control.
> c) 확산에 의한 증착층 제거, d) Photo Resist의 제거.
> 나. 방법에 따른 분류는 1) Chemical을 사용하는 WET ETCH, 2) Gas를 사용하는 DRY ETCH로 분류된다.

7. Gas를 사용하여 Plasma 라는 상태에서 Etch 하는 것을 무엇이라 하는가?
   ① Wet etching
   ② Gas etching
   ③ Dry etching
   ④ pattern etching

> **해설** DRY ETCH
> Gas를 사용하여 Plasma라는 물질의 제4상태로 만든 다음, 이 Plasma 중의 한 성분이 Etch 시키려는 물질과 화학반응 및 물리적인 반응을 일으켜 기체상태로 변화한 후 chamber의 뒤쪽에 장착된 진공 Pump를 이용하여 이를 외부로 유출시켜 Byproduct를 제거하는 것이다. 이때 Etch 시키려는 물질과 Etch Gas가 반응하기 위해서는 충분한 Energy가 필요한데 그 Energy인 R/F Power를 주입하여 형성시킨다.

8. 감광액을 도포하는 장비를 무엇이라 하는가?
   ① CVD   ② Furnace   ③ Spin coater   ④ ALD

> **해설** 스핀 코터
> 액체 수지를 기판의 중앙에 증착시킨 다음 고속(약 3000rpm)으로 기판을 회전시키는 방법을 사용합니다. 구심성가속으로 대부분의 수지가 기판의 가장자리까지 퍼져나가게 되면, 얇은막의 수지가 표면에 코팅됩니다. 최종적인 필름 두께와 기타 특성은수지의 속성(점성, 건조율, 응고율, 표면 장력 등)과 스핀 프로세스에 선택된 매개변수에 따라 달라집니다. 스핀 속도, 가속 및 가스 배출과 같은 요인들이 코팅된 필름의 특성을 정의하는 데 영향을 미친다.

9. 스핀코터 장비의 기능중 아닌 것은 무엇인가?
   ① 스핀속도   ② 가속   ③ 가스배출   ④ 히터

> **정답** 7. ③   8. ③   9. ④

> **해설** **스핀 속도**
> 스핀 속도는 스핀 코팅의 가장 중요한 요인 중 하나이다. 기판의속도(rpm)는 액체 수지에 적용되는 원심력과 상단부 공기의 속도 및 난류에 영향을 미친다. 특히, 고속 스핀 스텝은 최종 필름 두께를 정의한다. 이 스텝에서 상대적으로 낮은 ±50 rpm의 변이가 있어도 10%의 두께 변화를 가져올 수 있다. 필름 두께는 주로 기판의 가장자리쪽 액체 수지를 깎아 내기 위해 적용되는 힘과 수지의 점성에 영향을 주는 건조율 사이의 균형이다. 수지가 건조되어, 스핀 프로세스의원심력이 더 이상 표면 위에 수지를 올려 놓을 수 없을 때까지 점성은 증가하게 된다. 이 때, 스핀 속도가 증가해도 필름 두께는 크게 줄어들지 않는다. 모든 스핀 코팅 시스템은 어떠한 속도에서도 ±5 rpm 이내로 재현할 수 있도록 되어있다. 일반적인 성능은 ±1 rpm 이다. 또한, 스핀 속도의 프로그래밍 과 디스플레이에는 1 rpm의 분해능이 제공된다.

가속
최종 스핀 속도로의 기판 가속은 코팅된 필름의 특성에도 영향을 줄수 있습니다. 수지는 스핀 사이클의 첫번째 파트에서 건조되기 시작하므로, 정확하게 가속을 제어하는 것이 중요합니다. 일부 프로세스에서는 수지의 용제 중 약 50%가 프로세스의 처음 5초동안에 증발하여 사라집니다. 또한 가속은 패턴식 기판의 코팅특성에서도 중요한 역할을 차지합니다. 많은 경우 기판은 이전프로세스의 토포그래프적 특성을 그대로 보유합니다. 따라서, 표면 위에 균등하게 수지를 코팅하는 것이 중요합니다. 스핀 프로세스가 수지에 원심력(바깥쪽)을 제공하는 동

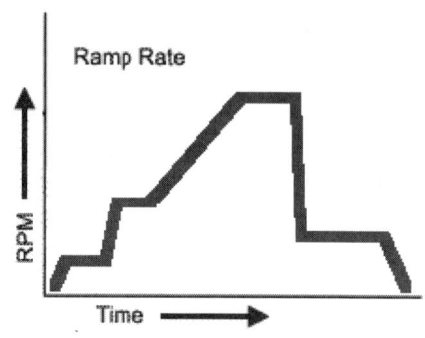

안, 가속은 수지에 회전력을제공합니다. 이러한 회전력은 수지를 표면에 고르게 분포시켜, 액체 수지로 인해 기판에 음영 부분이 발생하지 않도록 해줍니다. Cee 스피너의 가속은 1 rpm/초의 분해능으로 프로그래밍할 수 있습니다.
작동 중 스핀 모터는 선형 램프로 최종 스핀 속도까지 가속(또는 감속)합니다.

가스 배출
스핀 프로세스 중 액체 수지의 건조율은 액체 자체의 특성(사용된 용제 시스템의 휘발성)과 스핀프로세스 중 기판 주위 공기에 의해 결정됩니다. 젖은 옷이 습한 날씨보다 바람이 부는 건조한 날에 더 잘 마르는 것처럼, 수지도 주위 공기에 따라 건조 속도가 달라집니다. 공기 온도 및 습도와 같은 요인이 코팅된 필름 특성을 결정하는 데 커다란 역할을 한다는 것은 잘 알려진 사실입니다. 또한, 스핀 프로세스 중 공기 흐름과 기판 위의 난류를 최소화하거나 최소한난류를 일정하게 유지하는 것도 매우 중요합니다. 모든 Cee 스핀 코팅 장비는

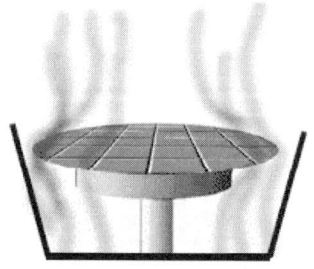

"폐쇄 보울" 설계를 사용하고 있습니다. 실질적인 밀폐 환경은 아니더라도, 배출구 덮개는 스핀 프로세스 동안 배출을 최소화할 수 있도록 해줍니다. 배출구 덮개는 스핀 척 아래에 있는하단 배출구와 마찬가지로 원하지 않는 임의적 난류를 최소화하기 위한시스템 장치입니다. 이 시스템에는 두 가지의 확실한 장점이 있습니다. 즉, 액체 수지의 건조를 늦추어주고 주위 습도에 따른 영향을 최소화하는 것입니다.
건조 속도를 낮출수록 기판 전체의 필름 두께가 균등해집니다. 스핀 프로세스 동안 액체 수지는 기판의 가장자리 쪽으로 이동하면서 건조됩니다. 이 경우 기판의 중심부에서 멀어지면서 액체 수지의점성이 변화하므로 방사상 두께가 균일하지 않게 될 수도 있습니다. 이 때, 건조 속도를 늦추면 기판전체의 점성을 일정하게 유지시킬 수 있습니다.

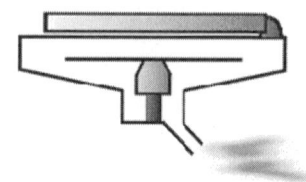

건조율 및 최종 필름 두께는 주위 습도의 영향도 받습니다. 상대습도가 약간만 달라져도 필름 두께에 큰 변화가 생길 수 있습니다.

10. 스핀코터 장비의 공정 후 문제가 발생한 현상으로 잘못 짝지어진 것은 무엇인가?

① 웨이퍼 표면의 기포

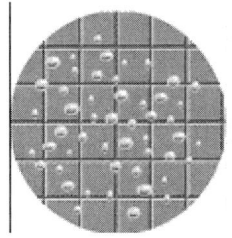

② 코멧, 스트리크 또는 플레어

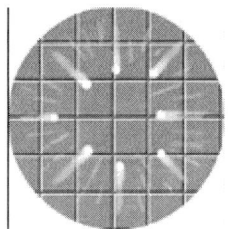

③ 소용돌이 패턴

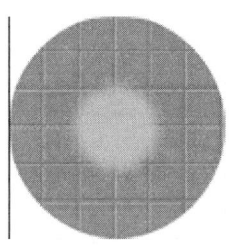

④ 코팅되지 않은 영역

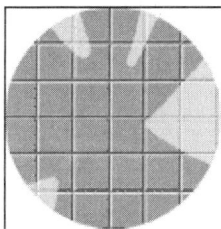

해설 소용돌이 패턴

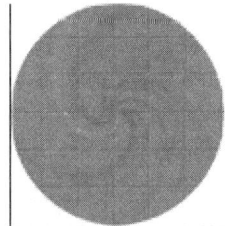

정답 10. ③

11. mask pattern을 웨이퍼에 전사하는 한계를 무엇이라 하는가?
   ① 분해능(Resolution)
   ② 개구수(numerical aperture, NA)
   ③ 리소그래피
   ④ 포토레지스트 감도

해설 분해능(Resolution)과 초점심도(DOF : Depth of focus)
이 공정에서 가장 중요한 것은 mask pattern을 웨이퍼에 전사하는 한계인 분해능(resolution, RES)이다. 분해능은 mask pattern을 노광하였을 때 전사될 수 있는 최소크기의 척도이다. 광학렌즈의 분해능은 Heisenberg의 불확정성원리에 따라 파동의 회절현상에 의해 제한되어 있으므로 이론적으로 리소그래피에서 구현할 수 있는 최소선폭의 한계는 사용되는 광학계와 공정에 의해 다음과 같은 식으로 표현 된다.

12. 빛을 받은 부분과 그렇지 않은 부분을 선택적으로 제거 할 수 있는 물질을 무엇이라 하는가?
   ① 분해능(Resolution)
   ② 개구수(numerical aperture, NA)
   ③ 리소그래피
   ④ 포토레지스트

해설 포토레지스트
정밀한 패턴을 구현하기 위하여 정확한 굴절률과 우수한 광학 평탄도를 가진 렌즈가 중요하다면 웨이퍼 표면에서 해상력에 가장 큰 영향을 미치는 소재는 감광제이다. 앞에서도 간략히 언급 했듯이 감광제는 빛을 받아 물질의 특성이 변하여 후속처리를 통하여 빛을 받은 부분과 그렇지 않은 부분을 선택적으로 제거 할 수 있는 물질을 말한다. 감광제에 빛을 쬐면 감광제가 빛과 반응하여 화학 구조가 바뀌어 현상액에 반응하는 속도가 달라진다. 빛을 쬔 부분이 현상액에 녹아 나가면 positive, 빛을 받지 않은 부분이 녹아 나가게 되면 negative라고 정의.

13. Gas를 사용하여 Plasma라는 물질의 제4상태 로 만든 다음, 이 Plasma중의 한 성분이 Etch 시키려는 물질과 화학반응 및 물리적인 반응을 일으키는 것을 무엇이라 하는가?
   ① oxidation
   ② Chemical etch
   ③ WET ETCH
   ④ DRY ETCH

해설 DRY ETCH
Gas를 사용하여 Plasma라는 물질의 제4상태 로 만든 다음, 이 Plasma중의 한 성분이 Etch 시키려는 물질과 화학반응 및 물리적인 반응을 일으켜 기체 상태로 변화한 후 chamber의 뒤쪽에 장착된 진공 Pump를 이용하여 이를 외부로 유출시켜 Byproduct를 제거 하는 것이다. 이때 Etch 시키려는 물질과 Etch Gas가 반응하기 위해서는 충분한 Energy가 필요한데 그 Energy인 R/F Power를 주입하여 형성시킨다.
Etch 공정 - Oxide Etch, Poly-Silicon Etch, Nitride Etch, Metal Etch, Photo-Resist Etch 등.

정답 11. ① 12. ④ 13. ④

14. Etch와 P/R Strip이 끝난 후 Etch 되지 않은 부분의 Line Width를 측정하게 되는데 이것을 무엇이라 하는가?

① oxidation
② Chemical etch
③ CD (Critical Dimension)
④ DRY ETCH

해설 CD (Critical Dimension) : Etch와 P/R Strip이 끝난 후 Etch 되지 않은 부분의 Line Width를 측정하게 되는데 이것을 CD라 하며 과도한 Over Etch는 CD를 적게 하여 소자에 따른 영향을 미친다.

15. Etch 되어야 할 부분이 충분치 못한 Etch로 Etch가 완전히 이루어 지지 않은 상태를 무엇이라 하는가?

① Under Etch
② Chemical etch
③ CD (Critical Dimension)
④ DRY ETCH

해설 Under Etch : Etch 되어야 할 부분이 충분치 못한 Etch로 Etch가 완전히 이루어지지 않은 상태로 Etch 하고자 하는 Film이 얇은 박막이 존재할 때.

16. Etch되어야 할 부분이 과도하게 Etch되어 무엇이라 하는가?

① over Etch
② Chemical etch
③ Etch
④ DRY ETCH

해설 Etch되어야 할 부분이 과도하게 Etch되어 Under Layer가 많은 손상을 받거나 형상의 부분적인 손상이 일어나는 것으로 통상적으로 Run 진행 시 어느 한도 내에서는 고의로 Over Etch를 하여 Bridge 및 Under Etch를 막고 있음.

17. 한 Wafer내에 또는 Wafer 와 Wafer간에 또는 Run과 Run사이에 Etch되는 속도가 얼마나 균일한가를 나타내는 것을 무엇이라 히는기?

① over Etch
② Chemical etch
③ Uniformilty
④ DRY ETCH

해설 한 Wafer내에 또는 Wafer 와 Wafer간에 또는 Run과 Run사이에 Etch되는 속도가 얼마나 균일한가를 나타내는 척도로 나타냄.

정답 14. ③ 15. ① 16. ① 17. ③

18. CASSETTE CHAMBER에서 WAFER를 받아 PROCESS CHAMBER로 이동 시켜주기 위한 BUFFER CHAMBER 역할을 하는 chamber를 무엇이라 하는가?
   ① PROCESS CHAMBER
   ② TRANSFER CHAMBER
   ③ WAFER ORIENTER CHAMBER
   ④ COOLDOWN CHAMBER

해설 TRANSFER CHAMBER : CASSETTE CHAMBER에서 WAFER를 받아 PROCESS CHAMBER로 이동 시켜주기 위한 BUFFER CHAMBER 역할을 한다.

19. WAFER PROCESS가 진행되는 곳으로 R.F POWER, VACUUM, GASES에 의해 CHAMBER 내에 PLASMA가 형성되는 chamber를 무엇이라 하는가?
   ① PROCESS CHAMBER
   ② TRANSFER CHAMBER
   ③ WAFER ORIENTER CHAMBER
   ④ COOLDOWN CHAMBER

해설 PROCESS CHAMBER : WAFER PROCESS가 진행되는 곳으로 R.F POWER, VACUUM, GASES에 의해 CHAMBER 내에 PLASMA가 형성되어 원하는 부분 및 두께를 ETCHING 한다.

20. PROCESS CHAMBER WALL를 설정된 온도로 일정하게 유지 시켜주는 장치를 무엇이라 하는가?
   ① HEAT EXCHANGE
   ② TRANSFER CHAMBER
   ③ WAFER ORIENTER CHAMBER
   ④ COOLDOWN CHAMBER

해설 HEAT EXCHANGE : PROCESS CHAMBER WALL를 설정된 온도로 일정하게 유지 시켜주는 장치.

21. PROCESS CHAMBER PRESSURE를 대기압에서 진공 상태로 만들며, 유지 시켜주기 위해 사용되는 장치를 무엇이라 하는가?
   ① HEAT EXCHANGE
   ② Pump
   ③ WAFER ORIENTER CHAMBER
   ④ COOLDOWN CHAMBER

해설 PUMP : PROCESS CHAMBER PRESSURE를 대기압에서 진공 상태로 만들며, 유지 시켜주기 위해 사용되는 장치.

정답 18. ② 19. ① 20. ① 21. ②

예상 문제

22. 쏘잉(sawing)이라고도 하며 반도체 생산공정 가운데 웨이퍼 제조공정과 패키징공정 사이에 위치하여 웨이퍼를 개별 칩단위로 분리하는 공정을 무엇이라 하는가?
   ① Dicer
   ② 다이본더(Die Bonder)
   ③ 와이어본더(Wire Bonder)
   ④ Chip Sorter

해설 Dicer
다이싱 공정은 쏘잉(sawing)이라고도 하며 반도체 생산공정 가운데 웨이퍼 제조공정과 패키징공정 사이에 위치하여 웨이퍼를 개별 칩단위로 분리하는 공정이다. 가장 일반적인 다이싱의 개념은 웨이퍼를 다이아몬드 블레이드를 사용하여 절단하는 것이다.

23. PKG의 골격인 리드프레임의 패드에 Die를 본딩하는 장비를 무엇이라 하는가?
   ① Dicer
   ② 다이본더(Die Bonder)
   ③ 와이어본더(Wire Bonder)
   ④ Chip Sorter

해설 다이본더(Die Bonder)
PKG의 골격인 리드프레임의 패드에 Die를 본딩하는 장비로써, Saw 공정이후, 각각으로 분리된 Die(chip)를 Die Adhesive material(접착제)이 도포된 리드프레임 패드 위에접착 시킨 후 열경화시켜서 와이어 본딩을 가능하게 하는 공정 장비이다.

24. 다이본드가 끝나면 회로칩의 단자(Ohmic Contact Area)와 패키지의 리드사이는 전기적으로 연결시키는 장비를 무엇이라 하는가?
   ① Dicer
   ② 다이본더(Die Bonder)
   ③ 와이어본더(Wire Bonder)
   ④ Chip Sorter

해설 와이어본더(Wire Bonder)
다이본드가 끝나면 회로칩의 단자(Ohmic Contact Area)와 패키지의 리드사이는 전기적으로 연결시키는 일이 필요한데 이 공정에 쓰이는 장비가 와이어 본더 이다.

정답 22. ① 23. ② 24. ③

25. 적합한 소자를 웨이퍼로부터 분리 시켜 트레이에 적재하여 상품화 하는 장비를 무엇이라 하는가?
   ① Dicer
   ② 다이본더(Die Bonder)
   ③ 와이어본더(Wire Bonder)
   ④ Chip Sorter

해설 Chip Sorter
반도체소자(IC) 제조 공정중 각각의 소자들은 Wafer 상태에서 웨이퍼 검사장비에 의해 전기적 특성이 검사되어 양불량이 구분된다. Chip sorter는 이렇게 구분된 양불량의 정보를 이용하여 적합한 소자를 웨이퍼로부터 분리 시켜 트레이에 적재하여 상품화 하는 장비이다.

26. 실리콘 칩으로 부터 접착된 ball 부분이 떨어진 상태로 bond pad가 오염 되었거나 잘못된 wire parameter 셋팅등으로 발생되는 것을 무엇이라 하는가?
   ① Ball bonding lift
   ② Wire broken
   ③ Wire missing
   ④ Ball shorting

해설 Ball bonding lift : 실리콘 칩으로 부터 접착된 ball 부분이 떨어진 상태로 bond pad가 오염 되었거나 잘못된 wire parameter 셋팅등으로 발생된다.

27. Ball bonding 부분이 서로 접촉하는 것으로 bond pad 사이의 거리가 불충분하거나 bonding 지점을 잘못 정해지는 것을 무엇이라 하는가?
   ① Ball bonding lift
   ② Wire broken
   ③ Wire missing
   ④ Ball shorting

해설 Ball shorting : Ball bonding 부분이 서로 접촉하는 것으로 bond pad 사이의 거리가 불충분하거나 bonding 지점을 잘못 정하거나 wire parameter 가 잘못 되었을 때 발생한다.

28. Die가 die pad나 die cavity로부터 떨어지는 현상을 무엇이라 하는가?
   ① Ball bonding lift
   ② Wire broken
   ③ Wire missing
   ④ Die Lifting

정답 25. ④ 26. ① 27. ④ 28. ④

> **해설** Die Lifting : Die가 die pad나 die cavity로부터 떨어지는 현상으로 die pad, die cavity, die 뒷면이 오염 되거나 과다한 die attach void, die를 장착하는 위치를 잘못 잡아 접착 면적이 부적절 할 때 발생한다.

29. Die 상에 갈라진 틈이 발생하는 것으로 과다한 die attach void, 접착면적이 부족한 것을 무엇이라 하는가?
   ① Ball bonding lift
   ② Die Cracking
   ③ Wire missing
   ④ Die Lifting

> **해설** Die Cracking : Die 상에 갈라진 틈이 발생하는 것으로 과다한 die attach void, 접착면적이 부족하거나, 접착제의 두께가 충분하지 않거나 wafer tape에 die를 떼어낼 때 과도한 힘을 주었거나 die attach void 가 아예 없어도 발생한다.

30. Die 표면의 금속층이 고르지 못하거나 일그러지는 현상을 무엇이라 하는가?
   ① Die Metallization Smearing
   ② Die Cracking
   ③ Wire missing
   ④ Die Lifting

> **해설** Die Metallization Smearing : Die 표면의 금속층이 고르지 못하거나 일그러지는 현상으로 웨이퍼를 잘못 다루거나 collet의 오염이나 마모로 발생한다.

정답 29. ② 30. ①

제5장

안전관리

김종택 저

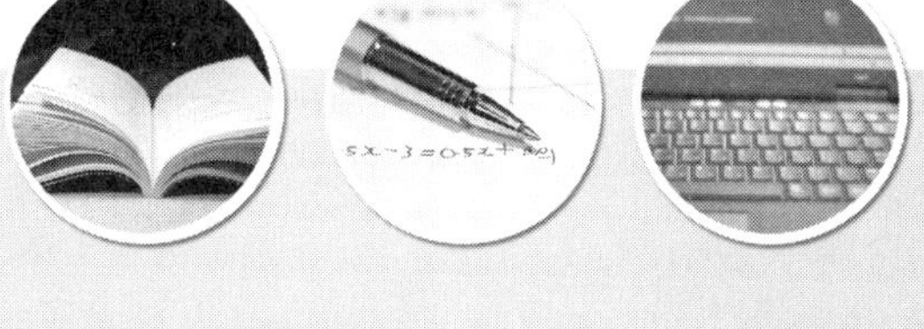

제5장 안전관리

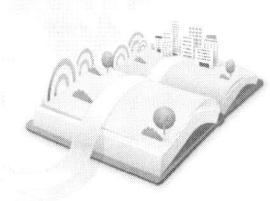

제1절 기계 / 전기안전 관리 등

1. 기계 안전

<u>1. 기계 안전수칙</u>

1. 자기 담당기계 이외의 기계는 움직이거나 손을 대지 않는다.
2. 원동기와 기계의 가동은 각 직원의 위치와 안전장치의 적정여부를 확인한 다음 행한다.
3. 움직이는 기계를 방치한 채 다른 일을 하면 위험하므로 기계가 완전히 정지한 다음 자리를 뜬다.
4. 정전이 되면 우선 스위치를 내린다.
5. 기계의 조정이 필요하면 원동기를 끄고 완전정지할 때까지 기다려야 하며 손이나 막대기로 정지시키지 않아야 한다.
6. 기계는 깨끗이 청소해야 한다. 청소할 때에는 브러시나 막대기를 사용하고 손으로 청소하지 않는다.
7. 기계작업자는 보안경을 착용하여야 한다.
8. 기계가동시에는 소매가 긴 옷, 넥타이, 장갑 또는 반지를 착용하지 않는다.
9. 고장중인 기계는 「고장·사용금지」 등의 표지를 붙여 둔다.
10. 기계는 일일이 점검하고 사용 전에 반드시 점검하여 이상유무를 확인한다.

<u>2. 수공구 안전수칙</u>

1. 수공구는 쓰기 전에 깨끗이 청소하고 점검한 다음 사용할 것
2. 정이나 끌과 같은 기구는 때리는 부분이 버섯모양 같이 되면 반드시 교체하여야

하며, 자루가 망가지거나 헐거우면 바꾸어 끼울 것.
3. 수공구는 쓴 후에 반드시 보관함에 넣어둘 것.
4. 끝이 예리한 수공구는 반드시 덮개나 칼집에 넣어서 보관 이동할 것.
5. 파편이 튀길 위험이 있는 작업에는 보안경을 착용할 것.
6. 각 수공구는 일정한 용도 이외에는 사용하지 말 것.

3. 드릴작업 안전수칙

1. 시동 전에 드릴이 올바르게 고정되어 있는지 확인한다.
2. 장갑을 끼고 작업하지 않는다.
3. 드릴을 회전시킨 후 테이블을 고정하지 않도록 한다.
4. 드릴회전 중에는 칩을 입으로 불거나 손으로 털지 않도록 한다.
5. 큰 구멍을 뚫을 때에는 먼저 작은 구멍을 뚫은 다음에 뚫도록 한다.
6. 얇은 판에 구멍을 뚫을 때에는 나무판을 밑에 받치고 뚫도록 한다.
7. 이송레버를 파이프에 걸고 무리하게 돌리지 않는다.
8. 전기드릴을 사용할 때는 반드시 접지하도록 한다.

4. 밀링작업 안전수칙

1. 사용 전에 반드시 기계 및 공구를 점검, 시운전한다.
2. 일감은 테이블 또는 바이스에 안전하게 고정한다.
3. 커터의 제거, 설치시에는 반드시 스위치를 내리고 한다.
4. 테이블 위에 측정구나 공구를 놓지 않도록 한다.
5. 칩을 제거할 때는 기계를 정지시킨 후 브러시로 행한다.
6. 가공 중에 얼굴을 기계에 접근시키지 않는다.
7. 가공 중에 손으로 가공면을 점검하지 않는다.
8. 황동이나 주강같이 철가루가 날리기 쉬운 작업시에는 보안경을 착용한다.

5. 크레인작업 안전수칙

1. 크레인 운전은 자격을 갖춘자 또는 면허를 소지한 지정된 운전자만이 하여야 한다.
2. 작업시작 전 기계의 고장유무를 확인하고 필히 시운전을 실시한다.

3. 동시에 3가지 조작을 하지 말아야 한다.
4. 급격하게 감아 올리거나 감아내려서는 안된다.
5. 체인이나 로프가 비뜰어진 채로 매달아 올려서는 안된다.
6. 크레인 운전자에 대해 신호는 단 한 사람만 해야 한다.
7. 크레인 신호수는 규정된 복장을 착용하고 규정된 신호방법으로 명확하고 확실하게 해야 한다.
8. 물건중심부에 후크를 위치시켰나 확인한 후 권상신호를 해야 한다.
9. 제한하중을 초과한 인양을 피하고 로프의 상태를 확인한다.
10. 운전 중에 청소, 주유 또는 정비를 하지 말아야 한다.
11. 크레인 작업반경내에는 사람의 접근을 금하며 작업자 머리 위나 통로 위에 위치하지 않아야 한다.

6. 승강기 안전수칙(1)

1. 안전장치(비상정지장치) 내부전면 출입문의 작동상태를 확인하고 이상이 있을 때는 운행하지 않는다.
2. 사용 전 작동방법 및 비상시 조치요령을 숙지한다.
3. 적재용량 이하로 운반하며 돌출적재를 하지 않는다.
4. 승강기의 바닥면과 건물의 바닥면이 일치됨을 확인 후 운행한다.
5. 운전자 이외의 작업자 탑승을 금지한다.
6. 운전 중 내부 전면 출입문에 기대지 않는다.
7. 출입문 작동시 출입을 금한다.
8. 승강기 작동이 완전히 멈춘 후 출입한다.

7. 승강기 안전수칙(2)

1. 화물용 승강기 에는 절대 탑승할 수 없다.
2. 적재중량을 초과해서 싣지 않는다.
3. 책임자는 와이어, 감속기 주유점검을 정기적으로 실시한다.
4. 승강기의 문이 완전히 닫힌 후 운전한다.
5. 안전장치에 이상이 있을 때는 운행하지 않는다.

6. 운전책임자 외에는 절대 운전해서는 안된다.
7. 운행중 이상이 발견되면 즉시 보고 후 조치를 받는다.

8. 전단기작업 안전수칙

1. 작업시작 전에 반드시 기계의 이상유무 및 안전장치 상태를 확인하고 작업에 임한다.
2. 작업 중에는 지정된 보호구(안전화, 귀마개 등)를 착용하여야 한다.
3. 자기담당 기계 이외의 기계는 움직이거나 스위치를 동작하지 않는다.
4. 기계를 청소할 때는 반드시 기계를 정지시킨 다음 청소용구를 사용한다.
5. 자기 힘에 겨운 재료 및 부품을 무리하게 다루지 말 것이며 무거운 물건은 운반구 또는 기계를 사용한다.
6. 금형설치 및 해체시에는 반드시 안전블록을 사용하며 지정된 공구를 사용하여야 한다.
7. 작업장 주변의 재료 및 부품은 안전한 상태로 적치되었나 수시로 점검하며 작업 후 정리정돈 및 청소를 깨끗이 한다.
8. 항상 주위에 불안전한 요인이 없나 관찰하고 발견되면 즉시 직·반장에게 보고하여 시정 조치토록 한다.

9. 금형 교환작업 안전수칙

1. 메인 스위치를 끄고 『교환중』 표지판을 설치한다.
2. 안전블록은 확실하게 고정시키고 확인한다.
3. 공동작업시는 상호 신호를 확실하게 한다.
4. 금형사이에는 절대 손이 들어가지 않도록 한다.
5. 금형교환시는 감독자가 반드시 입회한다.
6. 금형을 무리한 힘으로 취급하지 않는다.
7. 치수조정 작업시에는 메인 스위치를 끄고 작업한다.
8. 시운전은 기계운전자가 주변의 이상유무를 반드시 확인 후 운전한다.
9. 기계수리 작업시에는 금형교환을 절대 하지 않는다.

10. 둥근톱작업 안전수칙

1. 작업 전 반드시 시운전을 하여 이상유무를 확인하고 작업한다.
2. 톱날의 균열, 마모, 손상은 되지 않았는가 확인한다.
3. 안전장치의 파손, 작동불량 등 이상이 없는지를 작업 중 수시로 확인한다.
4. 작업 중 안전보호구를 착용하고 작업한다.
5. 톱날의 체결 너트는 확실하게 체결하고 작업한다.
6. 톱날교체시는 충분히 시운전한 후 작업한다.
7. 무부하운전시 이상소음, 진동이 발생하는지 확인한다.
8. 기계작동 중 자리이탈을 금하며, 담당자 이외는 취급을 금한다.
9. 작업종료 후 자리이탈시 및 정전시에는 스위치를 반드시 끈다.

11. 연삭기작업 안전수칙

1. 연삭기의 덮개 노출각도는 90°이거나 전체 원주의 1/4을 초과하지 말 것.
2. 연삭숫돌의 교체 시는 3분 이상 시운전할 것.
3. 사용 전에 연삭숫돌을 점검하여 균열이 있는 것은 사용하지 말 것.
4. 연삭숫돌과 받침대 간격은 3mm 이내로 유지할 것.
5. 작업시는 연삭숫돌 정면으로부터 150°정도 비켜서서 작업할 것.
6. 가공물은 급격한 충격을 피하고 점진적으로 접촉시킬 것.
7. 작업 시 연삭숫돌의 측면을 사용하여 작업하지 말 것.
8. 소음이나 진동이 심하면 즉시 점검할 것.

12. 선반작업 안전수칙

1. 작동 전 기계의 모든 상태를 점검할 것.
2. 절삭작업 중에는 보안경을 착용할 것.
3. 바이트는 가급적 짧고 단단히 조일 것.
4. 가공물이나 척에 휘말리지 않도록 작업자는 옷 소매를 단정히 할 것.
5. 작업도중 칩이 많아 처리할 때에는 기계를 멈춘 다음에 행할 것.
6. 긴 물체를 가공할 때는 반드시 방진구를 사용 할 것.
7. 칩을 제거할 때는 압축공기를 사용하지 말고 브러시를 사용할 것.

13. 프레스작업 안전수칙(1)

(준비사항)
1. 안전장치의 성능을 우선 점검한다.
2. 수차 시운전을 하고 안전장치를 설치한다.
3. 조금이라도 불미한 점이 있을 때나 고장이 있을 때는 즉시 책임자에게 연락을 하고 수리정비를 한다.
4. 형틀취급은 운전을 정지해 놓고 한다.
5. 형틀부착시는 재점검을 한다.

(가공작업)
1. 운전 중에는 금형 안에 손을 넣지 않는다.
2. 매회 발을 떼고 다시 밟는다.
3. 형판에 주유시는 충분히 주의한다.
4. 판재, 찌꺼기등의 제거는 보조구를 사용한다.
5. 전단작업시는 누름판을 사용한다.
6. 작업중 한눈을 팔지 말고 망상을 하지 않는다.
7. 작업교대시 기계의 조작 사용방법이 미숙할 경우 필히 반복한다.

14. 프레스작업 안전수칙

1. 작업 전 안전장치의 동작, 이상유무와 사각지점이 없는가 확인한다.
2. 선택 스위치가 안전 1행정 위치에 있는가 확인한다.
3. 금형 안에는 신체일부가 절대 들어가지 않도록 한다.
4. 양수보턴 스위치를 반드시 사용한다.
5. 금형내 이물질 제거시는 메인 스위치를 끄고 조치한다.
6. 푸트(발)스위치는 감독자의 승인을 받고 50cm이상 떨어진 거리에서 작업한다.
7. 안전공구를 사용하여 제품을 넣고 빼낸다.
8. 기계이상시 작업을 중지하고 보고한 후 조치를 받는다.

15. 리프트작업 안전수칙

1. 물건의 적재상태를 확인할 것.

2. 리미트스위치, 와이어로프 등의 이상유무를 확인할 것.
3. 적재량을 초과하지 말 것.
4. 가이드롤의 이상유무를 확인할 것.
5. 본체의 이상유무를 확인할 것.
6. 본체 문은 정확히 닫아 잠글 것.
7. 안전걸이를 완전히 걸고 운전할 것.
8. 상하 서로 신호 후 운전할 것.
9. 운전 중 필요외 사람의 접근을 금할 것.
10. 아래층에서 역 조작하여 승강기를 내리지 말 것.
11. 본체를 도중에 방치하지 말 것.
12. 운전 중 이상이 발생할 경우 스위치를 끄고, 즉시 고장수리 후 운전할 것.
13. 사람이 타고 승강하지 말 것.

16. 콘베이어 안전수칙

1. 콘베이어의 운전속도를 조작하지 말 것.
2. 운반물을 콘베이어에 싣기 전에 적당한 크기를 확인할 것.
3. 운반물이 한 쪽으로 치우치지 않도록 적재할 것.
4. 운반물 낙하의 위험성을 확인하고 적재할 것.
5. 운반물 사용목적 이외의 목적으로 사용하지 말 것.
6. 작업장, 통로의 정리정돈 및 청소를 할 것.
7. 콘베이어의 운전은 담당자 이외에는 운전하지 말 것.

17. 호이스트 안전수칙

1. 사람은 절대로 호이스트 탑승을 금한다.
2. 운전자 이외는 운전조작을 금한다.
3. 화물은 1t 이상 적재를 금한다.
4. 호이스트 운전자에 대해 신호는 단 한 사람만 해야 하며 신호는 명확하고 확실하게 해야 한다.
5. 작업시작 전 기계의 고장유무를 확인하고 필히 시운전을 실시한다.

6. 와이어로프는 급격하게 감아 올리거나 감아 내려서는 안된다.
7. 체인이나 로프가 비뚤어진 채로 매달아 올리지 않는다.
8. 물건 중심부에 후크를 위치시켰거나 확인한 후 권상신호를 해야 한다.
9. 제한하중을 초과한 인양을 피하고 로프의 상태를 확인한다.
10. 운전중에 청소, 주유 또는 정비를 하지 말아야 한다.
11. 호이스트 작업반경내 에는 사람의 접근을 금하며 작업자 머리 위나 통로 위에 위치하지 않아야 한다.
12. 호이스트 고장시에는 운전을 즉시 중지하고 해당 부서에 통보하여 조치를 받아야 한다.

18. 사다리작업 안전수칙

1. 기계나 적재물, 나무상자 등을 사다리 대신 사용하지 말 것.
2. 사다리는 사용 전에 결함여부를 꼭 점검할 것.
3. 직선사다리(외줄사다리)를 사용할 때는 벽으로부터 1m 이상 띄울 것.
4. 손을 잡을 때와 발을 디딜 때는 특히 조심할 것.
5. 작업 이 진행됨에 따라 사다리를 자주 옮길 것.
6. 사다리로부터 자기 팔길이 이상 떨어진 곳에 대한 작업을 하지 말 것.
7. 사다리를 오르기 전에 밑을 잘 고정시키고 올라갈 때는 두 손을 사용할 것.
8. 출입문이나 통로 가까이에 사다리를 세울 필요가 있을 때에는 주의표지를 붙이거나 바리케이드를 쳐둘 것.
9. 사다리의 세운 윗부분은 자기 위치로부터 1m 이상 여유가 있게 세울 것.

19. 엘리베이터 안전수칙

1. 안전장치의 작동상태를 확인할 것.
2. 안전장치에 이상이 있을 때는 운행을 하지 말 것.
3. 임명된 책임자 외의 무자격자는 운행하지 말 것.
4. 화물은 올바르게 적재하고 과적 또는 비좁게 적재하지 말 것 (적재정량 : 2t 미만).
5. 화물취급과 관련 없는 작동은 금할 것.
6. 안전장치를 확인한 후 오르고 내릴 것.

7. 승강기의 바닥면과 건물의 바닥면이 일치됨을 확인할 것.
8. 운행간 불필요한 행동(장난)은 일체 삼가할 것.
9. 운전자는 화물승차 확인 후 작동할 것.
10. 항시 침착한 행동과 질서 있는 행동을 할 것.
11. 운전자 1명 이외의 타인 승차는 일체 금할 것.

20. 기계안전 10개 요점

1. 돌출검사를 정확하게 하라.
2. 기계설치는 평평한 위치에 단단하게 하라.
3. 안전장치를 확인하고 작업하라.
4. 운전은 자격이 있는 자 또는 지정된 자 만이 하라.
5. 정해진 신호를 정확하게 지켜라.
6. 능력을 믿고 무리하지 말라.
7. 출입금지구역에 접근하지 말라.
8. 브레이크, 클러치는 비나 물을 피하라.
9. 검사, 주유는 잊지 말고 하라.
10. 사용한 후 정리정돈 및 청소는 철저히 하라.

21. 안전의 기본요소

1. 육체를 건강하게 마음을 명랑하게 하라.
2. 서로 믿고 협력하라.
3. 지시나 수칙은 잘 지키도록 하라.
4. 몸가짐을 단정히 하라.
5. 정리정돈을 제일로 알고 실천하라.
6. 기계나 기구는 잘 보관하고 사용하라.
7. 작업은 올바른 순서대로 하라
8. 신호와 연락은 확실하게 하라.
9. 모르는 일은 항상 물어보고 하라.
10. 무리나 태만은 사고의 원인으로 알고 금하라.

22. 각종 생활지표

(안전생활지표)

1. 항상 직장의 정리정돈에 힘써야 한다.
2. 작업표준을 지켜서 작업에 임해야 한다.
3. 복장은 올바르게 착용해야 한다.
4. 기계나 공구는 사용 전에 점검을 철저히 해야 한다.
5. 불안전한 상태는 즉시 보고해야 한다.
6. 보호구는 필히 착용해야 한다.
7. 위험물은 올바른 지시에 따라 취급해야 한다.
8. 보행과 운반차량에 유의해야 한다.
9. 공동작업은 협력에 바탕을 두고 신호에 따라서 작업해야 한다.
10. 음주 후 작업을 금한다.
11. 담배는 흡연장소에서만 피워야 한다.

(보건생활지표)

1. 건강은 직장생활의 첫 번째임을 명심해야 한다.
2. 마음은 항상 즐겁게 하고 과음, 과식은 피해야 한다.
3. 복장은 항상 청결을 유지하도록 한다.
4. 개인 및 단체건강 진단은 반드시 받도록 한다.
5. 몸에 이상이 있으면 즉시 의사와 상담해야 한다.
6. 휴식은 편하고 올바르게 취해야 한다.
7. 작업 전에는 준비운동을 철저히 해야 한다.
8. 개인 위생 보호구의 착용을 생활화 해야 한다.
9. 무리한 힘을 주어서 작업을 하지 말아야 한다.
10. 직업병은 개인이 우선적으로 예방해야 함을 명심해야 한다.

(안전 10대지표)

1. 치밀한 계획의 수립과 운용.
2. 반복된 교육과 계몽의 생활화.

3. 지속된 노력과 지도 감독.
4. 사고의 철저한 원인규명.
5. 유사재해 발생의 예방철저.
6. 창의적인 개선방향의 제시.
7. 효과적인 관리와 솔선수범하는 자세.
8. 쾌적한 환경의 조성.
9. 안전작업방법과 수칙의 준수.
10. 사고요인은 미연에 방지.

<u>(작업 후 점검지표)</u>
1. 작업시에 이상한 점은 없었는가 살펴본다.
2. 기계, 설비는 이상이 발견되지 않았는가 살펴본다.
3. 위험물은 올바르게 저장하였는가 살펴본다.
4. 개폐기는 이상없는지 살펴본다.
5. 부품을 교체할 곳은 없는지 확인해 본다.
6. 청소 및 정리정돈은 잘 이루어졌는가 확인한다.
7. 기계 및 공구의 보관은 정위치에 되어 있는지 확인한다.
8. 기구의 정비는 확실하게 이루어졌는가 살펴본다.
9. 내일의 작업준비는 확실하게 되었는지 살펴본다.

2. 전기 안전

<u>1. 전기 안전수칙</u>
1. 물 묻은 손으로 전기기계기구의 조작 금지.
2. 누전차단기의 동작여부는 월1회 이상 주기적으로 수동 시험하여 동작되지 않을 시는 교체.
3. 비닐코드선을 전기배선으로의 사용 금지.
4. 문어발식 배선으로 한 번에 많은 전기기구를 사용하면 코드가 과열되어 위험.
5. 플러그는 콘센트에 완전히 접속하여 접촉 불량으로 과열을 방지.

6. 습기가 있는 장소에서는 감전사고 예방을 위하여 반드시 접지시설을 하십시오.
7. 코드(배선)을 묶거나 무거운 물건을 올려놓지 않도록 주의.
8. 감전사고 예방을 위하여 덮개가 있는 콘센트의 사용을 권장.
9. 플러그를 장기간 꽂아둔 채 사용하면 콘센트와 플러그 사이에 먼지가 쌓여 습기가 차면 누전이나 화재의 원인이 될 수 있으므로 수시로 청소.
10. 전기공사는 정부면허 전문공사업체에 의뢰.

2 전기 안전수칙(2)

1. 관리감독자는 안전수칙을 준수하도록 관리감독을 철저히 할 것.
2. 모든 전기작업시에는 전격(감전)에 대한 방호조치가 설비(보호구) 및 작업장(접지)에 확보되도록 할 것.
3. 활선작업시 또는 정전작업 중 타인이 전원 스위치를 투입하는 것을 방지하기 위해 스위치에는 『조작금지』표지판을 반드시 부착할 것.
4. 리드선의 접속은 기계의 진동 등에 의한 스트레스를 받지 않도록 할 것.
5. 누전차단기가 0.03초를 조과 동작하는 것은 즉시 교체할 것.
6. 임시배선은 가급적 지양하고 부득이하게 연결시는 연결부를 절연테이프로 감아 둘 것.
7. 전기기구류는 POWER 와의 용량에 적합한 것을 쓸 것.
8. 유체를 Loading, Unloading하는 설비 및 차량용기는 반드시 정전기 제거 Line을 부착할 것.
9. 비오는 날에는 옥외에서 전기작업을 하지 말 것.
10. 정전작업시는 전로의 개로 개폐기에 시건장치 및 통전금지 표지판을 설치할 것.
11. 정전작업시는 단락접지 기구를 사용하여 단락접지 할 것.
12. 모든 작업이 끝날 때에는 정비, 정리정돈을 하고 문제가 없는지 확인한 후 인수인계를 하거나 철수할 것.

3. 전기공사안전수칙

1. 작업자는 안전수칙을 반드시 준수하여야 한다.
2. 작업자는 근무중 자기 자신과 동료를 위해 안전을 확보할 수 있도록 세심한 행동을 하여야 한다.

3. 작업중 자기의 우월성을 과시하고자 무리한 일을 하거나 모험적 행위는 금하여야 하고 표준작업 방법을 준수하여야 한다.
4. 정전작업시에는 유도 또는 오통전으로 인한 감전사고를 막기 위해 규정된 접지용구로 접지를 하여야 한다.
5. 가압된 전기기구나 전선로 부근에서 작업시는 부주의로 인한 감전사고를 방지할 수 있도록 방호벽이나 방호관을 설치하여야 한다.
6. 작업은 작업준비 및 작업순서 에 따라야 하며 시간단축 목적으로 작업 순서를 바꾸거나 예정외 작업을 임의로 하여서는 안된다.
7. 사용공기구나 안전보호구의 철저한 관리는 무사고의 시작이며 사용전 반드시 공기구의 성능을 점검하여야 한다.

4. 용접작업 안전수칙

1. 용접작업시 물기있는 장갑, 작업복, 신발을 절대 착용하지 않는다.
2. 용접작업시 안전보호구를 철저히 착용한다.
3. 용접기 주변에 물을 뿌리지 않는다.
4. 용접기를 사용하지 않을 때는 스위치를 차단시키고 전선을 정리해 둔다.
5. 용접기 어스선의 접속상태를 확인한다.
6. 용접작업 중단시 전원을 차단시킨다.
7. 용접작업장 주위에는 기름, 나무조각, 도료, 헝겊 등 타기 쉬운 물건을 두지 않는다.
8. 전압이 걸려 있는 홀더에 용접봉을 끼운 채 방치하지 않는다.
9. 절연커버가 파손되지 않은 홀더를 사용한다.
10. 탱크 등 좁은 공간에서 용접시 물체에 기대지 않는다.

5. 용접용단작업 안전수칙

1. 관리 감독자는 안전수칙을 준수하도록 관리 감독할 것.
2. 용접기에 연결시 전선은 나선으로 된 것이나 이어진 부분이 노출된 전선을 사용하지 말 것.
3. TIG용접, 절단용LPG, 산소용기는 전도방지용 체인걸이로 걸어둘 것.
4. 아크나 화기를 발생하기 직전에 작업장 주위를 GAS CHECK 해 볼 것.

5. 용접기에 연결시는 반드시 단자보호커버를 씌울 것.
6. 전기기구 및 접속기구 전용전선, 콘센트 등은 용량과 규격이 적합한 것을 사용할 것.
7. 용접용 장갑, 보안면은 필히 착용할 것.
8. 용법불씨가 비산되거나 용접, 용단부위로부터 흘러내리지 않도록 석면포로 씌울 것.
9. LPG 및 각 용기의 압력조정기는 정상적으로 작동되는 것을 부착할 것.
10. 권선용 케이블의 끝단은 클램프로 모재에 연결할 것.
11. 작업장에는 충분한 수량의 적응 소화기를 비치할 것.
12. 작업장에는 인화성, 발화성 물질을 방치하지 말 것.
13. 탱크, 용기 등에 인화성 또는 발화성 물질이 남아 있는지를 확인할 것.
14. 전기용접기에는 접지를 할 것.
15. 가스 또는 전기배선은 가열된 금속, 고압전선, 나화 등에 노출 또는 소손되지 않도록 보호할 것.
16. 접지된 지면 또는 젖은 바닥 위에서는 맨손이나 젖은 장갑을 낀 채 용접봉을 교체하지 말 것.
17. 용접봉의 홀더는 충분한 절연내력 및 내열성을 갖춘 것을 사용할 것.
18. 동력 케이블의 수용함을 조정하여 최대전압에 달할 때 차단되게 하고, 동력스위치를 개방하지 않고는 플러그를 뗄 수 없도록 할 것.

6. 발전실 안전수칙

1. 발전기 가동시는 담당자 외 스위치 조작을 금할 것.
2. 발전용량은 정격용량의 90%를 초과하지 않을 것.
3. 송전할 때는 송전선로를 확인한 후 송전할 것.
4. 윤활유 순환상태를 수시점검 할 것.
5. 냉각수 순환을 확인한 후 발전기를 가동할 것.
6. 발전기 가동 송전시 스위치 조작은 다음과 같이 할 것.
   (관계기관 전원의 정전을 확인한 후)
   절체 DS스위치 → 발전기OCB → 배전반 OCB.

7. 발전 전원 송전에서 한전 전원으로 전원교체시 스위치 조작법은 다음과 같이 한다. 배전반 OCB 스위치 OFF ➜ 발전기 OCB스위치 OFF ➜ DS스위치 절체 ➜ 메인 OCB투입 ➜ 각 배전반 OCB투입.

7. 전기취급책임자 안전수칙

(전기취급책임자)

취급책임부서		
취급 책임자	정	
	부	

(사용시 안전수칙)
1. 스위치 조작시 먼저 설비 이상유무 확인.
2. 젖은 손으로 스위치 조작 절대금지.
3. 분전반 내부에 공구, 장갑 등 물건 보관금지.
4. 스위치 ON-OFF 요령.
   ① ON : 메인 스위치를 먼저 올린 후 분기 스위치를 올림.
   ② OFF : 분기 스위치를 먼저 내린 후 메인 스위치를 내림.
5. 전기 취급책임자외 조작금지.
6. 분전반 내부스위치 및 전선임의 변경공사 금지.
7. 설비를 사용하지 않을시 전원차단(절전)

(안전점검 체크포인트)
1. 분전반 뚜껑은 용이하게 개폐되고 있는가?
2. 내부청소 및 전선은 정리가 잘 되어 있는가?
3. 어스선이 손상 또는 단선되어 있지는 않은가?
4. 스위치가 파손된 것은 없는가?
5. 전원 공급지역의 위치표시가 잘 부착되어 있는가?
6. 전선에 과전류가 흐르고 있지는 않는가?
7. 전선 고정용 볼트가 이완되어 있지는 않는가?
8. 삽입선의 피복이 너무 벗겨져 충전부가 노출되어 있지는 않는가?

9. 충전부에 안전커버가 잘 부착되어 있는가?
10. 분전반에서 임의로 전선을 인출해서 사용하고 있지는 않는가?

8. 전기안전 10개요점
1. 배선접속은 전기취급자가 하라.
2. 이동용 기기는 누전을 금하라.
3. 용접기는 전격을 방지하라.
4. 기계에는 접지를 실시하라.
5. 이동전선은 케이블을 사용하라.
6. 이동전구는 코너에 붙여라.
7. 기계는 사용 전 점검을 하라.
8. 기계의 수리이동은 전원을 끊고 하라.
9. 충전부분은 노출이 안 되게 하라.
10. 고압선을 방호하라.

9. 전기설비보수시 안전수칙
1. 작업 전 스위치를 끌 것.
2. 작업 전, 작업 중 표지판을 부착할 것.
3. 작업 전원 포인트 위험예지를 실시할 것.
4. 관련 작업자외 스위치 조작을 금지할 것.
5. 작업 후 운전부서에 설비 인계를 하고 정상가동을 실시할 것.

10. 전기설비수리 이동시 점검내용
1. 당신은 안전장구를 착용했는가?
2. 검전기는 휴대하였는가?
3. 도면은 충분히 검토하였는가?
4. 조작꼬리표는 가지고 가는가?
5. 접지용구는 이상이 없는가?
6. 자가발전수용가를 확인했는가?
7. 음주 및 과속운행을 하고 있는가?

제2절 가스안전 관리등

1. 연료가스의 일반적 안전관리.

① 가스 안전사고 방지 요령.

국내가스 사고의 가장 큰 원인은 사용자의 취급 부주의이다.

가스누설을 발견하였거나 사고가 일어났을 때 응급조치 요령에 따라 침착하게 처리한다. 가스안전 사용수칙으로 사용 전에는 불을 켜기 전에 가스가 새지 않았는지 냄새를 확인하고, 문을 열어 실내 환기를 시켜준다. 사용 중에는 가스불을 켜는 순간 파란 불꽃으로 확실히 점화되었는지 확인하고, 점화되지 않았을 경우 콕크가 열려 있으면 가스가 새어 위험하다.

사용 후에는 점화 콕크는 물론 중간밸브를 잠궈야 한다.

〈표〉 가스안전사고 방지 요령.

구 분	대 응 방 법
평상시가스 누설점검	가스가 누설될 위험이 있는 부위에 비눗물을 붓이나 스폰지에 묻혀서 호스의 연결부분을 충분히 발라주는 방법으로 수시로 점검한다.
가스렌지 점화시 불꽃상태	파란 불꽃은 연소용 공기(산소)가 충분히 공급되어 완전연소상태이며, 점화시 일산화탄소가 거의 발생되지 않고 연소온도가 높은 상태인 반면, 붉은 불꽃은 불완전연소상태로서, 연소온도가 낮아 효율이 떨어지고 일산화탄소가 발생한다는 현상이다.
올바른 가스기기 설치	가스용품의 설치는 시공자격자에게 맡겨 안전기준대로 설치한다. 설치시 통풍이 잘되고 인화물질이 없는 곳에 설치하며, 가연성 벽의 옆면과 가스기기 뒷면에서 15cm이상, 천장은 1m이상, 호스길이는 가능한 짧게 하고 연소기로부터 3m이내, T자형 호스연결은 위험
마늘 썩는 냄새는 비상사태	천연가스는 무색·무취이지만, 누설시 쉽게 감지할 수 있도록 마늘 썩는 냄새와 같은 메르캅탄이라는 자극적인 냄새의 부취제를 첨가하였다. 누설되는 양이 적은 경우나 후각기능에 장애가 있는 경우에는 누설을 잘 알 수 없기 때문에 가스누설 여부를 자주 점검하는 습관이 사고예방을 위한 최선의 방법이다.
가 스 경보기 설치요망	LNG는 공기보다 가벼워 위로 올라가므로 경보기 설치는 천장으로부터 30cm이내 설치하고, LPG는 공기보다 무거워 바닥으로 가라앉기 때문에 바닥으로부터 30cm이내에 설치한다. 또한 주위의 온도가 현저히 낮거나 높은 곳, 물기가 직접 닿거나, 습도가 많은 곳에 가스경보기 설치는 피한다.

구 분	대 응 방 법
누설시 응급처치	가스냄새로 가스가 새는 것을 발견하면 먼저 연소기 콕크, 중간밸브까지 잠그어 가스의 공급을 차단하고 창문, 출입문을 열고 누설된 가스를 밖으로 몰아내어 환기시킨다. 환기를 위해서 선풍기나 배기팬은 사용금지. 누설된 가스는 작은 전기스파크도 발열원이 되어 불이 붙어 폭발할 수 있다. 따라서 부채, 방석, 신문지 등을 이용하여 연기를 쓸어 내듯이 밖으로 몰아낸다.
공급자 의무사항	가스공급 판매점이나 도시가스 공급회사는 가스 수요자에게 정기적으로 사용자의 시설을 점검하고 안전수칙을 계도하도록 (공급자 의무사항)을 법으로 규정하고 있다. 따라서 가스 수요자는 안전관리에 관련된 서비스를 당연히 받을 수 있다.
겨울철 가스 사고예방	겨울철에는 문을 닫고 생활하기 때문에 환기가 잘 되지 않아 연소시 많은 공기를 필요로 하는 가스보일러나 가스난로 등이 불완전연소되어 가스 질식사고의 원인이 되므로 자주 창문을 열어 환기 시켜 주어야 하며, 배관, 연소기의 연결부분에서 가스가 누설되지 않는지 자주 점검하여야 한다.
장기간 집을 비울 때	장기간 집을 비울 때는 점화콕크와 중간밸브를 잠근다. 도시가스는 메인 밸브까지 잠그고, LPG는 용기밸브까지 잠근다. 특히, 가스는 주부들뿐만 아니라 온 가족 모두 가스시설의 점검과 확인하는 습관을 들이는 것이 중요하다.
이사철 가스사고 예방	이사철 가스시설의 철거 및 신규 설치시 가스사고가 많이 발생하고 있다. 난방기 보일러를 철거한 후 배관의 막음조치를 확실히 해야 한다. 막음조치를 않을 경우 가스누설로 폭발사고가 발생할 수 있다. LPG 사용지역에서 도시가스 사용 지역으로 이전시에는 연소기 부품을 교체하여야 한다.

② 가스 용품의 안전 사용과 점검방법.

최근에 다양한 종류의 가스용품이 보급되고 있는데, 사고예방을 위해서는 무엇보다 설치장소와 사용목적에 맞는 기능과 용량을 갖추고, 필요한 안전장치가 부착된 제품으로 한국가스안전공사의 (검)자 표시의 허가품목인가를 확인하고 선택한다. 일반적으로 꼭 준수할 사항으로는 가스 사용기기의 설치는 반드시 자격이 있는 전문가에게 의뢰하여야 하고, 기름보일러를 가스보일러로 불법 개조하여 사용하면 대형사고가 일어날 수가 있으므로 개조는 금물이다. 또한 가스누설시 전기용품 절대사용금지, 화기를 멀리하고 전기기구는 절대로 만져서는 안된다.

〈표〉 가스용품의 안전 사용과 점검

가스기구 종류	안전사용법	점검방법
가스렌지	가스 사용중 연소기 불구멍이 막히면 붉은 불꽃이 일거나 불꽃이 길어져 위험하므로 파란 불꽃으로 완전연소 되는지 확인요망.	사용후 버너 헤드를 들어내어 이물질이 끼어 있지 않도록 솔로 문질러 깨끗이 청소해주어야 한다.
보일러 온풍기	보일러 사용중 수시로 연소 및 환기를 확인하고, 냄새, 진동, 소음등 비정상인 경우 즉시 보일러를 끈다.	중간밸브를 잠근후 전문가를 불러 점검을 받는다.
난로 팬히터	커튼등 가연성물질로부터 멀리하고 좁은 실내나 장시간 사용할 때는 환기에 유의한다.	공기필터의 먼지를 제거하고 세라믹버너를 솔로 깨끗이 털어낸다.

2. 주요가스의 성질 및 안전관리.

① 액화석유가스(LPG가스)

　LPG라 하는 명칭은 프로판부탄등처럼 원유등에 함유되어 있는 비교적 액화되기 쉬운 가스를 총칭한 것으로 영어의 "Liquefied Petroleum Gas"(액화된 석유가스)의 머리글자를 따서 일반적으로 LPG라고 부르고 있다.

　가. 액화석유가스의 정의.
　　㉮ 정　의
　　　액화석유가스의 안전 및 사업관리법에서는 '프로판·부탄을 주성분으로 한 가스를 액화한 것(기화된 것을 포함)'이라고 정의하고 있다.
　　㉯ 탄화수소
　　　LPG중에 함유된 프로판이나 부탄과 같이 탄소원자와 수소원자로 이루어신 화합물을 탄화수소라 한다. 탄화수소중에서 특히, 1분자중에 탄소원자수가 5개 이하인 것을 저급 탄화수소라 한다. 따라서 LPG는 저급탄화수소라 할 수 있다.
　　　또한, 탄화수소는 그 분자내의 탄소원자 결합상태에 따라서 그 성질이 변하기 때문에 파라핀계, 올레핀계, 디올레핀계, 아세틸렌계 탄화수소등으로 분류된다.

나. LPG의 성상
　㉮ 일반적 성질
　　(1) 상온·상압에서는 기체이지만 상온에서는 비교적 저압에서 액화시킬 수 있다. 예를 들면, 온도 10~15℃에서는 10kg/cm² 이하의 압력으로 액화하고 온도가 낮을수록 액화시키는 압력은 낮아도 된다.
　　(2) 순수한 LPG는 무색, 무취이다. 다만, 에틸렌은 약간의 꽃향기가 있다. 냄새가 없기 때문에 일반 소비자에게 공급하는 가스는 실내에서 누설 될 경우를 대비하여 공기중의 혼합비율이 용량으로 1000분의 1인 상태에서 감지가 될 수 있도록 부취제를 주입하고 있다.
　㉯ LPG의 특성.
　　(1) 액화시 체적이 1/250로 축소되므로 적은 용기에 많은 양의 가스를 저장 보관할 수 있기 때문에 보관수송이 용이하다.
　　(2) 황산화물 생성성분인 유황성분이 거의 없고, 가스성분중에 일산화탄소(CO)가 전혀 함유되어 있지 않다.
　　(3) 발열량이 프로판은 23,000kcal/N·m³, 부탄은 30,000kcal/N·m³로서 타연료에 비하여 비교적 높다.
　　(4) 완전연소에 필요한 이론공기량은 수소나 일산화탄소는 2.38N·m³, 메탄은 9.52N·m³인데 반하여 부탄은 32.24N·m³, 프로판은 24.24N·m³이므로 여타 가스에 비하여 많은 공기량을 필요로 한다.
　　(5) 온도에 따라서 액체의 체적이 변하며, 액체 상태는 물보다 가볍고(비중0.5), 기체 상태는 공기보다 무겁다.(프로판:1.52배, 부탄:2배)

다. LPG의 제조 방법.
　㉮ 습성 천연가스 및 원유에서 제조.
　㉯ 나프타 분해 생성물에서 제조.
　㉰ 나프타 수소화 분해생성물에서 제조.

라. LPG의 저장설비.
　LPG의 저장용기를 봄베라고 하며 용기(봄베)의 종류로는 용기에 충천되어지는

LPG의 질량에 의하여 분류된다. 가정용으로는 10kg소형용기와 20kg용기가 있다. 상업용으로는 50kg과 공업용 대형용기는 500kg ~ 600kg의 용기가 있다.

마. LPG의 기화
  ㉮ 기화량.

  LPG는 기화할 경우에 증발열이 필요하다. 그런데 LPG 용기가 접하고 있는 외기온도가 혹한의 영하의 기온일 경우에 용기내의 LPG가 기화에 필요한 증발열을 충분히 얻어 완전히 기화되기는 매우 어렵다. 결국 우리는 겨울철에 가스용기에 강제기화장치를 하지 않고 사용할 때에는 온도에 따라 용기내에 엄청난 가스 잔량이 있음에도 불구하고, 가스를 다 소비한 빈용기로 생각하여 가스배달원이 가져가고 있다는 사실이다. 이 경우에 가스 사고의 위험이 따른다. 잔액량이 적을수록, 기온이 낮을수록 시간당 기화량이 적기 때문에 잔액량이 있어도 가스가 전부 소모된 경우로 오인하는 여지가 있게 된다.

  이와 같이 겨울철에 잔액량을 강제로 기화하기 위해서 용기 자체에 직접 가열하는 방법은 절대로 안된다. 용기에 직접 불을 피우거나, 전기가열코일이 용기표면에 직접닿아 가열될 경우는 가스통의 폭발 위험이 있다. 가열에 의한 강제 기화시에는 반드시 간접가열방식이어야 한다.

  ㉯ 자연기화 방법.

  스팀보일러에 있어서 수부와 증기부가 일정 공간을 차지하는 것과 마찬가지로 LPG 용기를 바로 세워서 용기의 하부는 액부로, 상부는 자연기화 할 수 있는 공간이 되도록 한다.

  자연기화 방식에 있어서는 용기가 통풍이 잘 되는 외부에 배치하여야 한다. 그 이유는 액체가 가스로 기화시에 필요한 증발열을 LPG가 보유한 열과, 용기 외부에서 열을 흡수하므로 용기의 겉면은 전열면이라 볼 수 있으므로 LPG의 기화를 돕기 위한 열공급 때문이다. 갑자기 많은 가스가 유출시에 용기의 벽에 성애가 생기는 이유는 다량의 가스가 기화하면서 필요한 증발열을 주위에서 흡열하기 때문에 상대적으로 주위의 온도는 급냉하기 때문이다.

  ㉰ 강제기화.

  용기를 옆으로 눕혀서 가스가 액체인 상태로 공급되도록 하여야 한다. 강제기화시의 장점으로서 LPG의 종류에 관계없이 한랭시에도 충분히 기화한다. 또한, 공급가스의 조성을 일정하게 하거나 기화량을 조절할 수 있다.

바. 수송상의 주의.
⑦ LPG의 수송에 종사하는 자는 LPG의 취급 및 소화기의 사용법에 관한 교육을 받은 경험이 있어야 한다.
④ 운반차량은 "고압가스" 또는 "LPG"의 표시를 차량의 보기 쉬운 곳에 하여야 한다.
④ 운반중 용기의 온도가 40℃이상으로 상승하지 않도록 주의하고, 주차시 직사광선을 받지 않도록 할 것. 도로상에 주차할 때에는 건물 및 교통량이 적은 안전한 장소를 선택하여 주차하고, 승무원은 차량으로부터 멀리 떨어지지 않도록 한다.
④ 분말소화기 또는 이산화탄소 소화기를 상시 배치하여야 한다. 승무원은 소화기의 취급에 익숙하여야 한다.
⑩ 수송중에 LPG의 누설을 인지하였을 경우에는 즉시 도로의 측면 또는 교통량이 적은 도로, 공지등에 정차하고 응급조치를 하여야 한다.
⑭ 주위에 위험을 유발할 수 있다고 판단될 경우에는 경찰서, 소방서에 통보하고, 아울러 주변의 주민에 대하여도 화기사용금지, 교통차단에 대한 협력을 구하여야 한다.
㉂ 트럭에 적재하여 운반할 때에는 용기를 수직으로 세우고 로프등을 사용하여 용기의 전도, 전락, 충돌을 방지하여야 한다.
㉘ 프로텍터가 없는 50kg 용기를 운반할 때에는 밸브의 손상을 방지하기 위하여 캡을 씌워야 한다.

사. LPG의 안전관리
⑦ 용기에 의한 저장시
(1) LPG를 용기로 저장할 때에는 통풍이 잘되는 곳에 전도와 전락이 되지 않게 세울 것.
(2) 충전 용기는 40℃이하로 보관하여야 한다.
(3) 용기보관실 2m 이내에는 화기 사용을 금지하고, 부근에는 발화성물질을 두지

말 것.
  (4) 용기보관실은 불연성재료로 할 것.
  (5) 용기보관실은 "화기엄금"등의 표시를 하고 소화기를 비치할 것.
④ 저장탱크에 의한 저장시
  (1) 저장탱크는 통풍이 좋은 장소에 설치하고, 2m 이내에서는 화기 사용을 금지할 것.
  (2) 저장탱크 내용적의 90%를 초과하여 저장해서는 안 된다.
  (3) 저장탱크는 관련 법규에 의한 안전거리를 유지하여 설치할 것.
  (4) 저장탱크에 부착된 안전밸브에는 가스방출관을 설치하고 가스방출관은 지면에서 5m이상 또는 저장탱크의 정상부에서 2m의 높이의 높은 위치에 설치할 것.
  (5) 지상에 설치하는 저장탱크 및 그 지주는 내열 구조로 하고 저장탱크 및 그 주위에는 외면으로부터 5m이상 떨어진 위치에서 조작할 수 있는 냉각 살수 장치를 설치할 것.
  (6) 액의 출입구에는 긴급차단장치를 설치할 것.
⑤ 소비시설에서 주의.
  (1) 용기와 조정기는 옥외의 통풍이 잘되는 장소에 설치하고, 주변에 연소하기 쉬운 물질을 두지 않을 것.
  (2) 가스 배관이 움직이지 않도록 고정할 것.
  (3) 소비자가 가스누설등의 이상을 발견한 경우에는 용기밸브를 폐지하고 환기를 시킨 후 즉시 판매업자에 통보하여 수리 등의 조치를 할 것.
  (4) 호스의 균열등을 조기 발견하여 교체할 것.
  (5) 야간 또는 사용 종료시에는 필히 중간밸브 또는 용기의 밸브를 잠글 것.
  (6) 빈 용기의 밸브는 필히 잠그어 둘 것.
⑥ LPG 누설시의 조치.
  (1) LPG가 누설하면 공기보다 무겁기 때문에 바닥에 체류하므로 주의하여야 한다.
  (2) 누설이 된 경우에는 주변의 발화원 제거 및 용기의 밸브를 잠그어 가스의 공급을 중단하고 창문과 출입문을 열어 누설된 가스의 냄새가 없어질 때까지 환

기한다.
(3) 용기의 안전밸브가 작동한 경우에는 용기몸체에 물을 부어 용기를 냉각시킨다. 이 때 용기가 전도되지 않도록 주의하여야 한다.
(4) 저장탱크에서 누설된 경우에는 살수장치, 물분무장치로 냉각시켜 가스의 압력을 낮추고 동시에 누설된 가스를 확산시킨다. 혹은 별도의 탱크에 옮기거나 긴급방출관으로 대기중에 방출하는 등의 응급조치를 한다.

㉮ 폭발성 및 인화성.

LPG는 공기나 산소와 혼합하여 폭발성 혼합가스가 되며 그의 폭발한계는 프로판은 공기중 2.1~9.5V%, 부탄은 1.8~8.4V%로서 폭발하한계가 낮고 상온상 압하에서는 기체로서 인화점이 낮아 소량 누설시에도 인화하여 화재 및 폭발의 위험성이 크므로 취급에 주의하여야 한다.

또한 LPG는 전기절연성이 높고 유동·여과·분무시 정전기를 발생하는 성질이 있어 정전기가 축적될 수 있는 조건에서는 방전스파크에 의한 인화위험이 있다.

㉯ 인체에 미치는 영향.
(1) 순수한 LPG는 거의 무독성이나 다량으로 계속 흡입하면 졸음이 오거나 가벼운 마취성이 있다.
(2) 비점에서의 기화열은 프로판이 101.8kcal/kg, 부탄이 92.09kcal/kg으로 기화열이 커서 액체가 누설되어 피부에 닿으면 동상이 걸리므로 주의하여야 한다.

㉰ LPG의 소화.

LPG의 화재대책으로서는 연소가스의 유출을 막는 것이 제일이다. 즉, 밸브를 닫아서 가스의 유출을 막고, 살수등에 의하여 냉각 및 화재진압을 한다. 또 누출된 가스는 안전한 방법으로 확산시켜야 한다. 화재방지 및 소화대책으로는 다음과 같이 한다.
(1) 누설을 즉시 멈추게 할 수 없을 경우에는 폭발의 위험성이 있으므로 연소하고 있는 LPG를 소화하지 않는 것이 좋다.
(2) 살수가 가능한 경우에는 빠르게 살수를 하여 탱크의 냉각 및 이산화탄소 소화기를 사용한다.
(3) 초기 소화가 가능한 경우 분말소화기 및 이산화탄소 소화기로 소화한다.
(4) 분출착화(안전밸브의 작동등)인 경우에는 분말소화기를 분출하고 있는 가스

의 근원부터 순차적으로 불꽃의 선단을 향하여 소화하는 것이 효과적이다.

(5) 이산화탄소 소화기는 근접하여 가스의 강한 방출 압력으로서 연소면의 끝부분부터 점차 불꽃을 제어한다. 소화 후에도 잠깐동안 연소표면에 이산화탄소를 계속 방출하여 드라이아이스가 부착할 때까지 냉각하여 재차 연소를 방지한다.

② 액화천연가스(LNG).

가. 정 의.

LNG란 Liquefied Natural Gas(액화천연가스)의 약어로서 지하(유정)에서 뽑아 올린 가스로서, 유정가스(Wet Gas)중에서 메탄성분만을 추출(抽出)한 천연가스이다. 이 천연가스는 수송 및 저장을 위해 -162℃로 냉각하여 그 부피를 1/600로 줄인 무색 투명한 초저온 액체를 말하며, 공해물질이 거의 없고 열량이 높아 경제적이며 주로 도시가스 및 발전용 연료로 사용된다.

1940년 이전까지는 유전(油田)의 유정에서 원유 생산시에 분출되는 유정가스를 대기중에서 연소시켜버리거나 대기중에 분산시켰으나 1940년대 후반에 초저온 기술, 극저온 재료의 개발, 저장법등 일련의 액화기술이 실용화되어 천연가스는 장거리 수송이 가능하게 되었다.

LNG는 액화처리하기 전에 여러 가지 정제과정을 거치는데, 생산에서 소비까지의 과정은 유정에서 원유와 분리하여 유정가스(Wet Gas)를 파이프라인을 통하여 전처리 장소로 옮긴다. 전처리 과정으로서 유황분, 수분, 탄산성분을 제거하고, 액화공장에서 초저온냉매를 이용하여 -162℃로 냉각·액화시켜서 부피를 1/600로 줄인다. 액화된 천연가스는 LNG 전용선박이나 탱크에 담아 사용처에 운송된다. 이렇게 운송된 액화가스는 다시 LNG 기화기에 의하여 가스화 시켜서 도시가스 사업소나 발전소, 공장등으로 공급된다.

나. LNG의 성상.

㉮ 일반적 성질.

(1) LNG는 -162℃의 비점을 가지며 비점이하의 저온에서 단열용기에 저장할 수 있다.

(2) 기화한 가스는 약 -113℃이하에서는 건조된 공기보다 무거우나 그 이상의

온도에서는 공기보다 가볍다.
(3) LNG는 메탄을 주성분으로 에탄·프로판·부탄류·펜탄류등의 저급지방족 탄화수소와 질소가 소량 함유되어 있다.

㈏ LNG의 특성.
(1) 액화시에 체적이 1/600로 축소되고 무색 투명하다.
(2) 주성분이 메탄으로서 비중이 0.65로 공기보다 약 절반 가벼우므로 가스가 누설된 경우 대기중으로 날아가 프로판 가스나 부탄 가스보다 폭발의 위험이 적고 깨끗한 가스이다.
(3) 천연가스는 연소시 공해물질이 거의 없는 청정연료로서 대기를 맑게 하며, 쾌적한 생활환경을 조성하고 있다.
(4) 불꽃 조절이 용이하고, 열효율이 높기 때문에 가정에서 취사, 조리용은 물론 급탕, 냉난방등 다용도로 사용된다.
(5) 천연가스는 선진국형 대중연료로서 지하배관으로 공급되므로 연료수송에 따른 교통난을 해소한다.
(6) 천연가스는 취사, 냉난방용 외에도 자동차산업, 유리산업, 전자공업등에 광범위하게 이용되고 있다.
(7) 매장량이 풍부하여 석유 대체 에너지로서의 중요한 역할을 담당하고 있다.
(8) 천연가스는 냄새나 색깔이 없는 무색·무취의 기체이지만, 누설시 쉽게 감지할 수 있도록 마늘 썩는 냄새가 나는데 그 이유는 메르캅탄이라는 자극적인 냄새의 부취제를 첨가하였기 때문이다.
이와 같은 특성을 지니고 있는 천연가스는 1986년 10월 인도네시아에서 최초로 도입된 이후 도입국가도 인도네시아, 말레이시아, 브루나이, 호주등으로 확대되고 그 도입량은 해마다 급증하는 추세에 있다.

다. LNG의 안전관리.
㉮ 비등하고 있는 저온 액체로서 주의.
일반적으로 LNG는 비점이하에서 유지되지만, 약간의 침입 열량에 의하여 기화가 촉진되므로 저장탱크나 배관등의 설비는 단열재로 보냉하여 외부로부터 흡열을 극히 작게 하여야 한다. 또한 흡열에 의한 가스의 압력 상승을 방지하기 위하

여 안전밸브를 부착하고, 이 안전장치가 결빙현상에 의하여 작동에 결함이 생기지 않도록 주의하여야 한다.

㉯ 누설시 조치.

LNG가 공기중에 누설한 경우에는 즉시 기화되며, 이 기화잠열에 의하여 공기중의 수분이 응축된다. 소량의 LNG가 배관이나 저장탱크로부터 누설된 경우에는 누설 부분에 결로 또는 결빙이 생긴다. 누설이 탱크로리에서 일어난 경우에는 즉시 차량을 정지시켜서 엔진과 전동기등을 긴급 정지시켜야 한다. 저장설비에서 누설이 일어난 경우에는 해당 설비의 조업을 긴급하게 정지시키고 누설 부분을 긴급차단의 응급조치를 한 후, 소화기를 누설 부분의 근처에 배치하고, 경찰서, 소방서에 통보한다. 또한 부근의 주민에 대하여도 화기사용금지, 교통차단 등의 협력을 구하여 화재, 폭발, 산소결핍증 발생등의 2차 재해방지를 위하여 노력하여야 한다.

㉰ 폭발성 및 인화성.

LNG로부터 기화된 메탄가스등은 공기 또는 산소와 혼합되면 폭발성가스가 형성되므로 취급에는 주의가 필요하다. 또한 LNG가 공기중에 누설·유출할 때에는 일반적으로 저온 때문에 공기중 수분의 응축으로 인해 안개가 생기므로, 이것에 의해 가스의 누설을 눈으로 확인할 수 있다.

또한, LNG의 전기저항은 적으며 유동·여과적하(滴下) 및 분무등에 의한 정전기의 발생이 크므로 LNG 취급설비는 만일의 경우에 대비하여, 접지와 접속에 의해 정전기의 부하가 축적되지 않도록 해야 한다.

㉱ 인체에 미치는 영향.

LNG로부터 기화한 가스는 메탄이 주성분으로 에탄·프로판등을 포함한다. 따라서 그 자체에는 독성이 없으나 이들은 단순 질식성가스이므로 고농도로 존재할 경우에는 공기중의 산소농도 저하에 의한 산소결핍증에 주의하여야 한다.

라. LNG의 소화.

누설된 LNG가 착화된 경우에는 누설원을 차단해야 하며, 화재의 소화에는 분말 소화기를 사용한다. 그러나 일단 소화가 되더라도 누설된 LNG의 증발을 정지하는 일은 가능하지 않아, LNG가 기화하여 부근의 공기중에 확산, 체류하여 재차 발화할 우려가 있어 상황에 따라 누설된 LNG를 전부 연소시키는 방법이 효과적인 경우도 있다.

③ 산　소(Oxgen, O_2)

산소는 공기중에 약 21% 함유되어 있으며, 생물의 생명과 연소에 있어서 불가분의 가스이며 폭발사고에도 중요한 관계를 맺고 있다.

가. 성　질
　㉮ 물리적 성질
　　(1) 무색, 무미, 무취의 기체이며 물에는 약간 녹는다.
　　(2) 상온에서 2원자로 1분자를 만들며 1ℓ의 무게는 1.428g이다.
　　(3) 액화산소는 담청색을 나타낸다.
　　(4) 비등점 -183.0℃, 융점 -218℃
　　(5) 임계온도 -118.4℃, 임계압력 50.1atm.
　㉯ 화학적 성질.
　　(1) 산소는 화학적으로 활발한 원소이며 희가스, 할로겐원소, 백금, 금등의 귀금속 이외의 모든 원소와 직접 화합하여 산화물을 만든다.
　　　　$C + O_2 \rightarrow CO_2 \qquad S + O_2 \rightarrow SO_2$
　　(2) 황, 인, 마그네슘은 공기중 보다 심하게 연소한다.
　　(3) 알루미늄선, 철선, 동선등도 빨갛게 가열한 뒤 산소중에 통과하면 눈부시게 빛을 내며 연소한다.
　　(4) 수소와 결렬하게 반응하여 폭발하고 물을 생성한다.
　　(5) 산소 - 수소염은 2,000~2,500℃의 온도에 달하며, 산소 - 아세틸염은 3,500~3,800℃에 달한다.
　　(6) 기름이나 그리스(유지류) 같은 가연성물질은 발화시 산소중에서 거의 폭발적으로 반응한다.

나. 용　도
　㉮ 의료의 목적으로 질식상태나 타가스에 의한 마취로부터의 소생등에 이용.

㉯ 산소는 높은 고공비행이나 깊은 바다의 잠수, 우주탐사시 호흡 및 연료원으로 사용.

㉰ 산업용으로는 산소제강이나 고로용 산소등 철강의 가열로에 사용.

㉱ 대부분이 용기에 충전하여 용접이나 절단용으로 사용.

㉲ 인조보석 제조, 로켓트 추진의 산화제 및 액체산소폭약에 사용.

다. 산소의 안전관리.
　㉮ 폭발성 및 인화성.
　　물질의 연소성은 산소농도나 분압이 높아짐에 따라 현저하게 증대하고 연소의 급격한 증가, 발화온도의 저하, 화염온도의 상승 및 화염길이의 증가를 가져온다. 폭발한계 및 폭굉한계도 공기중과 비교하면 산소중에서는 현저하게 넓고 또한, 물질의 점화에너지도 저하하여 폭발의 위험성이 증대한다. 이것은 가연성가스에서 뿐만 아니라 가연성액체 및 가연성분체에 있어서도 같은 현상이 일어난다. 산소를 화학반응에 사용하는 경우는 과산화물등이 생성되어 폭발의 원인이 되는 경우가 있으므로 주의할 필요가 있다.
　㉯ 인체에 미치는 영향.
　　기체산소의 흡입은 인체에 독성효과보다 강장(원기회복)의 효과가 있다. 그러나 산소가 과잉이거나 순산소인 경우는 인체에 유해하다. 60% 이상의 고농도를 12시간 이상 흡입하면 폐충혈이 되며 어린아이나 작은 동물에서는 실명·사망하게 된다. 산소가 부족하게 되면 생명의 위험을 받게 되므로 모든 작업장에 있어서 산소농도는 18% 이상을 유지해야 한다.

라. 산소의 소화
　산소 자체는 연소하지 않으나 여타 물질의 연소에 간여하여 위험성을 증대시키므로 여타 물질의 누설 및 누출에 의한 화재발생시 거기에 적합한 소화기로서 소화하고 용기 본체를 석면포등으로 덮어 과열을 방지하고 소화기나 물등으로 냉각한다.

④ 수 소(Hydrogen, H_2)

가. 성 질

㉮ 물리적 성질.

(1) 무색, 무미, 무취의 기체이다.

(2) 모든 가스중에서 가장 가볍고 분자의 운동속도는 1.84km/sec(0℃)로서 확산속도가 대단히 크다.

(3) 열전달율, 열전도율이 대단히 크다.

(4) 비등점 -252.8℃, 융점 -259.1℃.

(5) 임계온도 -239.9℃, 임계압력 12.8atm.

(6) 비중(공기=1)은 0.0695.

㉯ 화학적 성질.

(1) 공기중에서 산소와 반응하여 물을 생성한다. 600℃이상에서 폭발적으로 반응을 하여 폭음을 내므로 폭명기라 한다.

$2H_2 + O_2 \rightarrow 2H_2O + 136.6 kcal$.

(2) 폭발한계는 공기중에서 4~75.0(V%)(상온, 상압), 산소중에서 4.65~93.9(V%)이다.

(3) 발화점은 공기중에서 530℃이며, 산소중에서는 450℃이다.

(4) 고온에서 금속산화물을 환원시키는 성질이 있어 환원제로 쓰인다.

$CuO + H_2 \rightarrow Cu + H_2O$.

(5) 비금속원소 특히, 염소와의 혼합기체에 빛을 비추어주면 격렬하게 반응하여 염화수소를 생성한다.

$H_2 + Cl_2 \rightarrow 2HCl + 44 kcal$.

나. 용 도

㉮ 기구풍선에 넣는다.

㉯ 산소-수소 불꽃(2800℃)을 만들어 용접에 이용한다.

㉰ 암모니아 합성원료, 석유공업, 메탄올의 합성, 유지공업, 염산의 제조, 인조보석 제조, 유리공업, 금속제련등에 사용된다.

㉱ 로켓트 연료, 자동차 연료등에 사용된다.

다. 수소의 안전관리
　㉮ 누설시 조치.
　　(가) 공기중에 누설된 수소는 용이하게 폭발을 일으키기 쉬운 조건을 갖추고 있다.
　　(나) 가스누설의 감지는 비눗물, 가연성가스측정기, 휴대용 수소감지기등을 사용한다.
　　(다) 안전장치가 작동하여 가스가 분출하면 빨리 실내의 환기를 하고 화기를 경계한다.
　　(라) 가스누설의 경우에는 착화할 위험이 많음으로 화학섬유로 된 작업복의 정전기나 금속등의 마찰충격에 의한 스파크가 일어나지 않도록 주의하여야 한다.
　㉯ 폭발성 및 인화성.
　　수소는 공기중에 연소할 때는 연한 청색을 나타내며 그 불꽃은 거의 보이지 않는다. 대기압하에서 공기와 혼합되거나 산소와 혼합된 경우의 점화온도는 560℃ 전후이다. 폭발범위(공기 중)는 대기압하에서 4.0~75(V%), 산소중에서는 4.65~93.9(V%) 이다. 또 폭굉범위는 상온·상압에서 공기와는 18.3~59(V%), 산소와는 15.0~90(V%) 이다. 수소와 산소의 비가 2:1로 혼합된 기체를 폭명기(Detonation Gas)라 하고 폭명기에 가까울수록 격렬한 반응을 한다.
　　수소의 최소발화에너지는 매우 작아 미세한 정전기스파크로도 폭발의 발화원이 될 수 있으며, 수소가스가 고속으로 용기에서 분출하면 마찰등의 원인으로 발화하는 경우도 있다. 수소와 염소 및 불소와의 반응시에도 폭발이 일어나지만 폭발사고의 대부분은 공기와의 혼합에 의한 것이다. 혼합기체의 연소속도는 약 2.7m/초이고, 수소-산소 혼합기체의 경우는 약9m/초이다.
　㉰ 인체에 미치는 영향.
　　수소는 비독성이나 산소와 치환하여 질식제로 작용한다. 수소를 많이 마셔도 현기증 같은 자각증세가 전혀 없으나 모르는 사이에 질식되므로 주의하여야 한다. 단열조치가 제대로 되어 있지 않은 파이프나 용기에 들어 있는 액체수소가 인체에 닿게 되면 살이 붓거나 찢어지게 되므로 특히 주의하여야 한다. 액체수소는 다음 의 세가지 중요한 성질 때문에 더욱 위험하다.
　　(1) 비점이 극히 낮다.
　　(2) 액체에서 기체로 기화할 때 팽창비가 크다.

(3) 기체로 기화한 후 연소범위가 넓다.
    액체수소를 취급할 때 이러한 위험성을 충분히 알고 반드시 보호조치를 취하여야 한다.

㉣ 수소의 소화
    (1) 안전밸브등으로부터의 분출가스가 착화된 경우, 불꽃이 강렬한 경우 석면포 등으로 용기 본체를 덮어 과열을 방지하고 소화기나 물등으로 소화한다.
    (2) 옥내의 용기에서 누설하여 착화된 경우에는 용기 및 그 주위를 살수, 냉각하고 화재의 영향을 받지 않게 해당 용기를 옥외로 운반하여 소화한다. 다른 가스 화재와는 달리 수소의 화염은 눈에 직접 보이지 않는다.

⑤ 아세틸렌(Acetylene, C_2H_2).
  가. 성 질
    ㉮ 물리적 성질.
      (1) 에틴이라고도 하며, 무색의 독성이 있는 가스이며 순수한 것에는 방향성이 있다.
      (2) 비점(-83.6℃)과 융점(-81.8℃)의 온도차가 적으므로 고체 아세틸렌은 승화한다.
      (3) 액체 아세틸렌은 불안정하나 고체 아세틸렌은 비교적 안정하다.
    ㉯ 화학적 성질
      (1) 산소가스에 의해 연소시 3000℃를 넘는 불꽃을 낸다.
      (2) 분해폭발성이 있는 가스이므로 단독으로 가압하여 사용할 수 없으나, 아세톤(CH_3COCH_3)에 잘 용해되며, 그 용해능력은 15℃에서 25배에 달하므로 아세틸렌을 운반할 때에는 석면, 목단, 다공질 충진제가 들은 용기에 아세톤을 넣은 다음 아세틸렌 가스를 충진하며, 이를 용해 아세틸렌이라 한다.

  나. 용 도.
    ㉮ 산소·아세틸렌 염으로서 금속의 용접·절단에 많이 사용된다.
    ㉯ 800℃에서 분해하여 카아본블랙을 만들며, 이것은 제도용 잉크의 원료로 이용된다.

㉰ 아세틸렌에서 아세트알데히드를 거쳐 초산을 만들고, 합성수지의 원료인 염화비닐, 초산비닐, 합성고무의 원료인 부타디엔과 에틸렌의 제조에 사용된다.

다. 아세틸렌의 안전관리.
　㉮ 사용상 주의.
　　(1) 아세틸렌과 접촉되는 부분은 동 또는 동함유량 62%이상의 동합금은 사용하지 말 것.
　　(2) 화기의 취급에 주의하고 전기설비는 방폭 성능을 가진 것을 사용하여야 한다.
　　(3) 아세틸렌을 용기에 충전할 때에는 25kg/㎠ 이하로 충전한다.
　　(4) 아세틸렌을 25kg/㎠ 이상의 압력으로 가압하는 경우에는 질소, 메탄, 이산화탄소등의 희석제를 첨가하여 폭발범위 밖의 범위가 되도록 한다.
　　(5) 기기의 전후, 배관의 도중등 필요한 개소에 역화방지기, 첵크밸브등을 설치한다.
　㉯ 아세틸렌 누설시의 조치.
　　가스호스의 연결부분에서 누설되고 있는 경우 용기의 밸브를 잠그고 호스밴드를 사용하여 조치한다. 안전밸브가 끊어졌을 경우에는 가능한 한 통풍이 양호한 옥외로 하고 화기를 경계한다. 또한 아세틸렌은 정전기나 철제공구의 충격에 의한 스파크로 착화가 되므로 주의하여야 한다.
　㉰ 폭발성 및 인화성.
　　아세틸렌은 매우 연소하기 쉬운 기체로서 공기 또는 산소와 혼합하여 넓은 범위의 폭발성 혼합가스를 형성하므로 폭발범위가 넓다.
　　(1) 산화폭발.
　　　산소와 혼합하여 점화하면 폭발을 일으킨다.
　　　$2C_2H_2 + 5O_2 \rightarrow 4CO_2 + 2H_2O + Qkcal$.
　　　※ 1㎥당 발열량 13,900kcal, 1kg당 발열량 12,000kcal.
　　(2) 분해폭발.
　　　가압(1kg/㎠이상), 충격등에 의해 탄소와 수소로 분해되면서 폭발을 일으킨다.
　　　$C_2H_2 \rightarrow 2C + H_2 + 54.2kcal$.

(3) 화합폭발.

　　동(Cu), 은(Ag), 수은(Hg)등의 금속과 화합시 폭발성의 화합물인 금속 아세틸라이드를 생성한다.

　　$C_2H_2 + 2Cu \rightarrow Cu_2C_2 + H_2$

　　$C_2H_2 + 2Ag \rightarrow Ag_2C_2 + H_2$

㉣ 인체에 미치는 영향

　　순수한 아세틸렌은 독성이 없다. 즉, 단순히 질식성물질로서 농도가 높은 경우에는 흡입공기중 산소량의 부족에 의한 질식의 위험을 일으킨다. 20%이상의 아세틸렌 이 흡입기체중에 존재하면 상대적으로 산소농도가 감소하여 호흡곤란, 가벼운 정도의 두통을 일으키며 40%이상의 농도에서는 허탈감이 있으나, 국소작용은 없다. 아세틸렌중에 불순물이 많은 경우는 불순물에 의한 중독이 빠르고 또한 증상이 변한다.

라. 아세틸렌의 소화.

　옥내에서 소화기를 사용하여 소화하여도 주위가 과열되어 있는 경우에는 재착화되며 그 사이에 가스가 분출하면 큰 폭발이 생긴다. 완전히 소화되지 않은 경우에는 그대로 방치해서는 안된다. 물속에 넣거나 석면포로 덮거나, 모래등으로 소화한다. 또한 분말소화기, 이산화탄소 소화기를 사용하는 것도 유효하다.

⑥ 염　소(Chlorine, Cl_2)

　가. 성　질

　　㉮ 물리적 성질.

　　(1) 상온에서 자극성이 있는 황록색의 무거운 기체이며 맹독성 기체이다.

　　(2) -34℃에서 냉각시켜 상온에서 6~8기압을 가하면 쉽게 액화시킬 수 있어 액화가스로 취급된다.

　　(3) 독　성.

　　　① 대기중에 누설된 염소는 눈, 코, 기관지, 폐등을 상하게 한다.

　　　② 허용농도는 1ppm.

　　　③ 액화염소가 피부에 닿으면 동상의 위험성이 있다.

⑭ 화학적 성질
  (1) 화학적으로 활성이 강한 기체이다.
  (2) 수분이 없으면 상온에서 금속과 반응이 일어나지 않으나 수분이 존재하면 대부분의 금속과 염화물을 생성한다.
  (3) 상온에서 물에 용해하여 소량의 염산과 차아염소산(HClO)을 생성하며 이때 HClO는 열, 빛등에 의해 용이하게 분해하여 발생기 산소를 낸다. 발생기 산소는 표백, 살균력이 있으므로 수도물등의 살균에 사용된다.

나. 용 도.
  ㉮ 염화수소, 염화비닐, 염화메틸, 포스겐, 클로로프렌의 제조에 사용된다.
  ㉯ 상수도 살균, 염화비닐의 원료, 펄프 제조, 종이 제조에 쓰인다.
  ㉰ 섬유표백에 쓰인다.
  ㉱ 금속티탄, 알루미늄 공업에 쓰인다.

다. 염소의 안전관리.
  ㉮ 누설시 조치.
    (1) 염소가스가 누설할 때에는 주위의 습기와 반응하여 흰 연기가 나타나므로, 초기에 누설을 발견할 수 있으며, 발견 즉시 조치하여야 한다.
    (2) 방독마스크나 기타의 보호구를 확실하게 착용하여 처리한다.
    (3) 염소 누설사고에 대비하여 바람의 방향을 감지하기 위하여 풍향계를 보기 쉬운 곳에 설치한다.
    (4) 응급조치를 할 경우에는 반드시 풍향방향에서 접근하여 누설 부분을 확인한 후 조치를 한다.
    (5) 염소가 기체상태로 누설될 때에는 소석회를 살포하여 흡수하여 중화시킨다. 항상, 소석회를 준비해 놓은 것은 중요하다. 만일 용기로부터 액체 상태로 누출되는 경우에는 소석회로서 주위로의 확산을 방지함과 함께 고무시트등을 덮어 기화를 억제할 수 있다.
    (6) 누설 용기에 살수하면 부식이 촉진되고, 염소의 기화속도를 빠르게 하기 때문에 살수하여서는 안 된다.

㉯ 폭발성 및 인화성

염소 자체는 폭발성이나 인화성이 없다. 다만, 염소는 조연성이 있어 다른 물질의 연소를 도와준다. 많은 금속과는 약간만 가열해 주어도 염소중에서 심하게 연소를 하고 미세한 금속티탄은 건조염소(수분함량 0.0005%)속에서 착화 한다. 염소는 유기화합물과 반응하면 그 중의 수소를 치환하여 유기염소화합물과 염화수소를 생성한다. 이 반응은 폭발적인 반응으로서 반응량이 증대하고 반응온도가 어느 한도를 초과하면 순식간에 폭발하여 용기파열등의 재해원인이 되므로 위험 하다. 촉매가 없는 경우 아세틸렌과 염소의 부가반응은 상온·상압하에서 어두운 곳에서는 일어나지 않으나 빛이 있는 곳에서는 쉽게 일어난다. 염소와 아세틸렌이 직접 접촉하게 되면 자연 발화할 가능성이 있으므로 주의하여야 한다.

㉰ 인체에 미치는 영향

염소는 특히 호흡기를 자극하는 유해한 것으로 부피가 3~5ppm이상의 농도에서 쉽게 알 수 있다. 액체염소가 피부와 눈에 접촉되면 위험하다. 고농도의 염소는 점막과 호흡기와 피부를 자극하고, 다량 흡입시에는 눈을 자극하며 심한 기침과 호흡곤란을 일으킨다.

염소에 과다하게 노출되면 사람을 흥분시키고 목구멍을 자극시키며 재채기를 유발한다. 그러므로 염소는 천식 또는 만성호흡기병이 있는 사람은 특히, 장애를 일으키기 쉽다. 만성중독의 증상으로는 눈코·기관폐등의 국소점막에 유해한 현상이 일어난다.

라. 재해설비

소석회를 살포하는 살포식과 석회유, 가성소다 용액등을 흡수액으로 사용하는 흡수식이 있다. 살포식을 누설된 경우의 응급조치용으로서 일반적으로 사용한다. 또 흡수식 반응의 경우에는 반응열로 인하여 분해장치에 고장을 일으키는 경우가 있으므로 주의하여야 한다.

㉮ 중화제

염소의 중화제로서는 석회유 및 가성소다 용액이 사용된다. 석회유의 농도가 너무 높으면 석회가 침강하여 농도가 불균일하게 되고, 또 휘저으면 점도가 상승된다. 가성소다용액의 농도가 너무 높으면 염화나트륨이 생성되어 용액을 보낼 때 노즐 이 막히므로 적당한 농도로 하여야 한다.

<표>중화제의 종류

품 명	사용시 농도	보유량(100% 환산)
가성소다 용액	약 15 %	670 kg 이상
탄산나트륨 용액	약 15 %	870 kg 이상
석 회 유	5 ~ 15 %	620 kg 이상
소 석 회	살 포 식	620 kg 이상

　　　㉯ 보호구.

　　　　방독마스크는 염소 농도가 1%이상인 경우에 산소 또는 공기 흡입식 마스크를 사용한다. 염소가 액체인 상태로 누설한 경우의 처리시에 동상을 방지하기 위하여 보호장갑 및 보호복을 착복하여야 한다.

　마. 염소의 소화.

　　용기를 저장 또는 소비하는 건물내에서 화재가 발생하는 경우는 가능한 신속하게 소화에 노력해야 한다. 불행하게도 화재가 확대되었을 경우에 충전용기의 처리는 상황에 따라 판단이 다르지만 다음 상황에 따라서 한다.

　　㉮ 운전을 정지한 후 충전용기는 즉시 안전한 장소로 이동시킨다.

　　㉯ 소화 작업원은 화재가 일어난 부근의 충전용기에 대하여 실수를 하지 않고, 용기 내의 압력이 상승되지 않도록 한다.

　　㉰ 화재로 충전용기의 안전밸브가 작동하여 염소가스가 방출된 경우에는 바람을 등지고 진압하고, 부근의 주민을 대피시킨다.

⑦ 암모니아(Ammonia, NH_3)

　가. 성　질.

　　㉮ 물리적 성질.

　　　(1) 상온·상압에서 강한 자극성의 냄새를 깃는 무색의 기체이다.

　　　(2) 물에 잘 용해된다.

　　　(3) 증발잠열이 크다.(0℃에서 301.8kcal/kg).

　　　(4) 20℃에서 8.46atm 정도 가압하면 쉽게 액화된다.

　　㉯ 화학적 성질.

　　　(1) 산소 중에서 연소시키면 황색염을 내며 질소와 물을 생성한다.

(2) Zn, Cu, Ag, Co등과 같은 금속이온과 반응하여 착이온을 만든다.
(3) 마그네슘과는 고온에서 질화마그네슘을 만든다.

$$2NH_3 + 3Mg \rightarrow Mg_3N_2 + 3H_2.$$

이때 염소가 과잉 존재하면 황색기름 상태인 폭발성의 삼염화질소를 만든다.

$$NH_4Cl + 3Cl_2 \rightarrow NCl_3 + 4HCl.$$

(4) 상온에서 안정하나 1000℃정도에서 분해된다.

나. 용 도.
  ㉮ 질산을 제조한다.
  ㉯ 비료를 제조한다.
  ㉰ 소오다회를 제조하며, 냉동기의 냉매로 쓰인다.

다. 암모니아의 안전관리.
  ㉮ 누설검지.
    암모니아는 밸브나 공급라인에서 누설시 냄새로 쉽게 알 수 있다. 염산(HCl) 수용액의 병뚜껑을 열어 놓으면 암모니아와 반응하여 흰 연기를 발생하므로 정확한 누설지점을 알 수 있다. 또 다른 방법으로는 페놀프탈레인용액이나 적색 리트머스 시험지를 암모니아에 접촉시키면 색깔이 변하게 되므로 암모니아 누설여부를 검지할 수 있다.
  ㉯ 누설시 조치.
    (1) 암모니아 가스는 독성 및 가연성가스이므로 누설 부위에 화기를 차단시키고, 방독면등의 보호구를 착용 후 접근하여야 한다.
    (2) 누설 부위에 접근할 때에는 바람을 등지고 접근하여야 한다.
    (3) 액체 암모니아가 누출될 때에는 물을 살수하여 암모니아 가스를 흡수시켜 중화한다.
  ㉰ 인체에 미치는 영향.
    암모니아는 공기중에 5ppm이하에서도 냄새를 느끼는 사람이 있고 20ppm이상 되면 쉽게 감지할 수 있다. 8시간 노출 최대허용치는 25ppm, 눈·코·인후의 점막을 자극하는 최소농도는 200~300ppm이고 1,000ppm이상에서는 단시간 흡

입에 의해 호흡기관 및 눈의 점막이 자극을 받아 위험증상이 나타나고 5,000~10,000ppm의 경우는 단시간의 노출로 사망한다.

액체암모니아가 저장탱크·용기·파이프에서 누설할 경우에는 급격한 기화에 의해 고농도의 암모니아 가스로 되며 이것을 흡입하면 몇 분내로 사망한다.

액체암모니아는 대기중에 기화하면서 열을 흡수하기 때문에 피부와 접촉시 동상에 걸려 심한 상처를 입게 되므로 주의하여야 한다.

라. 암모니아의 소화.

소화기로서는 물 계통의 것이 좋다. 암모니아는 물에 잘 녹기 때문에 물을 뿌리는 것이 유효하다.

예상 문제

1. 기계안전 관리의 내용으로 거리가 먼 것은?
   ① 자기 담당기계 이외의 기계는 움직이거나 손을 대지 않는다.
   ② 정전이 되면 우선 스위치를 내린다.
   ③ 기계가 동시에 팔이 다칠 염려가 있으므로 소매가 긴 옷을 착용한다.
   ④ 기계는 일일이 점검하고 사용 전에 반드시 점검하여 이상유무를 확인한다.

해설 – 기계가동시에는 소매가 긴 옷, 넥타이, 장갑 또는 반지를 착용하지 않는다.

2. 크레인 작업시 안전 수칙의 내용으로 거리가 먼 것은?
   ① 작업시작 전 기계의 고장유무를 확인하고 필히 시운전을 실시한다.
   ② 동시에 3가지 조작을 하지 말아야 한다.
   ③ 크레인 운전자에 대해 신호는 반드시 2인 이상 해야 한다.
   ④ 제한하중을 초과한 인양을 피하고 로프의 상태를 확인한다.

해설 – 크레인 운전자에 대해 신호는 단 한 사람만 해야 한다.

정답 1. ③ 2. ③

3. 승강기 안전 수칙의 내용으로 거리가 먼 것은?
  ① 사용 전 작동방법 및 비상시 조치요령을 숙지한다.
  ② 운전책임자 외에는 절대 운전해서는 안된다.
  ③ 승강기 작동이 완전히 멈춘 후 출입한다.
  ④ 책임자는 와이어, 감속기 주유점검을 일상점검으로 실시한다.

해설 - 책임자는 와이어, 감속기 주유점검을 일상점검이 아닌 정기적으로 실시한다.

4. 호이스트 안전 수칙의 내용으로 거리가 먼 것은?
  ① 화물은 1t 이상 적재를 금한다.
  ② 제한하중을 초과한 인양을 피하고 로프의 상태를 확인한다.
  ③ 호이스트 작업반경내 에는 사람의 접근을 금하며 작업자 머리 위나 통로 위에 위치하여야 한다.
  ④ 사람은 절대로 호이스트 탑승을 금한다.

해설 - 호이스트 작업반경내 에는 사람의 접근을 금하며 작업자 머리 위나 통로 위에 위치하지 않아야 한다.

5. 사다리작업시 안전 수칙의 내용으로 거리가 먼 것은?
  ① 직선사다리(외줄사다리)를 사용할 때는 벽으로부터 1m 이상 띄울 것.
  ② 사다리의 세운 윗부분은 자기 위치로부터 2m 이상 여유가 있게 세울 것.
  ③ 손을 잡을 때와 발을 디딜 때는 특히 조심할 것.
  ④ 사다리로부터 자기 팔길이 이상 떨어진 곳에 대한 작업을 하지 말 것.

해설 - 사다리의 세운 윗부분은 자기 위치로부터 1m 이상 여유가 있게 세울 것.

6. 안전의 기본요소 내용으로 거리가 먼 것은?
  ① 육체를 건강하게 마음을 명랑하게 하라.
  ② 지시나 수칙은 잘 지키도록 하라.
  ③ 몸가짐을 단정히 하라.
  ④ 복장은 올바르게 착용해야 한다.

정답 3. ④ 4. ③ 5. ② 6. ④

해설 - ④ 안전생활지표의 내용이다. (복장은 올바르게 착용해야 한다)

---

7. 전기의 안전수칙 내용으로 거리가 먼 것은?
   ① 누전차단기의 동작여부는 월1회 이상 주기적으로 수동 시험하여 동작되지 않을 시는 교체.
   ② 누전차단기가 0.03초를 초과 동작하는 것은 즉시 교체할 것.
   ③ 전기기구류는 POWER 와의 용량에 적합한 것을 쓸 것.
   ④ 정전작업시는 단락접지 작업을 하지 말 것.

해설 - 정전작업시는 단락접지 기구를 사용하여 단락접지 할 것.

---

8. 전기공사의 안전수칙 내용으로 거리가 먼 것은?
   ① 사용공기구나 안전보호구의 철저한 관리는 무사고의 시작이며 사용후에 반드시 공기구의 성능을 점검하여야 한다.
   ② 작업자는 근무중 자기 자신과 동료를 위해 안전을 확보할 수 있도록 세심한 행동을 하여야 한다.
   ③ 작업중 자기의 우월성을 과시하고자 무리한 일을 하거나 모험적 행위는 금하여야 하고 표준작업 방법을 준수하여야 한다.
   ④ 작업자는 안전수칙을 반드시 준수하여야 한다.

해설 - 사용공기구나 안전보호구의 철저한 관리는 무사고의 시작이며 <u>사용전</u> 반드시 공기구의 성능을 점검하여야 한다.

---

9. 용접작업의 안전수칙 내용으로 거리가 먼 것은?
   ① 용접작업시 안전보호구를 철저히 착용한다.
   ② 절연커버가 파손되지 않은 홀더를 사용한다.
   ③ 용접기 어스선의 접속상태를 확인한다.
   ④ 탱크 등 좁은 공간에서 용접시 큰 물체에 기대어 안정감있게 작업해야한다.

정답 7. ④ 8. ① 9. ④

해설 – 탱크 등 좁은 공간에서 용접시 물체에 기대지 않는다.

---

10. 발전실의 안전수칙 내용으로 거리가 먼 것은?

① 발전기 가동 송전시 스위치 조작은 절체 DS스위치 ➔ 발전기OCB ➔ 배전반 OCB 순서로 할 것.
② 발전기 가동시는 담당자 외 스위치 조작을 금할 것.
③ 윤활유 순환상태를 정기점검 할 것.
④ 냉각수 순환을 확인한 후 발전기를 가동할 것.

해설 – 윤활유 순환상태를 수시점검 할 것.

---

11. 전기 안전점검의 체크포인트 내용으로 거리가 먼 것은?

① 분전반 뚜껑은 용이하게 개폐되고 있는가?
② 어스선이 손상 또는 단선되어 있지는 않은가?
③ 젖은 손으로 스위치 조작 하고 있지 않는가?
④ 전원 공급지역의 위치표시가 잘 부착되어 있는가?

해설 – 전기사용 안전수칙 내용이다.

---

12. 아래 가스 중 황색을 보이며 독성이 가장 강한 것은?

① 염소 ② 일산화탄소
③ 아황산가스 ④ 암모니아

해설 – 염소가스 (chlorine gas) 원자량 35.45. 주기율의 제Ⅶ족의 할로겐 원소.
　　　성질 : 비점 33.7℃으로 상온에서는 기체, 황색을 보이며 강한 자극적 냄새가 있다.
　　　제법 : 식염용액을 전기분해하여 만든다.
　　　용도 : 염화물의 원료가 된다. 식품공업분야에서는 살균제(표백분, 차아염소산 등)의 원료가 된다.
　　　독성 : 공기 중에 0.003~0.006% 함유하면 점막이 침범하고, 0.1~1%로 호흡이 곤란해져 사망한다.
　　　　　　운반 시에는 황색의 봄베에 채워진다.

정답 10. ③ 11. ③ 12. ①

13. 천연가스(LNG)의 주성분이고 압축가스이면서 가연성가스인 것은?

① 이산화탄소　　② 산소　　③ 질소　　④ 메탄가스

해설 － CH4의 화학식을 갖는 가장 간단한 탄화수소 기체이다. 녹는점이 매우 낮기 때문에 상온에서는 항상 기체 상태로 존재한다. 에탄, 프로판, 부탄 등과 같은 탄화수소의 한 종류이다. 분자량은 16, 녹는점은 −183℃, 끓는점은 −161.5℃이다.
메탄가스는 각종 유기 물질이 분해되면서 나오는 기체로, 미생물의 작용에 의해 동식물이 부패하면서 만들어진다. 생물체에 의해 만들어지는 가스라는 이유로 바이오가스라 부르기도 한다. 쓰레기 매립장에서도 메탄가스가 발생한다.
메탄가스의 연간 발생량은 약 5억톤 정도이며, 계속 증가하는 추세다. 이산화탄소와 마찬가지로 온실효과를 일으켜 지구온난화현상을 초래하기 때문에 배출되는 양을 줄이기 위해 노력해야 한다. 그러나 나쁜 점만 있지는 않다. 가정의 조리, 난방, 조명용 연료로 사용이 가능하므로 석유, 석탄 등 매장량에 한계가 있는 에너지를 대체할 수 있다. 천연가스(LNG)의 주성분이 바로 이것이기도 하다. 생산비용도 크지 않아 매우 경제적이라는 장점도 있다.

14. 증기압력에 대한 설명 중 틀린 것은?

① 액체와 기체가 평형을 이루었을 때 기체가 나타내는 압력을 말한다.
② 액체의 종류가 같을 경우 온도의 변화와는 관계없다.
③ 같은 물질일 경우 온도가 일정하다면 용기내 액체의 양과 관계없이 압력은 일정하다.
④ 액체의 종류와 온도에 따라 다르다.

15. 석유계 탄화수소의 고온 열분해로 제조되면 가연성 가스로 폭발범위가 가장 넓은 것은?

① 아세틸렌　　② 부탄　　③ 프로판　　④ 수소

해설 － 아세틸렌 [acetylene] : CH≡CH. 탄화칼슘과 물의 반응으로 발생하는 기체. 냄새가 없는 무색의 기체로, 분자량 26.04, 끓는점 −82 ℃, 공기에 대한 비중 0.906이다.
카바이드에서 만든 아세틸렌이 악취가 나는 것은 불순물이 함유되어 있기 때문이다. 공기 또는 산소와의 혼합물은 폭발하기 쉬우므로 취급할 때 주의해야 한다. 공기 중에 2.5~81% 함유되어 있으면 폭발한다. 상온에서는 거의 같은 부피의 물에 용해되고 알코올·벤젠·아세톤 등에도 녹는다. 특히 아세톤에는 잘 녹으므로, 규조토에 스며들게 한 아세톤에 가압하여 녹이고 봄베로 운반한다. 삼중결합을 가지므로 첨가반응을 잘 일으키며, 물·염화수소 등과 반응시키면 아세트알데히드·염화비닐 등이 생긴다. 또 아세틸렌의 수소원자는 다른 탄화수소보다 산성이 강하여 아세틸리드라고 하는 금속염 을 생성한다. 공업적으로는 석유계 탄화수소의 고온 열분해로 제조된다. 압축산소와 병용하여 금속의 용접용단에 사용된다. 한때는 유기 합성 원료로서 중요하였으나 그 대부분은 오늘날 석유화학 방식으로 전환되었다.

정답 13. ④　14. ②　15. ①

16. LNG (액화천연가스)의 주요용도가 <u>아닌</u> 것은?

　① LPG보다 발열량이 높아 자동차의 연료로 쓰인다.
　② 비점이 낮은 성질을 이용하여 저온 파쇄에 이용한다.
　③ 동결탈수, 동결농축 등에 유효하게 쓰인다.
　④ 액화산소, 액화질소의 제조로 쓰인다.

해설 – 천연 가스는 유전(油田)에서 원유를 생산할 때에 함께 방출되는 것(유전 가스, 유정 가스)과 원유는 나오지 않는 가스전의 가스정으로부터 생산되는 것(가스논 가스, 가스정 가스)등이 있다. 천연 가스의 주성분은 paraffin계 탄화수소로 특히 methane이 주성분(80 ~90%로 산지에 따라 다르다)이다. Brunei산은 methane 90%, ethane 6%, propane 3%, 기타 가스 1%의 조성이다. 일반적으로 발전용 연료, 도시 가스용으로서 사용되지만, 해외로 수송하기 위해 부피를 축소할 필요가 있어, 1기압에서 액화하여 약 1/600(0℃, 1기압 가스 1.4m3 → −162℃, 1기압 0.0024m3)의 부피로 탱커로 수송하고 있다. −162℃의 액체로 수입기지에 받아들여진 LNG를 발전 또는 도시 가스로 이용하기 위해서는 다시 기화하여 가스상으로 할 필요가 있다. 이 경우에 증발잠열 120kcal/kg, 느낌열(顯熱) 80kcal/kg, 합계 200kcal/kg의 냉열이 배출된다. 이 냉열(이용할 수 있는 온도는 약 −120℃, 냉열은 200 kcal/kg)은 식품의 동결, 냉장, 동결분쇄, 동결건조, 동결변성가공, 동결탈수, 동결농축 등에 유효하게 이용된다.

17. 산소의 특성으로 틀린 것은?

　① 헬륨, 아르곤 등과 격렬하게 반응한다.
　② 상온에서 이원자 분자(O_2)로 존재.
　③ 지각에서 가장 풍부한 화학원소.
　④ 무색 무취하고 물에는 약간 녹는다.

해설 – 산소 [oxygen] 酸素 : 주기율표 16족에 2주기에 속하는 칼코겐 (chalcogen) 원소로 원소기호는 O, 원자량은 15.99, 녹는점 −218.79℃, 끓는점 −182.95℃, 밀도는 1.429g/L이다. 질량(mass)으로 지각에서 가장 풍부한 화학원소이며 우주에서 수소와 헬륨 다음 세 번째로 많은 원소이다. 상온에서 이원자 분자(O_2)로 존재하며 반응성이 커서 거의 모든 원소와 반응하여 산화물을 만든다.

18. 금속에 대하여 친화력이 적으면서 가장 밀도가 <u>작고 가벼운</u> 기체는?

　① 메탄　　　　　② 수소　　　　　③ 질소　　　　　④ 산소

해설 – 수소 水素 : 모든 물질 가운데 가장 가벼운 기체 원소. 빛깔과 냄새와 맛이 없고 불에 타기 쉽다. 환원작용을 일으키며 금속에 대하여 친화력이 적다. 원자 기호는 H, 원자번호는 1, 원자량은 1.0079.

정답 16. ①　17. ①　18. ②

19. 불포화 탄화수소로 3중 결합인 기체는?

① 아세틸렌　　② 프로판　　③ 부탄　　④ 메탄

해설 – 불포화 탄화수소 (unsaturated hydrocarbon)
불포화 탄화수소는 분자 내의 탄소와 탄소 사이 결합 중 일부 또는 전부가 이중결합이나 삼중결합으로 구성된 탄화수소이다. 이중결합을 갖는 분자를 알켄, 삼중결합을 포함하는 분자를 알킨이라고 한다. 이처럼 다중결합을 이루기 위해 탄소 원자는 평면 삼각형 구조의 sp2또는 직선형의 sp혼성궤도 함수를 사용한다. 불포화 탄화수소는 파이결합을 포함하고 있어서 포화 탄화수소에 비해 반응성이 크고 주로 첨가반응을 한다. 그리고 불포화 결합의 유무를 확인할 때 브롬수를 사용하는데 불포화 탄화수소와 첨가반응을 하면 무색이 된다.

$$RC \equiv CR \xrightarrow[\text{촉매}]{H_2} \underset{H}{\overset{R}{C}} = \underset{H}{\overset{R}{C}} \xrightarrow[\text{촉매}]{H_2} RCHCHR$$

알킨　　　　　　알켄　　　　　알칸
└─ (불포화탄화수소) ─┘　　　　(포화탄화수소)

20. 가장 빈번하게 발생하는 가스사고의 유형은?

① 불량제품 사용　　② 안전을 위한 시설미비
③ 고의적인 사고　　④ 안전의식부족 (취급부주의)

21. 가스의 사고방지를 위해 안전관리자로서 가장 중요한 업무는?

① 소화기를 이용, 화재를 진압한다.
② 가스누출 점검, 자주 환기를 한다.
③ 점화원을 제거한다.
④ 조연성 가스를 사용하지 않도록 한다.

22. 산소결핍이 우려되는 장소에서 작업시 최소로 유지해야하는 산소농도는?

① 18% 이상　　② 20% 이상　　③ 21% 이상　　④ 23% 이상

정답 19. ④　20. ④　21. ②　22. ①

23. 조정기 설치, 취급시 주의사항 중 <u>틀린</u> 것은?
   ① 조정기는 수직으로 설치할 것.
   ② 조정기는 주위공간, 높이 등에 주의하여 플렌지 또는 유니온을 이용 결합할 것.
   ③ 조정기는 항상 연소기에 적합한지 여부를 확인할 것.
   ④ 통풍이 좋고 높은 온도가 되지 않도록 설치할 것.

24. 가스배관의 방식관리 요령에 대한 설명으로 <u>틀린</u> 것은?
   ① 전기방식으로 희생양극법, 외부전원법, 배류법 등이 있다.
   ② 배관, 저장탱크 등 비방식 금속체를 양극으로 한다.
   ③ 희생양극법을 유전양극법이라고도 한다.
   ④ 피방식 금속체와 저전위 금속의 양자사이의 전위차를 이용한 것이 희생양극법이다.

25. 다음 중 특정고압가스 사용신고 대상이 <u>아닌</u> 것은?
   ① 질소   ② 수소   ③ 염소   ④ 액화암모니아

26. 특정고압가스 사용 신고시설로서 안전관리(책임)자 선임 요건으로 맞는 것은?
   ① 저장능력 250kg 이상 (압축가스는 저장능력 50m³ 이상)
   ② 저장능력 250kg 초과 (압축가스는 저장능력 50m³ 초과)
   ③ 저장능력 250kg 이상 (압축가스는 저장능력 100m³ 이상)
   ④ 저장능력 250kg 초과 (압축가스는 저장능력 100m³ 초과)

정답 23. ① 24. ② 25. ① 26. ④

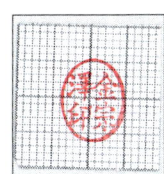

반도체장비 유지보수 기능사 필기

2014년 7월 30일 인 쇄
2014년 8월 10일 발 행
공저자 김 종 택·조 정 묵
발행자 성 대 준
발행처 도서출판 금 호
　　　　서울특별시 성동구 성수2가 333-15
　　　　한라시그마벨리 2차 512호
전 화 02) 498-4816, 02) 498-9385
팩 스 02) 462-1426
등 록 303-2004-000005

※ 본서의 무단복제를 금합니다.

정가 23,000원